René L. Schilling
Wahrscheinlichkeit
De Gruyter Studium

Weitere empfehlenswerte Titel

Maß und Integral. Lebesgue-Integration für Analysis und Stochastik
René L. Schilling, 2025
ISBN 978-3-11-134277-1, e-ISBN (PDF) 978-3-11-134289-4,
e-ISBN (EPUB) 978-3-11-134306-8

Martingale und Prozesse
René L. Schilling, 2018
ISBN 978-3-11-035067-8, e-ISBN (PDF) 978-3-11-035068-5,
e-ISBN (EPUB) 978-3-11-038751-3

Brownian Motion. A Guide to Random Processes and Stochastic Calculus
René L. Schilling, 2021
ISBN 978-3-11-074125-4, e-ISBN (PDF) 978-3-11-074127-8,
e-ISBN (EPUB) 978-3-11-074149-0

Multivariate Characteristic and Correlation Functions
Zoltán Sasvári, 2013
ISBN 978-3-11-022398-9, e-ISBN (PDF) 978-3-11-022399-6

Stochastic Finance. An Introduction in Discrete Time
Hans Föllmer Alexander Schied, 2025
ISBN 978-3-11-104481-1, e-ISBN (PDF) 978-3-11-104528-3,
e-ISBN (EPUB) 978-3-11-104635-8

Probability Theory and Statistics with Real World Applications
Univariate and Multivariate Models Applications
Peter Zörnig, 2024
ISBN 978-3-11-133220-8, e-ISBN (PDF) 978-3-11-133227-7,
e-ISBN (EPUB) 978-3-11-133232-1

René L. Schilling

Wahrscheinlichkeit

Stochastik: von Abweichungen bis Zufall

2. Auflage

DE GRUYTER

Mathematics Subject Classification 2020
Primary: 60-01. Secondary: 60A10; 60E05; 60E07; 60E10; 60Fxx; 60G50

Autor
Prof. Dr. René L. Schilling
Technische Universität Dresden
Institut für Mathematische Stochastik
01062 Dresden
Germany

rene.schilling@tu-dresden.de
www.math.tu-dresden.de/sto/schilling

Weiterführendes Material
www.motapa.de/mint

ISBN 978-3-11-134211-5
e-ISBN (PDF) 978-3-11-134225-2
e-ISBN (EPUB) 978-3-11-134261-0

Library of Congress Control Number: 2025930566

Bibliografische Information der Deutschen Nationalbibliothek
Die Deutsche Nationalbibliothek verzeichnet diese Publikation in der Deutschen Nationalbibliografie; detaillierte bibliografische Daten sind im Internet über http://dnb.dnb.de abrufbar.

Einbandabbildung: René L. Schilling. Hintergrundbild: New York Südl. Teil. Meyers Konversations-Lexikon 1905[6], Bd. 14, S. 606 f.

www.degruyter.com

Fragen zur allgemeinen Produktsicherheit:
productsafety@degruyterbrill.com

Vorwort

Dieses Lehrbuch setzt meinen Kurs »Maß und Integral« mit einer Einführung in die Wahrscheinlichkeitstheorie fort. Es richtet sich an Studierende der Mathematik und Physik ab dem zweiten Studienjahr. Mein Ziel ist es, in kompakter und eingängiger Weise die zentralen Techniken und Resultate der Stochastik darzustellen und so eine Grundlage für weiterführende Vorlesungen zu geben.

Der Text folgt meinen Vorlesungen an der TU Dresden, er kann als Begleittext für eine Vorlesung aber auch zum Selbststudium verwendet werden. Als Fortsetzung wird in gleicher Ausstattung der Band *Martingale & Prozesse*, eine Einführung in die Theorie der diskreten Prozesse erscheinen. Voraussetzung für das Verständnis des vorliegenden Bandes sind Grundlagen der Maß- und Integrationstheorie, wie sie etwa in Kapitel 1–16 meines Lehrbuchs *Maß und Integral* (im Text als [MI] zitiert) vermittelt werden. Um eine parallele Lektüre zu ermöglichen, werden an wesentlichen Stellen Querverweise auf die notwendigen Resultate aus [MI] gegeben. Auf Seite 5 und im Anhang A.1 sind außerdem die wichtigsten Sätze aus der Integralrechnung in wahrscheinlichkeitstheoretischer Schreibweise aufgeführt.

Die ersten fünf und das achte Kapitel führen in die Gedankenwelt der diskreten Wahrscheinlichkeit ein, allerdings nehme ich von Anfang an Bezug auf Konzepte aus der Maßtheorie. Dem schließt sich das Studium des Grenzverhaltens von (Summen von) unabhängigen Zufallsvariablen an. Die letzten vier Kapitel sind als Ergänzungen und zur selektiven Lektüre gedacht. Die Auswahl der Themen und Techniken ist natürlich subjektiv, dennoch will ich dem Leser ein breites Spektrum an klassischen und modernen Methoden, das auf eine weitere Spezialisierung optimal vorbereitet. Dabei war mein Leitbild die Frage »Was wird später im Studium und in Anwendungen wirklich benötigt«, wobei meine eigenen Forschungsinteressen – die Theorie der Stochastischen Prozesse – im Vordergrund stehen.

Für das tiefere Verständnis ist es wichtig, dass der Leser sich mit der Materie selbständig auseinandersetzt. Zum einen sind dafür die Übungsaufgaben gedacht (vollständige Lösungen gibt es unter www.motapa.de/stoch), andererseits weise ich im laufenden Text mit dem Symbol [✍] auf (bisweilen nicht ganz so offensichtliche) Lücken hin, die der Leser selbst ausfüllen sollte. Auf

---

- wichtige Schreibweisen,
- Gegenbeispiele, typische Fallen und versteckte Schwierigkeiten

!

---

wird durch derart markierte Absätze aufmerksam gemacht.

Vom Umfang entsprechen die Kapitel 1–14, abgerundet um ein oder zwei Wahlthemen, einer vierstündigen Vorlesung, etwa 4–5 Textseiten können in einer Vorlesungs-Doppelstunde durchgenommen werden. Die mit dem Symbol ♦ gekennzeichneten Abschnitte sind als Ergänzung gedacht und können je nach Zeit und Zielsetzung ausge-

https://doi.org/10.1515/9783111342252-201

wählt werden. Sie sind auch als Themen für ein Proseminar geeignet. Eine Übersicht über die Abhängigkeit der einzelnen Kapitel findet sich auf Seite VII.

Dieser Text ist aus Vorlesungen entstanden und ich danke meinen Studenten, Schülern und Kollegen für ihr Interesse und ihre Mitarbeit. Namentlich erwähnen möchte ich Dr. Björn Böttcher und Dr. Franziska Kühn, die den gesamten Text der ersten Auflage kritisch durchgesehen und viele Verbesserungen vorgeschlagen haben; Herr Böttcher hat außerdem viele Illustrationen erstellt. Prof. Niels Jacob, Dr. Katharina Fischer und Dr. Georg Berschneider verdanke ich viele hilfreiche Hinweise. Die zahlreichen Änderungen der zweiten Auflage wurden von Herrn Dr. David Berger und Dr. Robert Baumgarth gegengelesen.

Die Zusammenarbeit mit dem Verlag de Gruyter, allen voran Frau Schedensack und Herrn Horn, war sehr angenehm und hat wesentlich zum Gelingen dieses Buchs beigetragen. Meiner Frau danke ich für ihre Geduld, die sie o.B.d.A. (»ohne Beschränkung deiner Arbeitszeit«) immer wieder für meine Buchprojekte aufbringt.

Dresden, Januar 2025 René L. Schilling

Mathematische Grundlagen

Für die Lektüre dieses Texts werden Grundlagen der Maß- und Integrationstheorie benötigt, etwa im Umfang von Kapitel 1–16 meines in der gleichen Reihe erschienenen Lehrbuchs *Maß und Integral*. Ein Kurs über elementare Wahrscheinlichkeitstheorie wird nicht vorausgesetzt, viele abstrakte Konzepte versteht man aber besser, wenn man die diskreten Grundlagen kennt und eine Intuition für die Sprech- und Denkweisen der Stochastik entwickelt.

Maß- und Integrationstheorie

Schilling, R.L.: *Maß und Integral*. De Gruyter, Berlin 2024[2] (zitiert als [MI]).

Schilling, R.L.: *Measures, Integrals and Martingales*. Cambridge University Press, Cambridge 2017[2] (zitiert als MIMS).

Elementare Wahrscheinlichkeitstheorie

Bosch, K.: *Elementare Einführung in die Wahrscheinlichkeitsrechnung*. Vieweg+Teubner, Wiesbaden 2014[8].

Chung, K.L., Ait Sahlia, F.: *Elementary Probability Theory*. Springer, New York 2003[4].

Gorroochurn, P: *Classic Problems of Probability*. Wiley, Hoboken (NJ) 2012.

Grimmett, G., Welsh, D.: *Probability. An Introduction*. Oxford Univ. Press, Oxford 2014[2].

Haigh, J.: *Probability Models*. Springer, London 2013[2].

Haller, R., Barth, F.: *Berühmte Aufgaben der Stochastik*. De Gruyter, Berlin 2016[2].

Krengel, U.: *Einführung in die Wahrscheinlichkeitstheorie und Statistik*. Vieweg, Wiesbaden 2007[8].

Abhängigkeit der einzelnen Kapitel

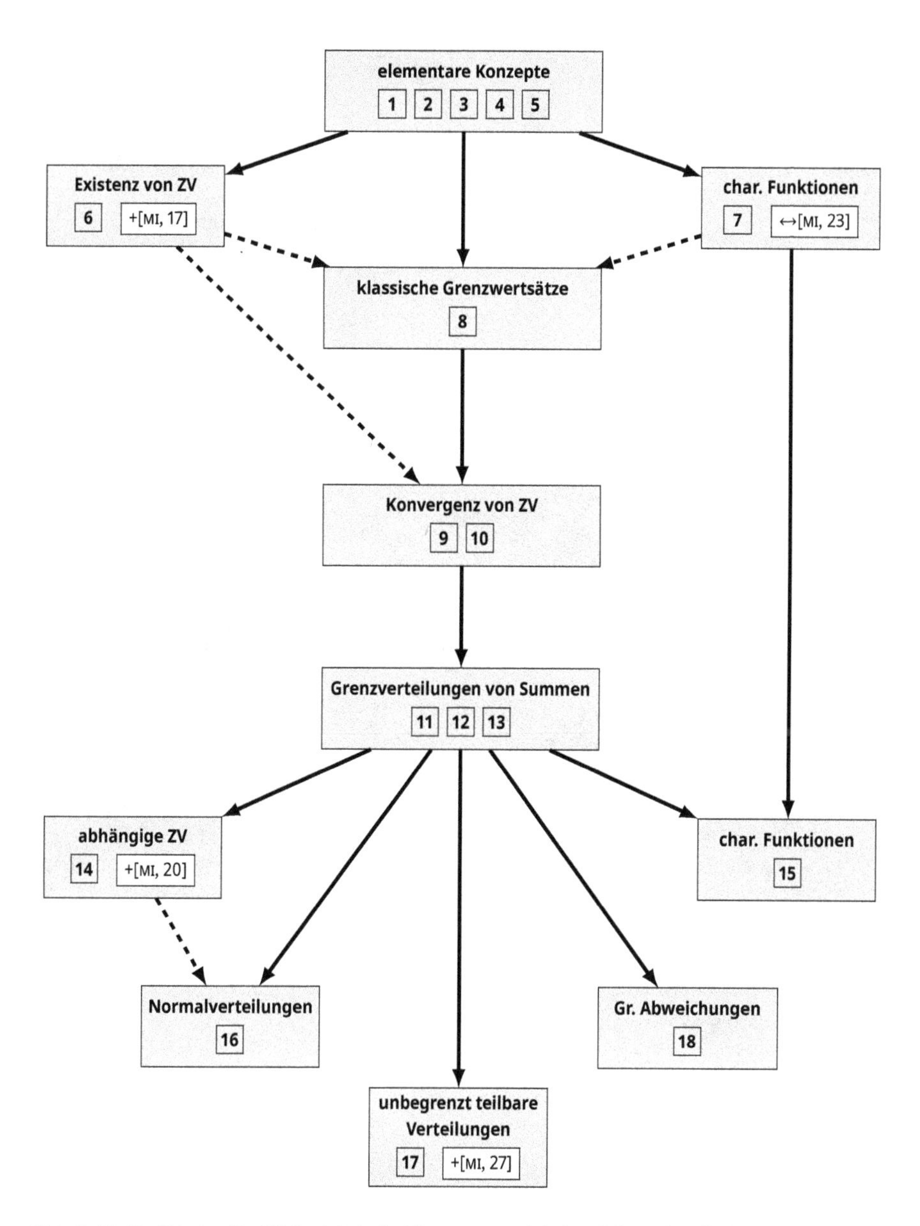

Abb. 1: Die Grafik zeigt die Abhängigkeit der Themen, gestrichelte Pfeile stehen für kleinere oder indirekte Abhängigkeiten. Wenn die nötigen Vorkenntnisse aus der Maß- und Integrationstheorie über den Standardstoff (Kapitel [MI, 1–16]) hinausgeht, weise ich darauf mit »+[MI, *n*]« hin; in der Regel kann aber das entsprechende Resultat zitiert werden. »↔[MI, *n*]« bedeutet, dass das entsprechende Kapitel durch [MI, Kapitel *n*] (teilweise) ersetzt werden kann.

https://doi.org/10.1515/9783111342252-202

Bezeichnungen

Allgemeines & Konventionen

[MI, Satz $n.m$]	Verweis *Maß und Integral*
positiv	stets im Sinne $\geqslant 0$
negativ	stets im Sinne $\leqslant 0$
$\mathbb{N}, \mathbb{N}_0$	$1, 2, 3, \dots, \mathbb{N}_0 = \mathbb{N} \cup \{0\}$
$\inf \emptyset$	$\inf \emptyset = +\infty$
$a \vee b$	Maximum von a und b
$a \wedge b$	Minimum von a und b
$\lfloor x \rfloor$	$\max\{n \in \mathbb{Z} : n \leqslant x\}$
$\lvert x \rvert$	Euklidische Norm in $\mathbb{R}^d$, $\lvert x\rvert^2 = x_1^2 + \dots + x_d^2$
$\langle x, y \rangle$	Skalarprodukt $\sum_{i=1}^d x_i y_i$
E, E_d	Einheitsmatrix in $\mathbb{R}^{d \times d}$

Mengen

$\# A, \lvert A \rvert$	Kardinalität der Menge A
$\subset$	Teilmenge (inkl. »=«)
$\dot\cup$	Vereinigung paarweise disjunkter Mengen
A^c	Komplement der Menge A
$\overline{A}$	Abschluss der Menge A
$B_r(x)$	offene Kugel um x, Radius r
$A_n \uparrow A$	$A_n \subset A_{n+1} \subset \dots \;\&\; A = \bigcup_n A_n$
$B_n \downarrow B$	$B_n \supset B_{n+1} \supset \dots \;\&\; B = \bigcap_n B_n$
$\liminf_{n\to\infty} A_n$	$\bigcup_{k\in\mathbb{N}} \bigcap_{n\geqslant k} A_n$, 110, 123
$\limsup_{n\to\infty} B_n$	$\bigcap_{k\in\mathbb{N}} \bigcup_{n\geqslant k} B_n$, 110, 123
$A \perp\!\!\!\perp F$	A und F sind unabhängig, 48; (analog für Mengensysteme)
$\mathscr{A}, \mathscr{F}$	generische σ-Algebren
$\mathscr{A} \times \mathscr{F}$	$\{A \times F \mid A \in \mathscr{A},\ F \in \mathscr{F}\}$ »Rechtecke«
$\mathscr{A} \otimes \mathscr{F}$	Produkt-σ-Algebra
$\mathscr{B}(E)$	Borelmengen in E
$\mathscr{P}(E)$	Potenzmenge von E
$\sigma(\mathscr{G})$	erzeugte σ-Algebra [MI, S. 5]
$\delta(\mathscr{G})$	erzeugtes Dynkin-System [MI, S. 16]

Maße & Verteilungen

$\mathbb{P}$	W-Maß, 2
$\mathbb{P}_X, \mathbb{P}(X \in \bullet)$	Verteilung, 4
$\mathbb{E} = \int \dots d\mathbb{P}$	Erwartungswert, 4
δ_x	Dirac-Maß in x
λ, λ^d	Lebesguemaß (in $\mathbb{R}^d$)
$\mu \otimes \nu$	Produkt von Maßen
$\mathsf{B}(p)$	Bernoulliverteilung, 18, 248
$\mathsf{B}(n, p)$	Binomialverteilung, 19, 248
$\mathsf{Poi}(\lambda)$	Poissonverteilung, 71, 248
$\mathsf{Exp}(\lambda)$	Exponentialverteilung, 72, 250
$\mathsf{N}(\mu, \sigma^2)$	Normalverteilung, 26, 250
$\mathsf{N}(m, C)$	– in $\mathbb{R}^d$, 197, 250
$\mathsf{U}[a, b]$	Gleichverteilung, 26, , 248

Zufallsvariable & Funktionen

X, Y, Z	Zufallsvariable, 4
X^+	Positivteil: $X \vee 0$
X^-	Negativteil: $-(X \wedge 0)$
$\{X \in B\}$	$\{\omega \mid X(\omega) \in B\}$
$\{X \geqslant a\}$	$\{\omega \mid X(\omega) \geqslant a\}$ usw.
$X \perp\!\!\!\perp Y$	X, Y sind unabhängig
$X \sim Y$	X ist wie Y verteilt
$X \sim \mu$	X hat Verteilung μ
$\mathbb{1}_A$	$\mathbb{1}_A(x) = \begin{cases} 1, & x \in A \\ 0, & x \notin A \end{cases}$
$\operatorname{supp} u$	Träger $\overline{\{u \neq 0\}}$
$C(E)$	stetige Funktionen auf E
$C_b(E)$	beschränkte ——
$C_c(E)$	—— mit kompaktem Träger
$L^1, L^1(\mathbb{P})$	ZV mit $\mathbb{E}\lvert X\rvert < \infty$, 5
L^p, L^∞	ZV mit $\mathbb{E}\,[\lvert X\rvert^p] < \infty$, 5
$L^p(\mathscr{F})$	betont die $\mathscr{F}$-Messbarkeit
$\lVert X\rVert_{L^p}$	$(\mathbb{E}[\lvert X\rvert^p])^{1/p}$, $1 \leqslant p < \infty$
$\lVert X\rVert_{L^\infty}$	$\inf\{c > 0 \mid \mathbb{P}(\lvert X\rvert \geqslant c) = 0\}$
$\lVert u\rVert_\infty$	$\sup_x \lvert u(x)\rvert$

Abkürzungen

W-	Wahrscheinlichkeit(s)-
ZV	Zufallsvariable
CLT	zentraler Grenzwertsatz (central limit theorem)
SLLN	starkes Gesetz d. großen Zahlen (strong law of large numbers)
WLLN	schwaches Gesetz d. gr. Zahlen (weak law of large numbers)
iid	unabhängig und identisch verteilt (independent, identically distributed)
f.s., f.ü.	fast sicher, fast überall
$\cap$/$\cup$-stabil	Familie enthält endliche Schnitte/Vereinigungen
[✍]	selbst rechnen!

https://doi.org/10.1515/9783111342252-203

Inhalt

1 Einleitung

Probability theory has a right and a left hand. On the right is the rigorous foundational work using the tools of measure theory. The left hand "thinks probabilistically," reduces problems to gambling situations, coin-tossing, motions of a physical particle.

Leo Breiman: Probability
Preface, p. v

Die Wahrscheinlichkeitstheorie ist ein Teilgebiet der Mathematik, das zufällige Phänomene beschreibt und studiert. Ein Phänomen oder Ereignis heißt *zufällig*, wenn

- es eintreten kann, aber nicht eintreten muss,
- seine Wiederholungen nicht notwendig zu denselben Resultaten führen,
- es nicht vorhersagbar ist.

Typische Beispiele für zufällige Ereignisse sind der Münzwurf, die Lebensdauer einer Glühbirne, die exakte Ankunftszeit der Straßenbahn, der radioaktive Zerfall, aber auch das Wetter, Börsenkurse, Wahlergebnisse, Genmutationen usw.

Warum ein Ereignis zufällig ist – oder von uns als zufällig empfunden wird – kann viele Ursachen haben: fehlende oder unvollständige Information, zu große Komplexität oder äußere Einflüsse, die wir nicht beherrschen; es kann aber auch, wie beim radioaktiven Zerfall, in der Natur der Sache an sich liegen. Wir werden hier nicht auf die (zweifellos interessanten) Grundlagen des Zufalls eingehen, sondern eine mathematische Theorie entwickeln, die es uns erlaubt, die Gesetzmäßigkeiten des Zufalls zu beschreiben und damit zu rechnen.

Die Wahrscheinlichkeitstheorie hat einen starken, oft intuitiv geprägten Bezug zu unserem Alltagsleben. Das zeigt sich schon in der Vielzahl von verschiedenen Begriffen – Risiko, Chance, Wahrscheinlichkeit, Quote, (Un-)Sicherheit –, die direkt oder indirekt den Zufall qualitativ und manchmal quantitativ ausdrücken. Andererseits ist nicht immer klar, was Wahrscheinlichkeiten wirklich bedeuten. Wenn »die Regenwahrscheinlichkeit 50%« ist, nehme ich dann einen Schirm mit? Und was bedeutet es, dass ein Ereignis »höchst unwahrscheinlich« ist?

Den Zufall zu definieren ist keine leichte Aufgabe, da hier ganz verschiedene Wissenschaften eingehen: Philosophie, Mathematik, Physik, … Wir beschränken uns hier auf die mathematischen Aspekte und betrachten nur solche Probleme, die einer mathematischen Modellierung zugänglich sind. Historisch ist die Wahrscheinlichkeitstheorie erst spät als »echte« mathematische Disziplin anerkannt worden. Das hat verschiedenen Gründe, unter anderem

- ihre Ursprünge in Glücksspielen; Blaise Pascals Brief vom 29. Juli 1654 (vgl. Schneider [57, Text 1.7]) an Pierre de Fermat über das Teilungsproblem (Beispiel 3.5) wird immer wieder als der »mythische« Beginn der Wahrscheinlichkeitstheorie angeführt;

https://doi.org/10.1515/9783111342252-001

- die sehr angewandte Natur einiger Fragestellungen: Anwendungen in den Sozial- und Staatswissenschaften (Laplace 1812) oder der Rechtsprechung (Poisson 1837);
- die bis ins 20. Jahrhundert fehlende theoretische Grundlage und daraus resultierende Paradoxien (z.B. Bertrands Paradox Beispiel 3.12).

Ab der Mitte des 19. Jahrhunderts wurde klar, dass die Wahrscheinlichkeitstheorie einen wichtigen Beitrag zur Beschreibung physikalischer Systeme leisten kann.[1] Poincaré [54, Kapitel XI] und Hilbert[2] zählen daher die Wahrscheinlichkeitstheorie zu den »physikalischen Disziplinen« und ihre Axiomatisierung wurde zu einem wichtigen offenen Problem, das schließlich um 1930 von A. N. Kolmogorov [35, 37] gelöst wurde. Kolmogorov erkannte, dass die Axiome der Wahrscheinlichkeitstheorie mit Hilfe der Maßtheorie formuliert werden können.

Im Folgenden nehmen wir an, dass ein zufälliges Phänomen durch ein (abstraktes) Experiment realisiert wird.

1.1 Definition. Ein *Experiment* ist ein Messraum $(\Omega, \mathscr{A})$ bestehend aus dem *Ergebnisraum* Ω und einer σ-Algebra $\mathscr{A} \subset \mathscr{P}(\Omega)$. Ein Punkt $\omega \in \Omega$ heißt *Ergebnis*, eine messbare Menge $A \in \mathscr{A}$ heißt *Ereignis*.

Alternativ bezeichnet man Ω auch als *Stichprobenraum* und $\omega \in \Omega$ als *Ausfall*, *Ausgang* oder *Stichprobe*.

Man muss genau zwischen dem Ergebnis ω und dem Ereignis $\{\omega\}$ unterscheiden: ω ist eine tatsächliche Beobachtung, während die Menge $\{\omega\}$ ein beobachtbares Ereignis (mit dem Ergebnis ω) darstellt.

1.2 Beispiel. a) Beim einmaligen Wurf eines (idealen, sechsseitigen) Würfels besteht der Ergebnisraum aus den Augenzahlen $\{1, 2, \dots, 6\}$, die möglichen Ereignisse werden durch die Potenzmenge $\mathscr{A} = \mathscr{P}(\{1, \dots, 6\})$ beschrieben; z.B. ist »Augenzahl ist eine Primzahl« das Ereignis $\{2, 3, 5\}$.

b) Wir werfen (ohne zu zielen) Darts auf eine runde Zielscheibe mit Radius r. Der Ergebnisraum kann durch $\Omega = B_r(0) \subset \mathbb{R}^2$ beschrieben werden, als Ereignisse können wir die Borelmengen $\mathscr{A} = \mathscr{B}(B_r(0))$ nehmen. Wir werden gleich sehen, warum wir in diesem Fall die Potenzmenge vermeiden sollten.

Wir ordnen nun jedem Ereignis $A \in \mathscr{A}$ eine Wahrscheinlichkeit $p_A \in [0, 1]$ zu.

---

1 Siehe Schneider [57, Kapitel 7]: Maxwell 1859–1866, Boltzmann 1872–1906 (kinetische Gastheorie, statistische Mechanik, Entropie), Einstein 1905, Smoluchowski 1906–1915 (Brownsche Bewegung)

2 6. Hilbertsches Problem: »[...] *diejenigen physikalischen Disziplinen axiomatisch zu behandeln, in denen die Mathematik eine hervorragende Rolle spielt; dies sind in erster Linie die Wahrscheinlichkeitsrechnung und die Mechanik.*« D. Hilbert: Mathematische Probleme. Vortrag, gehalten auf dem internationalen Mathematiker Kongress zu Paris 1900; zitiert nach [1].

1.3 Definition (Kolmogorov 1933). Es sei $(\Omega, \mathscr{A})$ ein Experiment. Eine Mengenfunktion $\mathbb{P} : \mathscr{A} \to [0,1]$ mit positiven Werten und den Eigenschaften

$$\mathbb{P}(\emptyset) = 0, \quad \mathbb{P}(\Omega) = 1 \tag{M_1}$$

$$(A_n)_{n\in\mathbb{N}} \subset \mathscr{A} \text{ paarweise disjunkt} \implies \mathbb{P}\Big(\dot{\bigcup_{n\in\mathbb{N}}} A_n\Big) = \sum_{n\in\mathbb{N}} \mathbb{P}(A_n) \tag{M_2}$$

heißt *Wahrscheinlichkeitsmaß* oder *Wahrscheinlichkeit*. Das Tripel $(\Omega, \mathscr{A}, \mathbb{P})$ wird *Wahrscheinlichkeitsraum* genannt.

Wenn die σ-Algebra $\mathscr{A}$ endlich ist, kann man die σ-Additivität (M_2) durch die *endliche Additivität* $\mathbb{P}(A \cup B) = \mathbb{P}(A) + \mathbb{P}(B)$ für disjunkte $A, B \in \mathscr{A}$ ersetzen. Das gilt insbesondere, wenn $\Omega = \{\omega_1, \dots, \omega_n\}$ endlich ist; diesen Fall bezeichnet man häufig als *elementare* Wahrscheinlichkeitstheorie.

In zusammengesetzten Wörtern schreiben wir oft »W-« an Stelle von »Wahrscheinlichkeit(s)-«, also W-Maß oder W-Theorie statt Wahrscheinlichkeitsmaß bzw. Wahrscheinlichkeitstheorie. **!**

1.4 Bemerkung. Jedes Wahrscheinlichkeitsmaß $\mathbb{P}$ ist insbesondere ein Maß, daher gelten alle aus [MI, Satz 3.3] bekannten Rechenregeln. Wenn eine Folge von Mengen aufsteigt, d.h. $A_1 \subset A_2 \subset \dots$, $A = \bigcup_n A_n$, dann schreiben wir $A_n \uparrow A$; entsprechend verwenden wir $B_n \downarrow B$ für eine absteigende Folge. Für messbare Mengen gilt

a) $\mathbb{P}(A \cup B) = \mathbb{P}(A) + \mathbb{P}(B) - \mathbb{P}(A \cap B)$; (starke Additivität)

b) $\mathbb{P}\left(\bigcup_{n=1}^{\infty} A_n\right) \leqslant \sum_{n=1}^{\infty} \mathbb{P}(A_n)$; ($\sigma$-Subadditivität)

c) $A_n \uparrow A \implies \mathbb{P}(A) = \sup_{n\in\mathbb{N}} \mathbb{P}(A_n) = \lim_{n\to\infty} \mathbb{P}(A_n)$; (Stetigkeit von unten)

d) $B_n \downarrow B \implies \mathbb{P}(B) = \inf_{n\in\mathbb{N}} \mathbb{P}(B_n) = \lim_{n\to\infty} \mathbb{P}(B_n)$. (Stetigkeit von oben)

1.5 Beispiel (Fortsetzung von Beispiel 1.2). a) Aus Symmetriegründen können wir annehmen, dass jede Seite eines (idealen, sechsseitigen) Würfels mit gleicher Wahrscheinlichkeit obenauf liegen wird, d.h. $\mathbb{P}(\{\omega\}) = \frac{1}{6}$ für jedes $\omega \in \{1, \dots, 6\}$. Alle anderen Ereignisse können wir mit Hilfe der (σ-)Additivität ausdrücken

$$\mathbb{P}(A) = \sum_{\omega\in A} \mathbb{P}(\{\omega\}) = \sum_{\omega\in A} \frac{1}{6} = \frac{|A|}{6}, \qquad A \in \mathscr{A} = \mathscr{P}(\Omega).$$

b) Da wir ohne zu zielen werfen, ist die Wahrscheinlichkeit eine Fläche $F \subset B_r(0)$ zu treffen proportional zum Flächeninhalt; also ist $\mathbb{P}(F) = \lambda^2(F)/\lambda^2(B_r(0))$, wobei λ^2 das Lebesguemaß auf $\mathbb{R}^2$ ist. Da das Lebesguemaß das eindeutig bestimmte geometrische Volumen ist [MI, Korollar 5.5], müssen wir uns auf Borelmengen als Ereignisse beschränken, wenn wir jedem Ereignis eine Wahrscheinlichkeit zuordnen wollen.

Beispiel 1.5.b) zeigt auch, dass $\mathbb{P}(F) = 0$ nicht als »das Ereignis F ist unmöglich« oder »das Ereignis F wird niemals beobachtet« gelesen werden darf. Jeder Wurf trifft $B_r(0)$ in einem Punkt x_0 und trotzdem ist $\mathbb{P}(\{x_0\}) = 0$! **↯**

Die Kolmogorovsche Axiomatik bestimmt den formal-logischen Inhalt der Wahrscheinlichkeitstheorie und macht sie so zu einer mathematischen Disziplin. Allerdings sollte man die intuitiven und anwendungsbezogenen Aspekte der Theorie nicht ganz außer Acht lassen, oft führt das intuitive Verständnis für einen Zusammenhang zu einem exakten mathematischen Argument – die Intuition darf aber nie den Beweis ersetzen, da es sonst zu »Paradoxien« kommen kann, vgl. Beispiel 3.12.

Ein Wahrscheinlichkeitsraum kann sehr groß sein, so dass

- wir uns gar nicht für das gesamte Experiment $(\Omega, \mathscr{A})$ interessieren; z.B. gibt es Spiele, bei denen man mit zwei Würfeln spielt und sich nur für die Augensumme interessiert;
- nicht das gesamte Experiment $(\Omega, \mathscr{A})$ beobachtet werden kann, sondern nur gewisse Kenngrößen, z.B. die Zeit zwischen zwei Kernspaltungen.

Aus mathematischer Sicht handelt es sich in beiden Fällen um (messbare) Abbildungen $X : \Omega \to \mathbb{R}$, vgl. [MI, Beispiel 6.8].

1.6 Definition. Es sei $(\Omega, \mathscr{A}, \mathbb{P})$ ein Wahrscheinlichkeitsraum und $(E, \mathscr{E})$ ein beliebiger Messraum. Eine messbare Abbildung $X : (\Omega, \mathscr{A}) \to (E, \mathscr{E})$ heißt (E-wertige) *Zufallsvariable* (kurz: ZV).

Wir werden meist $E = \mathbb{R}$ oder $E = \mathbb{R}^d$ zusammen mit den Borel-σ-Algebren betrachten. Die Wahl des W-Raums und damit der ZV ist nicht eindeutig und sollte daher als mathematisches Modell gesehen werden.

1.7 Definition. Es sei $X : \Omega \to E$ eine ZV auf dem W-Raum $(\Omega, \mathscr{A}, \mathbb{P})$. Die *Verteilung* oder *Wahrscheinlichkeitsverteilung* der ZV X ist das Bildmaß

$$B \mapsto \mathbb{P}_X(B) := \mathbb{P}(X \in B) := \mathbb{P}(X^{-1}(B)), \quad B \in \mathscr{E}, \tag{1.1}$$

von $\mathbb{P}$ unter der messbaren Abbildung X.[3]

Der *Erwartungswert* einer reellen ZV $X : (\Omega, \mathscr{A}) \to (\mathbb{R}, \mathscr{B}(\mathbb{R}))$ ist das Integral

$$\mathbb{E}X = \int X \, d\mathbb{P} = \int_\Omega X(\omega) \, \mathbb{P}(d\omega) = \int_\mathbb{R} x \, \mathbb{P}(X \in dx). \tag{1.2}$$

- Der Erwartungswert einer ZV existiert genau dann, wenn $\int |X| \, d\mathbb{P} < \infty$, also wenn $\mathbb{E}|X| < \infty$ gilt.
- Die Verteilung einer ZV X ist ein Wahrscheinlichkeitsmaß $\mathbb{P}_X(B) = \mathbb{P}(X \in B)$ auf $(E, \mathscr{E})$.
- $(E, \mathscr{E}, \mathbb{P}_X)$ ist ein Wahrscheinlichkeitsraum.
- Notation: $X \sim Y$ bzw. $X \sim \mu$ heißt »X, Y haben die gleiche Verteilung« bzw. »X hat die Verteilung μ«.
- Für $X \sim Y$ gilt $\mathbb{E}f(X) = \mathbb{E}f(Y)$ (wenn die Erwartungswerte existieren).

3 Vgl. [MI, Satz 6.6]. Wie üblich [MI, S. 34] schreiben wir $\{X \in A\} = \{\omega \in \Omega : X(\omega) \in A\} = X^{-1}(A)$ und $\{X = x\} = \{\omega \in \Omega : X(\omega) = x\}$, sowie $\mathbb{P}(X \in A)$ und $\mathbb{P}(X = x)$ statt $\mathbb{P}(\{X \in A\})$ und $\mathbb{P}(\{X = x\})$.

Wenn $X : \Omega \to \mathbb{R}^d$ eine ZV und $f : \mathbb{R}^d \to \mathbb{R}$ eine Borel-messbare Funktion ist, dann ist $f(X) = f \circ X$ messbar und somit eine reelle Zufallsvariable. Für deren Erwartungswert gilt nach dem Transformationssatz für Bildmaße und -integrale [MI, Satz 19.1]

$$\mathbb{E}f(X) = \int_\Omega f(X)\,d\mathbb{P} = \int_{\mathbb{R}^d} f(x)\,\mathbb{P}_X(dx) = \int_{\mathbb{R}^d} f(x)\,\mathbb{P}(X \in dx); \tag{1.3}$$

der Erwartungswert existiert genau dann, wenn $f(X) \in L^1(\mathbb{P}) \iff f \in L^1(\mathbb{P}_X)$.

Wenn X eine (W-)Dichte hat, d.h. es ist $\mathbb{P}(X \in B) = \int_B p(x)\,dx$ für alle $B \in \mathscr{B}(\mathbb{R}^d)$ und eine messbare Funktion $p : \mathbb{R}^d \to [0,\infty)$ so dass $\int_{\mathbb{R}^d} p(x)\,dx = 1$ gilt, dann wird (1.3) zu

$$\mathbb{E}f(X) = \int_{\mathbb{R}^d} f(x)\,\mathbb{P}(X \in dx) = \int_{\mathbb{R}^d} f(x)\,p(x)\,dx, \tag{1.3'}$$

und für diskrete Verteilungen $X \sim \sum_{i\in\mathbb{N}} p_i\delta_{x_i}$ gilt

$$\mathbb{E}f(X) = \sum_{i\in\mathbb{N}} f(x_i)\,\mathbb{P}(X = x_i) = \sum_{i\in\mathbb{N}} f(x_i)\,p_i, \tag{1.3''}$$

vgl. [MI, Satz 19.1, Beispiel 9.6].

Die wohl einfachste ZV ist die Indikatorfunktion $\omega \mapsto \mathbb{1}_A(\omega)$ einer messbaren Menge $A \in \mathscr{A}$. Sie gibt an, ob ein Ereignis A eintritt ($\mathbb{1}_A(\omega) = 1$) oder nicht ($\mathbb{1}_A(\omega) = 0$). Wegen $\mathbb{E}\mathbb{1}_A = \mathbb{P}(A)$ können wir, je nach Situation, Wahrscheinlichkeiten oder Erwartungswerte verwenden. Die Verteilung von $X = \mathbb{1}_A$ ist dann $\mathbb{P}_{\mathbb{1}_A} = \mathbb{P}(A)\delta_1 + \mathbb{P}(A^c)\delta_0$.

1.8 Bemerkung. Da der Erwartungswert ein Integral ist, gelten natürlich auch alle Aussagen für Integrale aus [MI]. Im Folgenden seien $a, b \in \mathbb{R}$ und X_n, X, Y Zufallsvariablen auf $(\Omega, \mathscr{A}, \mathbb{P})$.

a) $\mathbb{E}(aX + bY) = a\mathbb{E}X + b\mathbb{E}Y$, wenn $\mathbb{E}|X|, \mathbb{E}|Y| < \infty$; (Linearität)
b) $\mathbb{E}X \geqslant 0$, wenn $X \geqslant 0$; (Positivität)
c) $\mathbb{E}\left(\liminf_{n\to\infty} X_n\right) \leqslant \liminf_{n\to\infty} \mathbb{E}X_n$, wenn $X_n \geqslant 0$; (Fatou)
d) $\mathbb{E}X = \sup_{n\in\mathbb{N}} \mathbb{E}X_n = \lim_{n\to\infty} \mathbb{E}X_n$, wenn $X_n \geqslant 0$, $X_n \uparrow X$; (Beppo Levi)
e) $\lim_{n\to\infty} \mathbb{E}|X_n - X| = 0$ und $\lim_{n\to\infty} \mathbb{E}X_n = \mathbb{E}X$, (dom. Konv.)
wenn $\lim_{n\to\infty} X_n(\omega) = X(\omega)$ und $|X_n(\omega)| \leqslant Y(\omega)$ $\mathbb{P}$-f.ü.
für eine integrierbare ZV $Y \in L^1(\mathbb{P})$, d.h. $\mathbb{E}|Y| < \infty$.
f) $\|X\|_{L^p} := \left(\mathbb{E}[|X|^p]\right)^{1/p}$, $(1 \leqslant p < \infty)$, (L^p-Räume)
$\|X\|_{L^\infty} := \operatorname{ess\,sup}|X| := \inf\{c \geqslant 0 : \mathbb{P}(|X| \geqslant c) = 0\}$,
$X \in L^p(\mathbb{P})$ genau dann, wenn $\|X\|_{L^p} < \infty$;
g) $\mathbb{E}|XY| \leqslant \|X\|_{L^p}\|Y\|_{L^q}$ für $1 \leqslant p, q \leqslant \infty$, $p^{-1} + q^{-1} = 1$; (Hölder)
h) $\phi(\mathbb{E}X) \leqslant \mathbb{E}\phi(X)$ für $X \geqslant 0$ und konvexe $\phi : [0,\infty) \to [0,\infty)$; (Jensen, § A.1)
i) $\mathbb{P}(|X| \geqslant \epsilon) \leqslant \epsilon^{-1}\mathbb{E}|X|$; (Markov, § A.1)
j) $\mathbb{P}(|X - \mathbb{E}X| \geqslant \epsilon) \leqslant \epsilon^{-2}\mathbb{E}[(X - \mathbb{E}X)^2]$; (Chebyshev, § A.1)
k) $\mathbb{E}|X| = \int_0^\infty \mathbb{P}(|X| \geqslant t)\,dt = \int_0^\infty \mathbb{P}(|X| > t)\,dt$. (vgl. § A.1)

Anders als in den meisten Gebieten der Mathematik ist die Sprache der Wahrscheinlichkeitstheorie durch ihre Geschichte und den Anwendungsbezug geprägt, was lange Zeit dazu beigetragen hat, dass die Wahrscheinlichkeitstheorie nicht als rigorose Wissenschaft angesehen wurde. Mit Hilfe der Axiome können wir aber diese Sprechweisen exakt fassen; Tabelle 1.1 enthält einige wichtige »Übersetzungen«.

Tab. 1.1: Gegenüberstellung von Begriffen aus der Wahrscheinlichkeitstheorie und die Entsprechungen in der Maß- und Integrationstheorie

Symbol	W-Theorie	Maßtheorie
$(\Omega, \mathscr{A})$	(Zufalls-)Experiment	Messraum
$\mathbb{P}$	W-Maß	Maß
$(\Omega, \mathscr{A}, \mathbb{P})$	W-Raum	Maßraum
Ω	Ergebnisraum	Grundmenge
$\omega \in \Omega$	Ergebnis	Punkt
$\mathscr{A}$	Ereignisalgebra	σ-Algebra
$\emptyset$	unmögliches Ereignis	leere Menge
Ω	sicheres Ereignis	Grundmenge
$A \in \mathscr{A}$	Ereignis	messbare Menge
$\omega \in A$	A tritt ein	—
$A^c = \Omega \setminus A$	Gegenereignis	Komplement
$A \cup B$	A oder B (oder beide)	Vereinigung
$A \cap B$	A und B	Durchschnitt
$A \cap B = \emptyset$	A und B sind unvereinbar	disjunkte Mengen
$A \subset B$	wenn A, dann auch B	Teilmengenbeziehung
$\bigcap_{n=1}^{\infty} \bigcup_{i=n}^{\infty} A_i$	A_i für unendlich viele i	$\limsup_{i\to\infty} A_i$
$\bigcup_{n=1}^{\infty} \bigcap_{i=n}^{\infty} A_i$	A_i für schließlich alle i	$\liminf_{i\to\infty} A_i$
$A \perp\!\!\!\perp B$	A, B sind unabhängig	—
$X : \Omega \xrightarrow{\text{messbar}} \mathbb{R}^d$	Zufallsvariable (ZV)	messbare Funktion
$\mathbb{E}X = \int_\Omega X(\omega)\,\mathbb{P}(d\omega)$	Erwartungswert (μ)	Integral, Mittelwert
$\mathbb{V}X = \mathbb{E}[(X - \mathbb{E}X)^2]$	Varianz (σ^2)	—
$\mathbb{P}(X \in dy)$, $\mathbb{P}_X(dy)$	(W-)Verteilung der ZV X	Bildmaß
$X \sim \nu$	X hat die W-Verteilung ν	$\mathbb{P}_X = \nu$
$X \sim Y$	X, Y haben gleiche Verteilung	$\mathbb{P}_X = \mathbb{P}_Y$
$X \perp\!\!\!\perp Y$	ZV sind unabhängig	—

2 Elementare Kombinatorik

Wahrscheinlichkeiten in endlichen W-Räumen beruhen oft darauf, dass wir die für uns »günstigen« Ausfälle konkret abzählen können. In diesem Kapitel stellen wir einige wichtige Zählprinzipien und kombinatorische Formeln zusammen. Eine tiefer gehende Einführung in die Kombinatorik gibt z.B. das Buch von Jacobs & Jungnickel [33]. Wir schreiben $|\Omega|$ für die Anzahl der Elemente in der Menge Ω.

Im Prinzip kommen alle kombinatorischen Anzahlbestimmungen mit folgenden drei Zählprinzipien aus:

i) Gibt es zwischen zwei Mengen A und B eine Bijektion, so gilt $|A| = |B|$.

ii) Es seien A und B endliche Mengen mit $A \cap B = \emptyset$. Dann gilt

$$|A \uplus B| = |A| + |B|. \tag{2.1}$$

iii) Es seien A und B endliche Mengen. Dann gilt

$$|A \times B| = |A| \cdot |B|. \tag{2.2}$$

Um ii) zu zeigen, nehmen wir an, dass $A = \{a_1, \dots, a_m\}$ und $B = \{b_1, \dots, b_n\}$. Dann ist

$$\beta : \{1, \dots, m+n\} \to A \uplus B, \quad \beta(i) = \begin{cases} a_i, & i = 1, \dots, m; \\ b_{i-m}, & i = m+1, \dots, m+n \end{cases}$$

eine Bijektion. Für iii) ordnen wir die Elemente der Menge $A \times B$ in einem Rechteck an

$$\begin{matrix} (a_1, b_1) & (a_1, b_2) & (a_1, b_3) & \dots & (a_1, b_n) \\ (a_2, b_1) & (a_2, b_2) & (a_2, b_3) & \dots & (a_2, b_n) \\ \vdots & \vdots & \vdots & & \vdots \\ (a_m, b_1) & (a_m, b_2) & (a_m, b_3) & \dots & (a_m, b_n) \end{matrix}$$

und bemerken, dass wir eine Bijektion zwischen $\{1, \dots, m \cdot n\}$ und $A \times B$ erhalten, indem wir dieses Rechteck z.B. entlang der Nebendiagonalen durchlaufen.

2.1 Lemma (Permutationen). *Es sei Ω eine Menge mit $|\Omega| = n$. Dann gilt*

$$|\{(\omega_1, \dots, \omega_n) \mid \omega_i \in \Omega,\ \omega_i \neq \omega_k\}| = n! = 1 \cdot 2 \cdot 3 \cdot \dots \cdot n. \tag{2.3}$$

Beweis. Setze $\Omega_i := \Omega \setminus \{\omega_1, \dots, \omega_i\}$, $1 \leqslant i < n$. Offensichtlich können wir

$$\begin{aligned} &\omega_1 \in \Omega \ \text{ auf genau } n \text{ Arten wählen,} \\ &\omega_2 \in \Omega_1 \ \text{ auf genau } n-1 \text{ Arten wählen,} \\ &\omega_3 \in \Omega_2 \ \text{ auf genau } n-2 \text{ Arten wählen,} \\ &\dots\dots\dots\dots\dots\dots \\ &\omega_n \in \Omega_{n-1} \ \text{ auf genau 1 Art wählen,} \end{aligned}$$

und das Zählprinzip iii) zeigt die Behauptung. □

https://doi.org/10.1515/9783111342252-002

Wenn wir aus einer Menge $\mathcal{N} = \{1, 2, \ldots, n\}$ genau k Elemente auswählen wollen, dann haben wir grundsätzlich vier Möglichkeiten:

$$\Big\{(\text{mit Zurücklegen}),\ (\text{ohne Zurücklegen})\Big\} \times \Big\{(\text{mit Reihenfolge}),\ (\text{ohne Reihenfolge})\Big\}.$$

»Mit Zurücklegen« bedeutet, dass wir für jede Ziehung die Menge $\mathcal{N}$ betrachten, »ohne Zurücklegen« bedeutet, dass wir die gezogene Zahl aus der Menge $\mathcal{N}$ entfernen (was nur für $k \leqslant n$ möglich ist). Eine Ziehung »mit Reihenfolge« heißt, dass wir uns die Reihenfolge der gezogenen Zahlen merken (d.h. ein Tupel bilden), während das bei Ziehungen »ohne Reihenfolge« nicht der Fall ist (d.h. wir interessieren uns nur für die Menge der gezogenen Zahlen und könnten die Zahlen der Größe nach sortieren, wie es bei der Präsentation der Lottozahlen üblich ist).

Wir werden nun diese vier Fälle nacheinander diskutieren, wobei wir aus n Elementen jeweils k Elemente ziehen werden.

2.2 Lemma (Ziehen ohne Zurücklegen, ohne Reihenfolge). $\binom{n}{k} = \frac{n!}{k!(n-k)!}$ *Fälle.*

Interpretationen. a) Ziehe aus einer Urne mit n unterscheidbaren (z.B. nummerierten) Kugeln $1, 2, \ldots, n$ genau k Kugeln, ohne die gezogenen Kugeln wieder in die Urne zurückzulegen und ohne Beachtung der tatsächlichen Reihenfolge.

b) Verteile k Erbsen (ununterscheidbar) auf n Plätze ohne Mehrfachbelegung.

c) $\Omega = \{(\omega_1, \omega_2, \ldots, \omega_k) \in \mathcal{N}^k \mid \omega_1 < \omega_2 < \cdots < \omega_k\}$, d.h. $\binom{n}{k}$ ist die Anzahl aller k-elementigen Teilmengen von $\mathcal{N}$.

d) Anzahl der strikt monoton wachsenden Funktionen $f : \{1, \ldots, k\} \to \{1, \ldots n\}$.

! Wenn $k > n$ ist, dann definiert man $\binom{n}{k} := 0$, was den eben gemachten Interpretationen entspricht.

Beweis. Setze $\Omega_i = \Omega \setminus \{\omega_1, \ldots, \omega_i\}$. Da wir ohne Zurücklegen ziehen, wird das i-te Element aus Ω_{i-1} entnommen. Daher haben wir gemäß Zählprinzip iii)

$$|\Omega| \cdot |\Omega_1| \cdot \ldots \cdot |\Omega_{k-1}| = n(n-1) \cdot \ldots \cdot (n-k+1) = \frac{n!}{(n-k)!} \text{ Möglichkeiten.}$$

Die so gezogenen Tupel haben eine Reihenfolge. Nach Lemma 2.1 gibt es je $k!$ »Klone« mit denselben Elementen, wir müssen also noch durch $k!$ dividieren, um diese Multiplizitäten zu entfernen (und hier geht wieder das Zählprinzip iii) ein [✍]). □

2.3 Lemma (Ziehen ohne Zurücklegen, mit Reihenfolge). $\binom{n}{k} k! = \frac{n!}{(n-k)!}$ *Fälle.*

Interpretationen. a) Ziehe aus einer Urne mit n unterscheidbaren (z.B. nummerierten) Kugeln $1, 2, \ldots, n$ genau k Kugeln, ohne die gezogenen Kugeln wieder in die Urne zurückzulegen und notiere die Reihenfolge der gezogenen Kugeln.

b) Verteile k Personen (unterscheidbar) auf n Sitze ohne Mehrfachbelegung.

c) $\Omega = \{(\omega_1, \omega_2, \dots, \omega_k) \in \mathcal{N}^k \mid \omega_i \neq \omega_j \; \forall i \neq j\}$.
d) Anzahl der injektiven Funktionen $f\colon \{1, \dots, k\} \to \{1, \dots n\}$.

Beweis. Analog zu Lemma 2.2. □

2.4 Lemma (Ziehen mit Zurücklegen, mit Reihenfolge). n^k *Fälle.*

Interpretationen. a) Ziehe aus einer Urne mit n unterscheidbaren (z.B. nummerierten) Kugeln $1, 2, \dots, n$ genau k Kugeln, lege die jeweils gezogene Kugel zurück und notiere die Reihenfolge.
b) Verteile k Personen (unterscheidbar) auf n Bänke (Mehrfachbelegung möglich).
c) $\Omega = \mathcal{N}^k = \{(\omega_1, \omega_2, \dots, \omega_k) \in \mathcal{N}^k \mid \omega_i \in \mathcal{N}\}$.
d) Anzahl aller Funktionen $f\colon \{1, \dots, k\} \to \{1, \dots n\}$.

Beweis. Folgt direkt aus dem Zählprinzip iii). □

2.5 Lemma (Ziehen mit Zurücklegen, ohne Reihenfolge). $\binom{n+k-1}{k}$ *Fälle.*

Interpretationen. a) Ziehe genau k Kugeln aus einer Urne mit n unterscheidbaren (z.B. nummerierten) Kugeln $1, 2, \dots, n$, lege die jeweils gezogene Kugel zurück und beachte die Reihenfolge nicht.
b) Verteile k Erbsen (ununterscheidbar) auf n Plätze (Mehrfachbelegung möglich).
c) $\Omega = \{(\omega_1, \omega_2, \dots, \omega_k) \in \mathcal{N}^k \mid \omega_1 \leqslant \omega_2 \leqslant \dots \leqslant \omega_k\}$.
d) Anzahl der monoton wachsenden Funktionen $f\colon \{1, \dots, k\} \to \{1, \dots n\}$.

Beweis. Die Situation lässt sich (für $n = 6$ Plätze und $k = 7$ Erbsen »•«) so darstellen:

| • • • | | • | | • • | • |

Wir vereinfachen die Notation, indem wir jetzt nur noch die $(n-1)$ Zwischenwände der Kästen und die k Erbsen beachten

• • •| | • | | • •|•.
k+(n−1) Elemente

Daher können wir das Zählproblem folgendermaßen umdeuten. Wähle aus $k + (n-1)$ Elementen die $(n-1)$ Zwischenwände aus. Dafür gibt es nach Lemma 2.2

$$\binom{k+n-1}{n-1} = \binom{k+n-1}{k}$$

Möglichkeiten. □

2.6 Beispiel. a) **Lotto.** Wie viele verschiedene Ziehungen gibt es beim Lotto »6 aus 49«?

Anzahl der Möglichkeiten für 6 »Richtige« ohne Zurücklegen: $\binom{49}{6} = 13.983.816.$

Ziehe k Zahlen aus der Menge $\mathcal{N} = \{1, 2, \dots, n\}$	mit Zurücklegen mit Wiederholung	ohne Zurücklegen ohne Wiederholung	
Reihenfolge wichtig mit Anordnung geordnete Stichprobe	n^k $\Omega = \{(\omega_1, \dots, \omega_k) : \omega_i \in \mathcal{N}\}$ Maxwell-Boltzmann Statistik	$\binom{n}{k} \cdot k!$ $\Omega = \{(\omega_1, \dots, \omega_k) : \omega_i \in \mathcal{N}, \forall i \neq j : \omega_i \neq \omega_j\}$	Elemente sind unterscheidbar („Personen")
Reihenfolge egal ohne Anordnung ungeordnete Stichprobe	$\binom{n+k-1}{k}$ $\Omega = \{(\omega_1, \dots, \omega_k) : \omega_i \in \mathcal{N}, \omega_1 \leq \omega_2 \leq \dots \leq \omega_k\}$ Bose-Einstein Statistik	$\binom{n}{k}$ $\Omega = \{(\omega_1, \dots, \omega_k) : \omega_i \in \mathcal{N}, \omega_1 < \omega_2 < \dots < \omega_k\}$ Fermi-Dirac Statistik	Elemente sind nicht unterscheidbar („Erbsen")
	mit Mehrfachbelegung ohne Einschränkung Pauli-Prinzip gilt nicht	ohne Mehrfachbelegung mit Einschränkung Pauli-Prinzip gilt	Lege k Elemente in Kästchen Nr. $1, \dots, n$

Abb. 2.1: Übersicht über die wichtigsten elementaren kombinatorischen Formeln und deren Interpretationen. Mit »•« bezeichnen wir ununterscheidbare, mit »±« unterscheidbare Teilchen.

b) **Lotto.** Wie viele Möglichkeiten gibt es, beim Lotto »6 aus 49« (genau) »drei Richtige« zu tippen? Offensichtlich setzen sich die 49 Kugeln aus den »6 Richtigen« und 43 weiteren Kugeln zusammen. Um die Zahl für »drei Richtige« zu bestimmen, müssen wir nicht wissen, *welche* Kugeln gezogen werden (oder wurden). Nach dem Zählprinzip iii) gilt:

$$\text{Zahl »drei Richtige«} = \overbrace{\binom{6}{3}}^{\text{»3 Richtige« aus »6 Richtigen«}} \overbrace{\binom{43}{3}}^{\text{»3 Falsche« aus den 43 restlichen}} = 246.820.$$

c) Eine Urne enthält $N = S + W$ Kugeln, davon S schwarze, W weiße Kugeln. Wir ziehen $n \leqslant N$ Kugeln ohne Zurücklegen. Wie viele Möglichkeiten gibt es, s schwarze und w weiße Kugeln zu erhalten?

$$\text{Zahl } s \text{ schwarze und } w \text{ weiße Kugeln} = \binom{S}{s}\binom{W}{w}. \tag{2.4}$$

Wenn wir in (2.4) nacheinander $s = 0, \ldots, S$ und $w = n - s$ betrachten, dann erhalten wir mit Hilfe des Zählprinzips ii) folgende interessante Formel

$$\sum_{\substack{s+w=n \\ s\leqslant S, w\leqslant W}} \binom{S}{s}\binom{W}{w} = \binom{N}{n} \iff \sum_{s=0}^{N} \binom{S}{s}\binom{N-S}{n-s} = \binom{N}{n}. \tag{2.5}$$

d) **Kommissionsproblem.** An einer Universität gibt es

P Professoren, M Mitarbeiter, S Studenten.

Es soll zufällig eine Kommission gebildet werden. Wie viele verschiedene Zusammensetzungen gibt es, wenn von den k Mitgliedern $p/m/s$ Profs/Mitarbeiter/Studenten sein sollen? Nach dem Zählprinzip iii) ergibt sich analog zu c)

$$\binom{P}{p}\binom{M}{m}\binom{S}{s}.$$

e) **Passwortproblem.** Aus 26 Buchstaben soll zufällig ein 8-stelliges Passwort gebildet werden. Wie viele Passwörter gibt es, die genau zweimal den Buchstaben »A« enthalten?

$$\text{Zahl der Passwörter mit genau 2 »A«:} \quad \underbrace{(25)^6}_{\text{kein »A«}} \cdot \overbrace{1 \cdot 1}^{\text{zwei »A«}} \cdot \underbrace{\binom{8}{2}}_{\text{Platzierung der »A«}}$$

f) Wie viele Passwörter gibt es, die *mindestens ein* »A« enthalten?

»mindestens ein A« $\iff$ nicht »kein A« **!**

Hier ist es einfacher, zunächst die Mächtigkeit des *Gegenereignis* »Passwort enthält kein A« zu bestimmen, und diese dann von der Zahl aller Passwörter abzuziehen. Wenn wir

»A« nicht zulassen, reduziert sich die Wahl auf 25 Buchstaben, also:

$$\text{Zahl der Passwörter mit mindestens einem »A«} = \overbrace{(26)^8}^{\text{alle möglichen Passwörter}} - \underbrace{(25)^8}_{\text{Passwörter ohne »A«}}$$

g) **Wortsalat.** Wie viele verschiedenen Wörter kann man aus *ABRACADABRA* bilden? Wir haben 11 Buchstaben, davon

$$5 \times \text{A}, \quad 2 \times \text{B}, \quad 1 \times \text{C}, \quad 1 \times \text{D}, \quad 2 \times \text{R}.$$

Indem wir die Buchstaben nummerieren, machen wir sie unterscheidbar, d.h. wir können 11! verschiedene Wörter bilden. Nach dem Zählprinzip iii) können wir die (durch die Nummerierung entstandenen) Multiplizitäten durch Division entfernen

$$\frac{11!}{5! \cdot 2! \cdot 1! \cdot 1! \cdot 2!} = 83.160.$$

Der Ausdruck

$$\binom{n}{k_1, k_2, \ldots, k_i} := \frac{n!}{k_1! \cdot k_2! \cdot \ldots \cdot k_i!}, \qquad k_1 + \cdots + k_i = n, \tag{2.6}$$

heißt *Multinomialkoeffizient*. Dieser gibt die Zahl der Anordnungsmöglichkeiten von n Gegenständen an, von denen jeweils $k_1, k_2, \ldots, k_i$, $(k_1 + \cdots + k_i = n)$, nicht unterscheidbar sind, d.h. wir müssen die Multiplizitäten $k_1!$, $k_2!$, …, $k_i!$ aus der Gesamtzahl $n!$ ausdividieren. Insbesondere gilt für den Binomialkoeffizienten

$$\binom{n}{k} = \binom{n}{k, n-k} = \binom{n}{n-k}.$$

h) **Anzahlbestimmung von Abbildungen.** Es sei $f : X \to Y$ eine Abbildung von der Menge $X = \{1, \ldots, k\}$ in die Menge $Y = \{1, \ldots, n\}$. Um die Anzahl der Abbildungen mit gewissen Zusatzeigenschaften (siehe unten) zu bestimmen, stellen wir die Abbildung mit Hilfe des Kästchenmodells dar: f beschreibt, wie wir die Elemente $x \in X$ in aufsteigend nummerierte Kästchen $y \in Y$ legen, vgl. Abb. 2.2. Wir nehmen zunächst an, dass die $x \in X$ nicht unterscheidbar sind.

Anzahl aller Abbildungen: n^k (n, k beliebig). Folgt aus der Bemerkung, dass wir jedes $x \in \{1, \ldots, k\}$ in jedes der n Kästchen legen können: $n \times n \times \cdots \times n = n^k$.

! Oft wird die Bezeichnung Y^X für die Menge der Abbildungen $\{f \mid f : X \to Y\}$ verwendet. Damit erhält man die recht intuitive Formel $|Y^X| = |Y|^{|X|} = n^k$.

Anzahl der bijektiven Abbildungen: $n!$ $(n = k)$. Zu jedem x korrespondiert genau ein y, und umgekehrt. Da wir die x zunächst nicht unterscheiden können, gibt es dafür genau eine Möglichkeit. Wenn wir die $x \in X$ aufsteigend nummerieren und dann permutieren, erhalten wir $k! = n!$ verschiedene Abbildungen.

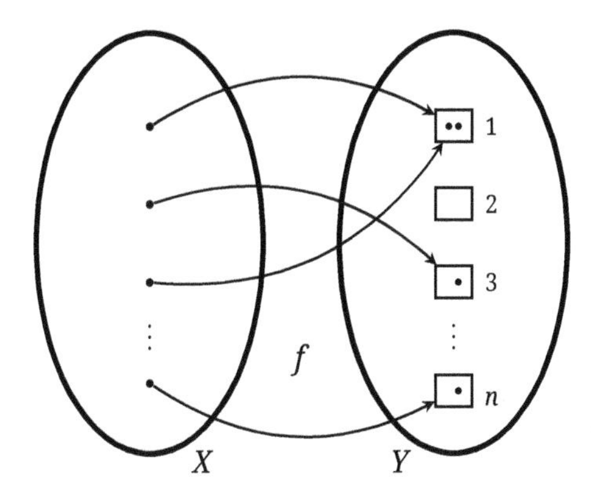

Abb. 2.2: Darstellung einer Abbildung $f : X \to Y$ mit dem Kästchenmodell: die Elemente von X sind entweder »Erbsen« (ununterscheidbar) oder »Personen« (unterscheidbar), und die Elemente von Y sind aufsteigend nummerierte Kästchen.

Anzahl der injektiven Abbildungen: $\binom{n}{k} \cdot k!$ $(n \geqslant k)$. Wir wählen k Kästchen aus und legen in jedes Kästchen genau ein x. Das geht auf $\binom{n}{k}$ Arten. Nun nummerieren wir die x und permutieren sie. Daher erhalten wir den zusätzlichen Faktor $k!$.

Anzahl der streng monoton wachsenden Abbildungen: $\binom{n}{k}$ $(n \geqslant k)$. Wir argumentieren wie im Fall der injektiven Abbildungen, aber wir dürfen die x nicht permutieren, da sonst die Monotonie nicht erhalten bleibt.

Anzahl der monoton wachsenden Abbildungen: $\binom{n+k-1}{k}$ $(n, k$ beliebig). Da jeder Wert y im Wertebereich von einem oder mehreren $x \in X$ stammen kann – der Graph von f kann Flachstellen haben –, handelt es sich hier um das Modell »Kästchen mit Mehrfachbelegung«: $\binom{n+k-1}{k}$. Wir legen die zunächst ununterscheidbaren x in die Kästchen, und dann nummerieren wir die x aufsteigend, um Monotonie zu erhalten.

Anzahl der surjektiven Abbildungen: $T(k, n) := \sum_{\ell=0}^{n}(-1)^{\ell}\binom{n}{\ell}(n-\ell)^k$ $(n \leqslant k)$. Wir zählen zunächst die Abbildungen, die **nicht** surjektiv sind:

Es bezeichne $A_y := \{f \mid f : X \to Y \setminus \{y\}\}$ die Menge der Abbildungen, die den Wert $y \in Y$ nicht annehmen. Offensichtlich gilt für $1 \leqslant \{y(1) < \cdots < y(\ell) \leqslant n$ und $\ell \leqslant n$

$$|A_y| = (n-1)^k \implies |A_{y(1)} \cap \cdots \cap A_{y(\ell)}| = (n-\ell)^k.$$

Wir rechnen nun mit Indikatorfunktionen weiter. Indem wir ausmultiplizieren, folgt

$$\begin{aligned}\prod_{\ell=1}^{n} \mathbb{1}_{A_\ell^c} &= \prod_{\ell=1}^{n}(1 - \mathbb{1}_{A_\ell}) \\ &= 1 + \sum_{\ell=1}^{n}(-1)^{\ell} \sum_{1\leqslant y(1)<\cdots<y(\ell)\leqslant n} \mathbb{1}_{A_{y(1)}\cap\cdots\cap A_{y(\ell)}}.\end{aligned} \tag{2.7}$$

Wir können nun (2.7) bezüglich des Zählmaßes $A \mapsto |A| = \#A$ integrieren. Es folgt

$$\overbrace{|A_1^c \cap \cdots \cap A_n^c|}^{\substack{\text{Abbildungen, die kein } y \in \{1,2,\ldots,n\} \\ \text{»auslassen«, also: Surjektionen}}} = n^k + \sum_{\ell=1}^{n} (-1)^\ell \sum_{1 \leqslant y(1) < \cdots < y(\ell) \leqslant n} |A_{y(1)} \cap \cdots \cap A_{y(\ell)}| \tag{2.8}$$
$$= \sum_{\ell=0}^{n} (-1)^\ell \binom{n}{\ell} (n-\ell)^k.$$

- $S(k,n) := k! \cdot T(k,n)$ heißt *Stirling-Zahl der zweiten Art.*
- Die Formeln (2.7) und (2.8) nennt man *Einschluss-Ausschluss-Formeln.*

Eine ähnliche Argumentation wie in der Anzahlbestimmung der Surjektionen führt zum allgemeinen *Einschluss-Ausschluss Prinzip.* Eine Konsequenz ist eine Formel für W-Maße $\mathbb{P}$, die die Formel der starken Additivität

$$\mathbb{P}(A \cup B) = \mathbb{P}(A) + \mathbb{P}(B) - \mathbb{P}(A \cap B) \tag{2.9}$$

verallgemeinert. Die Formel (2.9) erhalten wir ganz einfach, indem wir den Erwartungswert $\mathbb{E}\mathbb{1}_A = \int \mathbb{1}_A \, d\mathbb{P}$ auf die folgende Identität für Indikatorfunktionen anwenden:

$$\mathbb{1} - \mathbb{1}_{A\cup B} = \mathbb{1}_{A^c \cap B^c} = (\mathbb{1} - \mathbb{1}_A)(\mathbb{1} - \mathbb{1}_B) = \mathbb{1} - \mathbb{1}_A - \mathbb{1}_B + \mathbb{1}_A \mathbb{1}_B = \mathbb{1} - \mathbb{1}_A - \mathbb{1}_B + \mathbb{1}_{A\cap B}.$$

Das ist auch schon der Beweis für das folgende Lemma.

2.7 Lemma. *Es seien $A_1, \ldots, A_n, B \subset \Omega$ messbare Mengen. Dann gilt*

$$\prod_{k=1}^{n} (\mathbb{1}_B - \mathbb{1}_{B\cap A_k}) = \mathbb{1}_B + \sum_{k=1}^{n} (-1)^k \sum_{1 \leqslant i_1 < \cdots < i_k \leqslant n} \mathbb{1}_{B \cap A_{i_1} \cap \cdots \cap A_{i_k}}$$
$$= \sum_{k=0}^{n} (-1)^k \sum_{1 \leqslant i_1 < \cdots < i_k \leqslant n} \mathbb{1}_{B \cap A_{i_1} \cap \cdots \cap A_{i_k}}. \tag{2.10}$$

Wenn wir auf beiden Seiten der Formel (2.10) den Erwartungswert bilden, dann ergibt sich die folgende Einschluss-Ausschluss-Formel

$$\mathbb{P}(B \cap A_1^c \cap \cdots \cap A_n^c) = \mathbb{P}(B) - \sum_{k=1}^{n} (-1)^{k-1} \sum_{1 \leqslant i_1 < \cdots < i_k \leqslant n} \mathbb{P}(B \cap A_{i_1} \cap \cdots \cap A_{i_k}). \tag{2.11}$$

Für $B = \Omega$ und mit einigen Umstellungen nimmt diese die etwas vertrautere Form der *Poincaréschen Formel* an:

$$\mathbb{P}(A_1 \cup \cdots \cup A_n) = \sum_{k=1}^{n} (-1)^{k-1} \sum_{1 \leqslant i_1 < \cdots < i_k \leqslant n} \mathbb{P}(A_{i_1} \cap \cdots \cap A_{i_k}). \tag{2.12}$$

Aufgaben

Wenn in den folgenden Aufgaben nach der »Wahrscheinlichkeit« gefragt wird, ist stets die Laplacesche Definition der Wahrscheinlichkeit gemeint: »günstige Fälle«/»alle Möglichkeiten«, vgl. Kapitel 3.

1. Ein Passwort muss eine Länge von genau 4 Zeichen haben, darf nur aus Ziffern (0–9) und Kleinbuchstaben (a–z) bestehen, kein Zeichen darf mehrfach auftreten und es muss mindestens eine und höchstens drei Zahlen enthalten. Wie viele Passwörter kann man mit diesen Regeln bilden? Wie groß ist die Wahrscheinlichkeit, dass ein zufällig erzeugtes Passwort aus 4 Ziffern und Kleinbuchstaben diesen Regeln entspricht?
2. Der Fußballkader der Nationalmannschaft besteht aus 23 Spielern. Wir nehmen an, dass jeder Spieler jede Position übernehmen kann. Auf wie viele Arten kann der Trainer die Spieler einteilen, so dass es 3 Torwarte, 6 Stürmer, 7 Mittelfeldspieler, 3 Liberos und 4 Verteidiger gibt?
3. Wie viele verschiedene Wörter (die keinen Sinn ergeben müssen) lassen sich aus den Buchstaben A, A, A, B, B, C, C, D legen, wenn alle 8 Buchstaben verwendet werden sollen.
4. In einem Regal stehen 12 Bücher. Wie viele Möglichkeiten gibt es, 5 Bücher auszuwählen, wenn keine zwei dieser Bücher nebeneinander stehen dürfen?
5. Die 12 Ritter der Tafelrunde sitzen an einem runden Tisch. Die zwei Nachbarn eines jeden Ritters sind seine Feinde. Auf wie viele Arten kann man 5 Ritter wählen, die nicht befeindet sind?
   Hinweis. Das ist eine Variation von Aufgabe 2.4.
6. Zu einem Abendessen sind 8 Personen eingeladen. Tischkarten zeigen an, wer an welchem Platz sitzen soll. Versehentlich werden die Tischkarten eingesammelt ehe die Gäste eintreffen. Die 8 Gäste setzen sich daher zufällig verteilt an den Tisch, wobei jede mögliche Anordnung als gleich wahrscheinlich angenommen wird.
   (a) Berechnen Sie die Wahrscheinlichkeit, dass jeder auf dem ihm zugedachten Platz sitzt.
   (b) Berechnen Sie die Wahrscheinlichkeit, dass niemand auf dem ihm zugedachten Platz sitzt.
7. Auf wie viele Arten kann man r Reiskörner auf t Töpfe verteilen, wenn kein Topf leer bleiben soll?
   Hinweis. Legen Sie doch gleich mal ein Reiskorn in jeden Topf...
8. 10 ununterscheidbare weiße Mäuse sollen auf 3 Käfige verteilt werden. Wie viele Möglichkeiten gibt es, wenn (i) es keine Einschränkungen gibt, (ii) kein Käfig leer bleiben darf und (iii) kein Käfig leer und keine Maus allein bleiben darf.
9. In einer Lotterie werden die 7-stelligen Gewinnzahlen folgendermaßen ermittelt: In einer Trommel sind je 7 Mal die Ziffern $\{0, 1, \ldots, 9\}$ enthalten und wir ziehen ohne Zurücklegen 7 Ziffern. Zeigen Sie, dass diese Zahlen nicht gleich wahrscheinlich sind und bestimmen Sie p/P, wobei p bzw. P die kleinste/größte Wahrscheinlichkeit für eine so ermittelte Zahl ist.
10. (Problem des Chevalier de Méré) Was ist wahrscheinlicher: (i) bei 4 Würfen mit einem Würfel mindestens eine »6«, oder (ii) bei 24 Würfen mit zwei Würfeln mindestens eine »(6, 6)« zu erhalten?
11. Es stehen n Fahnenmasten in einer Reihe, auf denen r Flaggen aufgezogen werden sollen, wobei ein Mast leer bleiben und mehrfach belegt werden kann.
    (a) Auf wie viele Arten können r unterscheidbare Flaggen gehisst werden? Die relative Position der Flaggen am Mast soll dabei berücksichtigt werden.
    (b) Auf wie viele Arten können r nicht unterscheidbare Flaggen gehisst werden?
    (c) Auf wie viele Arten können b blaue und w weiße Flaggen ($r = b + w$) gehisst werden?

12. (a) Auf wie viele Arten kann man n unterscheidbare Elemente in r Teilmengen der Mächtigkeit $k_1, \ldots, k_r$ mit $k_1 + \cdots + k_r = n$ einteilen?
    (b) Es seien $r \in \mathbb{N}_0$ und $n \in \mathbb{N}$. Wie viele verschiedene Tupel $(r_1, \ldots, r_n) \in \mathbb{N}_0^n$ gibt es, die die Gleichung $r_1 + r_2 + \cdots + r_n = r$ lösen?
    Hinweis. Kästchenmodell.
    (c) Geben Sie eine kombinatorische Begründung für die Gültigkeit der folgenden Formel an:

$$\forall m, n \in \mathbb{N},\ x_i \in \mathbb{R} : (x_1 + \cdots + x_m)^n = \sum_{\substack{0 \leqslant i_1, \ldots, i_m \leqslant n \\ i_1 + \cdots + i_m = n}} \binom{n}{i_1, i_2, \ldots, i_m} x_1^{i_1} \cdot x_2^{i_2} \cdot \ldots \cdot x_m^{i_m}.$$

13. Ein Käfer sitzt im Punkt $(0, 0, 0) \in \mathbb{Z}^3$. Auf wie viele Arten kann er entlang des Gitters auf dem kürzesten Weg zum Punkt $(i, k, l) \in \mathbb{Z}^3$ gelangen?

14. In $\mathbb{R}^2$ sind n Geraden gegeben, von denen keine zwei parallel sind und keine drei durch einen Punkt verlaufen. Bestimme (i) die Zahl der Schnittpunkte und (ii) die Zahl der von ihnen gebildeten Dreiecke.

15. Betrachte das Rechteck in $\mathbb{Z}^2$ mit den Ecken $(0, 0)$, $(n, 0)$, (n, k), $(0, k)$, $k \leqslant n$. Berechnen Sie die Zahl der Wege entlang des Gitters um von $(0, 0)$ nach (n, k) zu gelangen. Verwenden Sie dabei zwei Ansätze: (i) direkt und (ii) indem Sie die Wege über die Punkte $A_i = (i, k - i)$, $i = 0, 1, \ldots, k$ separat betrachten. Leiten Sie daraus die folgende kombinatorische Formel ab:

$$\binom{n+k}{n} = \binom{n}{0}\binom{k}{k} + \binom{n}{1}\binom{k}{k-1} + \cdots + \binom{n}{k}\binom{k}{0}.$$

16. Aus n Frauen und k Männern, $k \leqslant n$, soll ein Ausschuss mit k Mitgliedern gebildet werden. Wie viele Möglichkeiten gibt es?

17. Berechne die Wahrscheinlichkeit, dass beim Lotto »6 aus 49« mindestens zwei gezogene Zahlen benachbart sind.
    Hinweis. Gegenwahrscheinlichkeit $\mathbb{P}(B^c) = 1 - \mathbb{P}(B)$.

18. Es sei $\mathbb{P}$ ein W-Maß, $A_1, \ldots, A_n \in \mathscr{A}$, und $S_k := \sum_{1 \leqslant i_1 < i_2 < \cdots < i_k \leqslant n} \mathbb{P}(A_{i_1} \cap A_{i_2} \cap \cdots \cap A_{i_k})$. Zeigen Sie die *Bonferronischen Ungleichungen*: Für alle zulässigen $k = 1, 2, \ldots$ gilt

$$S_1 - S_2 + \cdots + S_{2k-1} - S_{2k} \leqslant \mathbb{P}(A_1 \cup A_2 \cup \cdots \cup A_n) \leqslant S_1 - S_2 + \cdots + S_{2k-1}.$$

19. Auf einem W-Raum betrachten wir die Ereignisse $A_1, \ldots, A_n$. Für $\emptyset \neq J \subset N = \{1, \ldots, n\}$ schreiben wir $A_J := \bigcap_{i \in J} A_i$ und $B^J := A_J \setminus \bigcup_{i \notin J} A_i$, $B_m = \bigcup_{|J|=m} B^J$ und $B_0 := B^\emptyset = \bigcap_{i=1}^n A_i^c$. Außerdem sei $S_0 = 0$ und $S_k = \sum_{|J|=k} \mathbb{P}(A_J)$, $1 \leqslant k \leqslant n$. Zeigen Sie:
    (a) Für $I, J \subset N$, $I \neq \emptyset$, $J \neq \emptyset$ und $I \neq J$ gilt $B^I \cap B^J = \emptyset$.
    (b) $\omega \in B_m$ genau dann, wenn ω in genau m der Ereignisse $A_1, \ldots, A_n$ liegt.
    (c) $\mathbb{P}(B_0 \cap A) = \mathbb{P}(A) - \sum_{i=1}^{n} \mathbb{P}(A_i \cap A) + \sum_{1 \leqslant i_1 < i_2 \leqslant n} \mathbb{P}(A_{i_1} \cap A_{i_2} \cap A) - + \cdots +$
    $+ (-1)^n \mathbb{P}(A_1 \cap A_2 \cap \cdots \cap A_n \cap A).$
    (d) $\mathbb{P}(B_m) = S_m - \binom{m+1}{m} S_{m+1} + \cdots + (-1)^{n-m} \binom{n}{m} S_n,\ 1 \leqslant m \leqslant n.$

20. Wenden Sie Aufgabe 2.19 auf folgendes Problem an: n Personen geben in einer Garderobe ihre Mäntel ab, die ihnen zufällig zurückgegeben werden. Wie wahrscheinlich ist es, dass *genau* $m \in \{0, \ldots, n\}$ Personen den eigenen Mantel erhalten? Wie viele Personen erhalten *im Mittel* den eigenen Mantel?

3 Grundmodelle der Wahrscheinlichkeitstheorie

In diesem Kapitel behandeln wir einige grundlegende Modelle der W-Theorie und die daraus resultierenden Verteilungen.

Diskrete Wahrscheinlichkeiten

3.1 Definition. Ein W-Raum $(\Omega, \mathscr{A}, \mathbb{P})$ heißt diskret, wenn Ω abzählbar (endlich oder unendlich) und $\mathscr{A} = \mathscr{P}(\Omega)$ ist. Eine auf einem diskreten W-Raum definierte ZV bzw. Verteilung nennt man ebenso *diskret*.

Da jede Teilmenge $A \subset \Omega$ einer abzählbaren Menge selbst abzählbar ist, gilt

$$\mathbb{P}(A) = \sum_{\omega \in A} \mathbb{P}(\{\omega\}) \quad \text{also} \quad \mathbb{P} = \sum_{\omega \in \Omega} \mathbb{P}(\{\omega\}) \delta_\omega, \tag{3.1}$$

d.h. die Werte $\mathbb{P}(\{\omega\})$, $\omega \in \Omega$, bestimmen das W-Maß $\mathbb{P}$, und wir können *jeder* Teilmenge von Ω eine Wahrscheinlichkeit zuweisen; daher ist auch $\mathscr{A} = \mathscr{P}(\Omega)$ sinnvoll. Auf einem diskreten W-Raum sind *alle* Abbildungen $X : \Omega \to \mathbb{R}^d$ messbar [✍] und der Wertebereich von X ist eine abzählbare Menge $X(\Omega)$. Außerdem sind beliebige Funktionen $f(X)$ einer ZV X wieder Zufallsvariable. Wegen (3.1), (1.3″) wird das Integral zu einer Summe

$$\mathbb{E}X = \sum_{\omega \in \Omega} X(\omega)\, \mathbb{P}(\{\omega\}) = \sum_{x \in X(\Omega)} x \mathbb{P}(X = x), \tag{3.2}$$

$$\mathbb{E}f(X) = \sum_{\omega \in \Omega} f(X(\omega))\, \mathbb{P}(\{\omega\}) = \sum_{x \in X(\Omega)} f(x)\, \mathbb{P}(X = x), \tag{3.3}$$

sofern die Reihen *absolut* konvergieren.

3.2 Definition. Es sei $X : \Omega \to \mathbb{R}^d$ eine diskrete ZV mit Werten $(x_i)_{i \in \mathbb{I}}$, $\mathbb{I} \subset \mathbb{Z}$. Die Funktion $p : \mathbb{I} \to [0,1]$, $p(i) := p_i := \mathbb{P}(X = x_i)$ heißt *Zähldichte* bezüglich des Zählmaßes $\zeta_I(dx) := \sum_{i \in \mathbb{I}} \delta_i(dx)$ auf $\mathbb{I}$.

Man sieht leicht, dass $\mathbb{P}_X(dx) = p(x)\zeta_I(dx)$ gilt.

Eine besonders wichtige Rolle spielen Experimente mit endlich vielen Ergebnissen, die alle gleich wahrscheinlich sind.

3.3 Definition. Ein W-Raum $(\Omega, \mathscr{A}, \mathbb{P})$ mit endlich vielen Ausfällen $\Omega = \{\omega_1, \dots, \omega_n\}$ heißt *Laplace W-Raum*, wenn $\mathbb{P}(\{\omega_i\}) = \frac{1}{n}$ für alle $i = 1, \dots, n$ gilt.

Wir sprechen hier auch von einer (diskreten) *Gleichverteilung*. In diesem Fall können wir Wahrscheinlichkeiten durch Zählen bestimmen. Ein Ergebnis heißt *günstig*, wenn es in $A \subset \Omega$ liegt. Es gilt dann

$$\mathbb{P}(A) = \frac{|A|}{n} = \frac{\text{Zahl der günstigen Ergebnisse}}{\text{Zahl aller Ergebnisse}}.$$

https://doi.org/10.1515/9783111342252-003

Typischerweise liegen Laplace W-Räume dann vor, wenn wir Symmetrien bei den Ergebnissen haben, z.B. beim Werfen einer fairen Münze (Beispiel 3.4.a) oder beim Ziehen von gleichartigen Kugeln aus einer Urne (Beispiel 3.7.a).

3.4 Beispiel (Münze und Würfel). Die einfachsten Zufallsinstrumente sind die (ideale) Münze und der (ideale, sechsseitige) Würfel. Die beiden Seiten der Münze heißen üblicherweise

- »Kopf« (K), was für »Erfolg« (1) steht; (Englisch: *head* (H), Französisch *pile*),
- »Wappen« (W), was für »Misserfolg« (0) steht; (Englisch: *tail* (T), Französisch *face*),

den Würfel nummeriert man normalerweise mit $1, 2, \dots, 6$. Münze und Würfel heißen *fair* (auch *Laplace*-Münze, -Würfel), wenn die Wahrscheinlichkeiten für jede Seite $\frac{1}{2}$ bzw. $\frac{1}{6}$ sind; das ist aufgrund von Symmetriegründen eine natürliche Annahme (wir schließen aus, dass die Münze auf dem Rand und der Würfel auf einer Kante landen kann). Im Fall der Münze kann man sich auch eine gezinkte Münze vorstellen, die »Kopf« mit Wahrscheinlichkeit $p \in [0, 1]$ und »Wappen« mit Wahrscheinlichkeit q zeigt;[4] es ist üblich, die Erfolgswahrscheinlichkeit mit p zu bezeichnen.

a) **Einfacher Münzwurf** (heads & tails, pile ou face). Der W-Raum ist durch

$$\Omega = \{K, W\}, \quad \mathscr{A} = \{\emptyset, \{K\}, \{W\}, \Omega\}, \quad \mathbb{P}(\{K\}) = p, \quad \mathbb{P}(\{W\}) = q = 1 - p$$

bestimmt. Ein Beispiel für eine ZV ist $X(K) = 1, X(W) = 0$; dann gilt

$$\mathbb{E}X = 1 \cdot \mathbb{P}(X = 1) + 0 \cdot \mathbb{P}(X = 0) = p.$$

Die Verteilung $\mathbb{P}_X = p\delta_1 + (1 - p)\delta_0$ heißt *Bernoulliverteilung* und wird mit $\mathsf{B}(p)$ bezeichnet.

b) **Einmal Würfeln**. Der W-Raum ist durch

$$\Omega = \{1, 2, 3, 4, 5, 6\}, \quad \mathscr{A} = \mathscr{P}(\Omega), \quad \mathbb{P}(\{n\}) = \frac{1}{6}$$

bestimmt. Ein Beispiel für eine ZV ist die Augenzahl $A(n) = n$, $n \in \Omega$. Es gilt

$$\mathbb{E}A = \sum_{i=1}^{6} i\,\mathbb{P}(A = i) = \frac{1}{6}(1 + 2 + \dots + 6) = \frac{7}{2}.$$

c) **Zweimal Würfeln.** Wenn wir zweimal hintereinander würfeln (oder zwei unterscheidbare Würfel gleichzeitig werfen), dann ist der W-Raum

$$\Omega = \{1, 2, 3, 4, 5, 6\}^2 = \{(n, m) \mid n, m = 1, \dots, 6\}, \quad \mathscr{A} = \mathscr{P}(\Omega), \quad \mathbb{P}(\{(n, m)\}) = \frac{1}{36}.$$

4 Das ist eine theoretische Annahme, da überhaupt nicht klar ist, wie wir die Münze präparieren müssen, damit wir von derartigen Wahrscheinlichkeiten sprechen und wie wir dies überprüfen können. Für rationale p, q können wir auf das Urnenmodell 3.7.a) ausweichen, für allgemeine p, q auf das Glücksrad 3.11.a).

Wir betrachten die ZV $S(n,m) = n + m$, also die Summe der gewürfelten Augen. Wir können $\mathbb{E}S$ analog zu b) mittels (3.2) berechnen. Mit folgender Überlegung können wir aber alles auf b) zurückführen *ohne zu rechnen*. Es seien $A_1(n,m) = n$ und $A_2(n,m) = m$ die Augenzahlen des 1. und 2. Wurfs. Offensichtlich gilt $S = A_1 + A_2$ und wir finden aufgrund der Linearität von $\mathbb{E}$ (∗) und der Tatsache, dass A_1 und A_2 dieselbe Verteilung wie A aus b) besitzen (∗∗),

$$\mathbb{E}S = \mathbb{E}(A_1 + A_2) \overset{(*)}{=} \mathbb{E}A_1 + \mathbb{E}A_2 \overset{(**)}{=} 2\mathbb{E}A \overset{\text{b)}}{=} 2 \times \frac{7}{2} = 7.$$

Das W-Maß aus Beispiel c) kann auch als das Produkt von zwei einzelnen Würfen interpretiert werden: **!**

$$\mathbb{P}(\{(m,n)\}) = \frac{1}{36} = \frac{1}{6} \times \frac{1}{6} = \mathbb{P}_1(\{m\})\,\mathbb{P}_2(\{n\}), \qquad m,n \in \{1,\dots,6\},$$

wo $\mathbb{P}_i$ das W-Maß des i-ten Wurfs (bzw. Würfels) ist. Diese Beobachtung gilt allgemeiner: Angenommen, wir wissen, dass ein Ereignis A mit Wahrscheinlichkeit p eintritt, und dass ein darauf aufbauendes Ereignis B die Erfolgswahrscheinlichkeit p' hat. Dann folgt aus

$$p = p \cdot 1 = p \cdot (p' + q') = pp' + pq',$$

dass die Erfolgswahrscheinlichkeit für das Eintreten von A und B das Produkt pp' der Erfolgswahrscheinlichkeiten ist. Wir werden die Multiplikationsregel in Satz 4.3.b) beweisen. Im Allgemeinen wird p' auch von A abhängen, wenn das aber nicht der Fall ist, dann heißen die Ereignisse A und B unabhängig. Diesen Fall diskutieren wir ausführlich in Kapitel 5.

---

d) ***n*-facher Münzwurf.** Wir werfen eine Münze (Erfolgswahrscheinlichkeit p) n mal hintereinander. Der W-Raum ist

$$\Omega = \{K,W\}^n = \{(\omega_1,\dots,\omega_n) \mid \omega_i \in \{K,W\}\}, \quad \mathscr{A} = \mathscr{P}(\Omega), \quad \mathbb{P}(\omega_1,\dots,\omega_n) = p^k q^{n-k},$$

wobei k die Anzahl der K im Tupel $(\omega_1,\dots,\omega_n)$ bezeichnet. Wir könnten das durch eine Zufallsvariable $\#\{i \mid \omega_i = K\}$ beschreiben, allerdings ist die folgende direkte Modellbildung einfacher: Für $K \triangleq 1$ und $W \triangleq 0$ ist

$$\Omega = \{0,1\}^n = \{(\omega_1,\dots,\omega_n) \mid \omega_i \in \{0,1\}\}, \qquad \mathscr{A} = \mathscr{P}(\Omega),$$
$$\mathbb{P}(\{(\omega_1,\dots,\omega_n)\}) = p^{\omega_1+\dots+\omega_n} q^{n-\omega_1-\dots-\omega_n},$$

da $\omega_1 + \dots + \omega_n$ genau die Zahl der auftretenden Einsen (Kopf) ist.

Wir bestimmen nun $\mathbb{P}_S$ und $\mathbb{E}S$ der Zufallsvariable $S(\omega_1,\dots,\omega_n) = \omega_1 + \dots + \omega_n$. Dazu bezeichnen wir mit $X_i(\omega_1,\dots,\omega_n) = \omega_i$, $i = 1,\dots,n$, den Ausgang des i-ten Wurfs. Dann gilt, wie in c), $\mathbb{P}_{X_i} = \mathbb{P}_X$, mit der ZV X aus Teil a), und wir erhalten

$$\mathbb{E}S = \mathbb{E}X_1 + \dots + \mathbb{E}X_n = n\,\mathbb{E}X \overset{\text{a)}}{=} np.$$

Für die Bestimmung von $\mathbb{P}_S$ überlegen wir uns, dass *nur die Anzahl* aber *nicht die Position* der »1« im Tupel $(\omega_1,\dots,\omega_n)$ in die Berechnung von S eingeht. Da wir auf $\binom{n}{k}$

verschiedene Arten k Einsen im Tupel $(\omega_1, \dots, \omega_n)$ platzieren können, ist

$$\mathbb{P}_S(\{k\}) = \mathbb{P}(S = k) = \sum_{\omega_1+\dots+\omega_n=k} p^k q^{n-k} = \binom{n}{k} p^k q^{n-k}, \quad k = 0, 1, \dots, n;$$

das ist die sog. *Binomialverteilung* $\mathsf{B}(n, p)$.

e) **Unendlicher Münzwurf.** Wir betrachten nur den einfachsten Fall $p = q = \frac{1}{2}$. Die Ausgänge dieses Experiments sind

$$\Omega = \{0, 1\}^{\mathbb{N}} = \{\omega = (\omega_n)_{n\in\mathbb{N}} \mid \omega_n \in \{0, 1\}\}.$$

Allerdings ist das keine abzählbare Menge mehr! Naiv erwarten wir $\mathbb{P}(\{\omega\}) = \prod_{n=1}^{\infty} \frac{1}{2}$, doch das unendliche Produkt ist nicht wohldefiniert – es hat den Wert 0, d.h. es divergiert; außerdem ist nicht klar, wie wir die Wahrscheinlichkeit einer Menge $A \subset \Omega$ definieren können, da die Formel (3.1) offensichtlich versagt.

Tatsächlich müssen wir sogenannte *Zylindermengen* $\mathscr{Z}$ betrachten, das sind Mengen der Art

$$\exists m \in \mathbb{N} : Z = \{\omega_1\} \times \{\omega_2\} \times \dots \times \{\omega_m\} \times \{0, 1\} \times \{0, 1\} \times \dots,$$

für die $\mathbb{P}(Z) = 2^{-m}$ intuitiv (da wir de facto nur m Würfe ausführen) »klar« ist.

Auf $\mathscr{Z}$ ist $\mathbb{P}$ ein Prämaß ([✍] das ist nicht offensichtlich!) und wir können [MI, Satz 5.2 und § 17] $\mathbb{P}$ zu einem W-Maß auf der von den Zylindermengen erzeugten σ-Algebra $\mathscr{A} = \sigma(\mathscr{Z})$ fortsetzen; beachte, dass $\sigma(\mathscr{Z}) \subsetneq \mathscr{P}(\{0, 1\}^{\mathbb{N}})$.

f) **Münzwurf bis zum ersten Erfolg.** Wir werfen eine Münze (Erfolgswahrscheinlichkeit p) so lange, bis zum ersten Mal »1« (Kopf) erscheint. Der zugehörige W-Raum ist

$$\Omega = \{(1), (0, 1), (0, 0, 1), \dots\}, \quad \mathscr{A} = \mathscr{P}(\Omega),$$
$$\mathbb{P}(\{\omega\}) = pq^n \quad \text{für} \quad \omega = (\underbrace{0, 0, \dots, 0}_{n \text{ mal}}, 1).$$

Eine mögliche ZV ist die Wartezeit bis zum Spielabbruch: $W(\omega) = n + 1$, wobei $n + 1$ die Länge von ω ist. Mit Hilfe der geometrischen Reihe erhalten wir

$$\mathbb{E}W = \sum_{n=0}^{\infty}(n + 1)pq^n = p\sum_{n=0}^{\infty}(n + 1)q^n = p\sum_{n=0}^{\infty}\frac{d}{dq}q^{n+1} = p\frac{d}{dq}\underbrace{\sum_{n=0}^{\infty}q^n}_{=1/(1-q)} = \dots = \frac{1}{p}.$$

Die Verteilung $\mathbb{P}_W(\{n\}) = \mathbb{P}(W = n) = pq^{n-1}$, $n = 1, 2, \dots$, ist die sog. *geometrische Verteilung*.

Laplaces Ansatz aus der Zahl der günstigen und ungünstigen Ergebnisse Wahrscheinlichkeiten zu berechnen setzt voraus, dass die entsprechenden Ergebnisse gleich verteilt bzw. gleichwertig sind. Das klassische Teilungsproblem (*problème des parties*) ist

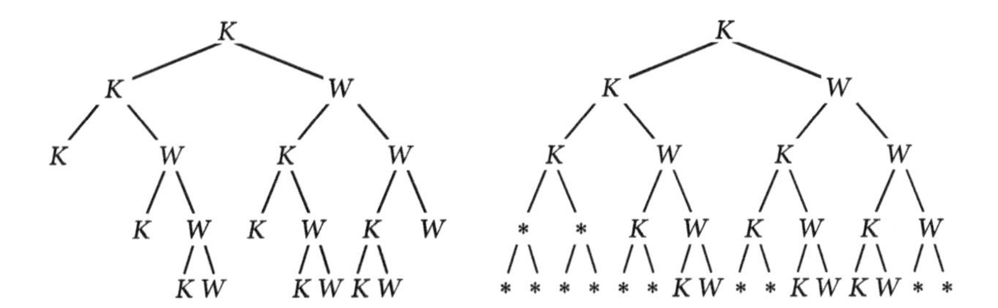

Abb. 3.1: Teilungsproblem: Spielabbruch nach dem ersten Durchgang, in dem K geworfen wurde. *Links:* Das linke Diagramm zeigt die möglichen Spielverläufe, wenn wir weiterspielen würden. Spieler A würde bei 6 Verläufen, Spieler B bei 4 Verläufen gewinnen. *Rechts:* Die Äste im linken Diagramm sind nicht gleich wahrscheinlich, da sie nach unterschiedlich vielen Partien enden. Erst wenn man die Partien bis zum fünften Durchgang erweitert, ergeben sich die korrekten Gewichte: A gewinnt in 11 Fällen, B in 5 Fällen.

ein hübsches Beispiel dafür, was man falsch machen kann. Die hier vorgestellte (korrekte) Lösung geht auf Pierre de Fermat zurück, dessen Briefwechsel mit Blaise Pascal vom Sommer 1654 oft als Anfang der modernen Wahrscheinlichkeitstheorie angesehen wird.

3.5 Beispiel (Teilungsproblem. Pascal & Fermat 1654). Zwei Spieler A und B leisten denselben Einsatz und wetten auf folgendes Spiel: Eine faire Münze (K, W) wird wiederholt geworfen.

- Erscheint zuerst 3 mal K (nicht notwendig hintereinander), dann gewinnt A;
- Erscheint zuerst 3 mal W (nicht notwendig hintereinander), dann gewinnt B.

Beim ersten Wurf erscheint K, danach muss das Spiel abgebrochen werden. Wie ist der Einsatz zu teilen?

Lösung. Zunächst ist klar, dass das Spiel nach spätestens 5 Würfen beendet ist. Wenn wir das Spiel fortgesetzt hätten, dann ergibt sich das in Abb. 3.1 auf der linken Seite dargestellte Baumdiagramm. Da die Äste des Baumdiagramms unterschiedlich lang sind, haben sie auch unterschiedliche Gewichte, d.h. auf der linken Seite von Abb. 3.1 dürfen wir (noch) nicht mit der Laplaceschen Gleichverteilung argumentieren. Wenn wir aber *hypothetisch alle Zweige zu Ende spielen* (das war Fermats Beobachtung, vgl. Abb. 3.1 rechts), dann können wir tatsächlich die Gewinnwahrscheinlichkeiten mit der Gleichverteilung berechnen und erhalten

$$\text{W-keit}(A \text{ gewinnt}) = \frac{11}{16} \quad \text{und} \quad \text{W-keit}(B \text{ gewinnt}) = \frac{5}{16},$$

was zu einem fairen Teilungsverhältnis von $\frac{11}{16} : \frac{5}{16}$ oder $11 : 5$ führt.

3.6 Bemerkung. Beispiel 3.5 zeigt, dass die richtige Modellierung des W-Raums bereits die Lösung des gestellten Problems beinhaltet. Wir können beim Teilungsproblem (mindestens) zwei W-Räume verwenden, den Laplace W-Raum, also

$$\Omega = \{(K, \omega_2, \ldots, \omega_5) : \omega_i \in \{K, W\}\}, \quad \mathscr{A} = \mathscr{P}(\Omega), \quad \mathbb{P}(\{(K, \omega_2, \ldots, \omega_5)\}) = \frac{1}{16},$$

wobei aber Ergebnisse z.B. der Form $(K, K, K, *, *)$ rein hypothetisch sind, da sie beim Spiel nie beobachtet werden können. Wenn wir aber mit der Gleichverteilung rechnen wollen, müssen wir sie in Betracht ziehen. Wir könnten aber auch die *tatsächlich beobachtbaren Ergebnisse* zu einem W-Raum zusammenfassen:

$$\begin{aligned}\Omega = \big\{&(K, K, K), (K, K, W, K), (K, K, W, W, K), (K, K, W, W, W), (K, W, K, K),\\ &(K, W, K, W, K), (K, W, K, W, W), (K, W, W, W), (K, W, W, K, W), (K, W, W, K, K)\big\},\end{aligned}$$

$\mathscr{A} = \mathscr{P}(\Omega)$, allerdings ist das W-Maß komplizierter, nämlich $\mathbb{P}(\{\omega\}) = 2^{-|\omega|+1}$, wobei $|\omega|$ die Länge des Tupels $\omega \in \Omega$ bedeutet.

3.7 Beispiel (Urnen). Eine Urne ist ein Behälter, der farbige (aber sonst nicht unterscheidbare) Kugeln enthält, aus denen »ohne Zurücklegen« – d.h. die gezogene Kugel wird entfernt – oder »mit Zurücklegen« – d.h. die gezogene Kugel wird wieder hinzugefügt – gezogen werden kann.

! Wenn wir »mit Zurücklegen« ziehen, dann ändert sich nichts beim erneuten Ziehen, während beim Ziehen »ohne Zurücklegen« die neue Ausgangssituation vom vorhergehenden Zug abhängt.

Variationen des Urnenthemas sind z.B. Urnen mit nummerierten (und damit unterscheidbaren) farbigen Kugeln, oder Urnen mit Ziehungsschemata, die zusätzlich weitere Kugeln der gezogenen Farbe entnehmen oder hinzufügen.

a) **Einfaches Ziehen**. Wenn die Urne W weiße Kugeln (1) und S schwarze Kugeln (0) enthält, dann ist der W-Raum

$$\Omega = \{0, 1\}, \quad \mathscr{A} = \{\emptyset, \{0\}, \{1\}, \Omega\}, \quad \mathbb{P}(\{0\}) = \frac{S}{S+W}, \quad \mathbb{P}(\{1\}) = \frac{W}{S+W}.$$

Der Fall $S = W$ entspricht einer fairen Münze, allgemein können wir durch ein geeignetes Urnenmodell jede Münze mit rationaler Erfolgswahrscheinlichkeit $p \in [0, 1] \cap \mathbb{Q}$ darstellen.

b) **n-faches Ziehen mit Zurücklegen**. Wir nehmen an, dass die Urne N_i Kugeln der Farbe $i = 0, 1, 2$ (z.B. weiß, schwarz, blau) enthält. Da wir gezogene Kugeln wieder zurücklegen, ist die Wahrscheinlichkeit eine Kugel der Farbe i zu ziehen, jeweils $p_i = N_i/N$, wobei $N = N_0 + N_1 + N_2$. Der W-Raum ist

$$\Omega = \{0, 1, 2\}^n = \{\omega = (\omega_1, \ldots, \omega_n) : \omega_i \in \{0, 1, 2\}\}, \quad \mathscr{A} = \mathscr{P}(\Omega)$$
$$\mathbb{P}(\{\omega\}) = p_0^{X_0(\omega)} p_1^{X_1(\omega)} p_2^{X_2(\omega)},$$

$X_i(\omega)$ steht für die Anzahl der Kugeln mit Farbe i im Tupel $\omega = (\omega_1, \ldots, \omega_n)$.

Die Verteilung des zufälligen Vektors $X = (X_0, X_1, X_2)$ wird durch

$$\mathbb{P}(X_0 = x_0, X_1 = x_1, X_2 = x_2) := \mathbb{P}(\{X_0 = x_0\} \cap \{X_1 = x_1\} \cap \{X_2 = x_2\})$$

bestimmt, wobei wie in Beispiel 3.4.d) die Position der Kugeln im Tupel ω irrelevant ist. Da wir x_0, x_1, x_2 jeweils nicht unterscheidbare Kugeln auf

$$\binom{n}{x_0, x_1, x_2} = \frac{n!}{x_0! \cdot x_1! \cdot x_2!}, \quad x_0, x_1, x_2 \in \mathbb{N}_0, \ x_0 + x_1 + x_2 = n,$$

verschiedene Arten anordnen können, gilt

$$\mathbb{P}(X_0 = x_0, X_1 = x_1, X_2 = x_2) = \binom{n}{x_0, x_1, x_2} p_0^{x_0} p_1^{x_1} p_2^{x_2}, \quad \begin{array}{c} 0 \leqslant x_i \leqslant N_i, \\ x_0 + x_1 + x_2 = n \end{array};$$

das ist die sog. *Multinomialverteilung* (hier für drei Klassen von Objekten). Wir bemerken, dass $\sum\sum\sum_{x_1,x_2,x_3,\ x_1+x_2+x_3=n} \mathbb{P}(X_0 = x_0, X_1 = x_1, X_2 = x_2) = 1$ aufgrund der Aufgabenstellung offensichtlich ist; ein rechnerischer Beweis findet sich in Aufgabe 2.12(c).

Für $N_2 = 0$ und $p = p_0$, $q = p_1$, erhalten wir die Binomialverteilung $\mathsf{B}(n, p)$.

c) **n-faches Ziehen ohne Zurücklegen.** Wir nehmen an, dass die Urne W weiße (1) und S schwarze (0) Kugeln enthält, $N = W + S$. Das Experiment können wir wieder mit

$$\Omega = \{0, 1\}^n = \{\omega = (\omega_1, \dots, \omega_n) : \omega_i \in \{0, 1\}\}, \quad \mathscr{A} = \mathscr{P}(\Omega)$$

beschreiben. Da wir die jeweils gezogene Kugel nicht wieder in die Urne legen, ist die Zahl der weißen Kugeln vor der i-ten Ziehung $W(i) = W - \omega_1 - \dots - \omega_{i-1}$, die Gesamtzahl ist $N(i) = N - (i-1)$ und die Zahl der schwarzen Kugeln ist $S(i) = N(i) - W(i)$. Somit erhalten wir

$$p_1(i) := \frac{W(i)}{N(i)} \qquad \text{Wahrscheinlichkeit im } i\text{-ten Zug 1 (weiß) zu ziehen,}$$

$$p_0(i) := \frac{S(i)}{N(i)} \qquad \text{Wahrscheinlichkeit im } i\text{-ten Zug 0 (schwarz) zu ziehen}$$

und $\mathbb{P}(\{(\omega_1, \dots, \omega_n)\}) = p_{\omega_1}(1) \cdot \ldots \cdot p_{\omega_n}(n)$. Beachte, dass die Wahrscheinlichkeiten der i-ten Ziehung vom gesamten bisherigen Spielverlauf $\omega_1, \dots, \omega_{i-1}$ abhängen.

Wir betrachten zunächst den Spezialfall $(\overbrace{1, \dots, 1}^{w}, \overbrace{0, \dots, 0}^{s})$, dass wir erst w weiße und dann s schwarze Kugeln ziehen. Es gilt

$$\begin{aligned} \mathbb{P}(\{(1, \dots, 1, 0, \dots, 0)\}) &= \frac{W \cdot (W-1) \cdot \dots \cdot (W - w + 1) \cdot S \cdot (S-1) \cdot \dots \cdot (S - s + 1)}{N \cdot (N-1) \cdot \dots \cdot (N - n + 1)} \\ &= \frac{\frac{W!}{(W-w)!} \frac{S!}{(S-s)!}}{\frac{N!}{(N-n)!}} = \frac{1}{\binom{n}{w}} \frac{\binom{W}{w}\binom{S}{s}}{\binom{N}{n}}. \end{aligned}$$

Das ist aber auch schon die allgemeine Formel für $\mathbb{P}(\{(\omega_1, \dots, \omega_n)\})$ für w weiße und s schwarze Kugeln, da jede Permutation von $(1, \dots, 1, 0, \dots, 0)$ zu einer entsprechenden Permutation des Zählers in dieser Formel führt.

Wenn wir uns ausschließlich für die Wahrscheinlichkeit interessieren, w weiße und s schwarze Kugeln zu ziehen, dann haben wir $\binom{n}{w}$ verschiedene Möglichkeiten, die w weißen Kugeln auf n Plätze im Tupel $(\omega_1, \dots, \omega_n)$ zu verteilen. Somit erhalten wir die *hypergeometrische Verteilung*

$$\mathsf{H}(N, W, n; w) = \frac{\binom{W}{w}\binom{S}{s}}{\binom{N}{n}} = \frac{\binom{W}{w}\binom{S}{s}}{\binom{S+W}{s+w}}, \qquad \begin{matrix} 0 \leqslant s \leqslant S, \\ 0 \leqslant w \leqslant W. \end{matrix} \tag{3.4}$$

$\mathsf{H}(N, W; n, w)$ ist die Wahrscheinlichkeit, genau w weiße und $s = n - w$ schwarze Kugeln zu erhalten, wenn wir aus einer Urne mit $N = S + W$ Kugeln (davon S schwarz, W weiß) n mal ohne Zurücklegen ziehen.

Eine kombinatorische Herleitung findet sich in Beispiel 2.6.c).

d) **Pólya-Urne**. Hierbei handelt es sich um eine Urne mit W weißen (1) und S schwarzen (0) Kugeln, $N = S + W$, wobei wir mit Zurücklegen ziehen und $\delta \in \mathbb{N}$ Kugeln der gezogenen Farbe hinzulegen. Die Zahl der weißen Kugeln vor der i-ten Ziehung ist $W(i) = W + (\omega_1 + \dots + \omega_{i-1})\delta$, die Gesamtzahl ist $N(i) = N + (i-1)\delta$ und die Zahl der schwarzen Kugeln ist $S(i) = N(i) - W(i)$. Somit erhalten wir

$$p_1(i) := \frac{W(i)}{N(i)} \qquad \text{Wahrscheinlichkeit im } i\text{-ten Zug 1 (weiß) zu ziehen,}$$

$$p_0(i) := \frac{S(i)}{N(i)} \qquad \text{Wahrscheinlichkeit im } i\text{-ten Zug 0 (schwarz) zu ziehen}$$

und mit einer ganz ähnlichen Überlegung wie im Fall c) erhalten wir

$$\binom{w+s}{s} \prod_{i=0}^{w-1} \frac{W + i\delta}{N + i\delta} \prod_{k=0}^{s-1} \frac{S + k\delta}{N + w\delta + k\delta}, \qquad s, w \in \mathbb{N}_0, \tag{3.5}$$

für die Wahrscheinlichkeit, w weiße und s schwarze Kugeln zu ziehen. Das ist die *Pólya-Verteilung*.

Stetige und absolutstetige Wahrscheinlichkeiten

Diskrete W-Maße bestehen ausschließlich aus Atomen, d.h. Punktmassen. Wir werden nun einige Verteilungen betrachten, die keine Atome besitzen.

3.8 Definition. Eine ZV $X = (X_1, \dots, X_d) : \Omega \to \mathbb{R}^d$ auf einem W-Raum $(\Omega, \mathscr{A}, \mathbb{P})$ heißt *stetig*, wenn die Verteilungsfunktion

$$F_X(x_1, x_2, \dots, x_d) := \mathbb{P}(X_1 \leqslant x_1, X_2 \leqslant x_2, \dots, X_d \leqslant x_d), \qquad (x_1, x_2, \dots, x_d) \in \mathbb{R}^d,$$

stetig ist; X heißt *absolutstetig*, wenn X eine Dichte bezüglich des Lebesguemaßes besitzt: $\mathbb{P}_X(dx) = p(x)\,dx$. Entsprechend definiert man *stetige* und *absolutstetige Verteilungen*.

Weil $F_X(x_1, \dots, x_d) = \mathbb{P}\left(X \in \times_{i=1}^d (-\infty, x_i]\right)$ gilt und weil die Mengen $\times_{i=1}^d (-\infty, x_i]$, $x_1, \dots, x_d \in \mathbb{R}$, einen $\cap$-stabilen Erzeuger der Borel-Mengen $\mathscr{B}(\mathbb{R}^d)$ bilden, folgt aus dem Maßeindeutigkeitssatz [MI, Satz 4.5], dass F_X die Verteilung $\mathbb{P}_X$ eindeutig bestimmt. Während multivariate Verteilungsfunktionen recht unhandlich sind, vgl. hierzu die Diskussion im Anhang A.4, werden eindimensionale Verteilungsfunktionen sehr oft verwendet, um $\mathbb{P}_X$ zu charakterisieren.

3.9 Lemma. *Die Verteilungsfunktion $F(x) := F_X(x) := \mathbb{P}(X \leqslant x)$, $x \in \mathbb{R}$, einer reellen ZV $X : \Omega \to \mathbb{R}$ hat folgende Eigenschaften:*

a) *$x \mapsto F(x)$ ist monoton wachsend;*
b) *$x \mapsto F(x)$ ist rechtsseitig stetig;*
c) *$\lim_{x\to-\infty} F(x) = 0$ und $\lim_{x\to\infty} F(x) = 1$.*

Zusatz 1: *$\mathbb{P}(X = x) = F(x) - F(x-) = F(x) - \lim_{y\uparrow x} F(x)$, d.h. die ZV X hat an den Unstetigkeitsstellen von F »Atome«. Insbesondere hat $x \mapsto F(x)$ höchstens abzählbar viele Unstetigkeitsstellen.*

Zusatz 2: *Wenn $F(x)$ stetig und stückweise stetig differenzierbar ist, dann ist X absolutstetig mit W-Dichte $p(x) = F'(x)$.*

Beweis. a) Für $x \leqslant y$ gilt $\{X \leqslant x\} \subset \{X \leqslant y\}$, also $F(x) = \mathbb{P}(X \leqslant x) \leqslant \mathbb{P}(X \leqslant y) = F(y)$.

b) Die Rechtsstetigkeit folgt aus der Stetigkeit von Maßen: Wenn $x_n \downarrow x$, dann gilt

$$\{X \leqslant x_n\} \downarrow \{X \leqslant x\} \implies F(x_n) = \mathbb{P}(X \leqslant x_n) \downarrow \mathbb{P}(X \leqslant x) = F(x).$$

c) Wie in Teil b) zeigt man für $x_n \uparrow \infty$ bzw. $y_n \downarrow -\infty$, dass $\{X \leqslant x_n\} \uparrow \mathbb{R}$ und $\lim_{x\to\infty} F(x) = \mathbb{P}(X \in \mathbb{R}) = 1$ bzw. $\{X \leqslant y_n\} \downarrow \emptyset$ und $\lim_{y\to-\infty} F(y) = \mathbb{P}(X \in \emptyset) = 0$ gelten.

Zusatz 1: Für jedes $x \in \mathbb{R}$ und jede Folge $y_n \uparrow x$ gilt, dass

$$\begin{aligned}\mathbb{P}(X = x) = \mathbb{P}(\{X \leqslant x\} \setminus \{X < x\}) &= \mathbb{P}\left(\bigcap_{n=1}^{\infty} \{X \leqslant x\} \setminus \{X \leqslant y_n\}\right)\\ &= \lim_{n\to\infty} \left(\mathbb{P}(X \leqslant x) - \mathbb{P}(X \leqslant y_n)\right) = F(x) - F(x-).\end{aligned}$$

Wir schreiben nun $D_n = \{x \mid \mathbb{P}(X = x) > 1/n\}$ und $D = \bigcup_{n\in\mathbb{N}} D_n = \{x \mid \mathbb{P}(X = x) > 0\}$. Wegen $1 = \mathbb{P}(X \in \mathbb{R}) \geqslant \sum_{x\in D_n} \mathbb{P}(X = x) \geqslant |D|/n$ kann D_n höchstens n Elemente enthalten, d.h. D ist abzählbar. Das beweist, dass F nur abzählbar viele Unstetigkeitsstellen besitzt.

Zusatz 2: Wenn F stetig und stückweise stetig differenzierbar ist, dann folgt aus dem Hauptsatz der Differential- und Integralrechnung, dass $\mathbb{P}(X \leqslant x) = F(x) = \int_{-\infty}^{x} F'(t)\,dt$ ist, d.h. $F'(t) \geqslant 0$ ist die W-Dichte der ZV X. □

Wir werden in Kapitel 6 die Umkehrung von Lemma 3.9 kennenlernen: Jede Funktion mit den Eigenschaften a)–c) aus Lemma 3.9 ist die Verteilungsfunktion einer reellen ZV. Insbesondere ist jede positive Funktion $p(x) \geqslant 0$, $x \in \mathbb{R}$, mit $\int p(x)\,dx = 1$ ist die Dichte einer ZV bzw. einer W-Verteilung. Folgende absolutstetige W-Verteilungen auf $\mathbb{R}$ sind besonders wichtig, vgl. auch die Tabelle im Anhang A.7.

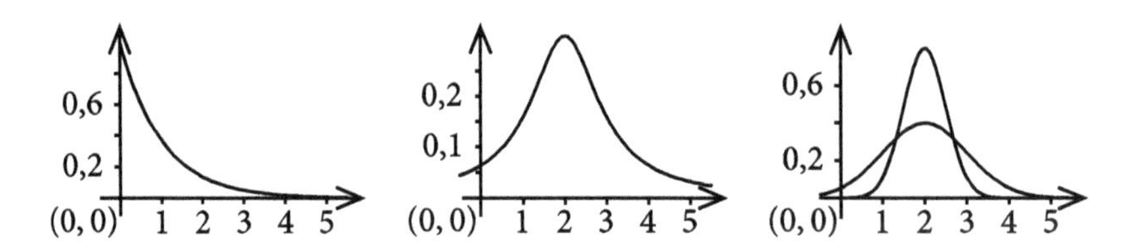

Abb. 3.2: *Von links nach rechts*: Dichten der Verteilungen Exp(1), Cauchy(1, 2) sowie N(2, 1) (flache Kurve) und N(2, 1/4) (steile Kurve).

3.10 Beispiel. a) **Gleichverteilung auf dem Intervall** $[a, b]$. $X \sim \mathsf{U}[a, b]$, d.h. X hat die Dichte $p(x) = (b-a)^{-1}\mathbb{1}_{[a,b]}(x)$. Es gilt $\int \mathbb{1}_{[a,b]}(x)\,dx = b - a$, d.h. $p(x) \geqslant 0$ ist tatsächlich eine W-Dichte. Man rechnet leicht nach, dass Mittelwert und Varianz existieren und folgende Werte haben:

$$\mathbb{E}X = \mu = \frac{1}{b-a}\int_a^b x\,dx = \frac{1}{2}(a+b) \text{ und } \mathbb{V}X = \sigma^2 = \frac{1}{b-a}\int_a^b (x-\mu)^2\,dx = \frac{1}{12}(b-a)^2.$$

b) **(Einseitige) Exponentialverteilung.** $X \sim \mathsf{Exp}(\lambda)$, $\lambda > 0$, d.h. X hat die W-Dichte $p(x) = \lambda e^{-\lambda x}\mathbb{1}_{[0,\infty)}(x)$. Offensichtlich gilt $\int_0^\infty e^{-\lambda x}\,dx = 1/\lambda$, d.h. $p(x) \geqslant 0$ ist tatsächlich eine W-Dichte. Man rechnet leicht nach, dass Mittelwert und Varianz existieren und folgende Werte haben:

$$\mathbb{E}X = \mu = \int_0^\infty x\lambda e^{-\lambda x}\,dx = \frac{1}{\lambda} \quad \text{und} \quad \mathbb{V}X = \sigma^2 = \int_0^\infty (x-\mu)^2\lambda e^{-\lambda x}\,dx = \frac{1}{\lambda^2}.$$

Die Exponentialverteilung wird häufig zur Modellierung von Wartezeiten (z.B. beim atomaren Zerfall, bei Warteschlangen oder Lebenszeiten) und Wachstumsprozessen verwendet.

c) **(Eindimensionale) Cauchy-Verteilung.** $X \sim \mathsf{C}(\lambda, a)$ heißt Cauchy-verteilt, wenn $p(x) = \frac{1}{\pi}\frac{\lambda}{\lambda^2+(x-a)^2}$ gilt. Wegen

$$\int_{-\infty}^{\infty} \frac{\lambda\,dx}{\lambda^2+(x-a)^2} \underset{dy=dx/\lambda}{\overset{\lambda y=x-a}{=}} \int_{-\infty}^{\infty} \frac{dy}{1+y^2} = \arctan y\Big|_{-\infty}^{\infty} = \pi$$

ist $p(x)$ eine W-Dichte, aber wegen $|x|p(x) \approx c|x|^{-1}$ und $x^2p(x) \approx c$ (für $|x| \to \infty$) existieren weder Erwartungswert noch Varianz.

d) **(Eindimensionale) Normalverteilung.** $X \sim \mathsf{N}(\mu, \sigma^2)$, d.h. X hat die Dichte

$$g_{\mu,\sigma^2}(x) = \frac{1}{\sqrt{2\pi\sigma^2}}e^{-(x-\mu)^2/2\sigma^2}, \quad \mu \in \mathbb{R},\ \sigma^2 > 0,\ x \in \mathbb{R};$$

aus [MI, Beispiel 16.4] wissen wir, dass $\int_{\mathbb{R}} e^{-x^2/2}\,dx = \sqrt{2\pi}$ gilt, d.h. g_{μ,σ^2} ist tatsächlich eine W-Dichte. Die Parameter μ und σ^2 sind der Erwartungswert und die Varianz:

$$\mathbb{E}X = \frac{1}{\sqrt{2\pi\sigma^2}} \int_{-\infty}^{\infty} x e^{-(x-\mu)^2/2\sigma^2}\,dx \overset{\sigma y = x-\mu}{\underset{dy=dx/\sigma}{=}} \frac{1}{\sqrt{2\pi}} \int_{-\infty}^{\infty} (\sigma y + \mu) e^{-y^2/2}\,dy = \mu$$

$$\mathbb{V}X = \frac{1}{\sqrt{2\pi\sigma^2}} \int_{-\infty}^{\infty} (x-\mu)^2 e^{-(x-\mu)^2/2\sigma^2}\,dx \overset{\sigma y = x-\mu}{\underset{dy=dx/\sigma}{=}} \frac{\sigma^2}{\sqrt{2\pi}} \int_{-\infty}^{\infty} y^2 e^{-y^2/2}\,dy = \sigma^2,$$

für die letzte Gleichheit verwenden wir partielle Integration mit $f = y$ und $g' = ye^{-y^2/2}$.

σ heißt *Standardabweichung*, für $\sigma = 0$ erhalten wir die *degenerierte Normalverteilung* δ_μ. Die *Standard-Normalverteilung* $\mathsf{N}(0,1)$ ist eine Normalverteilung mit $\mu = 0$ und $\sigma = 1$.

Alternativ spricht man auch von einer *Gauß-Verteilung*. Eine ZV $G \sim \mathsf{N}(\mu, \sigma^2)$ nennt man *normal(verteilt)* oder *Gaußisch*.

Die Normalverteilung ist eine der wichtigsten W-Verteilungen überhaupt. Typischerweise tritt sie auf als Grenzverteilung des arithmetischen Mittels $\frac{1}{n}(X_1 + \cdots + X_n)$ von unabhängigen und identisch verteilten (iid) ZV, die zweite Momente besitzen.

Geometrische Wahrscheinlichkeiten

Wenn die Wahrscheinlichkeit proportional zu einer Strecke, Fläche oder einem Volumen in $\mathbb{R}^d$ ist, dann spricht man von einer *geometrischen* Wahrscheinlichkeit. Das typische Beispiel ist die Trefferwahrscheinlichkeit für ein Feld beim Dartspiel. Da wir Wahrscheinlichkeiten mit Hilfe des Lebesgueschen Maßes ausdrücken, ist der zu Grunde liegende W-Raum nicht mehr diskret, und wir müssen auf Messbarkeitsfragen achten.

3.11 Beispiel. a) **Glücksrad.** Wir identifizieren das Intervall $[0,1]$ mit dem Umfang einer (idealen) Kreisscheibe. Auf dem Kreisumfang färben wir die Punkte einer Borelmenge $B \subset [0,1]$ weiß ein, rotieren die Kreisscheibe um ihren Mittelpunkt, und warten bis sie zum Stillstand kommt. Das Ereignis B tritt ein, wenn ein $b \in B$ am Nordpol der Kreisscheibe liegt.

Der W-Raum ist $([0,1], \mathscr{B}[0,1], \mathbb{P})$ und $\mathbb{P}(B) = \lambda(B)$ für das Lebesguemaß auf der Menge $[0,1]$, d.h. die Gleichverteilung $\mathsf{U}[0,1]$ auf dem Intervall $[0,1]$. Eine ZV ist eine messbare Abbildung $X : [0,1] \to \mathbb{R}$ und der Erwartungswert für $X \in L^1(\mathbb{P})$ ist

$$\mathbb{E}X = \int_\Omega X\,d\mathbb{P} \overset{\mathbb{P}(d\omega)=\lambda(dt)=:dt}{=} \int_{[0,1]} X(t)\,dt.$$

b) **Diskretisiertes Glücksrad.** Wir wählen in a) eine Menge B mit Maß $\lambda(B) = p$ für ein $p \in [0,1]$; uns interessiert nur ob B eintritt; in diesem Fall notieren wir eine 1 (»Erfolg«), ansonsten eine 0 (»Misserfolg«). Der resultierende W-Raum ist $(\{0,1\}, \mathscr{P}(\{0,1\}), \mathbb{P})$ mit

$\mathbb{P}(\{1\}) = p$ und $\mathbb{P}(\{0\}) = q = 1 - p$. Dies ist auch der W-Raum für den Wurf einer Münze mit Erfolgswahrscheinlichkeit p.

Mit Hilfe einer ZV können wir das diskretisierte Glücksrad als Bild des W-Raums in a) schreiben: Setze $X = \mathbb{1}_B$. Dann gilt

$$(\{0,1\}, \mathscr{P}(\{0,1\}), \mathbb{P}) = (X([0,1]), X(\mathscr{B}(\{0,1\})), X(\lambda)),$$

d.h. das diskrete Glücksrad ist das Bild des Glücksrads unter der diskreten Abbildung $x \mapsto \mathbb{1}_B(x)$.

c) **Zufällige Punkte in der Ebene**. Es sei $U \subset \mathbb{R}^2$ eine Borelmenge, aus der wir »zufällig« Punkte $x \in U$ ziehen. Wir interessieren uns für die Wahrscheinlichkeit, dass x aus einer gegebenen Borelmenge $B \subset U$ stammt. Wenn die Wahrscheinlichkeit proportional zur Fläche sein soll, erhalten wir den W-Raum

$$\Omega = U, \quad \mathscr{A} = \mathscr{B}(U), \quad \mathbb{P}(B) = \frac{\lambda(B)}{\lambda(U)}, \ B \in \mathscr{B}(U).$$

d) **Zufällige Punkte im Kreis**. Es sei $B_1(0)$ die offene Einheitskreisscheibe in $\mathbb{R}^2$. Wir haben in c) gesehen, dass für $B \subset B_1(0)$ die Wahrscheinlichkeit, einen Punkt zufällig aus B zu ziehen, $\mathbb{P}(B) = \pi^{-1}\lambda(B)$ ist. Mit Hilfe des Satzes von Fubini können wir diese Wahrscheinlichkeit »zerlegen«:

$$\mathbb{P}(B) = \frac{1}{\pi}\int_{-1}^{1}\int_{-\sqrt{1-x^2}}^{\sqrt{1-x^2}} \mathbb{1}_B(x,y)\,dy\,dx = \int_{-1}^{1}\left(\int_{-\sqrt{1-x^2}}^{\sqrt{1-x^2}} \mathbb{1}_B(x,y)\,\frac{dy}{2\sqrt{1-x^2}}\right)\frac{2\sqrt{1-x^2}\,dx}{\pi}.$$

Das heißt, dass wir zuerst die x-Koordinate mit Hilfe der W-Verteilung $\frac{2}{\pi}\sqrt{1-x^2}\,dx$ auf $[-1,1]$ wählen (das ist die sog. *Arkussinus-Verteilung*) und anschließend die y-Koordinate gleichverteilt aus dem Intervall $\left[-\sqrt{1-x^2}, \sqrt{1-x^2}\right]$ »ziehen«. In Polarkoordinaten [MI, 21.11] können wir diese Wahrscheinlichkeit auch durch

$$\frac{1}{\pi}\int_{0}^{1}\int_{-\pi}^{\pi} \mathbb{1}_B(r\cos\theta, r\sin\theta) r\,d\theta\,dr = \int_{0}^{1}\left(\int_{-\pi}^{\pi} \mathbb{1}_B(r\cos\theta, r\sin\theta)\,\frac{d\theta}{2\pi}\right) 2r\,dr$$

ausdrücken, d.h. wir wählen erst einen Radius $r \in [0,1)$ gemäß der Verteilung $2r\,dr$ auf $[0,1)$ (das ist die sog. *Dreieckverteilung*, vgl. A.7 Nr. 4), um dann den Winkel $\theta \in [-\pi, \pi)$ mit einer Gleichverteilung zu bestimmen.

Die unterschiedliche Interpretation bzw. Modellierung der (zweidimensionalen) Gleichverteilung ist eine der Ursachen für das sog. *Bertrandsche Paradoxon*.

3.12 Beispiel (Bertrand 1889). *In einem Kreis $K \subset \mathbb{R}^2$ wird zufällig eine Sehne σ ausgewählt. Was ist die Wahrscheinlichkeit dafür, dass die Sehne länger ist als die Seite des in den Kreis einbeschriebenen gleichseitigen Dreiecks Δ?*

Bertrand [7, p. 6] gibt drei verschiedene Lösungen für dieses Problem an. Wir schreiben p für die gesuchte Wahrscheinlichkeit, $|\sigma|$ für die Länge der Sehne und a für die Seitenlänge des Dreiecks Δ.

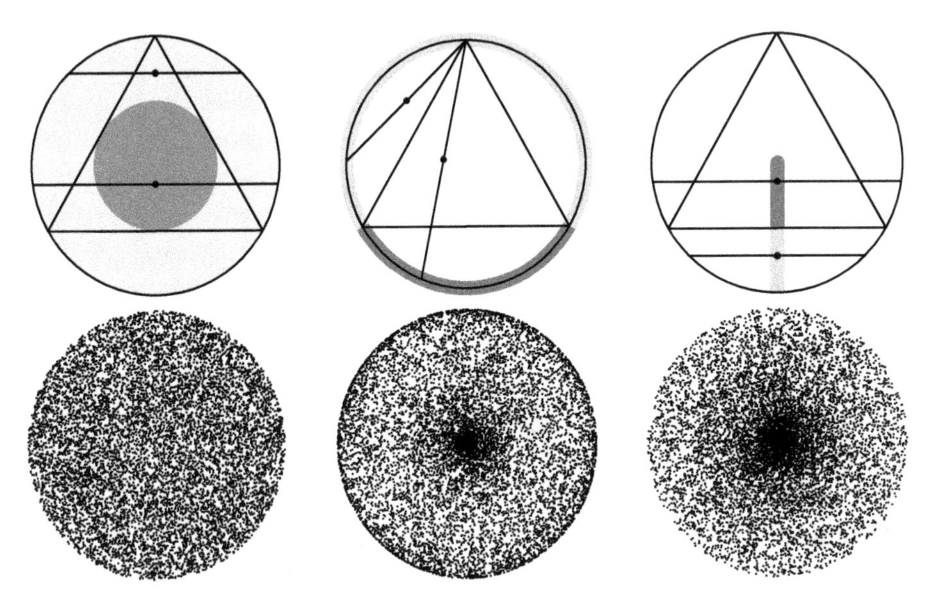

Abb. 3.3: *Obere Reihe*: Auswahlmethoden 1–3 in Bertrands Paradox. *Untere Reihe*: Die Punkte repräsentieren Mittelpunkte »zufällig« ausgewählter Sehnen, wobei wir (von links nach rechts) die Methoden 1–3 verwendet haben. Beachte die unterschiedliche Struktur der Punktewolken.

a) **Methode 1.** Wähle im Inneren von K zufällig (d.h. mit Gleichverteilung) einen Punkt x. Dieser Punkt bestimmt eindeutig die Sehne $\sigma = \sigma(x)$, deren Mittelpunkt x ist. Es gilt

$$|\sigma| \geqslant a \iff x \text{ liegt im Inkreis von } \Delta.$$

Da wir x mit einer Gleichverteilung bestimmt haben, erhalten wir

$$p = \frac{\text{Fläche Inkreis}}{\text{Fläche } K} = \frac{1}{4}.$$

b) **Methode 2.** Wir wählen auf dem Rand ∂K zufällig (d.h. mit Gleichverteilung) zwei Punkte x, y, die die Endpunkte der Sehne sind. Aus Symmetriegründen können wir stets y an den Nordpol platzieren. Dann gilt

$$|\sigma| \geqslant a \iff x \text{ ist im unteren Drittel des Randes } \partial K.$$

Wegen der Gleichverteilung erhalten wir dann

$$p = \frac{\text{Länge unteres Drittel}}{\text{Kreisumfang}} = \frac{1}{3}.$$

c) **Methode 3.** Wir zeichnen einen Radius in K ein. Aus Symmetriegründen, können wir den zum Südpol zeigenden Radius nehmen. Nun wählen wir auf diesem Radius zufällig (d.h. mit Gleichverteilung) einen Punkt x. Dieser ist der Mittelpunkt der Sehne, die senkrecht zum Radius ist. Dann gilt

$$|\sigma| \geqslant a \iff x \text{ liegt auf der unteren Hälfte des Radius.}$$

Wiederum erhalten wir wegen der Gleichverteilung

$$p = \frac{\text{Länge untere Hälfte des Radius}}{\text{Radius}} = \frac{1}{2}.$$

Es gibt weitere Lösungsmethoden, die zu noch höheren Wahrscheinlichkeiten führen, vgl. Szekely [62, S. 50 *ff.*]. Der Grund für die verschiedenen Wahrscheinlichkeiten ist, dass der Begriff der »Gleichverteilung« in jeder Methode anders interpretiert wurde, d.h. wir haben es jeweils mit einem anderen W-Raum zu tun! Daher ist Bertrands Paradox kein eigentliches *Paradox* im Sinne der Logik, sondern ein *schlecht gestelltes Problem.* Mit Hilfe von Simulationen können wir die Auswahl der Sehnenmittelpunkte illustrieren, vgl. Abb. 3.3.

3.13 Beispiel. *Ein Stab wird zufällig in drei Stücke zerbrochen. Wie groß ist die Wahrscheinlichkeit p, dass aus diesen drei Stücken ein Dreieck gebildet werden kann?*

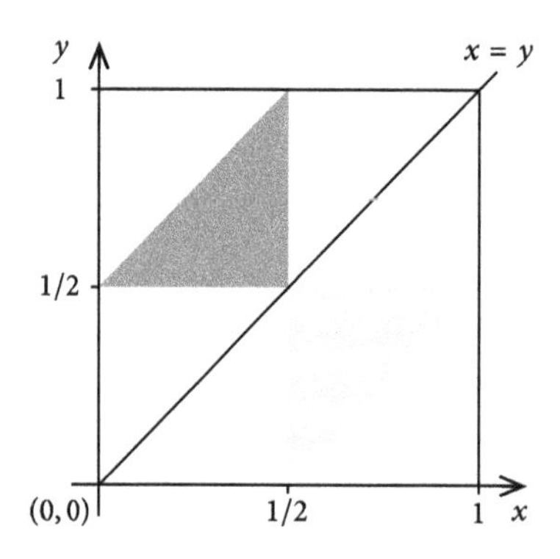

Abb. 3.4: Die Bedingungen (3.6) beschreiben das dunkelgrau schattierte Dreieck. Für $x \geqslant y$ erhalten wir die hellgrau schattierte Fläche.

Im Gegensatz zu Bertrands Paradox (Beispiel 3.12) gibt es hier eine natürliche Interpretation für »zufällig«. Wir nehmen an, dass der Stab durch das Intervall $[0,1]$ repräsentiert wird und wählen mit der (eindimensionalen) Gleichverteilung zwei Punkte $x, y \in [0,1]$. Indem wir das Quadrat $\Omega := [0,1] \times [0,1]$ betrachten, können wir die beiden Punkte $x, y \in [0,1]$ auch als zufällig gewählten Punkt $(x,y) \in \Omega$ interpretieren, wobei das W-Maß $\mathbb{P} = \lambda \times \lambda = \lambda^2$ das zweidimensionale Lebesguemaß ist. Offensichtlich müssen wir dann $\mathscr{A} = \mathscr{B}([0,1] \times [0,1])$ als σ-Algebra wählen.

Damit wir aus den drei Stücken ein Dreieck bilden können, muss die Dreiecksungleichung (je zwei Seiten müssen länger als die dritte Seite sein) erfüllt sein. Wir nehmen dazu an, dass $x \leqslant y$ ist. Die Stücke sind dann $[0,x]$, $[x,y]$, $[y,1]$ und es ist notwendig und hinreichend, dass keine Seite länger als $1/2$ ist

$$x < \frac{1}{2},\ y - x < \frac{1}{2},\ 1 - y < \frac{1}{2} \iff x < \frac{1}{2},\ y - x < \frac{1}{2},\ y > \frac{1}{2}. \tag{3.6}$$

Da $\mathbb{P}$ das Lebesguemaß ist, ist die gesuchte Wahrscheinlichkeit durch die schattierten Flächen in Abb. 3.4 gegeben, d.h. $p = \frac{1}{4}$.

3.14 Beispiel (Buffon's needle problem). *Auf der (x, y)-Ebene werden parallele Geraden $y = 2ak$, $k \in \mathbb{Z}$, mit Abstand $2a$ eingezeichnet. Eine Strecke (»Nadel«) der Länge $2l$, $l < a$, wird zufällig auf die Ebene geworfen. Wie groß ist die Wahrscheinlichkeit dafür, dass die Strecke eine der Geraden schneidet?*

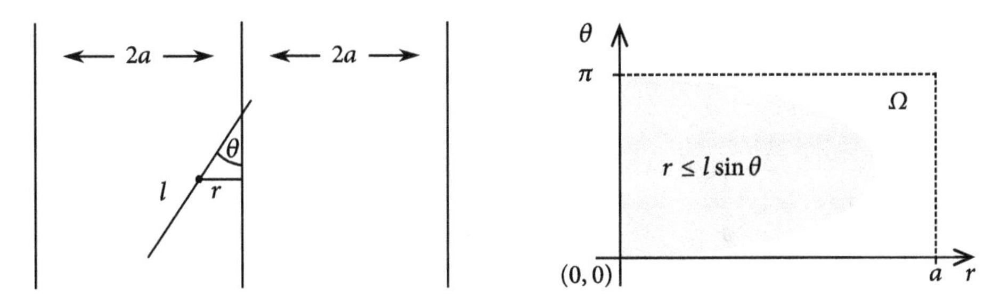

Abb. 3.5: *Links:* Schematische Darstellung, dass eine zufällig platzierte Strecke eine der Parallelen schneidet. *Rechts:* Die Strecke schneidet eine Parallele genau dann, wenn (r, θ) im schattierten Bereich des W-Raums Ω liegt.

Die Position der Nadel wird durch den Mittelpunkt (x, y) und den Winkel $\theta \in [0, \pi]$ zur nächstgelegenen Parallelen beschrieben. Die Verschiebung des Mittelpunkts (x, y) in y-Richtung ist für die Fragestellung irrelevant; daher können wir die Lage auch durch den Abstand $r \in [0, a]$ zur nächstgelegenen Parallelen und den Winkel $\theta \in [0, \pi]$ angeben, d.h. $\Omega = [0, a] \times [0, \pi]$. Wenn wir »zufällig« so interpretieren, dass sowohl r als auch θ einer Gleichverteilung folgt, dann ergibt sich für das W-Maß

$$\mathbb{P}(dr, d\theta) = \mathbb{1}_{[0,a]}(r)\,\frac{dr}{a}\,\mathbb{1}_{[0,\pi]}(\theta)\frac{d\theta}{\pi};$$

wir wählen $\mathscr{A} = \mathscr{B}([0, a] \times [0, \pi])$. Aus der Abb. 3.5 können wir ablesen, dass die Strecke genau dann die Parallele trifft, wenn $r < l \sin \theta$ ist. Wenn wir die ZV $R(\omega) = R(r, \theta) = r$ einführen, dann ist die gesuchte Wahrscheinlichkeit

$$\mathbb{P}(R < l \sin \theta) = \int_0^{\pi} \int_0^{l \sin \theta} \frac{dr}{a}\,\frac{d\theta}{\pi} = \frac{l}{\pi a} \int_0^{\pi} \sin \theta \, d\theta = \frac{2l}{\pi a}.$$

Wir können diese Wahrscheinlichkeit auch rein geometrisch und ohne ZV bestimmen, siehe hierzu die Abb. 3.5 (rechte Seite).

! Buffons Aufgabe ist eng mit dem Bertrandschen Paradox verwandt. Tatsächlich entspricht die oben vorgestellte Lösung dem Ansatz aus Beispiel 3.12.c): Dort haben wir nämlich auch den Mittelpunkt der Sehne durch eine Gleichverteilung auf dem Radius $r \in [0, 1]$ und der Ausrichtung des Radius $\theta \in (-\pi, \pi]$ bestimmt. Das entsprechende W-Maß ist $\mathbb{P}(dr, d\theta) = \frac{dr\,d\theta}{2\pi}$, und nur die Sehnen sind länger als die Dreiecksseite, für die $\frac{1}{2} < r \leqslant 1$ gilt. Daher ergibt sich für die gesuchte Wahrscheinlichkeit

$$\int_0^{2\pi} \int_{1/2}^1 \frac{dr\,d\theta}{2\pi} = \frac{1}{2}.$$

Wir kommen zum selben Ergebnis, wenn wir Buffons Nadelproblem »invertieren«: Wir fixieren eine Strecke $\{0\} \times [-l, l]$ und werfen zufällig ein Gitter aus parallelen Geraden mit Abstand $2a$ in die Ebene. Wiederum fragen wir nach der Wahrscheinlichkeit, dass die Nadel eine der Geraden schneidet. Die zufällige Position und Richtung der ersten Geraden werden so bestimmt, wie wir im Bertrandschen Paradox (Beispiel 3.12) die Sehne im Kreis $K = B_l(0)$ gewählt haben. Wenn wir die Methode 3 verwenden, entspricht das der in Beispiel 3.14 vorgestellten Lösung. Natürlich könnten wir nun Buffons Nadelproblem auch analog zu Methode 1 oder 2 aus Beispiel 3.12 behandeln, aber das setzt einen anderen Versuchsaufbau voraus, insbesondere *wie* wir die Nadel bzw. das Parallelengitter werfen.

Das Ergebnis aus Beispiel 3.14 wurde tatsächlich verwendet, um den Wert von π zu bestimmen: Buffon hat 2048 Würfe angestellt, Rudolf Wolf (Zürich, um 1850) 5000 Würfe ($a = 9$mm und $d = 11.25$mm, $\pi \approx 3.1596$), Ambrose Smith (Aberdeen) 3204 Würfe ($a/d = 3/5$, $\pi \approx 3.1553$), vgl. Picard [53, S. 80]. Da Methode 3 in Bertrands Paradox und unsere Lösung von Buffons Nadelproblem äquivalent sind, ist es naheliegend, die Methode 3 als »intuitivste« Lösung zu Bertrands Paradox anzusehen (ein anderes Argument basierend auf Skalierungsinvarianzen kommt zum selben Ergebnis, vgl. [62, S. 52*f.*]).

Aufgaben

1. Das Straßennetz einer Stadt ist durch das Gitter $\{0, \dots, 8\}^2$ gegeben. Anna wohnt in $(0, 0)$ und arbeitet in $(8, 8)$, Bert wohnt in $(4, 4)$. Anna wählt einen zufälligen Weg zur Arbeit. Wie groß ist die Wahrscheinlichkeit, dass sie bei Bert vorbeikommt?

2. Im Fahrstuhl eines 6-stöckigen Gebäudes befinden sich 3 Personen. Die Wahrscheinlichkeit, dass eine Person in einem Stockwerk aussteigt sei $1/6$. Berechnen Sie die Wahrscheinlichkeiten dafür, dass
   (a) alle den Fahrstuhl im 1. Stock verlassen;
   (b) alle den Fahrstuhl im gleichen Stock verlassen;
   (c) alle den Fahrstuhl in verschiedenen Stockwerken verlassen.

3. In einer Urne sind 3 weiße und 7 schwarze Kugeln. Wir ziehen 4 Kugeln ohne Zurücklegen. Wie groß ist die Wahrscheinlichkeit, mindestens eine weiße Kugel zu ziehen?

4. Die Abschlussklausur wird aus 6 der 12 wöchentlichen Übungsblätter eines Kurses zusammengestellt. Wie groß ist die Wahrscheinlichkeit, dass ein Student, der die Musterlösungen von 8 Übungsblättern auswendig lernt (und die verbleibenden Aufgaben nicht lösen kann) in der Klausur mindestens 4 richtige Aufgaben reproduziert?

5. **Geburtstagsproblem.**
   (a) Eine Urne enthält M nummerierte Kugeln. Wir ziehen n Kugeln mit Zurücklegen und notieren die gezogene Zahl. Was ist die Wahrscheinlichkeit, lauter verschiedene Zahlen zu ziehen?
   (b) Verwenden Sie die Approximation $1 - p \approx e^{-p}$, $p \geqslant 0$ klein, um die Formel aus Teil (a) zu vereinfachen.
   (c) Wenden Sie (a) & (b) auf folgende Fragestellung an: Wie wahrscheinlich ist es, dass von den 30 Teilnehmern eines Kurses mindestens 2 am selben Tag Geburtstag haben? (Hierbei schließen wir den 29.2. als Geburtstag aus und nehmen an, dass Geburten über das Jahr hinweg gleichverteilt sind.)

6. In einer Lostrommel sind $n + m$ Lose, davon sind genau n Gewinne. Wir ziehen k Lose. Was ist die Wahrscheinlichkeit, dass darunter s Gewinne sind?
7. Es sei $n \in \mathbb{N}$ eine zufällig gezogene Zahl in Dezimaldarstellung. Was ist die Wahrscheinlichkeit, dass die letzten zwei Ziffern von n^3 Einsen sind?
8. 10 Bücher werden zufällig in ein Regal gestellt. Wie groß ist die Wahrscheinlichkeit, dass drei vorher benannte Bücher nebeneinander stehen?
9. Es seien $x, y \in [0,1]$ zufällig gezogene Zahlen. Wie groß ist die Wahrscheinlichkeit, dass $x + y \leqslant 1$ und $xy \leqslant 2/9$?
   Hinweis. Geometrische Wahrscheinlichkeit – Zeichnung!
10. Zwei Freunde vereinbaren, sich im Zeitintervall $[0, T]$ in der Uni zu treffen. Wir nehmen an, dass die Ankunftszeiten der beiden gleichverteilt sind. Wie groß ist die Wahrscheinlichkeit, dass die beiden weniger als t aufeinander warten müssen?
    Hinweis. Geometrische Wahrscheinlichkeit – Zeichnung!
11. Wir werfen eine Münze mit Erfolgswahrscheinlichkeit p so lange, bis zum n-ten Mal »1« erscheint. Finden Sie die Verteilung, den Erwartungswert und die Varianz der ZV X, die die Zahl der Misserfolge zählt.
    Bemerkung. Die Verteilung ist die sog. negative Binomialverteilung.
12. Es sei X eine reelle ZV, deren Verteilung bezüglich des Maßes $\mu = \lambda + \sum_{k=0}^{\infty} \delta_k$ (λ ist das Lebesguemaß) die Dichte $p(x) = \sum_{k=0}^{\infty}(2ek!)^{-1}\mathbb{1}_{\{k\}}(x) + e^{-2x}\mathbb{1}_{(0,\infty)\setminus\mathbb{N}}(x)$ besitzt. Zeigen Sie, dass $\mathbb{P}_X(\mathbb{R}) = 1$ gilt und skizzieren Sie die Verteilungsfunktion.
13. Bestimmen Sie die Verteilungsfunktionen, Erwartungswerte und Varianzen (sofern diese existieren) folgender Verteilungen/ZV
    (a) Binomialverteilung: $X \sim \mathrm{B}(n, p)$: $\mathbb{P}(X = k) = \binom{n}{k} p^k (1-p)^{n-k}$, $0 \leqslant k \leqslant n$, $p \in [0,1]$.
    (b) Geometrische Verteilung: $\mathbb{P}(X = n) = p(1-p)^n$, $n \in \mathbb{N}_0$, $p \in (0,1]$.
    (c) Poissonverteilung: $X \sim \mathrm{Poi}(\lambda)$: $\mathbb{P}(X = n) = e^{-\lambda}\lambda^n/n!$, $n \in \mathbb{N}_0$, $\lambda > 0$.
    (d) Gamma-Verteilung: X hat die Dichte $\frac{1}{\Gamma(\alpha)\beta^\alpha} x^{\alpha-1} e^{-x/\beta}$, $\alpha, \beta, x > 0$.
    (e) Laplace-Verteilung: X hat die Dichte $(2\sigma)^{-1} e^{-|x|/\sigma}$, $\sigma > 0$, $x \in \mathbb{R}$.
    (f) Hypergeometrische Verteilung: $\mathbb{P}(X = w) = \binom{W}{w}\binom{N-W}{n-w}/\binom{N}{w}$, $w = 0, 1, \dots, n$, $0 \leqslant W \leqslant N$.
    Antwort. $\mathbb{E}X = np$, $\mathbb{V}X = npq\frac{N-n}{N-1}$ wobei $p = W/N$ und $q = 1 - p$.
    Hinweis. Wir nummerieren die weißen Kugeln und bemerken $X = X_1 + \dots + X_W$ wobei $X_i = 1$, wenn die weiße Kugel Nr. i in den gezogenen Kugeln enthalten ist.
14. Es sei $X \sim \mathrm{N}(0,1)$. Zeigen Sie, dass X Momente $\mathbb{E}(X^n)$ und absolute Momente $\mathbb{E}(|X|^n)$ beliebiger Ordnung $n \in \mathbb{N}$ hat und finden Sie eine Formel für $\mathbb{E}(X^n)$.
15. Es sei $(\Omega, \mathscr{A}, \mathbb{P}) = (\mathbb{N}_0^2, \mathscr{P}(\mathbb{N}_0^2), P)$, wobei $P((i,k)) = p(i,k) = ab(1-a)^i(1-b)^k$ für $a, b \in (0,1)$. Weiterhin sind $X, Y : \Omega \to \mathbb{R}$ folgendermaßen definiert: $X(i,k) = i$ und $Y(i,k) = k$.
    (a) Zeigen Sie, dass $(\Omega, \mathscr{A}, P)$ ein W-Raum ist und begründen Sie, warum X, Y ZV sind.
    (b) Finden Sie die gemeinsame Verteilung $P(X = i, Y = k)$ und bestimmen Sie die Marginalverteilungen, d.h. die Verteilungen von X und Y.
    (c) Berechnen Sie $P(X = Y)$ und $P(X > Y)$.
16. Zeigen Sie $(\mathbb{E}[|X|^r])^{1/r} \leqslant (\mathbb{E}[|X|^p])^{1/p}$ für eine reelle ZV X und $1 \leqslant r < p \leqslant \infty$ und folgern Sie daraus die Inklusion $L^p(\mathbb{P}) \subset L^r(\mathbb{P})$.
17. Es sei $X : \Omega \to \mathbb{R}$ eine ZV und $g : \mathbb{R} \to [0,\infty)$ eine positive, monoton wachsende Funktion. Zeigen Sie
$$\frac{\mathbb{E}g(X) - g(a)}{\|g(X)\|_{L^\infty}} \leqslant \mathbb{P}(X \geqslant a) \leqslant \frac{\mathbb{E}g(X)}{g(a)}, \qquad a \geqslant 0.$$
18. Es sei X eine positive ZV mit Verteilungsfunktion $F(x) = \mathbb{P}(X \leqslant x)$.

(a) Zeigen Sie: $\mathbb{E}X < \infty \implies \lim_{x\to\infty} x(1 - F(x)) = 0$;
(b) Finden Sie ein Beispiel dafür, dass die Umkehrung von (a) falsch ist;
(c) Zeigen Sie, dass für jedes $\epsilon > 0$ gilt: $\lim_{x\to\infty} x^{1+\epsilon}(1 - F(x)) = 0 \implies \mathbb{E}X < \infty$.

19. Zeigen Sie, dass jedes W-Maß P auf $(\mathbb{R}, \mathscr{B}(\mathbb{R}))$ die Form $Q + \sum_i p_i\delta_{x_i}$ hat, wobei Q ein Maß auf $(\mathbb{R}, \mathscr{B}(\mathbb{R}))$ mit den Eigenschaften $Q(\mathbb{R}) \leqslant 1$ und $Q\{x\} = 0$ für alle $x \in \mathbb{R}$ ist, und die Folgen $(p_i)_i$ und $(x_i)_i$ höchstens abzählbar sind. (Die Punkte x_i heißen Atome von P, das Maß Q ist stetig oder nicht-atomar.)
Hinweis. Die Verteilungsfunktion $P((-\infty, x])$ hat höchstens abzählbar viele Sprünge.

20. (Fair from unfair) Eine uns unbekannte Münze $(K, W, p = p(K), q = 1 - p = p(W))$ sei gegeben. Wir wollen mit dieser Münze eine faire Entscheidung herbeiführen, d.h. eine Entscheidung mit zwei Ausgängen, wobei jeder Ausgang die W-keit $1/2$ haben soll. Zeigen Sie, dass folgendes Experiment genau das leistet:
    1. Werfe die Münze zweimal hintereinander.
    2. Wenn (K, W) oder (W, K) erscheint, dann hören wir auf.
    3. Wenn (K, K) oder (W, W) erscheint, dann gehen wir wieder zu Schritt 1.

    Zeigen Sie, dass die Wahrscheinlichkeit, am Ende (K, W) oder (W, K) zu erhalten, jeweils $1/2$ ist.
    Hinweis. Betrachten Sie einen einmaligen doppelten Münzwurf, und berechnen Sie die W-keit des ersten Auftretens von (K, W) bzw. (W, K).

21. In einem Stromkreis wird der Strom innerhalb eines Tages (24h-Intervall) einmal »zufällig« angeschaltet. Dann wird in der Restzeit ein weiterer Zeitpunkt »zufällig« gewählt, an dem der Strom wieder abgeschaltet wird. Das Experiment besteht also aus 2 zufälligen Zeitpunkten.
(a) Beschreiben Sie Ω. Machen Sie eine Skizze!
(b) Finden Sie eine geeignete Dichtefunktion $p(x, y)$ für die Wahrscheinlichkeit.
(c) Tragen Sie in Ihrer Skizze in (a) das Ereignis »Strom ist mindestens 12h an« ein und berechnen Sie dessen Wahrscheinlichkeit. (Lösung: $\frac{1}{2} - \frac{1}{2}\ln 2$)

22. Eine Zahl wird »zufällig« (gleichverteilt) aus $[0, 1]$ gezogen. Bestimmen Sie die W-keit dafür, dass in der Dezimaldarstellung der gezogenen Zahl
(a) die erste Dezimale gerade (inkl. 0) ist.
(b) die zweite Dezimale »4« ist.
(c) die Summe der ersten beiden Dezimalen $\leqslant 5$ ist.
(d) Skizzieren Sie, wie die Mengen in (a), (b), (c) aussehen.

4 Bedingte Wahrscheinlichkeiten

Wir werden nun mehrstufige oder anderweitig verkettete Experimente betrachten. Oft kommt es vor, dass gewisse Wahrscheinlichkeiten vom (Nicht-)Eintreten anderer Ereignisse abhängen: Beispielsweise hängt beim Lotto »6 aus 49« die Wahrscheinlichkeit für die zweite Kugel davon ab, welche Kugel vorher gezogen wurde. Wie immer bezeichnet $(\Omega, \mathscr{A}, \mathbb{P})$ einen W-Raum.

4.1 Definition. Die *bedingte Wahrscheinlichkeit* von $A \in \mathscr{A}$ gegeben $B \in \mathscr{A}$ ist

$$\mathbb{P}(A \mid B) := \begin{cases} \dfrac{\mathbb{P}(A \cap B)}{\mathbb{P}(B)}, & \text{für } \mathbb{P}(B) > 0, \\ 0, & \text{für } \mathbb{P}(B) = 0. \end{cases} \tag{4.1}$$

4.2 Beispiel. a) **Zweimal Würfeln.** Wie in Beispiel 3.4.c) wählen wir $\Omega = \{1, \dots, 6\}^2$ und $\mathbb{P}(\{(n, m)\}) = 1/36$. Wir betrachten die folgenden Ereignisse

$$\begin{aligned} A &:= \{6\} \times \{1, \dots, 6\} && \text{»Der erste Wurf ist eine 6«}, \\ B_l &:= \{(m, n) \mid m + n = l\} && \text{»Die Augensumme ist } l,\ l = 2, \dots, 12\text{«}; \end{aligned}$$

insbesondere ist $B_5 = \{(1,4), (2,3), (3,2), (4,1)\}$, $B_{11} = \{(5,6), (6,5)\}$ und $B_{12} = \{(6,6)\}$. Es gilt

$$\mathbb{P}(A) = \frac{1}{6}, \quad \mathbb{P}(A \mid B_{12}) = 1, \quad \mathbb{P}(A \mid B_{11}) = \frac{1}{2}, \quad \mathbb{P}(A \mid B_5) = 0.$$

Sowohl $\mathbb{P}(A \mid B)$ als auch $\mathbb{P}(B \mid A)$ ist wohldefiniert; trotz der üblichen Sprechweise »Wahrscheinlichkeit von A, gegeben B« darf man i.Allg. keine Kausalität zwischen den Ereignissen A und B annehmen, oder B zeitlich vor A sehen. So ist z.B. $\mathbb{P}(B_{11} \mid A) = \frac{1}{6}$ die Wahrscheinlichkeit für B_{11}, wenn wir bereits wissen, dass der erste Wurf eine 6 ist, während $\mathbb{P}(A \mid B_{11}) = \frac{1}{2}$ die Wahrscheinlichkeit dafür ist, dass der erste Wurf eine 6 war, wenn die Augensumme 11 ist.

---

b) **2-Stufen-Experiment.** Gegeben seien zwei Urnen u_1 und u_2 mit je s_i schwarzen (s) und w_i weißen (w) Kugeln ($i = 1, 2$). Wir wählen erst eine Urne aus, wobei wir u_1 mit Wahrscheinlichkeit p und u_2 mit Wahrscheinlichkeit $q = 1 - p$ wählen, und ziehen dann daraus zufällig eine Kugel. Solche mehrstufigen Experimente stellt man am Besten durch Baumdiagramme (vgl. Abb. 4.1) dar: Der W-Raum ist $\Omega = \{u_1, u_2\} \times \{\mathrm{s}, \mathrm{w}\}$ und das W-Maß ist durch

$$\begin{aligned} \mathbb{P}(\{(u_1, \mathrm{s})\}) &= p \cdot \frac{s_1}{s_1 + w_1} & \qquad \mathbb{P}(\{(u_2, \mathrm{s})\}) &= q \cdot \frac{s_2}{s_2 + w_2} \\ \mathbb{P}(\{(u_1, \mathrm{w})\}) &= p \cdot \frac{w_1}{s_1 + w_1} & \qquad \mathbb{P}(\{(u_2, \mathrm{w})\}) &= q \cdot \frac{w_2}{s_2 + w_2} \end{aligned}$$

gegeben. Jede Wahrscheinlichkeit entspricht einem Ast in Abb. 4.1, ihr Wert ergibt sich, indem wir die Wahrscheinlichkeiten der einzelnen Zweige im jeweiligen Ast miteinan-

https://doi.org/10.1515/9783111342252-004

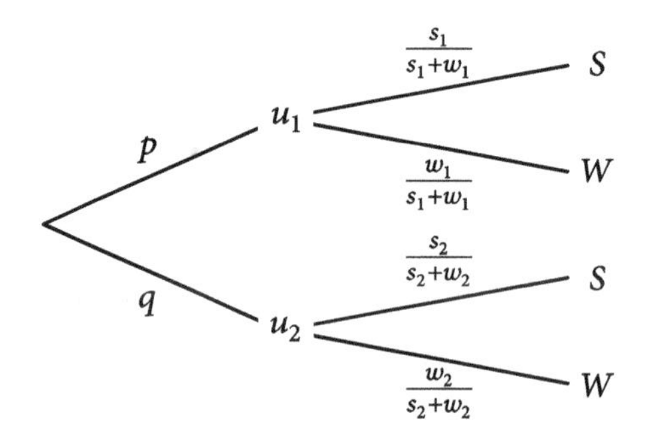

Abb. 4.1: Baumdiagramm für ein zweistufiges Experiment. Ein »Zweig« ist die Verbindung zwischen zwei Knoten, ein »Ast« bezeichnet eine Abfolge von Zweigen von der Wurzel bis zum Baumwipfel. Die Zweige sind mit den (bedingten) Wahrscheinlichkeiten für das jeweilige (Stufen-)Ergebnis beschriftet.

der multiplizieren. Wir definieren

$$\begin{aligned} U_i &:= \{\text{die Urne } u_i \text{ wird gewählt}\} = \{u_i\} \times \{\mathrm{s}, \mathrm{w}\} \\ S &:= \{\text{eine schwarze Kugel wird gezogen}\} = \{u_1, u_2\} \times \{\mathrm{s}\} \\ W &:= \{\text{eine weiße Kugel wird gezogen}\} = \{u_1, u_2\} \times \{\mathrm{w}\}. \end{aligned}$$

Dann gilt

$$\mathbb{P}(S \mid U_i) = \frac{s_i}{s_i + w_i} \quad \text{und} \quad \mathbb{P}(W \mid U_i) = \frac{w_i}{s_i + w_i};$$

das sind die Wahrscheinlichkeiten für die Zweige der zweiten Stufe.

c) In b) ist manchmal folgende Notation mit Zufallsvariablen praktischer:

$$\begin{aligned} U : \Omega \to \{u_1, u_2\}, &\quad U(\omega) := \text{Nummer der Urne}, \\ F : \Omega \to \{\mathrm{s}, \mathrm{w}\}, &\quad F(\omega) := \text{Farbe der Kugel}, \end{aligned}$$

U und F sind also die Projektionen auf die erste bzw. zweite Koordinate von $\omega \in \Omega$. Es gilt $U_i = \{U = i\}$ und $S = \{F = \mathrm{s}\}$ und $W = \{F = \mathrm{w}\}$, also

$$\mathbb{P}(S \mid U_i) = \mathbb{P}(F = \mathrm{s} \mid U = i) \quad \text{usw.}$$

d) Beispiel b) zeigt das Prinzip, wie wir das W-Maß $\mathbb{P}$ eines Stufenexperiments aus den bedingten Wahrscheinlichkeiten gewinnen können. Oft sind nämlich die bedingten Wahrscheinlichkeiten bekannt. Wenn wir mit $\Omega_i = \{\omega_i(1), \dots, \omega_i(k_i)\}$, $k_i \in \mathbb{N} \cup \{\infty\}$, $i = 1, \dots, n$, die möglichen Ergebnisse der i-ten Stufe bezeichnen, dann können wir das zusammengesetzte n-stufige Experiment folgendermaßen beschreiben:

$$\Omega = \Omega_1 \times \dots \times \Omega_n, \quad \omega = (\omega_1, \dots, \omega_n), \quad \Omega_l = \{\omega_l(1), \dots, \omega_l(k_l)\}.$$

Um das W-Maß $\mathbb{P}$ auf Ω zu definieren, führen wir folgende Bezeichnung ein

$$\begin{aligned} [\omega_1 \omega_2 \dots \omega_m] &:= \{\omega_1\} \times \dots \times \{\omega_m\} \times \Omega_{m+1} \times \dots \times \Omega_n \\ &:= \{(\omega_1, \dots, \omega_m)\} \times \Omega_{m+1} \times \dots \times \Omega_n. \end{aligned}$$

Wir schreiben $\mathbb{P}(\{\omega_m\} \mid [\omega_1\omega_2 \dots \omega_{m-1}])$ für die Wahrscheinlichkeit, in der m-ten Stufe ω_m zu erhalten, wenn wir in den vorausgehenden $m-1$ Stufen die Ergebnisse $(\omega_1, \dots, \omega_{m-1})$ beobachtet haben. Wenn wir diese (bedingten) Wahrscheinlichkeiten kennen, dann können wir durch

$$\mathbb{P}(\{\omega\}) = \mathbb{P}(\{\omega_1\}) \prod_{m=2}^{n} \mathbb{P}(\{\omega_m\} \mid [\omega_1\omega_2 \dots \omega_{m-1}])$$

ein W-Maß auf Ω definieren. Dass dies wirklich ein diskretes W-Maß ist, lässt sich mit etwas Fleiß elementar nachrechnen [✍]; $\mathbb{P}(\{\omega_m\} \mid [\omega_1\omega_2 \dots \omega_{m-1}])$ ist dann tatsächlich eine bedingte Wahrscheinlichkeit im Sinne von Definition 4.1.

Wir wollen nun die Eigenschaften der bedingten Wahrscheinlichkeit untersuchen.

4.3 Satz. *Es sei $(\Omega, \mathscr{A}, \mathbb{P})$ ein W-Raum und $A_m, B_n, A, B \in \mathscr{A}$.*

a) *$A \mapsto \mathbb{P}(A \mid B)$ ist für alle $B \in \mathscr{A}$ mit $\mathbb{P}(B) > 0$ ein W-Maß auf $(\Omega, \mathscr{A})$.*

b) ***Kettenformel.** Es gilt*

$$\begin{aligned} &\mathbb{P}(A_1 \cap A_2 \cap \dots \cap A_n) \\ &= \mathbb{P}(A_1) \cdot \mathbb{P}(A_2 \mid A_1)\, \mathbb{P}(A_3 \mid A_1 \cap A_2) \cdot \ldots \cdot \mathbb{P}(A_n \mid A_1 \cap \dots \cap A_{n-1}) \\ &= \mathbb{P}(A_1) \prod_{m=2}^{n} \mathbb{P}(A_m \mid A_1 \cap \dots \cap A_{m-1}). \end{aligned} \tag{4.2}$$

c) ***Totale Wahrscheinlichkeit.** Für jede Zerlegung $\biguplus_{n\in\mathbb{N}} B_n = \Omega$ von Ω gilt*

$$\mathbb{P}(A) = \sum_{n=1}^{\infty} \mathbb{P}(B_n)\, \mathbb{P}(A \mid B_n). \tag{4.3}$$

d) ***Bayessche Formel.** Für jede Zerlegung $\biguplus_{n\in\mathbb{N}} B_n = \Omega$ von Ω gilt*[5]

$$\mathbb{P}(B_m \mid A) = \frac{\mathbb{P}(B_m)\, \mathbb{P}(A \mid B_m)}{\sum_{n=1}^{\infty} \mathbb{P}(B_n)\, \mathbb{P}(A \mid B_n)}; \tag{4.4}$$

insbesondere ist

$$\mathbb{P}(B \mid A) = \frac{\mathbb{P}(B)\, \mathbb{P}(A \mid B)}{\mathbb{P}(B)\, \mathbb{P}(A \mid B) + \mathbb{P}(B^c)\, \mathbb{P}(A \mid B^c)}. \tag{4.5}$$

Beweis. a) folgt sofort aus der Definition der bedingten Wahrscheinlichkeit.

b) zeigt man rekursiv

$$\begin{aligned} &1^\circ \quad \mathbb{P}(A_1) \cdot \mathbb{P}(A_2 \mid A_1) &&= \mathbb{P}(A_1 \cap A_2) \\ &2^\circ \quad \mathbb{P}(A_1) \cdot \mathbb{P}(A_2 \mid A_1) \cdot \mathbb{P}(A_3 \mid A_1 \cap A_2) &&= \mathbb{P}(A_1 \cap A_2) \cdot \mathbb{P}(A_3 \mid A_1 \cap A_2) \\ & &&= \mathbb{P}(A_1 \cap A_2 \cap A_3) \end{aligned}$$

usw.

5 Wenn $\mathbb{P}(A) = 0$, dann verwenden wir die Konvention $\frac{0}{0} := 0$.

c) Da $\Omega = \dot{\bigcup}_{n=1}^{\infty} B_n$ eine Zerlegung ist, gilt

$$\mathbb{P}(A) = \mathbb{P}\left(A \cap \dot{\bigcup_{n=1}^{\infty}} B_n\right) = \mathbb{P}\left(\dot{\bigcup_{n=1}^{\infty}} A \cap B_n\right) = \sum_{n=1}^{\infty} \mathbb{P}(A \cap B_n) = \sum_{n=1}^{\infty} \mathbb{P}(B_n)\,\mathbb{P}(A \mid B_n).$$

d) Es gilt
$$\mathbb{P}(B_m \mid A) = \frac{\mathbb{P}(B_m \cap A)}{\mathbb{P}(A)} \overset{(4.3)}{=} \frac{\mathbb{P}(B_m)\,\mathbb{P}(A \mid B_m)}{\sum_{n=1}^{\infty} \mathbb{P}(B_n)\,\mathbb{P}(A \mid B_n)}.$$ □

In den folgenden Beispielen werden wir den W-Raum nicht mehr explizit angeben, er wird jeweils analog zu Beispiel 4.2.b) konstruiert.

4.4 Beispiel. a) Aus einem Skatspiel mit 52 Karten werden vier Karten ohne Zurücklegen gezogen. Was ist die Wahrscheinlichkeit, vier Asse zu ziehen?

Wir setzen $A_n :=$ {im n-ten Zug wird ein As gezogen}. Offensichtlich gilt

$$\mathbb{P}(A_1) = \frac{4}{52}, \quad \mathbb{P}(A_2 \mid A_1) = \frac{3}{51}, \quad \mathbb{P}(A_3 \mid A_1 \cap A_2) = \frac{2}{50}, \quad \mathbb{P}(A_4 \mid A_1 \cap A_2 \cap A_3) = \frac{1}{49},$$

und aus der Kettenformel (4.2) ergibt sich $\mathbb{P}(A_1 \cap A_2 \cap A_3 \cap A_4) = \frac{4}{52} \cdot \frac{3}{51} \cdot \frac{2}{50} \cdot \frac{1}{49}$.

! Die Notation $\mathbb{P}(A_n \mid A_1 \cap \dots \cap A_{n-1})$ für die Wahrscheinlichkeit im n-ten Zug ein As zu erhalten, wenn wir schon $n-1$ Asse haben, ist *a priori* problematisch, da wir noch gar kein W-Maß $\mathbb{P}$ definiert haben. Allerdings kann man diesen Vorgriff durch die Konstruktion aus Beispiel 4.2.d) rechtfertigen.

---

b) **Fortsetzung von Beispiel 4.2.b).** Die Formel für die totale Wahrscheinlichkeit (4.3) besagt, dass wir die Wahrscheinlichkeit für ein Ereignis A erhalten, indem wir alle Äste im Baumdiagramm (Abb. 4.1) aufsummieren, die Ergebnisse aus A beschreiben. So ist etwa die Wahrscheinlichkeit eine schwarze Kugel zu ziehen

$$\mathbb{P}(S) = \mathbb{P}(U_1)\,\mathbb{P}(S \mid U_1) + \mathbb{P}(U_2)\,\mathbb{P}(S \mid U_2) = \frac{ps_1}{s_1 + w_1} + \frac{qs_2}{s_2 + w_2}.$$

c) **Fortsetzung von b).** Wir haben gesehen, dass $\mathbb{P}(S \mid U_1)$ die Wahrscheinlichkeit angibt, eine schwarze Kugel zu ziehen, wenn wir vorher u_1 ausgewählt haben. Die Bayessche Formel (4.5) erlaubt die »Umkehrung« der Fragestellung: Was ist die Wahrscheinlichkeit, dass wir u_1 gewählt haben, wenn wir eine schwarze Kugel gezogen haben?

$$\mathbb{P}(U_1 \mid S) = \frac{\mathbb{P}(U_1)\,\mathbb{P}(S \mid U_1)}{\mathbb{P}(U_1)\,\mathbb{P}(S \mid U_1) + \mathbb{P}(U_2)\,\mathbb{P}(S \mid U_2)} = \frac{\frac{ps_1}{s_1+w_1}}{\frac{ps_1}{s_1+w_1} + \frac{qs_2}{s_2+w_2}}.$$

d) **Kahnemann-Tversky Phänomen.** In einer Stadt gibt es nur schwarze und weiße Taxis,

$$S := \{\text{schwarze Taxis}\}, \qquad W := \{\text{weiße Taxis}\} = S^c.$$

Ein Taxi verursacht einen Unfall und der Fahrer flieht. Bei den polizeilichen Ermittlungen wird ein Zeuge befragt, dessen Aussage wir mit

$$\widehat{S} := \{\text{Zeuge sagt: Taxi war schwarz}\}, \qquad \widehat{W} := \{\text{Zeuge sagt: Taxi war weiß}\}$$

bezeichnen. Um die Glaubwürdigkeit des Zeugen zu überprüfen, werden bei vergleichbaren Sichtverhältnissen Experimente durchgeführt, die folgende bedingte Wahrscheinlichkeiten für die Zuverlässigkeit der Aussage ergeben:

$$\mathbb{P}(\widehat{S} \mid S) = 0.8, \quad \mathbb{P}(\widehat{W} \mid W) = 0.8.$$

Wie sehr kann man also dem Zeugen trauen? Gesucht sind $\mathbb{P}(S \mid \widehat{S})$ bzw. $\mathbb{P}(W \mid \widehat{W})$ also die Wahrscheinlichkeit, dass das Taxi tatsächlich schwarz bzw. weiß war, wenn der Zeuge diese Farbe bestätigt hat. Der *typische* (intuitive) *Fehler* ist es, $\mathbb{P}(S \mid \widehat{S}) = 0.8$ bzw. $\mathbb{P}(W \mid \widehat{W}) = 0.8$ anzunehmen. *Richtig* ist hingegen, die Bayessche Formel zu verwenden:

$$\mathbb{P}(S \mid \widehat{S}) = \frac{\mathbb{P}(\widehat{S} \mid S)\,\mathbb{P}(S)}{\mathbb{P}(S)\,\mathbb{P}(\widehat{S} \mid S) + \mathbb{P}(W)\,\mathbb{P}(\widehat{S} \mid W)}.$$

Wir benötigen also eine Zusatzinformation über die Taxi-Population der Stadt, z.B.

$$\mathbb{P}(S) = 0.15 \quad \text{und} \quad \mathbb{P}(W) = 0.85.$$

Weil $\mathbb{P}(\widehat{S} \mid W) = 1 - \mathbb{P}(\widehat{W} \mid W) = 0.2$ ist, finden wir mit Hilfe der Bayesschen Formel $\mathbb{P}(S \mid \widehat{S}) \approx 0.41$ und $\mathbb{P}(W \mid \widehat{W}) \approx 0.96$.

Weil wir die Verteilung der Taxi-Population nicht berücksichtigt haben, kann die tatsächliche Wahrscheinlichkeit von unserer Intuition abweichen. Wenn die Unterschiede in der Verteilung – wie hier – extrem sind, dann kann das zu starken Unterschieden führen. Das Kahnemann-Tversky Phänomen tritt vor allem bei Gerichtsfällen (Expertenaussagen, Indizienbeweise) und in medizinischen Anwendungen (Ausbreitung von Krankheiten, genetische Disposition) auf und kann dramatische Auswirkungen haben.

e) **Corona (und andere) Tests.** Wenn ein Krankheitstest durchgeführt wird, gibt es folgende Möglichkeiten:

$$\begin{aligned}
P &:= \{\text{die getestete Person ist »positiv« (= tatsächlich krank)}\},\\
N &:= \{\text{die getestete Person ist »negativ« (= tatsächlich gesund)}\},\\
\widehat{P} &:= \{\text{das Testergebnis ist »positiv« (= Diagnose: krank)}\},\\
\widehat{N} &:= \{\text{das Testergebnis ist »negativ« (= Diagnose: gesund)}\}.
\end{aligned}$$

Daher kann es zu zwei Fehlern kommen (»Fehler 1. Art« bzw. »Fehler 2. Art«):

$$\begin{aligned}
\alpha &= \mathbb{P}(\widehat{P} \mid N) = \text{falscher Alarm} = \text{eine gesunde Person wird als krank eingestuft},\\
\beta &= \mathbb{P}(\widehat{N} \mid P) = \text{Test versagt} = \text{eine kranke Person wird als gesund eingestuft}.
\end{aligned}$$

Beide Wahrscheinlichkeiten sind in der Regel bekannt. Wir bezeichnen

$$\begin{aligned}
1 - \beta &= \mathbb{P}(\widehat{P} \mid P) = \textit{Sensitivität} = \text{»richtig-positiv Rate«},\\
1 - \alpha &= \mathbb{P}(\widehat{N} \mid N) = \textit{Spezifität} = \text{»richtig-negativ Rate«}.
\end{aligned}$$

Uns interessiert die Wahrscheinlichkeit, dass eine kranke Person auch als »krank« erkannt wird:

$$\mathbb{P}(P \mid \widehat{P}) = \frac{\mathbb{P}(\widehat{P} \mid P)\,\mathbb{P}(P)}{\mathbb{P}(\widehat{P} \mid P)\,\mathbb{P}(P) + (1 - \mathbb{P}(\widehat{N} \mid N))\,(1 - \mathbb{P}(P))}. \tag{4.6}$$

Die Wahrscheinlichkeit $\mathbb{P}(P)$ gibt die *Prävalenz* oder Verbreitung der Krankheit in der Bevölkerung an. Wenn eine Krankheit selten ist, d.h. $\mathbb{P}(P) \ll 1$, dann kann eine zufällig ausgewählte Person, die »positiv« getestet wird, mit hoher Wahrscheinlichkeit gesund (also »negativ«) sein. Dieser Effekt tritt vor allem bei präventiven Reihenuntersuchungen auf. Für die Brustkrebsfrüherkennung in den USA ist bekannt,[6] dass

$$\mathbb{P}(\widehat{P} \mid P) = 0.869, \quad \mathbb{P}(\widehat{N} \mid N) = 0.889, \quad \mathbb{P}(P) = 0.040,$$

und somit gilt $\mathbb{P}(P \mid \widehat{P}) \approx 0.246$. Daher ist nur eine von vier zufällig (!) ausgewählten Frauen mit einem positiven Testergebnis auch tatsächlich an Brustkrebs erkrankt. Wenn wir allerdings die Testperson aus einer Gruppe auswählen, bei der Brustkrebs häufiger auftritt,[7] dann ist $\mathbb{P}(P)$ größer und wir wissen wegen (4.6), dass $\mathbb{P}(P \mid \widehat{P}) \uparrow 1$ wenn $\mathbb{P}(P) \uparrow 1$.

4.5 Bemerkung. Oft ist es besser, (4.5) als relative Größe zu schreiben. Im Beispiel 4.4.d) wäre das

$$\frac{\mathbb{P}(S \mid \widehat{S})}{\mathbb{P}(W \mid \widehat{S})} = \frac{\mathbb{P}(\widehat{S} \mid S)}{\mathbb{P}(\widehat{S} \mid W)} \times \frac{\mathbb{P}(S)}{\mathbb{P}(W)}. \tag{4.5'}$$

In einer Gerichtssituation, wenn Indizien (z.B. aus einem Gentest) für die Schuld des Angeklagten vorliegen, bedeutet (4.5′)

$$\frac{\mathbb{P}(\text{schuldig} \mid \text{Indizien})}{\mathbb{P}(\text{unschuldig} \mid \text{Indizien})} = \underbrace{\frac{\mathbb{P}(\text{Indizien} \mid \text{schuldig})}{\mathbb{P}(\text{Indizien} \mid \text{unschuldig})}}_{\text{z.B. Expertenmeinung}} \times \overbrace{\frac{\mathbb{P}(\text{schuldig})}{\mathbb{P}(\text{unschuldig})}}^{\substack{\text{Richtermeinung} \\ \textbf{vor}\ \text{Beweisaufnahme}}}. \tag{4.7}$$

Im Mittelalter (bis in die frühe Neuzeit hinein) waren Hexenprozesse an der Tagesordnung. Nach kanonischem Recht war die Verurteilung nur auf Grund eines Geständnisses möglich, d.h. Indizienprozesse waren ausgeschlossen. Wie das Geständnis extrahiert wurde (Folter!) spielte damals keine Rolle. Wenn wir in der Formel (4.7) »Indizien« durch »Geständnis« ersetzen, erhalten wir die folgende verblüffende Situation:

6 Daten (2007–2013) des *US Breast Cancer Surveillance Consortium*. Bitte beachten Sie, dass medizinische Daten zeitlich und regional extrem variabel sind und dass Erkenntnisse/Folgerungen nicht ohne weiteres übertragen werden können.

7 z.B. wenn der Hausarzt auf Grund von Verdachtsmomenten zu einer Untersuchung rät.

$\mathbb{P}$(Geständnis | unschuldig) ist die Wahrscheinlichkeit, ein falsches Geständnis abzugeben. Die (Un)Schuldswahrscheinlichkeit wird, wie wir in (4.7) ablesen können, wesentlich vom Bruch

$$\frac{\mathbb{P}(\text{Geständnis} \mid \text{schuldig})}{\mathbb{P}(\text{Geständnis} \mid \text{unschuldig})}$$

beeinflusst, also von unserer Einschätzung wie das »Geständnis« eines Tatverdächtigen einzuschätzen ist – auch im Hinblick auf die Verhörmethoden. Wenn

$$\mathbb{P}(\text{Geständnis} \mid \text{unschuldig}) > \mathbb{P}(\text{Geständnis} \mid \text{schuldig}),$$

dann bewirkt das Geständnis, dass die Schuldwahrscheinlichkeit tendenziell kleiner wird. Wenn man davon ausgeht, dass Folter oft falsche Geständnisse erzeugt (wie bei den Hexenprozessen) oder dass echte Terroristen auf Verhörmethoden eingestellt sind, dann haben wir hier ein mathematisches Argument, dass unmoralische Verhörmethoden ein sehr unzuverlässiges Instrument sind.

Anwendungen der Bayesschen Formel auf Gerichtsfragen gehen auf Poisson zurück, der in seinem Lehrbuch von 1837 [55, Kapitel V, § 114*f.*] die Zuverlässigkeit der französischen Gerichte und Kassationsgerichte untersucht.

4.6 Beispiel (Ziegenproblem – Monty Hall problem). In einer Quizshow sind hinter drei Türen zwei Nieten (»Ziegen«) und ein Gewinn (»Auto«) verborgen. Der Kandidat muss eine Tür auswählen, woraufhin der Moderator eine der anderen Türen öffnet, hinter denen sich eine Niete befindet. Der Kandidat hat nun die Möglichkeit, entweder bei seiner bisherigen Wahl zu bleiben, oder zur anderen noch geschlossenen Tür zu wechseln. Was soll er tun?

Lösung. Wir bezeichnen die Türen mit $i = 1, 2, 3$, schreiben A_i für das Ereignis »der Gewinn ist hinter Tür i« und M_i für das Ereignis »der Moderator öffnet Tür i«. Wir erhalten dann den in Abb. 4.2 dargestellten Baum.

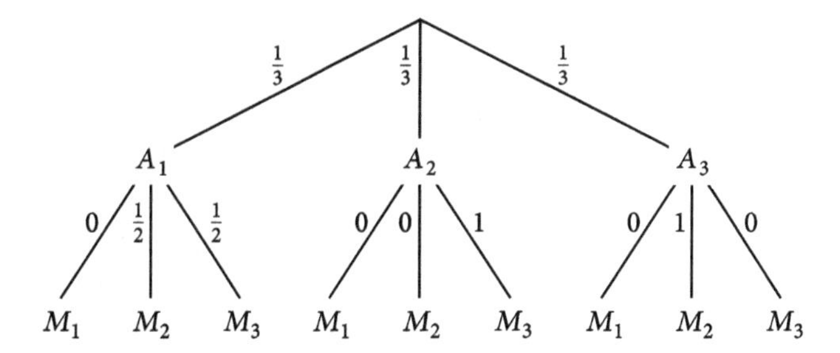

Abb. 4.2: Der Kandidat hat Tür 1 gewählt, der Moderator kennt die Belegung der Türen, und öffnet (ggf. zufällig) eine Tür mit einer Niete.

Angenommen, der Kandidat hat sich für Tür 1 entschieden. Dann gilt

$$\mathbb{P}(M_1 \mid A_1) = 0, \qquad \mathbb{P}(M_2 \mid A_1) = \frac{1}{2}, \qquad \mathbb{P}(M_3 \mid A_1) = \frac{1}{2},$$

da der Moderator sich zufällig zwischen Tür 2 und 3 entscheiden muss (Tür 1 darf er nicht öffnen, da sie der Kandidat gewählt hat). Für die beiden anderen Äste gilt

$$\mathbb{P}(M_1 \mid A_2) = 0, \qquad \mathbb{P}(M_2 \mid A_2) = 0, \qquad \mathbb{P}(M_3 \mid A_2) = 1,$$
$$\mathbb{P}(M_1 \mid A_3) = 0, \qquad \mathbb{P}(M_2 \mid A_3) = 1, \qquad \mathbb{P}(M_3 \mid A_3) = 0,$$

wobei $\mathbb{P}(M_1 \mid A_i) = 0$ ist, da der Kandidat die Tür 1 gewählt hat und $\mathbb{P}(M_i \mid A_i) = 0$, weil die Tür mit dem Gewinn nicht geöffnet werden darf. Aus Symmetriegründen können wir annehmen, dass der Moderator die Tür 3 öffnet. Mit der Bayesschen Formel finden wir für die Gewinnwahrscheinlichkeit ohne zu wechseln

$$\mathbb{P}(A_1 \mid M_3) = \frac{\mathbb{P}(A_1)\,\mathbb{P}(M_3 \mid A_1)}{\sum_{i=1}^{3} \mathbb{P}(A_i)\,\mathbb{P}(M_3 \mid A_i)} = \frac{\frac{1}{2}}{\frac{1}{2} + 1 + 0} = \frac{1}{3},$$

während ein Wechsel die Gewinnwahrscheinlichkeit erhöht:

$$\mathbb{P}(A_2 \mid M_3) = \frac{\mathbb{P}(A_2)\,\mathbb{P}(M_3 \mid A_2)}{\sum_{i=1}^{3} \mathbb{P}(A_i)\,\mathbb{P}(M_3 \mid A_i)} = \frac{1}{\frac{1}{2} + 1 + 0} = \frac{2}{3}.$$

Diskussion. Das Verhalten des Moderators wird durch sein Wissen beeinflusst, was hinter welcher Tür verborgen ist; das wird besonders deutlich im zweiten und dritten Ast von Abbildung 4.2, wo er nur eine bestimmte Tür öffnen kann. Diese Information hilft uns, unsere Gewinnchance zu verbessern. Nehmen wir an, dass der Moderator den Versuchsaufbau *nicht* kennt und die beiden nicht gewählten Türen 2, 3 mit Wahrscheinlichkeit p und q öffnet (man beachte, dass es nun erlaubt ist, die Tür mit dem Gewinn zu öffnen). Diese Situation ist in Abb. 4.3 dargestellt; wir haben nun keinen Vorteil durch die Wechselstrategie, da

$$\mathbb{P}(A_1 \mid M_3) = \mathbb{P}(A_2 \mid M_3) = \frac{q}{q + q + q} = \frac{1}{3}.$$

Variation des Themas. Durch einen anderen Versuchsaufbau können wir das Ziegenproblem transparenter darstellen. Eine Urne enthält 1 weiße und n schwarze Kugeln. Wir ziehen eine Kugel und behalten diese, ohne auf die Farbe zu achten. Der Moderator entnimmt nun $n-1$ schwarze Kugeln aus der Urne, so dass sie nur noch eine Kugel enthält. Wir müssen uns entscheiden, ob wir unsere Kugel behalten, oder diese durch die Kugel aus der Urne austauschen. Wie groß ist jeweils die Wahrscheinlichkeit, die weiße Kugel zu erhalten? Beide Strategien sind in Abb. 4.4 zusammengefasst. Wieder gilt für die Wahrscheinlichkeit $\mathbb{P}$, die weiße Kugel zu erhalten

$$\mathbb{P}(\text{mit Wechsel}) = \frac{n}{n+1} \quad \text{und} \quad \mathbb{P}(\text{ohne Wechsel}) = \frac{1}{n+1}.$$

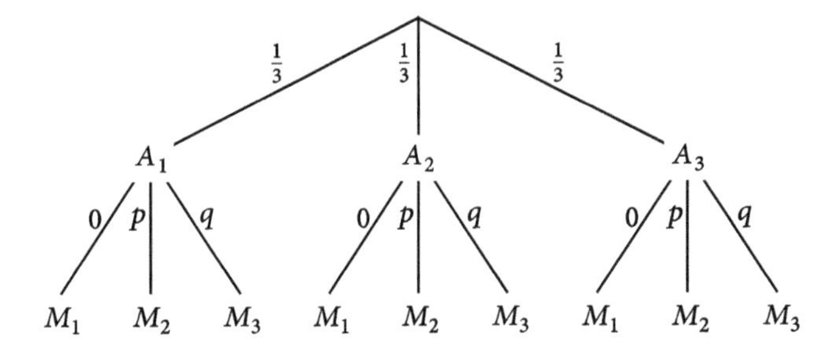

Abb. 4.3: Der Kandidat hat Tür 1 gewählt, der Moderator kennt die Belegung der Türen nicht, und öffnet Tür 2 mit Wahrscheinlichkeit p, Tür 3 mit Wahrscheinlichkeit q.

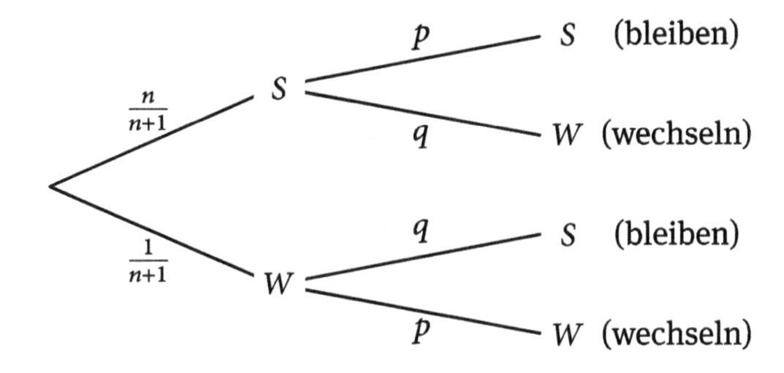

Abb. 4.4: Ziegenproblem mit 1 Gewinn und n Nieten. Der Kandidat bleibt mit Wahrscheinlichkeit p bei seiner ursprünglichen Wahl, er wechselt mit Wahrscheinlichkeit q. Eine »reine« Wechsel- bzw. Bleibestrategie entspricht den Werten $p = 0, q = 1$ bzw. $p = 1, q = 0$.

4.7 Beispiel (Ruin problem). Wir haben das Anfangskapital x Euro, $x \in \mathbb{N}$, und wetten auf eine faire Münze $\mathbb{P}(\{0\}) = \mathbb{P}(\{1\}) = 1/2$. Erscheint 1 (Kopf), dann gewinnen wir 1 Euro, bei 0 (Wappen) verlieren wir 1 Euro. Das Spiel endet, wenn wir 0 Euro (Ruin) oder a Euro, $a \in \mathbb{N}$, haben. Wie groß ist die Wahrscheinlichkeit, dass wir ruiniert werden?

Lösung. Wir schreiben R für das Ereignis »das Spiel endet mit Ruin«, K für das Ereignis »im vorangegangenen Spiel wurde 1 (Kopf) geworfen« und W für »im vorangegangenen Spiel wurde 0 (Wappen) geworfen«; mit $p(x)$ bezeichnen wir die Wahrscheinlichkeit, mit dem Anfangskapital x ruiniert zu werden. Gesucht wird $p(x)$.

Nun gilt *nach dem Spiel ist vor dem Spiel*, aber mit verändertem Anfangskapital, d.h. blicken wir einen Schritt in die Zukunft, dann gilt

$$\mathbb{P}(R \mid K) = p(x+1) \quad \text{und} \quad \mathbb{P}(R \mid W) = p(x-1),$$

und mit Hilfe der Formel für die totale Wahrscheinlichkeit erhalten wir

$$p(x) = \mathbb{P}(K)\,\mathbb{P}(R \mid K) + \mathbb{P}(W)\,\mathbb{P}(R \mid W) = \frac{1}{2}\left(p(x+1) + p(x-1)\right), \quad 1 \leqslant x \leqslant a-1.$$

Weiterhin gelten die Randbedingungen $p(0) = 1$ und $p(a) = 0$. Damit können wir die Gleichung rekursiv lösen und erhalten

$$p(x) = 1 - \frac{x}{a}, \qquad 0 \leqslant x \leqslant a.$$

4.8 Beispiel (Geht die Sonne morgen wieder auf?). Es sei $S_n : \Omega \to \{0, 1, \dots, n\}$ eine binomialverteilte ($\mathsf{B}(n, p)$) ZV mit *unbekannter* Wahrscheinlichkeit $p \in [0, 1]$. Angenommen, wir beobachten n Erfolge (»1«) nacheinander, also $S_n = n$. Wie groß ist die Wahrscheinlichkeit, beim nächsten Mal wieder einen Erfolg zu beobachten: $S_{n+1} = n + 1$?

Hier handelt es sich um ein Problem der Statistik: Wir wissen (oder vermuten), dass die ZV binomialverteilt ist, aber wir kennen die zu Grunde liegende Wahrscheinlichkeit p nicht. Daher wollen wir auf Grund der gemachten Beobachtungen auf p schließen. Thomas Bayes war wohl der erste Mathematiker, der bereits 1763 derartige Fragestellungen korrekt löste [4]. Laplace [39, 40] hat 1774 unabhängig von Bayes eine Verallgemeinerung dieses Problems untersucht. Berühmt ist Laplaces etwas provokative Anwendung auf den Sonnenaufgang: »*Läßt man z.B. die älteste Epoche der Geschichte auf 5000 Jahre oder 1 826 213 Tage zurückreichen, und berücksichtigt man, daß die Sonne in diesem Zeitraum stets nach jeder Umdrehung von 24 Stunden aufgegangen ist, so ist 1 826 214 gegen eins zu wetten* [also mit Wahrscheinlichkeit 1 826 214/1 826 215 ≈ 99.999945%], *daß sie auch morgen aufgehen wird*« [40, S. 14].

! Wenn Sie rein frequentistisch argumentieren, dann ist die Antwort nicht $\frac{n+1}{n+2} \approx 99.999945\%$, sondern 1, da Sie auf Grund der Beobachtungen $p = \frac{\#\{\text{Tage mit Sonnenaufgang}\}}{\#\{\text{alle Tage}\}} = \frac{n}{n} = 1$ rechnen würden. Für kleine n ist diese Herangehensweise wenig sinnvoll. Würden Sie nach drei Regentagen mit 100% Sicherheit davon ausgehen, dass es morgen wieder regnet?

Bayesianische Lösung (mit uniformer *a priori*-Wahrscheinlichkeit). Wir interessieren uns für

$$\begin{aligned} \mathbb{P}(S_{n+1} = n + 1 \mid S_n = n) &= \frac{\mathbb{P}(\{S_{n+1} = n + 1\} \cap \{S_n = n\})}{\mathbb{P}(\{S_n = n\})} \\ &= \frac{\mathbb{P}(\{S_{n+1} = n + 1\})}{\mathbb{P}(\{S_n = n\})}. \end{aligned} \tag{4.8}$$

Weil p unbekannt ist, nehmen wir an, dass p der Ausgang einer Zufallsvariable P ist. Ohne weitere Informationen über p ist jeder Wert aus $[0, 1]$ gleich wahrscheinlich, d.h. $P \sim \mathsf{U}[0, 1]$ – das ist die sogenannte (Bayessche) *a priori*-Wahrscheinlichkeit. Es gilt

$$\mathbb{P}(S_n = k) = \mathbb{E}\left[\binom{n}{k} P^k (1 - P)^{n-k}\right] = \int_0^1 \binom{n}{k} p^k (1 - p)^{n-k}\, dp = \frac{1}{n + 1}, \tag{4.9}$$

(dieser Wert ist in der Tat unabhängig von k [✍]), und wir erhalten Laplaces *rule of succession*:

$$\mathbb{P}(S_{n+1} = n + 1 \mid S_n = n) = \frac{\frac{1}{n+2}}{\frac{1}{n+1}} = \frac{n + 1}{n + 2}.$$

Wir können (4.9) direkt ausrechnen (eine längliche Rechnung mit Eulerschen Betafunktionen [✍]), aber das auf Bayes zurückgehende *Billiardtisch-Argument* gibt eine einfache intuitive Herleitung. Wir werfen auf einen Billiardtisch[8] $[0,1] \times [0,\ell]$ zufällig eine schwarze Kugel und notieren die x-Koordinate $P(\omega) = p \in [0,1]$. Nun werfen wir noch n weiße Kugeln auf den Tisch, deren x-Koordinaten mit $W_1(\omega), \dots, W_n(\omega)$ bezeichnet seien. Die Wahrscheinlichkeit, dass genau k weiße Kugeln links von der schwarzen Kugel sind, wird durch die Formel

$$\mathbb{P}(\#\{i : W_i \leqslant P\} = k \mid P = p) = \binom{n}{k} p^k (1-p)^{n-k}.$$

angegeben. Weil die schwarze Kugel zufällig geworfen wurde, ist $P \sim \mathsf{U}[0,1]$ und

$$\mathbb{P}(\#\{i : W_i \leqslant P\} = k) = \mathbb{E}\left[\binom{n}{k} P^k (1-P)^{n-k}\right] = \int_0^1 \binom{n}{k} p^k (1-p)^{n-k}\, dp.$$

Wir können diese Wahrscheinlichkeit aber auch folgendermaßen berechnen: Wir werfen $n+1$ weiße Kugeln auf den Billiardtisch, und wählen dann eine dieser Kugeln zufällig (gleichverteilt) aus, und färben sie schwarz ein. Aus Symmetriegründen folgt

$$\mathbb{P}(\#\{i : W_i \leqslant P\} = k) = \frac{1}{n+1}.$$

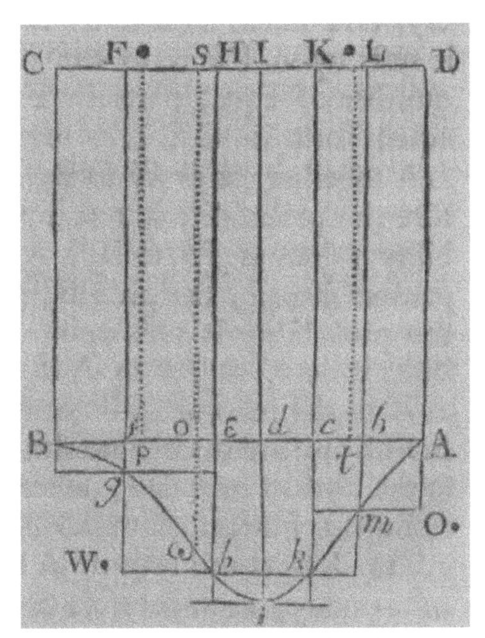

Abb. 4.5: Bayes (Billiard-)Tisch aus der Originalarbeit [4, p. 385]. In kartesischen Koordinaten ist $A = (0,0)$, $B = (-1,0)$, und die Basis $\overline{BA}$ entspricht dem Intervall $[0,1]$; die schwarze Kugel befindet sich auf der vertikalen Linie $\overline{os}$, $o = -p$. Der Graph unterhalb der Linie $\overline{BA}$ ist die Kurve $\binom{n}{k} p^k (1-p)^{n-k}$.

8 Bayes [4] spricht von einem *square table made level*, das Billiardspiel ist eine Zutat des 19. Jhdt.

Aufgaben

1. Zeigen Sie: $\mathbb{P}(A \mid B) = \mathbb{P}(A \mid B \cap C)\,\mathbb{P}(C \mid B) + \mathbb{P}(A \mid B \cap C^c)\,\mathbb{P}(C^c \mid B)$.

2. Beweisen oder widerlegen Sie:
   (i) $\mathbb{P}(A \mid B) + \mathbb{P}(A^c \mid B^c) = 1$; (ii) $\mathbb{P}(A \mid B) + \mathbb{P}(A \mid B^c) = 1$; (iii) $\mathbb{P}(A \mid B) + \mathbb{P}(A^c \mid B) = 1$.

3. Zeigen Sie: $\mathbb{P}(A \mid C) > \mathbb{P}(B \mid C)$ & $\mathbb{P}(A \mid C^c) > \mathbb{P}(B \mid C^c) \implies \mathbb{P}(A) > \mathbb{P}(B)$.

4. Eine Urne enthält 6 rote und 10 blaue Kugeln, es wird ohne Zurücklegen gezogen. Finden Sie die Wahrscheinlichkeit, dass
   (a) die erste Kugel rot, die zweite blau ist;
   (b) die erste Kugel rot, die fünfte blau ist;
   (c) die ersten drei Kugeln dieselbe Farbe haben.

5. Ein digitaler Nachrichtenkanal sendet die Symbole 0 und 1. Im Durchschnitt werden $2/5$ der »0« und $1/3$ der »1« falsch, d.h. als 1 bzw. 0 übertragen. Weiterhin ist bekannt, dass in der ursprünglichen Nachricht das Verhältnis der »0« und »1« wie $5 : 3$ war. Berechnen Sie die Wahrscheinlichkeit, dass ein Symbol korrekt übertragen wird, wenn (i) »0« bzw. (ii) »1« empfangen wurde.

6. »Hat die Polizei etwas gegen schwarze Autos – oder sind Temposünder Schwarzfahrer?« Auf einer Straße hat die Polizei 275 Fahrer wegen Geschwindigkeitsüberschreitung gestoppt, davon waren 127 Autos schwarz und 148 bunt. Insgesamt sind 15% aller Autos schwarz. Ist es wahrscheinlicher angehalten zu werden, wenn man ein schwarzes Auto fährt? Wenn ja, um wie viel wahrscheinlicher ist es.

7. (Simpsons Paradox) An der Fakultät Mathematik studieren 100 Frauen, davon sprechen 15 Spanisch. Von den 100 Männern an der Fakultät sprechen 20 Spanisch. Bei den Anglisten sind die Verhältnisse anders: Hier studieren 400 Frauen (davon sprechen 100 Spanisch) und 10 Männer (3 sprechen Spanisch). Wir gehen davon aus, dass niemand beiden Fakultäten angehört.
   (a) Welche (bedingten) Wahrscheinlichkeiten können Sie aus dem Text erschließen?
   (b) Wir betrachten nun die Menge der Mathematiker und Anglisten. Wie groß ist die Wahrscheinlichkeit, dass eine zufällig ausgewählte Frau bzw. Mann Spanisch spricht?
   (c) Geben Sie eine Möglichkeit an, das Ergebnis von Teil (b) direkt, also ohne bedingte Wahrscheinlichkeiten zu erhalten.
   (d) Was ist an dem Befund paradox?

8. Ein Patient hat eine Angina, die gleichermaßen von Bakterien oder Viren verursacht werden kann. Weil die Behandlungsmethoden verschieden sind, kann eine Fehldiagnose gravierende Folgen haben. Ein Arzt ist der Ansicht, dass eine bakterielle Ursache 4 Mal so wahrscheinlich ist, wie eine virale. Er entnimmt 5 Blutproben und schickt diese an ein Labor. Es ist bekannt, dass das Labor bakterielle Befunde in 70% aller Fälle als solche erkennt aber in 10% aller Fälle Virenerkrankungen als bakteriell klassifiziert. Das Ergebnis der Blutproben ist wie folgt: bakteriell – viral – viral – bakteriell – bakteriell.
   (a) Bestimmen Sie die Wahrscheinlichkeit für eine bakterielle Erkrankung beim vorliegenden Befund; wie wird der Arzt auf Grund der Laborergebnisse entscheiden?
   (b) Was wäre, wenn der Arzt die Ansicht vertreten hätte, dass Viren 4 Mal wahrscheinlicher als Bakterien seien?

9. (Zwillingsproblem) Ein Vater geht jede Woche mit einem seiner 2 Kinder in einem Park spazieren.
   (a) Angenommen, der Vater wählt zufällig aus, welches Kind ihn begleitet. Wie hoch ist die Wahrscheinlichkeit, dass er zwei Töchter hat, wenn wir ihn mit einer Tochter spazieren gehen sehen?
   (b) Wir nehmen nun an, dass der Vater eine Präferenz für eines der Geschlechter hat, d.h. er geht mit Wahrscheinlichkeit p mit einer Tochter und q mit einem Sohn spazieren. Wir beobachten ihn wieder mit einer Tochter und stellen dieselbe Frage wie in (a).

10. Eine Familie hat zwei Kinder. Es ist bekannt, dass
    (a) mindestens eines der Kinder ein Junge ist;
    (b) das ältere Kind ein Junge ist.
    Berechnen Sie jeweils die Wahrscheinlichkeit, dass die Familie zwei Jungen hat.

11. (Corona und Wirksamkeit einer Impfung) Wenn Sie im Oktober 2021 die Tagesschau gesehen haben, könnten Sie sich an folgende Meldung erinnern: *Deutschlandweit war die Corona-Impfquote bei* 65%, *an einem Stichtag waren* 1186 *Covid-Patienten auf der Intensivstation (»schwerer Verlauf«) und von diesen waren* 119 *Patienten geimpft.*
    (a) Ist die Impfung wirksam, um gegen einen schweren Verlauf zu schützen?
    (b) Können Sie einen %-Satz für die Wirksamkeit angeben?

12. Die Wahrscheinlichkeit, dass ein Professor k Doktorschüler betreut hat, sei p_k, wobei $p_0 = p_1 = p \in (0,1)$ und $p_k = (1-2p)2^{-(k-1)}$ für $k \geqslant 2$. Weiterhin ist der Anteil von Frauen und Männern unter allen Doktoranden gleich. Von Prof. S. ist bekannt, dass er zwei Doktorandinnen hat.
    (a) Wie groß ist die Wahrscheinlichkeit, dass er insgesamt nur zwei Doktorschüler hat.
    (b) Wie groß ist die Wahrscheinlichkeit, dass er noch mindestens zwei männliche Doktorschüler hat?

13. In einer Urne befinden sich n Münzen, von diesen sind $n-1$ fair, eine hat auf beiden Seiten »Kopf«. Wir ziehen zufällig eine Münze und werfen diese k Mal. Es tritt ausschließlich »Kopf« auf. Wie groß ist die Wahrscheinlichkeit, dass wir keine faire Münze gezogen haben?

14. Eine Urne enthält je n rote und weiße Kugeln. Wir ziehen immer zwei Kugeln simultan (ohne Zurücklegen) bis die Urne leer ist. Wie groß ist die Wahrscheinlichkeit, dass wir in jedem Zug gleichfarbige Kugeln ziehen?

15. Von 3 Karten hat eine zwei schwarze Seiten, eine zwei weiße Seiten und eine je eine weiße und schwarze Seite. Wir ziehen zufällig eine Karte, deren aufliegende Seite schwarz ist. Wie groß ist die Wahrscheinlichkeit, dass die andere Seite weiß ist?
    Bemerkung. Diese Aufgabe geht auf Bertrand [7, S. 2] zurück, der statt Karten Schubladen mit zwei gleichen bzw. unterschiedlichen Münzen verwendet.

16. Sie können w weiße und s schwarze Kugeln in beliebiger Weise auf 2 Urnen verteilen. Eine andere Person (die die Verteilung nicht kennt) wählt zufällig eine der Urnen und zieht daraus eine Kugel. Können Sie die Wahrscheinlichkeit maximieren, dass eine schwarze Kugel gezogen wird?

17. (Bertrand's ballot problem) Zwei Kandidaten stellen sich zur Wahl, sie erhalten k_1 bzw. k_2 Stimmen. Wir nehmen an, dass $k_1 > k_2$. Zeigen Sie, dass mit Wahrscheinlichkeit $(k_1-k_2)/(k_1+k_2)$ der erste Kandidat über die gesamte Auszählung hinweg mehr Stimmen als Kandidat 2 hat.
    Anleitung. Wir schreiben $p_{m,n}$ für die Wahrscheinlichkeit, dass bei $m+n$ abgegebenen Stimmen und $m > n$ der erste Kandidat über die gesamte Auszählung hinweg führt. Wir verwenden Induktion in m und n: berechne $p_{m,n}$ für die beiden Fälle $n = 0$ und $n = m$; überlege dann, wie $p_{m,n}$ aus $p_{m,n-1}$ und $p_{m-1,n}$ hervorgeht.

5 Unabhängigkeit

Im Alltag gibt es viele Paare von Experimenten, deren Ausgänge sich nicht gegenseitig beeinflussen, etwa die Ergebnisse von zwei Fußballspielen in ganz verschiedenen Ligen am selben Spieltag. Eine ähnliche Situation liegt vor, wenn wir zweimal hintereinander würfeln: Wir können davon ausgehen, dass die Kenntnis eines der Ereignisse

$$A := \{\text{Augenzahl beim ersten Wurf ist gerade}\},$$
$$B := \{\text{Augenzahl beim zweiten Wurf ist durch 3 teilbar}\}$$

keinerlei Informationen über das andere Ereignis gibt. Da $A = \{2,4,6\} \times \{1,\dots,6\}$ und $B = \{1,\dots,6\} \times \{3,6\}$, gilt

$$\mathbb{P}(A \cap B) = \mathbb{P}(\{(2,3),(2,6),(4,3),(4,6),(6,3),(6,6)\}) = \frac{6}{36} = \frac{1}{2} \times \frac{1}{3} = \mathbb{P}(A)\,\mathbb{P}(B),$$

d.h. die Wahrscheinlichkeit für das simultane Eintreten zweier »unabhängiger« Ereignisse ist das Produkt der Einzelwahrscheinlichkeiten. Mit Hilfe der bedingten Wahrscheinlichkeit können wir das für Ereignisse folgendermaßen ausdrücken:

$$A, B \text{ unabhängig} \overset{\text{def}}{\iff} \mathbb{P}(A \mid B) = \mathbb{P}(A) \iff \mathbb{P}(A \cap B) = \mathbb{P}(A)\,\mathbb{P}(B). \tag{5.1}$$

Wir benötigen eine noch allgemeinere Definition. Von jetzt an sei $(\Omega, \mathscr{A}, \mathbb{P})$ ein fest vorgegebener W-Raum.

5.1 Definition. Es sei I eine beliebige Indexmenge. Die Mengen $(A_i)_{i\in I} \subset \mathscr{A}$ heißen *unabhängig* (ua), wenn gilt

$$\forall J \subset I,\ |J| < \infty : \mathbb{P}\Big(\bigcap_{i\in J} A_i\Big) = \prod_{i\in J} \mathbb{P}(A_i). \tag{5.2}$$

!

- Unabhängigkeit bleibt erhalten, wenn wir I verkleinern »Weglassen von Mengen zerstört die Unabhängigkeit nicht«;
- Unabhängigkeit hängt nicht von der Reihenfolge der Mengen ab;
- Notation: $A \perp\!\!\!\perp B$ ist kurz für »A, B sind unabhängig«.

5.2 Bemerkung. a) Es sei $I = \{1,\dots,n\}$, $n > 2$. Die Bedingung

$$\mathbb{P}\Big(\bigcap_{i=1}^{n} A_i\Big) = \prod_{i=1}^{n} \mathbb{P}(A_i)$$

ist *notwendig* für die Unabhängigkeit der Ereignisse $A_1,\dots,A_n$, aber *nicht hinreichend.*

Gegenbeispiel: Wir würfeln zweimal mit einem fairen Würfel, $\Omega = \{1,2,\dots,6\}^2$, $\mathbb{P}((m,n)) = 1/36$, $m,n \in \{1,\dots,6\}$, und interessieren uns für folgende Ereignisse:

$$A = \{1,\dots,6\} \times \{1,2,5\}, \quad B = \{1,\dots,6\} \times \{4,5,6\} \quad \text{und}$$
$$C = \{(m,n) \mid m+n = 9\} = \{(3,6),(4,5),(5,4),(6,3)\}.$$

https://doi.org/10.1515/9783111342252-005

Offensichtlich gilt $\mathbb{P}(A) = \mathbb{P}(B) = \frac{1}{2}$, $\mathbb{P}(C) = \frac{1}{9}$, sowie

$$\begin{aligned}
\mathbb{P}(A \cap B) &= \frac{6}{36} \neq \mathbb{P}(A)\,\mathbb{P}(B)\\
\mathbb{P}(A \cap C) &= \frac{1}{36} \neq \mathbb{P}(A)\,\mathbb{P}(C)\\
\mathbb{P}(B \cap C) &= \frac{3}{36} \neq \mathbb{P}(B)\,\mathbb{P}(C)\\
\mathbb{P}(A \cap B \cap C) &= \frac{1}{36} = \mathbb{P}(A)\,\mathbb{P}(B)\,\mathbb{P}(C).
\end{aligned}$$

b) Es sei I eine beliebige Indexmenge. Die sog. *paarweise Unabhängigkeit*

$$\forall i, k \in I,\ i \neq k : \mathbb{P}(A_i \cap A_k) = \mathbb{P}(A_i)\,\mathbb{P}(A_k)$$

ist *notwendig* für die Unabhängigkeit der Familie $(A_i)_{i\in I}$, aber *nicht hinreichend* (wenn $|I| > 2$).

Gegenbeispiel: Wir werfen zweimal hintereinander eine faire Münze, $\Omega = \{0,1\}^2$, $\mathbb{P}(\{(\omega_1, \omega_2)\}) = \frac{1}{4}$, $\omega_1, \omega_2 \in \{0, 1\}$. Für die Ereignisse

$$A_1 = \{\omega_1 = 1\} = \{(\omega_1, \omega_2) \in \{0,1\}^2 \mid \omega_1 = 1\}, \quad A_2 = \{\omega_2 = 1\} \quad \text{und} \quad A_3 = \{\omega_1 = \omega_2\}$$

gilt offensichtlich

$$\begin{aligned}
\mathbb{P}(A_i \cap A_k) &= \frac{1}{4} = \mathbb{P}(A_i)\,\mathbb{P}(A_k) \quad \forall i \neq k\\
\mathbb{P}(A_1 \cap A_2 \cap A_3) &= \frac{1}{4} \neq \frac{1}{8} = \mathbb{P}(A_1)\,\mathbb{P}(A_2)\,\mathbb{P}(A_3).
\end{aligned}$$

c) Das Gegenbeispiel aus Teil b) können wir auch mit dem sog. Bernstein-Tetraeder realisieren. Das ist ein regelmäßiges Tetraeder, bei dem wir drei Seiten jeweils mit rot, grün und schwarz färben, und dessen vierte Seite alle drei Farben trägt. Mit R, G, S bezeichnen wir das Ereignis, dass das Tetraeder auf einer Seite landet, die rot, grün oder schwarz enthält. Offensichtlich gilt

$$\mathbb{P}(R) = \mathbb{P}(G) = \mathbb{P}(S) = \frac{1}{2} \quad \text{und} \quad \mathbb{P}(R \cap G) = \mathbb{P}(R \cap S) = \mathbb{P}(G \cap S) = \frac{1}{4},$$

d.h. die Ereignisse sind paarweise unabhängig, während

$$\mathbb{P}(R \cap G \cap S) = \frac{1}{4} \neq \frac{1}{2} \cdot \frac{1}{2} \cdot \frac{1}{2} = \mathbb{P}(R)\,\mathbb{P}(G)\,\mathbb{P}(S).$$

Die Unabhängigkeit von Familien von Mengen $\mathscr{F}_i \subset \mathscr{A}$ und Zufallsvariablen X_i, $i \in I$ kann man auf Definition 5.1 zurückführen.

5.3 Definition. Es seien I eine beliebige Indexmenge und $(E_i, \mathscr{E}_i)$ Messräume.

a) Die Familien $\mathscr{F}_i \subset \mathscr{A}$, $i \in I$, heißen *unabhängig*, wenn gilt

$$\forall J \subset I,\ |J| < \infty,\ \forall A_i \in \mathscr{F}_i,\ i \in J : \mathbb{P}\Big(\bigcap_{i\in J} A_i\Big) = \prod_{i\in J} \mathbb{P}(A_i).$$

b) Die ZV $X_i : (\Omega, \mathscr{A}) \to (E_i, \mathscr{E}_i)$, $i \in I$, heißen *unabhängig*, wenn die σ-Algebren

$$\sigma(X_i) = X_i^{-1}(\mathscr{E}_i) = \big\{\{X_i \in F\} \mid F \in \mathscr{E}_i\big\}, \qquad i \in I$$

unabhängig sind.

Das folgende Lemma sagt insbesondere, dass wir in einem System von unabhängigen Ereignissen $(A_i)_{i\in I}$ beliebig viele der A_i durch A_i^c (oder $\emptyset$ oder Ω) austauschen können, ohne die Unabhängigkeit zu zerstören.

5.4 Lemma. *Für jede Indexmenge I sind die folgenden Aussagen äquivalent:*

a) *die Ereignisse A_i, $i \in I$, sind unabhängig;*
b) *die σ-Algebren $\sigma(A_i)$, $i \in I$, sind unabhängig;*
c) *die Zufallsvariablen $\mathbb{1}_{A_i}$, $i \in I$, sind unabhängig.*

Beweis. Da die Unabhängigkeit für eine beliebige Indexmenge I über deren endliche Teilmengen definiert ist, können wir o.E. $I = \{1, \dots, n\}$ annehmen. Die Äquivalenz b)⇔c) folgt wegen $\sigma(A_i) = \sigma(\mathbb{1}_{A_i})$ aus der Definition der Unabhängigkeit für ZV, und a) ist ein Sonderfall von b). Für a)⇒b) reicht es,

$$A_1, \dots, A_n \text{ unabh.} \implies B_1, \dots, B_n \text{ unabh. wobei } B_i \in \{\emptyset, A_i, A_i^c, \Omega\}$$

zu zeigen. Indem wir rekursiv vorgehen, folgt die Behauptung aus

$$A_1, \dots, A_n \text{ unabh.} \implies B_1, A_2, \dots, A_n \text{ unabh. wobei } B_1 \in \{\emptyset, A_1, A_1^c, \Omega\}.$$

Für $B_1 \in \{\emptyset, A_1, \Omega\}$ ist nichts zu zeigen. Sei also $B_1 = A_1^c$. Wir überprüfen (5.2) für eine Teilmenge $J \subset \{1, \dots, n\}$.

Wenn $1 \notin J$, dann sind wir schon fertig. Sonst definieren wir $A := \bigcap_{i\in J, i\neq 1} A_i$ und beachten

$$\begin{aligned}\mathbb{P}(\underbrace{\underbrace{A_1^c}_{=\Omega\setminus A_1} \cap A}_{=A\setminus(A_1\cap A)}) = \mathbb{P}(A) - \mathbb{P}(A_1 \cap A) &= \prod_{i\in J\setminus\{1\}} \mathbb{P}(A_i) - \mathbb{P}(A_1) \prod_{i\in J\setminus\{1\}} \mathbb{P}(A_i) \\ &= \underbrace{(1 - \mathbb{P}(A_1))}_{=\mathbb{P}(A_1^c)} \prod_{i\in J\setminus\{1\}} \mathbb{P}(A_i).\end{aligned}$$ □

Während »Weglassen von Mengen« die Unabhängigkeit nicht zerstört, kann man nicht ohne weiteres neue Mengen hinzufügen. Eine Ausnahme bilden der Gesamtraum und die leere Menge. Es seien $\mathscr{F}_i \subset \mathscr{A}$, $i \in I$. Dann gilt [✍]

$$\mathscr{F}_i,\ i \in I \text{ unabhängig} \iff \mathscr{F}_i \cup \{\Omega\},\ i \in I \text{ unabhängig}.$$

5.5 Satz. *Es seien $\mathscr{F}_i \subset \mathscr{A}$, $i \in I$, $\cap$-stabile Familien ($F, G \in \mathscr{F}_i \implies F \cap G \in \mathscr{F}_i$). Dann gilt*

$$\mathscr{F}_i,\ i \in I \quad \textit{unabhängig} \iff \sigma(\mathscr{F}_i),\ i \in I \quad \textit{unabhängig}.$$

Beweis. Wir dürfen o.E. annehmen, dass $\Omega \in \mathscr{F}_i$ für alle $i \in I$ gilt. Wie im Beweis von Lemma 5.4 können wir $I = \{i_1, \dots, i_n\}$ als endlich voraussetzen.

Die Richtung »$\Leftarrow$« ist trivial, da $\mathscr{F}_i \subset \sigma(\mathscr{F}_i)$ und da wir immer Mengen weglassen dürfen. Die Umkehrung »$\Rightarrow$« folgt rekursiv:

1° Wir wählen $F_i \in \mathscr{F}_i$, $i = i_2, i_3, \dots, i_n$, und setzen für $F \in \sigma(\mathscr{F}_{i_1})$:

$$\mu(F) := \mathbb{P}(F \cap F_{i_2} \cap \dots \cap F_{i_n}),$$
$$\nu(F) := \mathbb{P}(F)\,\mathbb{P}(F_{i_2}) \cdot \ldots \cdot \mathbb{P}(F_{i_n}).$$

Offensichtlich sind μ, ν endliche Maße auf $\sigma(\mathscr{F}_{i_1})$.

2° Da die Familien $\mathscr{F}_i$ unabhängig sind, gilt $\mu|_{\mathscr{F}_{i_1}} = \nu|_{\mathscr{F}_{i_1}}$. Nach dem Eindeutigkeitssatz für Maße [MI, Satz 4.5, Bemerkung 4.6] gilt $\mu|_{\sigma(\mathscr{F}_{i_1})} = \nu|_{\sigma(\mathscr{F}_{i_1})}$ und damit

$$\mathbb{P}(F \cap F_{i_2} \cap \dots \cap F_{i_n}) = \mathbb{P}(F)\,\mathbb{P}(F_{i_2}) \cdot \ldots \cdot \mathbb{P}(F_{i_n})$$

für jede Wahl von $F \in \sigma(\mathscr{F}_{i_1})$ und $F_i \in \mathscr{F}_i$, $i = i_2, \dots, i_n$. Da $\Omega \in \mathscr{F}_i$ für alle $i \in I$, gilt diese Produktformel auch für alle Teilmengen $J \subset I$, d.h. wir haben 5.3.a); das zeigt, dass die Familien $\sigma(\mathscr{F}_{i_1}), \mathscr{F}_{i_2}, \dots, \mathscr{F}_{i_n}$ unabhängig sind.

3° Indem wir 1° und 2° auf $\mathscr{F}_{i_2}, \mathscr{F}_{i_3}, \dots, \mathscr{F}_{i_n}, \sigma(\mathscr{F}_{i_1})$ anwenden, ergibt sich, dass $\sigma(\mathscr{F}_{i_2})$, $\mathscr{F}_{i_3}, \dots, \mathscr{F}_{i_n}, \sigma(\mathscr{F}_{i_1})$ unabhängig sind; etc. etc. etc. □

5.6 Korollar (1. Blocklemma). *Es seien $\mathscr{F}_{ik} \subset \mathscr{A}$, $1 \leqslant i \leqslant m$, $1 \leqslant k \leqslant n(i)$, unabhängige $\cap$-stabile Familien. Dann sind auch die folgenden σ-Algebren unabhängig:*

$$\mathscr{G}_i := \sigma(\mathscr{F}_{i1}, \dots, \mathscr{F}_{in(i)}), \quad 1 \leqslant i \leqslant m.$$

Beweis. O. E. können wir $\Omega \in \mathscr{F}_{ik}$ für alle i, k annehmen. Daher sind die Familien

$$\mathscr{F}_i^{\cap} := \{F_{i1} \cap \dots \cap F_{in(i)} \mid F_{ik} \in \mathscr{F}_{ik},\ 1 \leqslant k \leqslant n(i)\}, \quad 1 \leqslant i \leqslant m,$$

$\cap$-stabil, unabhängig und es gilt $\mathscr{F}_{i1}, \dots, \mathscr{F}_{in(i)} \subset \mathscr{F}_i^{\cap}$ [✍]. Aus Satz 5.5 folgt, dass die σ-Algebren $\sigma(\mathscr{F}_i^{\cap})$, $1 \leqslant i \leqslant m$, unabhängig sind. Definitionsgemäß haben wir

$$\mathscr{F}_{i1}, \dots, \mathscr{F}_{in(i)} \subset \mathscr{F}_i^{\cap} \subset \sigma(\mathscr{F}_{i1}, \dots, \mathscr{F}_{in(i)}) \overset{\text{def}}{=} \mathscr{G}_i$$

und wenn wir in dieser Kette zu den erzeugten σ-Algebren übergehen, folgt

$$\mathscr{G}_i \overset{\text{def}}{=} \sigma(\mathscr{F}_{i1}, \dots, \mathscr{F}_{in(i)}) \subset \sigma(\mathscr{F}_i^{\cap}) \subset \mathscr{G}_i,$$

d.h. die σ-Algebren $\mathscr{G}_i = \sigma(\mathscr{F}_i^{\cap})$, $i = 1, \dots, m$, sind unabhängig. □

5.7 Korollar (2. Blocklemma). *Es seien $X_{ik} : \Omega \to E$, $1 \leqslant k \leqslant n(i)$, $1 \leqslant i \leqslant m$, unabhängige ZV und $f_i : E^{n(i)} \to \mathbb{R}$ messbare reelle Funktionen. Dann sind auch die ZV $f_i(X_{i1}, \dots, X_{in(i)})$, $1 \leqslant i \leqslant m$, unabhängig.*

Beweis. Setze $\mathscr{F}_{ik} := \sigma(X_{ik})$ und $\mathscr{G}_i := \sigma(\mathscr{F}_{i1}, \dots, \mathscr{F}_{in(i)})$; Korollar 5.6 zeigt, dass die σ-Algebren $\mathscr{G}_i$, $i = 1, 2, \dots, m$, unabhängig sind. Weiterhin ist

$$Z_i := f_i(X_{i1}, \dots, X_{in(i)}) \quad \mathscr{G}_i\text{-messbar},$$

also $\sigma(Z_i) \subset \mathscr{G}_i$; daher erben die Z_i die Unabhängigkeit der $\mathscr{G}_i$. □

Hier sind zwei typische Anwendungen von Korollar 5.6 und 5.7:

- $X_1, \dots, X_n$ unabhängige, reelle ZV $\implies X_1,\ Y := X_2 \cdot X_3 \cdot \dots \cdot X_n$ unabhängig.
- $X_1, \dots, X_n$ unabhängige, reelle ZV $\implies S_n - S_m$ und $\mathbb{1}_{\{\max_{1\leqslant j\leqslant m} S_j > a\}}$ unabhängig ($S_k := X_1 + \dots + X_k$).
- $X_1, \dots, X_n$ unabhängige, reelle ZV $\implies f_1(X_1), \dots, f_n(X_n)$ unabhängig für beliebige messbare Funktionen $f_1, \dots, f_n$.

Unabhängigkeit kann mit Hilfe der W-Verteilungen der ZV charakterisiert werden.

5.8 Satz. *Es seien $X_1, \dots, X_n : (\Omega, \mathscr{A}) \to (E, \mathscr{E})$ ZV und $\mathscr{G}$ sei ein $\cap$-stabiler Erzeuger von $\mathscr{E}$. Dann sind äquivalent:*

a) *$X_1, \dots, X_n$ sind unabhängig;*

b) $\mathbb{P}(X_1 \in G_1, \dots, X_n \in G_n) = \prod_{k=1}^n \mathbb{P}(X_k \in G_k) \quad \forall G_1, \dots, G_n \in \mathscr{G}$;

c) $\mathbb{P}_{X_1,\dots,X_n} = \mathbb{P}_{X_1} \otimes \dots \otimes \mathbb{P}_{X_n}$.

Wenn $E = \mathbb{R}^d$ ist, dann sind a)–c) *auch äquivalent zu*[9]

d) $\mathbb{E} \exp\left[i \sum_{k=1}^n \langle \xi_k, X_k \rangle\right] = \prod_{k=1}^n \mathbb{E} \exp\left[i\langle \xi_k, X_k\rangle\right] \quad \forall \xi_1, \dots, \xi_n \in \mathbb{R}^d$.

!

- $\mathbb{P}_{X_1,\dots,X_n}$ ist die Verteilung des Vektors $(X_1, \dots, X_n)$, die sog. *gemeinsame Verteilung*;
- $\mathbb{P}_{X_1} \otimes \dots \otimes \mathbb{P}_{X_n}$ bezeichnet, wie üblich, das Produktmaß;
- Wir können insbesondere den (trivialen) Erzeuger $\mathscr{G} = \mathscr{E}$ betrachten;
- Die Äquivalenz a)⇔d) heißt auch *Satz von Kac*.

Beweis. a)⇒b) Es seien $G_1, \dots, G_n \in \mathscr{G}$ beliebig. Dann gilt

$$\mathbb{P}_{X_1,\dots,X_n}(G_1 \times \dots \times G_n) \stackrel{\text{def}}{=} \mathbb{P}(X_1 \in G_1, \dots, X_n \in G_n) \stackrel{\text{def}}{=} \mathbb{P}\Big(\bigcap_{i=1}^n \{X_i \in G_i\}\Big)$$

und auf Grund der Unabhängigkeit gilt

$$\mathbb{P}_{X_1,\dots,X_n}(G_1 \times \dots \times G_n) \stackrel{\text{ua}}{=} \prod_{i=1}^n \mathbb{P}(\{X_i \in G_i\}) = \prod_{i=1}^n \mathbb{P}_{X_i}(G_i) = \bigotimes_{i=1}^n \mathbb{P}_{X_i}(G_1 \times \dots \times G_n).$$

b)⇒c) Nach Annahme gilt $\mathbb{P}_{X_1,\dots,X_n} = \bigotimes_{i=1}^n \mathbb{P}_{X_i}$ für alle »Erzeuger-Rechtecke« $\times_{i=1}^n G_i$, $G_1, \dots, G_n \in \mathscr{G}$. Da $\mathscr{E}^{\otimes n} \stackrel{\text{def}}{=} \sigma\big(\times_{i=1}^n \mathscr{E}\big) = \sigma\big(\times_{i=1}^n \mathscr{G}\big)$ (vgl. [MI, Lemma 15.3]), und da die

---

9 Für den Beweis dieser Aussage benötigt man die Eindeutigkeit der Fouriertransformation, z.B. [MI, Satz 22.7] oder [MI, Korollar 23.8]. In Kapitel 7, Korollar 7.9, werden wir einen weiteren Beweis geben.

Familie der Erzeuger-Rechtecke $\cap$-stabil ist [✍], folgt aus dem Eindeutigkeitssatz für Maße [MI, Satz 4.5 & Bemerkung 4.6], dass $\mathbb{P}_{X_1,\dots,X_n} = \bigotimes_{i=1}^n \mathbb{P}_{X_i}$ auf $\mathscr{E}^{\otimes n}$.

c)$\Rightarrow$a) Es sei $J \subset \{1,\dots,n\}$ und wir definieren

$$A_i := \begin{cases} \text{beliebig} \in \mathscr{E}, & i \in J, \\ E, & i \notin J. \end{cases}$$

Dann gilt

$$\begin{aligned}\mathbb{P}(X_i \in A_i,\ \forall i \in J) &= \mathbb{P}(X_i \in A_i,\ \forall i = 1,\dots,n) \\ &\overset{\text{c)}}{=} \prod_{i=1}^n \mathbb{P}(X_i \in A_i) = \prod_{i \in J} \mathbb{P}(X_i \in A_i).\end{aligned}$$

c)$\Leftrightarrow$d) Nun sei $E = \mathbb{R}^d$ und $\mathscr{E} = \mathscr{B}(\mathbb{R}^d)$. Es gilt für alle $\xi_1,\dots,\xi_n \in \mathbb{R}^d$

$$\sum_{k=1}^n \langle \xi_k, X_k\rangle = \left\langle (\xi_1,\dots,\xi_n)^\top, (X_1,\dots,X_n)^\top\right\rangle,$$

$$\mathbb{E}\, e^{i\sum_{k=1}^n \langle \xi_k, X_k\rangle} = \int_{\mathbb{R}^{nd}} e^{i\left\langle (\xi_1,\dots,\xi_n)^\top, (x_1,\dots,x_n)^\top\right\rangle} \mathbb{P}_{X_1,\dots,X_n}(dx_1,\dots,dx_n) \tag{5.3}$$

$$\prod_{k=1}^n \mathbb{E}\, e^{i\langle \xi_k, X_k\rangle} \overset{\text{Fubini}}{=} \int_{\mathbb{R}^{nd}} e^{i\left\langle (\xi_1,\dots,\xi_n)^\top, (x_1,\dots,x_n)^\top\right\rangle} \mathbb{P}_{X_1} \otimes \dots \otimes \mathbb{P}_{X_n}(dx_1,\dots,dx_n). \tag{5.4}$$

Die Richtung c)$\Rightarrow$d) folgt direkt aus der Tatsache, dass übereinstimmende Maße auch zu den gleichen Integralen führen. Für die Umkehrung müssen wir wissen, dass die Familie $e_\xi(x) := e^{i\langle \xi, x\rangle}$ maßbestimmend ist [MI, Satz 22.7], dann lässt sich c) sofort aus d) und (5.3), (5.4) ablesen. Ein alternativer Beweis wird in Korollar 7.9 geführt. □

Wir wollen noch einige Konsequenzen für die Erwartungswerte von unabhängigen $\mathbb{R}^d$-wertigen Zufallsvariablen herleiten.

5.9 Korollar. *Es seien $X, Y : \Omega \to \mathbb{R}^d$ unabhängige ZV und $h : \mathbb{R}^{2d} \to \mathbb{R}$ messbar. Ist $h \geqslant 0$ oder $h(X,Y) \in L^1(\mathbb{P})$, dann gilt*

$$\begin{aligned}\mathbb{E} h(X,Y) &= \iint h(x,y)\, \mathbb{P}(X \in dx)\, \mathbb{P}(Y \in dy) \\ &= \mathbb{E} \int h(x,Y)\, \mathbb{P}(X \in dx) \\ &= \mathbb{E} \int h(X,y)\, \mathbb{P}(Y \in dy).\end{aligned}$$

Beweis. Als Komposition von messbaren Funktionen ist $h(X,Y)$ wieder messbar, und es gilt wegen der Definition des Integrals bezüglich eines Bildmaßes (1.3)

$$\mathbb{E} h(X,Y) = \int_\Omega h(X,Y)\, d\mathbb{P} = \int_{\mathbb{R}^{2d}} h(x,y)\, \underbrace{\mathbb{P}(X \in dx, Y \in dy)}_{=\mathbb{P}((X,Y) \in d(x,y))}.$$

Wir können nun die Unabhängigkeit $X \perp\!\!\!\perp Y$ in Form von Satz 5.8 und nochmals die Definition des Bildmaßes verwenden

$$\begin{aligned}\mathbb{E}h(X,Y) &\overset{\text{ua}}{=} \int_{\mathbb{R}^{2d}} h(x,y)\,\mathbb{P}_X \otimes \mathbb{P}_Y(dx,dy) \underset{\text{Fubini}}{\overset{\text{Tonelli}}{=}} \int_{\mathbb{R}^d}\int_{\mathbb{R}^d} h(x,y)\,\mathbb{P}_X(dx)\,\mathbb{P}_Y(dy)\\ &\overset{(1.3)}{=} \int_{\Omega}\int_{\mathbb{R}^d} h(x,Y)\,\mathbb{P}_X(dx)\,d\mathbb{P}\\ &= \mathbb{E}\int_{\mathbb{R}^d} h(x,Y)\,\mathbb{P}_X(dx).\end{aligned}$$

Die andere Formel folgt analog. □

5.10 Korollar. *Es seien $X, Y : \Omega \to \mathbb{R}^d$ unabhängige ZV und $f, g : \mathbb{R}^d \to \mathbb{R}$ messbar. Wenn $f, g \geqslant 0$ oder $\mathbb{E}|f(X)|, \mathbb{E}|g(Y)| < \infty$, dann ist*

$$\mathbb{E}\,(f(X)g(Y)) = \mathbb{E}f(X)\,\mathbb{E}g(Y). \tag{5.5}$$

Insbesondere gilt für unabhängige ZV

$$f(X) \in L^1(\mathbb{P}),\ g(Y) \in L^1(\mathbb{P}) \implies f(X)g(Y) \in L^1(\mathbb{P}).$$

Beweis. Setze $h(x,y) := f(x)g(y)$. Für $f, g \geqslant 0$ folgt (5.5) sofort aus Korollar 5.9.

Für $f, g : \mathbb{R}^d \to \mathbb{R}$ und $f(X), g(Y) \in L^1(\mathbb{P})$, gilt nach Teil 1

$$\mathbb{E}|f(X)g(Y)| = \mathbb{E}|f(X)|\,\mathbb{E}|g(Y)| < \infty,$$

also $f(X)g(Y) \in L^1(\mathbb{P})$, und (5.5) folgt wieder aus 5.9. □

Mit Hilfe des zweiten Blocklemmas, vgl. die Bemerkung nach Korollar 5.7, sehen wir

$$X_1, \dots, X_n \text{ unabhängig} \implies f_1(X_1),\ Y := f_2(X_2) \cdot \ldots \cdot f_n(X_n) \text{ unabhängig.}$$

Daher folgt durch Iteration von Korollar 5.10:

5.11 Korollar. *Es seien $X_1, \dots, X_n : \Omega \to \mathbb{R}^d$ unabhängige ZV und $f_1, \dots, f_n : \mathbb{R}^d \to \mathbb{R}$ messbar. Wenn $f_i \geqslant 0$ $(i = 1, 2, \dots, n)$ oder $f_i(X_i) \in L^1(\mathbb{P})$ $(i = 1, 2, \dots, n)$, dann ist*

$$\mathbb{E}\Big(\prod_{i=1}^n f_i(X_i)\Big) = \prod_{i=1}^n \mathbb{E}f_i(X_i);$$

insbesondere gilt $f_i(X_i) \in L^1(\mathbb{P})\ \forall i \implies \prod_{i=1}^n f_i(X_i) \in L^1(\mathbb{P})$.

5.12 Beispiel (Coupon collector). Zur Fußball-WM findet man oft Sammelbilder der Spieler und Betreuer der Nationalmannschaft in Verpackungen von Süßriegeln. Wir nehmen an, dass es n verschiedene Motive gibt und dass der Hersteller die Bilder unabhängig und gleichverteilt den Süßriegeln beigibt. Wie viele Süßriegel muss ein Sammler im

Mittel kaufen, damit er jedes Sammelbild mindestens einmal hat? (Der Einfachheit halber schließen wir aus, dass mehrere Sammler kooperieren, d.h. Bilder tauschen.)

Lösung. Ein Sammelbild heiße *neu*, wenn wir dieses Motiv noch nicht besitzen. Wir definieren die folgenden ZV: X ist die Anzahl der gekauften Süßriegel, um alle Sammelbilder zu erhalten, X_i, $i = 1, \dots, n$, ist die Anzahl der gekauften Süßriegel um ein neues Sammelbild zu erhalten, wenn wir bereits $i-1$ verschiedene Motive haben. Entsprechend unserer Annahme sind die X_i unabhängig, und es gilt $X = X_1 + \dots + X_n$.

Offensichtlich ist X_i eine geometrisch verteilte ZV vom Typ »Wartezeit bis zum ersten Erfolg«, vgl. Beispiel 3.4.f), mit der Erfolgswahrscheinlichkeit

$$p_i = \frac{n-i+1}{n} = \frac{\text{Zahl der noch nicht gesammelten Motive}}{\text{Zahl aller Motive}}.$$

Der Erwartungswert ist $\mathbb{E}X_i = 1/p_i = n/(n-i+1)$ und wir erhalten

$$\mathbb{E}X = \mathbb{E}(X_1 + \dots + X_n) = \mathbb{E}X_1 + \dots + \mathbb{E}X_n = \sum_{i=1}^{n} \frac{n}{n-i+1} = n \sum_{i=1}^{n} \frac{1}{i}.$$

Mit dem Integralvergleichskriterium (A.10) (oder [MI, Kapitel 9, Aufgabe 3]) sehen wir, dass $\int_1^n \frac{dx}{x} \leqslant \sum_{i=1}^n \frac{1}{i} \leqslant 1 + \int_1^n \frac{dx}{x}$ gilt, also $n \log n \leqslant \mathbb{E}X \leqslant n + n \log n$.

Wir haben oft das Gefühl, dass manche Sammelbilder seltener vorkommen als andere, m. a. W. der Hersteller hat möglicherweise die Motive nicht mit einer Gleichverteilung auf die Süßriegel verteilt. Diese Situation wird in Aufgabe 5.20 behandelt.

5.13 Beispiel (Secretary problem). Wir suchen eine Wohnung und besichtigen n Objekte in zufälliger Reihenfolge; allerdings müssen wir uns *sofort nach der Besichtigung* für oder gegen die Wohnung entscheiden. Als Mathematiker wollen wir nicht ohne Strategie vorgehen: W_k bezeichne die k-te Wohnung und »$x > y$« steht für »x gefällt uns besser als y«. Unser Plan ist nun

- Besichtige $W_1, W_2, \dots, W_x$ für ein $x \leqslant n-1$;
- Ab $k > x$: Wenn $W_k > \max\{W_1, \dots, W_x\}$, dann mieten wir W_k, sonst suchen wir weiter;
- Wenn $k = n$ ist, mieten wir auf jeden Fall W_n.

Wie groß ist die Wahrscheinlichkeit, dass die gewählte Wohnung tatsächlich die beste Wohnung ist? Gibt es ein $x \leqslant n$, das diese Wahrscheinlichkeit maximiert?

Lösung: Wenn n gerade ist und wir $x = n/2$ wählen, dann ist die Erfolgschance mindestens 25%. Da die Wohnungen zufällig angeordnet sind, ist die Wahrscheinlichkeit, dass die *zweitbeste* Wohnung in der ersten Hälfte, und die beste Wohnung in der zweiten Hälfte liegt jeweils 1/2, d.h. mit Wahrscheinlichkeit $1/4 = 1/2 \times 1/2$ wählen wir so wirklich die beste Wohnung aus.

Allerdings ist das nicht optimal, da die »Lernphase« zu lang ist. Um x optimal zu wählen, schreiben wir $W_k^* := \max\{W_1, \dots, W_k\}$ für das gleitende Maximum und κ für die Nummer der besten Wohnung: $\kappa = \min\{i \mid W_i = W_n^*\}$ ist also eine Zufallsvariable.

Wir wählen W_κ genau dann, wenn außerdem $W_{x+1}, W_{x+2}, \dots, W_{\kappa-1} < W^*_{\kappa-1}$ gilt – und auf Grund der Gleichverteilung hat das die Wahrscheinlichkeit $x/(\kappa-1)$. Für die gesuchte Wahrscheinlichkeit erhalten wir dann in Abhängigkeit von x

$$\begin{aligned}
p(x) &= \mathbb{P}(\kappa > x, W_{x+1}, W_{x+2}, \dots, W_{\kappa-1} < W^*_{\kappa-1}) \\
&= \sum_{k=x+1}^{n} \mathbb{P}(\kappa = k, W_{x+1}, W_{x+2}, \dots, W_{k-1} < W^*_{k-1}) \\
&= \sum_{k=x+1}^{n} \frac{1}{n}\frac{x}{k-1} = \frac{x}{n}\left(\frac{1}{x} + \frac{1}{x+1} + \dots + \frac{1}{n-1}\right).
\end{aligned}$$

Es gilt $p(x) \approx \pi(x) = \frac{1}{n}x(\ln n - \ln x)$ und wir können das Maximum von $\pi(x)$ wie üblich bestimmen: $\pi'(x_0) = 0$ für $x_0 = n/e$ und $\pi''(x_0) = -(nx_0)^{-1} < 0$. Damit ergibt sich $n/3$ als optimale Lernphase für unsere Strategie und die Wahrscheinlichkeit das Maximum zu erhalten ist etwa $p(x_0) \approx e^{-1} \approx 0.3$.

5.14 Beispiel (Rekorde). Das *secretary problem* ist eine Spielart allgemeiner Rekordprobleme. Es sei $(x_i)_{i\in\mathbb{N}} \subset \mathbb{R}$; wenn $x_n > \max_{1\leqslant i\leqslant n-1} x_i$ gilt, dann heißt x_n *Rekord.* Wir betrachten nun eine Folge von reellen iid ZV $(X_i)_{i\in\mathbb{N}}$ und wir nehmen der Einfachheit halber an, dass $\mathbb{P}(X_i = X_k) = 0$ für $i \neq k$ gilt, – das kann z.B. erreicht werden, wenn die ZV eine Dichte haben [✍] – so dass wir die ZV stets eindeutig anordnen können. Wir definieren für $n, k \in \mathbb{N}$ die ZV

$$I_n := \mathbb{1}_{\{X_n > \max_{1\leqslant i\leqslant n-1} X_i\}}, \quad T_1 := 1 \quad \text{und} \quad T_{k+1} := \min\{n > T_k \mid I_n = 1\},$$

die angeben, ob X_n ein Rekord ist ($I_n = 1$) oder nicht ($I_n = 0$), und bei welchem Index (»wann«) der k-te Rekord erreicht wird: T_k.

1° $\mathbb{P}(I_n = 1) = 1/n$. Wir zählen alle möglichen Anordnungen von $x_i = X_i(\omega)$ ab:

$$\underbrace{\overbrace{x_1, x_2, x_3, \dots, x_{n-1}}^{(n-1)!\ \text{Anordnungen}}, \overbrace{x_n}^{\text{fest, da Maximum}}}_{n!\ \text{Anordnungen}} \implies \mathbb{P}(I_n = 1) = \frac{(n-1)!}{n!} = \frac{1}{n}.$$

2° Für $m < n$ gilt $I_n \perp\!\!\!\perp I_m$. Wiederum durch Abzählen sehen wir

$$\underbrace{\overbrace{x_1, x_2, x_3, \dots, x_{m-1}}^{(m-1)!\ \text{Anordnungen}}, \overbrace{x_m}^{\text{fest, da Rekord}}}_{\binom{n-1}{m}\ \text{Wahlmöglichkeiten, da } x_n \text{ fest ist}}, \overbrace{x_{m+1}, x_{m+2}, \dots, x_{n-1}}^{(n-m-1)!\ \text{Anordnungen}}, \overbrace{x_n}^{\text{fest, da Rekord}}$$

und weil es insgesamt $n!$ Anordnungen gibt, gilt wiederum

$$\mathbb{P}(I_n = 1, I_m = 1) = \frac{\binom{n-1}{m}(m-1)!(n-m-1)!}{n!} = \frac{1}{nm} = \mathbb{P}(I_n = 1)\mathbb{P}(I_m = 1).$$

Daraus folgt bereits die Unabhängigkeit von I_n und I_m, vgl. Aufgabe 5.5.

Indem wir diese Überlegung auf endliche Teilfamilien übertragen, sehen wir, dass die Folge $(I_n)_{n\in\mathbb{N}}$ unabhängig ist.

3° $\mathbb{P}(T_2 = n) = 1/(n-1)n$. Wegen der Unabhängigkeit folgt das aus

$$\mathbb{P}(T_2 = n) = \mathbb{P}(I_n = 1, I_{n-1} = 0, \dots, I_2 = 0) = \mathbb{P}(I_n = 1) \prod_{i=2}^{n-1} \mathbb{P}(I_i = 0) = \frac{1}{n} \prod_{i=2}^{n-1} \left(1 - \frac{1}{i}\right).$$

Insbesondere ist $\mathbb{E}T_2 = \sum_{n=2}^{\infty} n\mathbb{P}(T_2 = n) = \sum_{n=2}^{\infty} \frac{1}{n-1} = \infty$ – ein etwas ernüchterndes Ergebnis.

4° $\mathbb{P}(T_k > n \mid T_{k-1} = m) = m/n$. Weil (warum? [✍])

$$\{T_k > n\} \cap \{T_{k-1} = m\} = \{T_{k-1} = m, I_{m+1} = 0, \dots, I_n = 0\}$$

ist, folgt die Behauptung aus der Unabhängigkeit der Folge $(I_n)_{n\in\mathbb{N}}$ und (vgl. Korollar 5.6) der Ereignisse $\{T_{k-1} = m\}, \{I_{m+1} = 0\}, \{I_{m+2} = 0\}, \dots, \{I_n = 0\}$:

$$\mathbb{P}(T_k > n \mid T_{k-1} = m) = \frac{\mathbb{P}(T_{k-1} = m) \prod_{i=m+1}^{n} \mathbb{P}(I_i = 0)}{\mathbb{P}(T_{k-1} = m)} \prod_{i=m+1}^{n} \frac{i-1}{i} = \frac{m}{n}.$$

5.15 Beispiel (Unabhängig ≠ unkorreliert). Zwei ZV $X, Y : \Omega \to \mathbb{R}$ heißen *unkorreliert*, wenn $X, Y, XY \in L^1(\mathbb{P})$ und $\mathbb{E}(XY) = \mathbb{E}X\,\mathbb{E}Y$ gilt. Korollar 5.10 besagt insbesondere, dass unabhängige ZV unkorreliert sind, aber die Umkehrung dieser Aussage ist falsch:

$$\underbrace{\mathbb{E}(XY) = \mathbb{E}X\,\mathbb{E}Y}_{\text{»unkorreliert«}} \;\not\Longrightarrow\; X \perp\!\!\!\perp Y.$$

Tabelle 5.1 zeigt die Verteilung für das klassische Gegenbeispiel für unkorrelierte aber nicht unabhängige ZV.

	$Y = 1$	$Y = 0$	$Y = -1$
$X = 1$	0	a	0
$X = 0$	b	c	b
$X = -1$	0	a	0

Tab. 5.1: Die Felder der Tabelle enthalten die gemeinsamen Wahrscheinlichkeiten $\mathbb{P}(X = i, Y = k)$.

Wir wählen die Parameter so, dass

$$a, b > 0, \quad c \geqslant 0, \quad 2a + 2b + c = 1.$$

Da die Verteilungen von X und Y symmetrisch sind, gilt

$$\left.\begin{array}{ll} \text{a)} & X \cdot Y = 0 \text{ fast sicher} \\ \text{b)} & \mathbb{E}X = \mathbb{E}Y = 0 \end{array}\right\} \Longrightarrow \mathbb{E}(XY) = 0 = \mathbb{E}X\,\mathbb{E}Y,$$

aber wegen $\mathbb{P}(Y = 1, X = 1) = 0 \neq ab = \mathbb{P}(X = 1)\,\mathbb{P}(Y = 1)$ sind X und Y nicht unabhängig.

Die Verteilung einer Summe endlich vieler unabhängiger ZV ist durch die Faltung der einzelnen Verteilungen gegeben [MI, Definition 19.3].

5.16 Definition. Es seien μ, ν W-Maße auf $(\mathbb{R}^d, \mathscr{B}(\mathbb{R}^d))$. Das durch

$$\mu * \nu(B) := \iint \mathbb{1}_B(x+y)\,\mu(dx)\,\nu(dy), \qquad B \in \mathscr{B}(\mathbb{R}^d),$$

definierte W-Maß auf $(\mathbb{R}^d, \mathscr{B}(\mathbb{R}^d))$ heißt *Faltung* von μ und ν.

5.17 Satz. *Es seien $X, Y : \Omega \to \mathbb{R}^d$ unabhängige ZV. Dann ist*

$$\mathbb{P}_{X+Y} = \mathbb{P}_X * \mathbb{P}_Y.$$

Wenn $X \sim f(x)\,dx$ und $Y \sim g(x)\,dx$, dann $X + Y \sim h(z)\,dz$ mit $h(z) = \int f(z-x)g(x)\,dx$.

Beweis. Für $B \in \mathscr{B}(\mathbb{R}^d)$ gilt

$$\mathbb{P}(X+Y \in B) = \int \underbrace{\mathbb{1}_B(X+Y)}_{=h(X,Y)}\,d\mathbb{P} \overset{5.9}{=} \iint \mathbb{1}_B(x+y)\,\mathbb{P}_X(dx)\,\mathbb{P}_Y(dy) \overset{5.16}{=} \mathbb{P}_X * \mathbb{P}_Y(B).$$

Der Zusatz folgt mit einer ähnlichen Rechnung

$$\begin{aligned}\mathbb{P}(X+Y \in B) = \iint \mathbb{1}_B(x+y)f(x)g(y)\,dx\,dy &\overset{z=x+y}{=} \iint \mathbb{1}_B(z)f(z-y)g(y)\,dy\,dz \\ &= \int_B \left[\int f(z-y)g(y)\,dy\right] dz. \qquad \square\end{aligned}$$

5.18 Bemerkung. Wir schreiben $\mu = \mathbb{P}_X$ und $\nu = \mathbb{P}_Y$. Der Beweis von Satz 5.17 zeigt insbesondere, dass die Faltung $\mu * \nu$ das Bildmaß des Produktmaßes $\mu \otimes \nu = \mathbb{P}_{X,Y}$ unter der Abbildung $\alpha : \mathbb{R}^d \times \mathbb{R}^d \to \mathbb{R}^d$, $\alpha(x,y) = x+y$ ist. Mit Hilfe des Satzes von Tonelli folgt

$$\mu * \nu(B) = \int_{\mathbb{R}^d} \mu(B-y)\,\nu(dy) = \int_{\mathbb{R}^d} \nu(B-x)\,\mu(dx).$$

Wie üblich schreiben wir $B - x = \{b - x \mid b \in B\}$. Wenn μ eine Dichte f bezüglich des Lebesguemaßes hat, dann ist

$$\mu * \nu(B) = \iint \mathbb{1}_B(x+y)f(x)\,dx\,\nu(dy) = \int_B \underbrace{\left(\int_{\mathbb{R}^d} f(x-y)\,\nu(dy)\right)}_{=:f*\nu(x)} dx$$

und wir schreiben $f * \nu(x)$ für die Dichte des Maßes $\mu * \nu$.

5.19 Beispiel. Oft ist die Verteilung einer Summe von unabhängigen ZV gleichen Typs wieder von diesem Typ. Das ist insbesondere der Fall für die folgenden eindimensionalen Verteilungen (vgl. die Liste von Verteilungen im Anhang A.7), allerdings ist der direkte Nachweis [✍] nicht immer einfach. In Kapitel 7 werden wir sehen, wie wir mit Hilfe der charakteristischen Funktionen diese Beziehungen viel effizienter zeigen können.

- ▶ $\mathsf{N}(\mu, \sigma^2) * \mathsf{N}(m, s^2) = \mathsf{N}(\mu + m, \sigma^2 + s^2)$ (Normalverteilung)
- ▶ $\Gamma_{\alpha,\beta} * \Gamma_{A,\beta} = \Gamma_{\alpha+A,\beta}$ (Gammaverteilung)
- ▶ $\mathsf{B}(m, p) * \mathsf{B}(n, p) = \mathsf{B}(m + n, p)$ (Binomialverteilung)
- ▶ $\mathsf{Poi}(\lambda) * \mathsf{Poi}(\mu) = \mathsf{Poi}(\lambda + \mu)$ (Poissonverteilung)

Neben dem Erwartungswert verwendet man noch die Varianz und Kovarianz zur Beschreibung der Eigenschaften von ZV.

5.20 Definition. Es seien $X, Y \in L^2(\mathbb{P})$ reelle ZV. Dann ist die
Varianz definiert als $\mathbb{V}X = \mathbb{E}\left((X - \mathbb{E}X)^2\right)$. Standardnotation $\mathbb{V}X = \sigma_X^2 = \sigma^2$.
Kovarianz definiert als $\mathrm{Cov}(X, Y) = \mathbb{E}\left((X - \mathbb{E}X)(Y - \mathbb{E}Y)\right)$.

Wenden wir die Cauchy-Schwarz Ungleichung

$$\mathbb{E}|XY| \leqslant \left(\mathbb{E}[X^2]\right)^{1/2} \left(\mathbb{E}[Y^2]\right)^{1/2}$$

für $X \in L^2(\mathbb{P})$ und $Y \equiv 1$ bzw. auf $X, Y \in L^2(\mathbb{P})$ an, dann sehen wir, dass alle Ausdrücke in Definition 5.20 endlich sind. Wir wollen nun einige Eigenschaften der (Co-)Varianz zusammenstellen:

5.21 Lemma. *Es seien $X, Y \in L^2(\mathbb{P})$ reelle ZV. Dann gilt*
a) $\mathbb{V}X = \mathbb{E}(X^2) - (\mathbb{E}X)^2 \in [0, \infty)$;
b) $\mathbb{V}X \leqslant \mathbb{E}((X - a)^2)$, *d.h.* $a = \mathbb{E}X$ *minimiert* $a \mapsto \mathbb{E}((X - a)^2)$.
c) $\mathbb{V}(aX + b) = a^2\mathbb{V}X$, $a, b \in \mathbb{R}$.
d) $\mathrm{Cov}(X, Y) = \mathbb{E}(XY) - \mathbb{E}X\mathbb{E}Y = \mathrm{Cov}(Y, X)$ *und* $\mathrm{Cov}(X, X) = \mathbb{V}X$.
e) $\mathbb{V}(X + Y) - \mathbb{V}(X - Y) = 4\,\mathrm{Cov}(X, Y)$.
f) $\mathbb{V}(X + Y) = \mathbb{V}X + \mathbb{V}Y - 2\,\mathrm{Cov}(X, Y)$.

Beweis. a), b) Durch Ausmultiplizieren sehen wir $(X - a)^2 = X^2 - 2aX + a^2$, also

$$\mathbb{E}((X - a)^2) = \mathbb{E}(X^2) - 2a\mathbb{E}X + a^2 = \mathbb{E}(X^2) - (\mathbb{E}X)^2 + (\mathbb{E}X - a)^2.$$

Für $a = \mathbb{E}X$ erhalten wir a); der Ausdruck auf der rechten Seite wird offensichtlich für $a = \mathbb{E}X$ minimal.

c) Es gilt $aX + b - \mathbb{E}(aX + b) = aX - a\mathbb{E}X = a(X - \mathbb{E}X)$. Die Behauptung folgt, wenn wir diesen Ausdruck quadrieren und den Erwartungswert bilden.

d) Es gilt $(X - \mathbb{E}X)(Y - \mathbb{E}Y) = XY - X(\mathbb{E}Y) - Y(\mathbb{E}X) + (\mathbb{E}X)(\mathbb{E}Y)$; indem wir den Erwartungswert auf beiden Seiten bilden, folgt die Behauptung.

e), f) Diese Formeln kann man direkt mit Hilfe von a) nachrechnen; geschickter ist aber die folgende Beobachtung: $\mathrm{Cov}(X, Y)$ ist eine Bilinearform, d.h. wir können mit der Kovarianz rechnen, wie wir es von einem Skalarprodukt gewohnt sind. Daher entsprechen die Formeln e), f) den bekannten Polarisationsformeln für Skalarprodukte.[✍] □

5.22 Satz (Bienaymé). *Es seien $X_1, \dots, X_n : \Omega \to \mathbb{R}$ paarweise unkorrelierte ZV in $L^2(\mathbb{P})$, d.h. $\mathbb{E}(X_i X_k) = \mathbb{E}X_i\, \mathbb{E}X_k \iff \operatorname{Cov}(X_i, X_k) = 0$ für $i \neq k$. Dann gilt*

$$\mathbb{V}\Big(\sum_{i=1}^n X_i\Big) = \sum_{i=1}^n \mathbb{V}X_i.$$

Beweis. Da die Kovarianz $(X, Y) \mapsto \operatorname{Cov}(X, Y)$ eine Bilinearform ist, gilt

$$\begin{aligned}\mathbb{V}\,(X_1 + \dots + X_n) &= \operatorname{Cov}\,(X_1 + \dots + X_n,\ X_1 + \dots + X_n)\\ &= \sum_{i=1}^n \sum_{k=1}^n \operatorname{Cov}\,(X_i,\ X_k) = \sum_{i=1}^n \operatorname{Cov}(X_i, X_i) = \sum_{i=1}^n \mathbb{V}X_i.\end{aligned}$$ □

Die paarweise Unkorreliertheit $\operatorname{Cov}(X_i, X_k) = 0$, $i \neq k$, folgt aus der paarweisen Unabhängigkeit: $X \perp\!\!\!\perp Y \implies \mathbb{E}(XY) = \mathbb{E}X \cdot \mathbb{E}Y \overset{5.21.d)}{\implies} \operatorname{Cov}(X, Y) = 0$.

Aufgaben

1. X, Y seien zwei ZV, deren gemeinsame Verteilung in Tabelle 5.2 gegeben ist.
   (a) Zeigen Sie, dass Tab. 5.2 tatsächlich eine W-Verteilung beschreibt.
   (b) Bestimmen Sie die Wahrscheinlichkeit der Ereignisse »Y gerade« und »$X \cdot Y$ ungerade«.
   (c) Finden Sie die W-Verteilung von $X + Y$. Sind X, Y unabhängig?

$X \backslash Y$	-1	1	2	5
-1	$\frac{1}{27}$	$\frac{1}{9}$	$\frac{1}{27}$	$\frac{1}{9}$
1	$\frac{1}{9}$	$\frac{2}{9}$	$\frac{1}{9}$	0
5	$\frac{4}{27}$	$\frac{1}{9}$	0	0

Tab. 5.2: Gemeinsame Verteilung der ZV (X, Y) aus Aufgabe 5.1

2. Es seien $A, B, C \in \mathscr{A}$ messbare Mengen auf einem W-Raum $(\Omega, \mathscr{A}, \mathbb{P})$. Zeigen Sie:
   (a) A, B sind genau dann unabhängig, wenn A, B^c unabhängig sind.
   (b) Wenn A, B, C unabhängig sind, dann sind auch $A \cup B, C$ unabhängig.
3. Es seien A_1, A_2, A_3 drei unabhängige Ereignisse eines W-Raums, so dass $A_1 \cup A_2 \cup A_3 = \Omega$. Zeigen Sie, dass $\mathbb{P}(A_i) = 1$ für ein $i \in \{1, 2, 3\}$.
4. Es seien X, Y unabhängige ZV und X habe eine stetige Verteilung. Dann gilt $\mathbb{P}(X \neq Y) = 1$.
5. Es seien $A, B \in \mathscr{A}$ und $X := \mathbb{1}_A$, $Y := \mathbb{1}_B$. Zeigen Sie: $X \perp\!\!\!\perp Y \iff \{X = 1\} \perp\!\!\!\perp \{Y = 1\}$.
6. Auf einem W-Raum seien zwei iid ZV $U, V : \Omega \to \{-1, 1\}$ gegeben, so dass $\mathbb{P}(U = -1) = 1/3$ und $\mathbb{P}(U = 1) = 2/3$. Wir definieren neue ZV $X := U$ und $Y := U \cdot V$.
   (a) Bestimmen Sie die gemeinsame Verteilung von (X, Y). Gilt $X \perp\!\!\!\perp Y$?
   (b) Sind die ZV X^2 und Y^2 unabhängig?
7. Die ZV $X = (X_1, \dots, X_d) \in \mathbb{R}^d$ habe die Dichte $f(x_1, \dots, x_d)$. Zeigen Sie, dass die Koordinaten X_i auch Dichten $f_i(x_i)$ besitzen; die X_i sind genau dann unabhängig, wenn $f(x_1, \dots, x_d) = \prod_{i=1}^d f_i(x_i)$.
8. Die ZV $X = (X_1, \dots, X_d) \in \mathbb{R}^d$ sei diskret. Wenn $\mathbb{P}(X_i = x_i,\ \forall i = 1, \dots, d) = \prod_{i=1}^d \mathbb{P}(X_i = x_i)$, $x_i \in \mathbb{R}$, dann sind die ZV X_i unabhängig.

9. Auf einem W-Raum gelte $\mathscr{B} \perp\!\!\!\perp \mathscr{C}$. Dann sind auch $\mathscr{F} \subset \mathscr{B}$ und $\mathscr{G} \subset \mathscr{C}$ unabhängig.

10. Die ZV X, Y seien unabhängig und $F(x) := \mathbb{P}(X \leqslant x)$, $G(y) := \mathbb{P}(Y \leqslant y)$ und $dG(y) := \mathbb{P}(Y \in dy)$ (Lebesgue-Stieltjes Notation). Zeigen Sie, dass $\mathbb{P}(X + Y \leqslant z) = \int F(z - y)\, dG(y)$.

11. Es seien μ, ν W-Maße auf $(\mathbb{R}^d, \mathscr{B}(\mathbb{R}^d))$ und $\mu = f\lambda^d$ (λ^d ist das Lebesguemaß). Die Faltung $\mu * \nu$ hat eine Dichte $h(z)$, die man mit $f * \nu$ (Faltung von Maß und Funktion) bezeichnet. Finden Sie dafür eine Formel.

12. Es sei $(\Omega, \mathscr{A}, \mathbb{P})$ ein W-Raum und $A_i \in \mathscr{A}$, $i \in \mathbb{N}$. Zeigen Sie:
    (a) $(A_i)_{i\in\mathbb{N}}$ unabhängig $\iff \forall n \in \mathbb{N} : A_1, \dots, A_n$ unabhängig.
    (b) A_1, A_2 unabhängig $\iff \mathbb{1}_{A_1}, \mathbb{1}_{A_2}$ sind unabhängige ZV.

13. Finden Sie die Verteilung von $X + Y$, wenn X, Y unabhängig sind und
    (a) $X \sim \mathsf{Exp}(\alpha)$ und $Y \sim \mathsf{Exp}(\beta)$;
    (b) $X, Y \sim \mathsf{U}[-1, 1]$.

14. Es seien X Gamma-verteilt (vgl. Anhang A.7.13) mit Parameter $\alpha = a$, $\beta = 1/\lambda$ und Y Gamma-verteilt mit Parameter $\alpha = b$, $\beta = 1/\lambda$, wobei $a, b, \lambda > 0$. Weiterhin seien X, Y unabhängig.
    (a) Zeigen Sie, dass $X + Y$ und $X/(X + Y)$ unabhängig sind und berechnen Sie die Verteilungen.
    (b) Finden Sie die Verteilung von X/Y.

15. Es seien $X \sim f(x)\, dx$, $Y \sim g(y)\, dy$ unabhängige reelle ZV; weiter gelte $Y \neq 0$. Zeigen Sie, dass $Q := X/Y$ die Dichte

$$q(z) = \int_{\mathbb{R}} f(zy)g(y)|y|\, dy$$

bezüglich des Lebesguemaßes besitzt. Berechnen Sie $\mathbb{P}_Q$, wenn $X, Y \sim \mathsf{N}(0, 1)$.

16. Es seien $X, Y, X_1, \dots, X_n$ reelle ZV auf einem W-Raum $(\Omega, \mathscr{A}, \mathbb{P})$. Zeigen Sie:
    (a) $X \in L^2(\mathbb{P}) \iff \mathbb{V}X < \infty$;
    (b) $\mathbb{V}\left[\sum_{i=1}^n X_i\right] = \sum_{i=1}^n \mathbb{V}X_i + \sum_{i\neq k} \operatorname{Cov}(X_i, X_k)$;
    (c) $\operatorname{Cov}(X, Y)$ ist ein Skalarprodukt auf dem Raum $L_0^2(\mathbb{P}) = \{X \in L^2(\mathbb{P}) \mid \mathbb{E}X = 0\}$.

17. Es seien $\mathscr{E} \subset \mathscr{F} \subset \mathscr{A}$ σ-Algebren. Dann gilt $\mathscr{E} \perp\!\!\!\perp \mathscr{F} \iff \forall E \in \mathscr{E} : \mathbb{P}(E) \in \{0, 1\}$.

18. Es seien X, Y unabhängige reelle ZV, so dass $\mathbb{P}(X + Y = c) = 1$ für ein $c \in \mathbb{R}$ gilt. Zeigen Sie, dass X, Y f.s. konstant sind.

19. Wir betrachten auf dem Wahrscheinlichkeitsraum $([0, 1), \mathscr{B}[0, 1), d\omega)$ ($d\omega$ ist das Lebesguemaß) die ZV $X_n(\omega) = \sin(2\pi n\omega)$, $n \in \mathbb{N}$, und $R_n(\omega) := \operatorname{sgn}\sin(2^n\pi\omega)$, $n \in \mathbb{N}$ (sog. Rademacher-Funktionen). Zeigen Sie, dass die $(R_n)_{n\in\mathbb{N}}$ unabhängig sind und dass die $(X_n)_{n\in\mathbb{N}}$ unkorreliert aber nicht unabhängig sind.

20. Wir nehmen in Beispiel 5.12 an, dass die Süßriegel das Motiv i mit Wahrscheinlichkeit p_i enthalten; außerdem lassen wir zu, dass mit W-keit p_0 kein Bild enthalten ist; es gelte $p_0 + p_1 + \dots + p_n = 1$. Zeigen Sie, dass man im Mittel $Y_1 - Y_2 + Y_3 - \dots + (-1)^{n-1} Y_n$ Süßriegel kaufen muss, um mindestens einen gesamten Satz von Sammelbildern zu erhalten. Die Y_i sind gegeben durch

$$Y_1 = \sum_{i=1}^n \frac{1}{p_i}, \quad Y_2 = \sum_{0<i<k} \frac{1}{p_i + p_k}, \quad Y_3 = \sum_{0<i<k<l} \frac{1}{p_i + p_k + p_l}, \quad \dots, \quad Y_n = \frac{1}{p_1 + \dots + p_n}.$$

Hinweis. Verwenden Sie die Einschluss-Ausschluss-Formel aus Kapitel 2 für die Ereignisse $A_{i,n}$, dass das Sammelbild i nicht in den Packungen mit den Nummern $1, 2, \dots, n - 1$ enthalten ist.

6 Konstruktion von (unabhängigen) Zufallsvariablen

In diesem Kapitel beschäftigen wir uns mit der Frage, wie wir zu einer vorgegebenen W-Verteilung μ auf einem Messraum $(E, \mathscr{E})$ einen W-Raum $(\Omega, \mathscr{A}, \mathbb{P})$ und darauf eine ZV X mit Verteilung $X \sim \mu$ konstruieren können. Wir werden die folgenden drei Probleme diskutieren.

Problem 1: Gibt es zu einer vorgegebenen W-Verteilung μ auf $(E, \mathscr{E})$ stets eine ZV X, so dass $X \sim \mu$?

Problem 2: Gegeben $X, Y : \Omega \to E$. Dürfen wir »o.E.« $X \perp\!\!\!\perp Y$ annehmen? *Genauer:* Auf $(E, \mathscr{E})$ seien zwei W-Verteilungen μ_1, μ_2 gegeben. Gibt es *einen* W-Raum $(\Omega, \mathscr{A}, \mathbb{P})$ und darauf zwei ZV X, Y mit $X \perp\!\!\!\perp Y$ und $X \sim \mu_1, Y \sim \mu_2$?

Problem 3: Gegeben $X_i : \Omega \to E, i \in I$ (beliebig). Dürfen wir »o.E.« die ZV als unabhängig annehmen? (Präzisierung wie in Problem 2).

Problem 1 – Konstruktion einer Zufallsvariable

Der wesentliche Aspekt ist hier (wie auch in den anderen Fragen) die Konstruktion eines geeigneten W-Raums $(\Omega, \mathscr{A}, \mathbb{P})$ – die ZV X ist eigentlich sekundär.

Erste Lösung: Offensichtlich ist μ ein W-Maß auf $(E, \mathscr{E})$. Somit ist $(\Omega, \mathscr{A}, \mathbb{P}) := (E, \mathscr{E}, \mu)$ ein W-Raum. Wir definieren nun $X : \underbrace{\Omega}_{=E} \to E$ durch $X(e) = \mathrm{id}(e) = e$ für alle $e \in E$. Dann gilt

$$\forall B \in \mathscr{E} \ : \ \mathbb{P}(X \in B) = \mu\left(\mathrm{id}^{-1}(B)\right) = \mu(B) \implies X \sim \mu.$$

Zweite Lösung: Wir nehmen der Einfachheit halber $E = \mathbb{R}$ an. Diese Lösung ist auch für die numerische Simulation von ZV relevant.

Wir schreiben $F(t) := \mu(-\infty, t]$ für die Verteilungsfunktion der W-Verteilung μ. Diese hat folgende Eigenschaften: [✍] (vgl. Lemma 3.9)

a) F wächst monoton;
b) F ist rechtsseitig stetig.
c) $F(-\infty) := \lim_{t\to-\infty} F(t) = 0$ und $F(+\infty) := \lim_{t\to\infty} F(t) = 1$;

Ganz allgemein nennen wir jede Funktion $F : \mathbb{R} \to [0, 1]$, die die Eigenschaften a)–c) besitzt, eine *Verteilungsfunktion*. In Lemma 6.2 zeigen wir, dass jede Verteilungsfunktion zu einem W-Maß und einer ZV korrespondiert.

6.1 Lemma. *Es sei F eine Verteilungsfunktion. Dann hat F eine eindeutig bestimmte verallgemeinerte, monoton wachsende rechtsstetige Inverse:*

$$F^{-1}(s) = G(s) = \inf\{t \mid F(t) > s\}. \tag{6.1}$$

Für beliebige $s \in [0, 1]$ und $t \in \mathbb{R}$ gilt

https://doi.org/10.1515/9783111342252-006

a) $F(t) \geqslant s \iff G(s-) \leqslant t$;
b) $F(G(s)) \geqslant s$ *und wenn* F *an der Stelle* $t = G(s)$ *stetig ist, dann ist* $F(G(s)) = s$;
c) $G(F(t)) \geqslant t$ *und wenn* G *an der Stelle* $s = F(t)$ *stetig ist, dann ist* $G(F(t)) = t$.

Beweisidee. Ehe wir den formalen Beweis führen, machen wir uns die Situation anhand einer Skizze klar. An den Stellen, wo F strikt monoton und stetig ist, ist nichts zu zeigen. Abb. 6.1 zeigt die beiden Problemfälle, wenn $F(t)$ springt oder auf einem Intervall konstant ist. Die Rechtsstetigkeit von G folgt unmittelbar aus der Konstruktion.

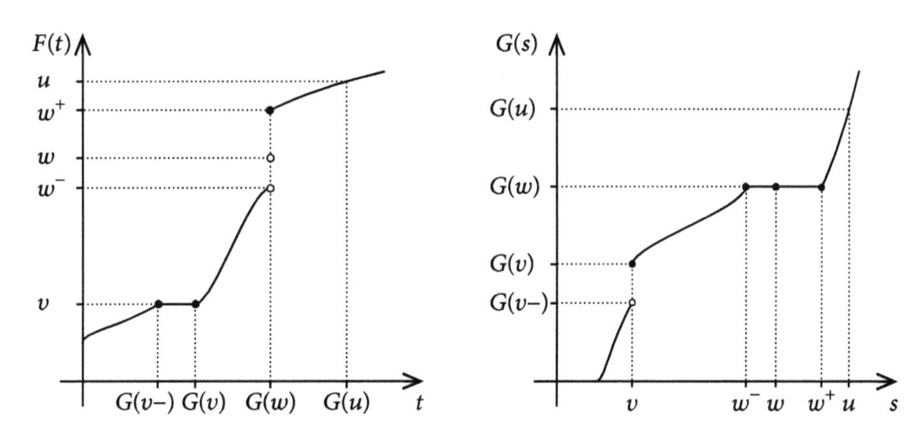

Abb. 6.1: Dort wo $F(t)$ eine Sprungunstetigkeit hat, gilt $G(w) = G(w^+) = G(w^-)$; wenn $F|_I$ flach ist, wählen wir den *rechten* Endpunkt der Flachstelle $I = [G(v-), G(v)]$ als Wert für G.

Formaler Beweis. Auf Grund der Definition von G folgt sofort, dass G wachsend ist. Aus der Identität

$$\{t \mid F(t) > s\} = \bigcup_{\epsilon>0} \{t \mid F(t) > s + \epsilon\}$$

folgt $\inf\{t \mid F(t) > s\} \leqslant \inf\{t \mid F(t) > s + \epsilon\}$ für alle $\epsilon > 0$, und daher

$$\inf\{t \mid F(t) > s\} \leqslant \inf_{\epsilon>0} \inf\{t \mid F(t) > s + \epsilon\}.$$

Wenn wir eine Folge $t_n \downarrow \inf\{t \mid F(t) > s\}$ wählen, dann ist $t_n \in \{t \mid F(t) > s + \epsilon_n\}$ für ein geeignetes $\epsilon_n > 0$. Daher gilt

$$\inf_{\epsilon>0} \inf\{t \mid F(t) > s + \epsilon\} \leqslant \inf\{t \mid F(t) > s + \epsilon_n\} \leqslant t_n \downarrow \inf\{t \mid F(t) > s\}.$$

Das zeigt $\inf\{t \mid F(t) > s\} = \inf_{\epsilon>0} \inf\{t \mid F(t) > s + \epsilon\}$, also die Rechtsstetigkeit von G.

a) Auf Grund der Definition von G haben wir

$$F(t) \geqslant s \iff \forall \epsilon > 0 : F(t) > s - \epsilon \iff \forall \epsilon > 0 : G(s - \epsilon) \leqslant t \iff G(s-) \leqslant t.$$

b) Aus der Definition von G erhalten wir für jedes $s \in [0,1]$

$$t > G(s) \implies F(t) \geqslant s \xRightarrow[F \text{ rechtsstetig}]{t \downarrow G(s)} F(G(s)) \geqslant s.$$

Wenn $t = G(s)$ eine Stetigkeitsstelle von F ist, dann folgt auf Grund der Definition von G als Infimum

$$\forall \epsilon > 0 \ : \ F(G(s) - \epsilon) \leqslant s \xRightarrow[G(s) \text{ Stet'stelle von } F]{\epsilon \downarrow 0} F(G(s)) \leqslant s,$$

also insgesamt $F(G(s)) = s$.

c) Die Definition von G zeigt, dass für jedes $t \in \mathbb{R}$

$$G(F(t)) = \inf \{u \mid F(u) > F(t)\} \geqslant t$$

gilt. Weiterhin ist

$$\forall \epsilon > 0 \ : \ G(F(t) - \epsilon) = \inf \{u \mid F(u) > F(t) - \epsilon\} \leqslant t.$$

Wenn $s = F(t)$ eine Stetigkeitsstelle von G ist, dann folgt $t \leqslant G(F(t) - \epsilon) \to G(F(t))$, und es ist $G(F(t)) = t$. □

6.2 Lemma. *Zu jeder Verteilungsfunktion $F : \mathbb{R} \to [0,1]$ existiert ein W-Raum $(\Omega, \mathscr{A}, \mathbb{P})$ und eine ZV $X : \Omega \to \mathbb{R}$, so dass $\mathbb{P}(X \leqslant t) = F(t)$ für alle $t \in \mathbb{R}$ gilt.*

Beweis. Wähle $(\Omega, \mathscr{A}, \mathbb{P}) = ([0,1], \mathscr{B}[0,1], ds)$ und setze $X = G$, wobei $G = F^{-1}$ die verallgemeinerte Inverse ist. Als monoton wachsende Funktion ist G Borel-messbar [MI, Kapitel 7, Aufgabe 9], also eine ZV. Da F und G höchstens abzählbar viele Unstetigkeitsstellen besitzen, unterscheiden sich die Mengen $\{s : G(s) \leqslant t\}$ und $\{s : s \leqslant F(t)\}$ höchstens um eine Lebesgue-Nullmenge. Daher gilt

$$\begin{aligned} \mathbb{P}(\{\omega \in \Omega \mid X(\omega) \leqslant t\}) &= \lambda(\{s \in [0,1] \mid G(s) \leqslant t\}) \\ &= \lambda(\{s \in [0,1] \mid s \leqslant F(t)\}) \\ &= \lambda([0, F(t)]) = F(t). \end{aligned}$$ □

Problem 2 – Konstruktion von zwei unabhängigen Zufallsvariablen

Wir konstruieren wie in der Lösung von Problem 1 zwei W-Räume $(\Omega_i, \mathscr{A}_i, \mathbb{P}_i)$, $i = 1, 2$, und ZV X_i mit $X_i \sim \mu_i$. Auf dem Produktraum $\Omega := \Omega_1 \times \Omega_2$, $\mathscr{A} := \mathscr{A}_1 \otimes \mathscr{A}_2$ und $\mathbb{P} := \mathbb{P}_1 \otimes \mathbb{P}_2$ definieren wir

$$\begin{aligned} X_1' : \Omega_1 \times \Omega_2 &\to E & \qquad X_2' : \Omega_1 \times \Omega_2 &\to E \\ (\omega_1, \omega_2) &\mapsto X_1(\omega_1) & (\omega_1, \omega_2) &\mapsto X_2(\omega_2) \end{aligned}$$

Dann gilt für $B_1, B_2 \in \mathscr{E}$

$$\underbrace{\{X_1' \in B_1\} \cap \{X_2' \in B_2\}}_{\subset \Omega = \Omega_1 \times \Omega_2} = \underbrace{\{X_1 \in B_1\}}_{\subset \Omega_1} \times \underbrace{\{X_2 \in B_2\}}_{\subset \Omega_2} \in \mathscr{A}_1 \times \mathscr{A}_2.$$

Daraus folgt die Messbarkeit der Abbildungen X_i', d.h. es sind ZV auf dem Produktraum. Außerdem haben wir

$$\mathbb{P}(X_1' \in B_1, X_2' \in B_2) = \mathbb{P}_1 \otimes \mathbb{P}_2(\{X_1 \in B_1\} \times \{X_2 \in B_2\}) = \mathbb{P}_1(X_1 \in B_1)\, \mathbb{P}_2(X_2 \in B_2).$$

Wenn wir in dieser Gleichheit $B_2 = E$ wählen, dann sehen wir, dass $X_1' \sim X_1$ (genauer: $\mathbb{P}(X_1' \in B_1) = \mathbb{P}_1(X_1 \in B_1)$) gilt; entsprechend zeigen wir $X_2' \sim X_2$. Für allgemeine $B_1, B_2 \in \mathscr{E}$ folgt wegen Satz 5.8.b) $X_1' \perp\!\!\!\perp X_2'$.

Wenn $(\Omega_1, \mathscr{A}_1, \mathbb{P}_1) = (\Omega_2, \mathscr{A}_2, \mathbb{P}_2)$, dann erlaubt uns diese Produktkonstruktion, auf *einem* W-Raum zwei unabhängige ZV X, Y zu konstruieren; anderenfalls können wir auf den Produktraum ausweichen und dort $X' \sim X$ und $Y' \sim Y$ betrachten. **Hinter der Aussage »wir können o.E. die ZV als unabhängig annehmen« verbirgt sich genau diese Vorgehensweise.**

!

Diese Konstruktion lässt sich ohne Probleme auf *endlich viele* ZV übertragen. Das Prinzip bleibt sogar für unendlich viele ZV bestehen, wenn wir ein *unendliches Produkt von W-Maßen* erklären können. Das führt uns zu

♦Problem 3 – Konstruktion von beliebig vielen unabhängigen Zufallsvariablen

Es sei I eine beliebige Indexmenge und $(\Omega_i, \mathscr{A}_i, \mathbb{P}_i)$, $i \in I$, W-Räume. Wir müssen zunächst die Existenz von unendlichen Produktmaßen diskutieren, vgl. [MI, Kapitel 17].

6.3 Definition. Für $\emptyset \neq K \subset I$ ist

$$\Omega_K := \mathop{\times}_{i \in K} \Omega_i := \left\{ f : K \to \bigcup_{i \in K} \Omega_i \;\middle|\; f(i) \in \Omega_i \quad \forall i \in K \right\}$$

das *Produkt* der $(\Omega_i)_{i \in K}$. Weitere Bezeichnungen ($K \subset J \subset I$):

i-te Koordinate von $f \in \Omega_K$	$f(i)$;
Koordinatenprojektion	$\pi_i : \Omega_I \to \Omega_i, \quad f \mapsto f(i),\ i \in I;$
	$\pi_i^K : \Omega_K \to \Omega_i, \quad f \mapsto f(i),\ i \in K;$
Projektion auf Ω_K	$\pi_K^J : \Omega_J \to \Omega_K, \quad f \mapsto f\vert_K;$
	$\pi_K := \pi_K^I : \Omega_I \to \Omega_K;$
endliche Indexmengen	$\mathscr{H} := \mathscr{H}(I) := \{K \subset I \mid 0 < \lvert K\rvert < \infty\}.$

Für $\emptyset \neq K \subset L \subset J \subset I$ gilt insbesondere $\pi_i^K = \pi_{\{i\}}^K$, $\pi_i = \pi_{\{i\}}^I$, und $\pi_K^J = \pi_K^L \circ \pi_L^J$.

6.4 Definition. Das *unendliche Produkt* $\mathscr{A}_I := \bigotimes_{i\in I} \mathscr{A}_i$ der σ-Algebren $(\mathscr{A}_i)_{i\in I}$ ist definiert als

$$\mathscr{A}_I := \sigma(\pi_i,\ i \in I) = \sigma\left(\pi_i^{-1}(\mathscr{A}_i),\ i \in I\right). \tag{6.2}$$

6.5 Bemerkung. a) Definition 6.4 ist verträglich mit der aus der Maßtheorie bekannten Definition endlicher Produkte, vgl. [MI, Kapitel 15 und Satz 16.9].

b) Die Projektionen $\pi_H : \Omega_I \to \Omega_H$ sind für jedes $H \in \mathscr{H}$ $\mathscr{A}_I/\mathscr{A}_H$-messbar. Eine typische Erzeugermenge von $\mathscr{A}_H$ ist nämlich eine *Zylindermenge* der Gestalt

$$\bigtimes_{i\in H} A_i = \bigcap_{i\in H} (\pi_i^H)^{-1}(A_i), \qquad A_i \in \mathscr{A}_i,$$

und daher gilt auch

$$\pi_H^{-1}\Bigg(\bigtimes_{i\in H} A_i\Bigg) = \pi_H^{-1}\Bigg(\bigcap_{i\in H}(\pi_i^H)^{-1}(A_i)\Bigg) = \bigcap_{i\in H} \pi_H^{-1} \circ (\pi_i^H)^{-1}(A_i) = \underbrace{\bigcap_{i\in H}}_{|H|<\infty} \underbrace{\pi_i^{-1}(A_i)}_{\in\mathscr{A}_I} \in \mathscr{A}_I.$$

Das zeigt die Behauptung, da wir Messbarkeit nur an einem Erzeuger überprüfen müssen.

Der Beweis des folgenden Satzes über die Existenz von unendlichen Produkten ist für unsere Zwecke nicht wesentlich. Daher setzen wir den Satz als bekannt voraus und verweisen den interessierten Leser auf [MI, Satz 17.6].

6.6 Satz (Kolmogorov). *Es seien $(\Omega_i, \mathscr{A}_i, \mathbb{P}_i)_{i\in I}$ beliebig viele W-Räume. Dann existiert auf $(\Omega_I, \mathscr{A}_I)$ genau ein W-Maß $\mathbb{P} = \mathbb{P}_I$ mit der Eigenschaft, dass*

$$\forall H \in \mathscr{H} \ :\ \pi_H(\mathbb{P}) = \mathbb{P}_H = \underbrace{\bigotimes_{i\in H} \mathbb{P}_i}_{\text{endliches Produkt}}. \tag{6.3}$$

Das Maß $\mathbb{P}$ heißt unendliches Produkt *der Maße $(\mathbb{P}_i)_{i\in I}$: $\mathbb{P} = \bigotimes_{i\in I} \mathbb{P}_i$.*

Zurück zu Problem 3. Auf den W-Räumen $(\Omega_i, \mathscr{A}_i, \mathbb{P}_i)$ sind ZV $X_i : \Omega_i \to E$ gegeben. Wir definieren

$$(\Omega, \mathscr{A}, \mathbb{P}) := \left(\Omega_I, \mathscr{A}_I, \mathbb{P} = \bigotimes_{i\in I} \mathbb{P}_i\right), \qquad \omega := (\omega_i)_{i\in I},$$

sowie

$$X_i' : \Omega_I \to E, \quad X_i'(\omega) := X_i(\omega_i), \quad i \in I.$$

Die Unabhängigkeit von beliebig vielen ZV ist mit Hilfe von endlichen Teilfamilien erklärt, vgl. Definition 5.1 und 5.3. Daher können wir den Beweis der Unabhängigkeit der $(X_i')_{i\in I}$ auf die Unabhängigkeit aller endlichen Teilfamilien zurückführen.

6.7 Korollar. *Es seien $X_i : \Omega \to E$, $i \in I$, ZV, die auf demselben W-Raum $(\Omega, \mathscr{A}, \mathbb{P})$ definiert sind. Dann gilt*

$$(X_i)_{i\in I} \text{ unabhängig} \iff \underbrace{\underbrace{\mathbb{P}_{(X_i)_{i\in I}}}_{\text{gemeinsame Verteilung}} = \underbrace{\bigotimes_{i\in I} \mathbb{P}_{X_i}}_{\text{Produktmaß}}}_{\text{Maße auf } (E_I, \mathscr{E}_I)}$$

Beweis. Aus Satz 5.8 wissen wir

$$\underbrace{\forall H \in \mathscr{H} : (X_i)_{i\in H} \text{ unabhängig}} \iff \underbrace{\forall H \in \mathscr{H} : \underbrace{\mathbb{P}_{(X_i)_{i\in H}}}_{=\mathbb{P}_H \text{ aus } 6.6} = \bigotimes_{i\in H} \mathbb{P}_{X_i}}$$

⇕ def.

$(X_i)_{i\in I}$ unabhängig

⇕

nach Satz 6.6 gibt es genau ein W-Maß auf $(E_I, \mathscr{E}_I)$, dessen endlich-dimensionale Projektionen die Gestalt $\bigotimes_{i\in H} \mathbb{P}_{X_i}$, $H \in \mathscr{H}$, haben:

$$\mathbb{P}_{(X_i)_{i\in I}} = \bigotimes_{i\in I} \mathbb{P}_{X_i}.$$

Aus dieser Beobachtung folgt die Behauptung, da die Unabhängigkeit der Familie $(X_i)_{i\in I}$ über die Unabhängigkeit aller endlichen Teilfamilien $(X_i)_{i\in H}$, $H \in \mathscr{H}$ definiert ist. □

Hier ist nun die »unendliche« Version des 1. und 2. Blocklemmas, Lemma 5.6 und 5.7.

6.8 Korollar (3. Blocklemma). *Es seien $X_i : (\Omega, \mathscr{A}) \to (\Omega_i, \mathscr{A}_i)$, $i \in I$, unabhängige ZV, $I = \dot{\bigcup}_{k\in K} I_k$ eine beliebige Partition von I, und*

$$f_k : \Big(\bigtimes_{i\in I_k} \Omega_i, \bigotimes_{i\in I_k} \mathscr{A}_i\Big) \to (E_k, \mathscr{E}_k), \qquad k \in K,$$

messbare Abbildungen. Dann sind die ZV $f_k\big((X_i)_{i\in I_k}\big) : \Omega \to E_k$, $k \in K$, unabhängig.

Beweis. Wähle $k_1, \dots, k_N \in K$. Dann sind die Systeme

$$\mathscr{G}_{k_n} = \bigcup_{i\in I_{k_n}} X_i^{-1}(\mathscr{A}_i) \subset \mathscr{A}, \qquad n = 1, 2, \dots, N,$$

unabhängig: Für jede Wahl von $G_{k_n} \in \mathscr{G}_{k_n}$ ($G_{k_n} = \Omega$ ist möglich) gilt nämlich

$$\mathbb{P}\Big(\bigcap_{n=1}^{N} G_{k_n}\Big) = \mathbb{P}\Big(\bigcap_{n=1}^{N} X_{i_{k_n}}^{-1}(\underbrace{A_{i_{k_n}}}_{\text{geeignet}})\Big) = \prod_{n=1}^{N} \mathbb{P}(X_{i_{k_n}} \in A_{i_{k_n}}) = \prod_{n=1}^{N} \mathbb{P}(G_{k_n}).$$

Eine ähnliche, aber etwas aufwendigere Rechnung zeigt, dass die $\cap$-stabilen Systeme

$$\mathscr{G}_{k_n}^{\cap} := \{\text{endliche Schnitte von } \mathscr{G}_{k_n}\text{-Mengen}\} \cup \{\Omega\}$$

unabhängig sind. Nun gilt nach Satz 5.5, dass die erzeugten σ-Algebren

$$\sigma(\mathscr{G}_{k_n}) = \sigma(\mathscr{G}_{k_n}^{\cap}) = \sigma(X_i,\ i \in I_{k_n}), \quad n = 1, 2, \ldots, N,$$

unabhängig sind. Daher sind die Mengen

$$\{f_{k_n}((X_i)_{i\in I_{k_n}}) \in \Gamma_{k_n}\} = \{(X_i)_{i\in I_{k_n}} \in f_{k_n}^{-1}(\Gamma_{k_n})\}, \quad n = 1, \ldots, N$$

für beliebige $\Gamma_{k_n} \in \mathscr{E}_{k_n}$ unabhängig. Wenn Γ_{k_n} alle Mengen aus $\mathscr{E}_{k_n}$ durchläuft, sind das $\cap$-stabile Erzeuger der σ-Algebren

$$\sigma(f_{k_n}((X_i)_{i\in I_{k_n}})), \quad n = 1, 2, \ldots N,$$

die daher auch unabhängig sind. Somit sind alle $f_k((X_i)_{i\in I_k})$ unabhängig, da nach Definition 5.3 nur jede endliche Teilfamilie unabhängig sein muss. □

♦Problem 3 – Reprise

Wir wollen noch eine alternative Konstruktion von abzählbar vielen unabhängigen reellwertigen ZV $(X_n)_{n\in\mathbb{N}}$ angeben. Wie bisher sind die Verteilungen der X_n vorgegeben: $X_n \sim \mu_n$ und wir schreiben $F_n(t) := \mu_n(-\infty, t]$ für die Verteilungsfunktionen.

Wir beginnen mit der Beobachtung, dass es ausreicht, unabhängige gleichverteilte ZV $(U_n)_{n\in\mathbb{N}}$ auf dem W-Raum $(\Omega, \mathscr{A}, \mathbb{P}) = ([0,1), \mathscr{B}[0,1), \lambda)$ – λ ist das Lebesguemaß auf $[0,1)$ – zu konstruieren, da nach Lemma 6.2 die ZV $X_n := F_n^{-1}(U_n) \sim \mu_n$ unabhängig sind. Wir schreiben $\omega \in [0,1)$ als dyadischen Bruch

$$\omega = 0.t_1t_2t_3\ldots, \quad t_i \in \{0,1\}, \quad \text{also} \quad \omega = \sum_{i=1}^{\infty} \frac{t_i}{2^i}$$

und interpretieren die i-te Nachkommastelle $t_i = t_i(\omega)$ von $\omega \in [0,1)$ als Zufallsvariable auf $([0,1), \mathscr{B}[0,1), \lambda)$. Um die Eindeutigkeit der dyadischen Darstellung sicherzustellen, ersetzen wir $0.{*}{*}{*}\overline{111}\ldots$ durch einen dyadischen Bruch mit nur endlich vielen Nachkommastellen $t_i \neq 0$. Leicht sieht man

$$\{t_i = 0\} = \bigcup_{\substack{0\leqslant k<2^i\\ k \text{ gerade}}} [k2^{-i}, (k+1)2^{-i}) \quad \text{und} \quad \{t_i = 1\} = \bigcup_{\substack{0\leqslant k<2^i\\ k \text{ ungerade}}} [k2^{-i}, (k+1)2^{-i}),$$

vgl. Abb. 6.2, was sowohl die Messbarkeit der t_i zeigt als auch deren Verteilung charakterisiert: $t_i \sim \mathsf{B}\left(\frac{1}{2}\right) = \frac{1}{2}\delta_0 + \frac{1}{2}\delta_1$.

Tatsächlich sind die t_i, $i \in \mathbb{N}$, auch unabhängig. Das folgt aus der Bemerkung, dass t_{i+1} die Konstanzintervalle der vorangehenden ZV $t_1, \ldots, t_i$ jeweils hälftig in Intervalle mit $t_{i+1} = 0$ und $t_{i+1} = 1$ teilt (siehe Abb. 6.2). Daher gilt für beliebige $\epsilon_1, \ldots, \epsilon_i \in \{0,1\}$

$$\begin{aligned}\mathbb{P}(t_1 = \epsilon_1, \ldots, t_i = \epsilon_i, t_{i+1} = 0) &= \lambda(\{t_1 = \epsilon_1\} \cap \cdots \cap \{t_i = \epsilon_i\} \cap \{t_{i+1} = 0\}) \\ &= \lambda(\{t_1 = \epsilon_1\} \cap \cdots \cap \{t_i = \epsilon_i\}) \cdot \frac{1}{2} \\ &= \frac{1}{2}\mathbb{P}(t_1 = \epsilon_1, \ldots, t_i = \epsilon_i).\end{aligned}$$

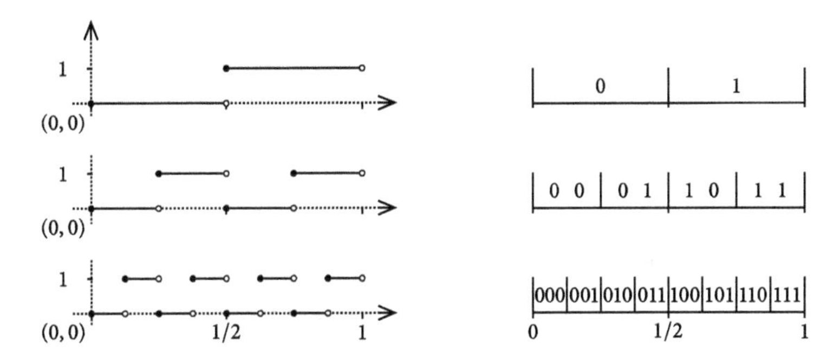

Abb. 6.2: *Links*: Die Graphen der ZV t_1, t_2 und t_3, die sog. Rademacher-Funktionen. *Rechts*: Wenn wir $t_i = 0$ als »wähle linkes Teilintervall« und $t_i = 1$ als »wähle rechtes Teilintervall« interpretieren, dann kodiert $t_1 t_2 t_3 \dots t_i$ genau ein dyadisches Intervall der Form $[k2^{-i}, (k+1)2^{-i})$; die Abbildung zeigt das für t_1, $t_1 t_2$ und $t_1 t_2 t_3$.

Für $t_{i+1} = 1$ erhalten wir das gleiche Resultat, so dass rekursiv

$$\mathbb{P}(t_1 = \epsilon_1, \dots, t_n = \epsilon_n) = 2^{-n} = \prod_{i=1}^{n} \mathbb{P}(t_i = \epsilon_i), \qquad \epsilon_i \in \{0, 1\},\ i = 1, \dots, n,$$

folgt. Satz 5.8 zeigt nun die Unabhängigkeit der Familie $(t_i)_{i \in \mathbb{N}}$.

Um die Folge $(U_n)_{n \in \mathbb{N}}$ von unabhängigen gleichverteilten ZV auf $[0, 1)$ zu konstruieren, teilen wir den dyadischen Bruch

$$\omega = 0.t_1(\omega)t_2(\omega)t_3(\omega)t_4(\omega)t_5(\omega)\dots$$

wie in Tab. 6.1 dargestellt in abzählbar viele dyadische Brüche $(U_n(\omega))_{n \in \mathbb{N}}$ auf. Mit dem 3. Blocklemma (Korollar 6.8) sehen wir, dass die ZV $(U_n)_{n \in \mathbb{N}}$ unabhängig sind, da die Nachkommastellen $(t_i)_{i \in \mathbb{N}}$ unabhängig sind. Außerdem ist U_n auf $[0, 1)$ gleichverteilt.

Tab. 6.1: Wir zählen das unendliche Quadrat $\mathbb{N} \times \mathbb{N}$ entlang seiner Nebendiagonalen ab und definieren die ZV U_n als dyadische Brüche mit den Nachkommastellen $t_i(\omega)$; die Indizes i durchlaufen die Werte der n-ten Zeile auf der linken Seite.

1	2	4	7	11	16	
3	5	8	12	17		
6	9	13	18			
10	14	19				
15	20					
21						

$U_1(\omega) := t_1(\omega)t_2(\omega)t_4(\omega)t_7(\omega)t_{11}(\omega)t_{16}(\omega)\dots$

$U_2(\omega) := t_3(\omega)t_5(\omega)t_8(\omega)t_{12}(\omega)t_{17}(\omega)\dots$

$U_3(\omega) := t_6(\omega)t_9(\omega)t_{13}(\omega)t_{18}(\omega)\dots$

$U_4(\omega) := t_{10}(\omega)t_{14}(\omega)t_{19}(\omega)\dots$

$U_5(\omega) := \cdots$

$\dots$

Dazu wählen wir ein dyadisches Intervall $I_{k,i} = [k2^{-i}, (k+1)2^{-i})$ und bemerken, dass $\omega \in [k2^{-i}, (k+1)2^{-i})$ die Gestalt $\omega = \epsilon_1\epsilon_2 \dots \epsilon_i{*}{*}{*}\dots$ hat, wobei die ersten i Nachkommastellen (in Abhängigkeit von $I_{k,i}$) fest sind, vgl. Abb. 6.2. Daher gilt

$$\mathbb{P}(U_n \in [k2^{-i}, (k+1)2^{-i})) = \mathbb{P}(t_{n_1} = \epsilon_1, \dots, t_{n_i} = \epsilon_i) \overset{\text{ua}}{=} 2^{-i} = \lambda[k2^{-i}, (k+1)2^{-i})$$

wobei die Indices $(n_1, \dots, n_i)$ aus Tabelle 6.1 abgelesen werden können. Weil die dyadischen Intervalle $I_{k,i}$, $0 \leqslant k \leqslant 2^i - 1$, $i \in \mathbb{N}_0$, ein $\cap$-stabiler Erzeuger der Borelmengen $\mathscr{B}[0,1)$ sind, folgt aus dem Eindeutigkeitssatz für Maße [MI, Satz 4.5], dass $\mathbb{P}_{U_n} = \lambda$ ist.

! Der zweite Teil unseres Beweises zeigt, dass wir mit Hilfe von abzählbar vielen, unabhängigen Zufallsvariablen $t_i \sim \mathsf{B}(\frac{1}{2})$ die Existenz des Lebesguemaßes auf $[0,1)$ »w-theoretisch« zeigen können.

Aufgaben

1. Zeigen Sie, dass $G(s) = \sup\{t \mid F(t) \leqslant s\}$ eine alternative Definition für die verallgemeinerte Inverse der Verteilungsfunktion F ist.
2. Es sei X eine reelle ZV mit Verteilungsfunktion $F(x) = \mathbb{P}(X \leqslant x)$. Zeigen Sie, dass F genau dann in x_0 stetig ist, wenn $\mathbb{P}(X = x_0) = 0$ gilt.
3. Auf dem W-Raum $((0,1), \mathscr{B}(0,1), d\omega)$ ($d\omega$ bezeichnet das Lebesguemaß) betrachten wir die Zufallsvariablen $X_n(\omega) := 1 - \mathbb{1}_{2\mathbb{Z}}(\lfloor 2^n\omega \rfloor)$, $\omega \in (0,1)$. Zeigen Sie, dass die X_n iid $\mathsf{B}(\frac{1}{2})$-ZV sind.
4. Auf einem W-Raum sind die unabhängigen reellen ZV $\{N, X_0, X_1, X_2, \dots\}$ gegeben. Die Verteilung von N sei durch $\mathbb{P}(N = i) = p_i$, $i \in \mathbb{N}_0$ gegeben und es gelte $X_k \sim \mu_k$, $k \in \mathbb{N}_0$. Finden Sie die Verteilung der ZV $S := \sum_{k=0}^{N} X_k$.
5. Es seien $(X_n)_{n\in\mathbb{N}}$ iid Exp(1)-ZV. Wir definieren $M_n := \max_{1\leqslant i\leqslant n} X_i$ und $C_n := \sum_{i=1}^{n} \frac{1}{i} X_i$. Zeigen Sie (durch Rekursion) dass $M_n \sim C_n$ und berechnen Sie $\mathbb{E}M_n$ und $\mathbb{V}M_n$.
6. Gegeben sei eine reelle ZV X auf dem Wahrscheinlichkeitsraum $(\Omega, \mathscr{A}, \mathbb{P})$. Wir definieren auf dem Produktraum $(\Omega \times \Omega, \mathscr{A} \otimes \mathscr{A}, \mathbb{P} \otimes \mathbb{P})$ die Abbildungen
$$V(\omega, \omega') = (X(\omega), X(\omega'))^\top \quad \text{und} \quad \overline{X}(\omega, \omega') = X(\omega) - X(\omega').$$
   (a) Zeigen Sie, dass für $V = (V_1, V_2)$ die ZV V_1, V_2 iid Kopien von X sind;
   (b) Zeigen Sie, dass $\overline{X}$ symmetrisch ist, d.h. $\overline{X} \sim -\overline{X}$;
   (c) Zeigen Sie, dass $X \in L^p(\mathbb{P}) \implies \overline{X} \in L^p(\mathbb{P} \otimes \mathbb{P})$ und berechnen Sie für $p \geqslant 2$ $\mathbb{E}\overline{X}$ und $\mathbb{V}\overline{X}$;
   (d) Zeigen Sie, dass die Symmetrisierungen $(\overline{X}_i)_{i\in I}$ einer beliebigen Familie unabhängiger ZV $(X_i)_{i\in I}$ wieder unabhängig sind.

7 Charakteristische Funktionen

In diesem Kapitel ist $(\Omega, \mathscr{A}, \mathbb{P})$ ein fest gewählter W-Raum. Viele Aussagen über eine ZV $X : \Omega \to \mathbb{R}^d$ können auf die Verteilung $\mu = \mathbb{P}_X$, also auf ein W-Maß auf $\mathbb{R}^d$ zurückgeführt werden. Oft ist es einfacher, mit einer Funktion als mit einem Maß zu arbeiten. Daher wollen wir für jede ZV X bzw. W-Maß μ eine Funktion definieren, die X bzw. μ eindeutig charakterisiert.

7.1 Definition. Es sei $X : \Omega \to \mathbb{R}^d$ eine ZV. Die Funktion $\phi_X : \mathbb{R}^d \to \mathbb{C}$

$$\phi_X(\xi) := \mathbb{E}\, e^{i\langle \xi, X\rangle} = \int_{\mathbb{R}^d} e^{i\langle \xi, x\rangle}\, \mathbb{P}(X \in dx), \qquad \xi \in \mathbb{R}^d, \tag{7.1}$$

heißt *charakteristische Funktion* von X.

Die charakteristische Funktion ϕ_X ist die inverse Fouriertransformation $\check{\mu}$ des Maßes $\mu = \mathbb{P}_X$. Entsprechend gelten alle Aussagen aus [MI, Kapitel 23], aber im Folgenden werden wir alternative Beweise mit w-theoretischen Schreibweisen angeben. **!**

7.2 Beispiel. Wir betrachten hier ausschließlich eindimensionale ZV.

a) **Degenerierte Verteilung.** $X \sim \delta_c$, d.h. $X \equiv c$ ist fast sicher konstant. Dann ist

$$\mathbb{E}\, e^{i\xi X} = e^{ic\xi}, \qquad \xi \in \mathbb{R}.$$

b) **Bernoulliverteilung.** $X \sim \mathsf{B}(p) = p\delta_1 + q\delta_0$. Dann gilt

$$\mathbb{E}\, e^{i\xi X} = pe^{i\xi\cdot 1} + qe^{i\xi\cdot 0} = q + pe^{i\xi}, \qquad \xi \in \mathbb{R}.$$

c) **Zweipunktverteilung.** $X \sim p\delta_a + q\delta_b$, $a, b \in \mathbb{R}$. Dann gilt

$$\mathbb{E}\, e^{i\xi X} = pe^{ia\xi} + qe^{ib\xi}, \qquad \xi \in \mathbb{R}.$$

Für $p = q = \frac{1}{2}$ und $b = -a$ erhalten wir insbesondere $\mathbb{E}\, e^{i\xi X} = \cos(a\xi)$.

d) **Poissonverteilung.** $X \sim \mathsf{Poi}(\lambda)$, d.h. $\mathbb{P}(X = n) = e^{-\lambda}\lambda^n/n!$, $n \in \mathbb{N}_0$, wobei X nur Werte in $\mathbb{N}_0$ annimmt. Es gilt $\mathbb{E}\, e^{i\xi X} = \exp\left[-\lambda(1 - e^{i\xi})\right]$, $\xi \in \mathbb{R}$. Das sieht man so:

$$\mathbb{E}\, e^{i\xi X} = \sum_{n=0}^{\infty} e^{i\xi n}\, \mathbb{P}(X = n) = \sum_{n=0}^{\infty} e^{i\xi n} \frac{\lambda^n}{n!} e^{-\lambda} = \sum_{n=0}^{\infty} \frac{[\lambda e^{i\xi}]^n}{n!} e^{-\lambda} = e^{\lambda e^{i\xi}} e^{-\lambda}.$$

e) **Gleichverteilung auf** $[a, b]$. $X \sim \mathsf{U}[a, b]$, d.h. X hat die Dichte $(b - a)^{-1}\mathbb{1}_{[a,b]}(x)$. Es gilt

$$\mathbb{E}\, e^{i\xi X} = \frac{1}{b - a}\int_a^b e^{i\xi x}\, dx = \frac{e^{ib\xi} - e^{ia\xi}}{i\xi(b - a)}, \qquad \xi \in \mathbb{R}.$$

Für $a = -1$, $b = 1$ erhalten wir insbesondere $\mathbb{E}\, e^{i\xi X} = \dfrac{\sin \xi}{\xi}$.

https://doi.org/10.1515/9783111342252-007

f) **(Einseitige) Exponentialverteilung.** $X \sim \mathsf{Exp}(\lambda)$, $\lambda > 0$, d.h. X hat die Dichte $\lambda e^{-\lambda x}\mathbb{1}_{[0,\infty)}(x)$. Es gilt

$$\mathbb{E}\, e^{i\xi X} = \lambda \int_0^\infty e^{i\xi x} e^{-\lambda x}\, dx = \frac{\lambda}{\lambda - i\xi}, \qquad \xi \in \mathbb{R}.$$

g) **Zweiseitige Exponentialverteilung.** X hat die Dichte $\frac{1}{2}\lambda e^{-\lambda|x|}$, $\lambda > 0$. Es gilt

$$\mathbb{E}\, e^{i\xi X} = \frac{\lambda}{2}\int_{-\infty}^0 e^{\lambda x} e^{i\xi x}\, dx + \frac{\lambda}{2}\int_0^\infty e^{-\lambda x} e^{i\xi x}\, dx \overset{\text{f)}}{=} \frac{1}{2}\left[\frac{\lambda}{\lambda + i\xi} + \frac{\lambda}{\lambda - i\xi}\right] = \frac{\lambda^2}{\lambda^2 + \xi^2}, \quad \xi \in \mathbb{R}.$$

Eine der wichtigsten W-Verteilungen ist die Normalverteilung $\mathsf{N}(\mu, \sigma^2)$, die wir in Beispiel 3.10.d) kennengelernt haben. Wie dort bezeichnen wir die Dichte mit

$$g_{\mu,\sigma^2}(x) = \frac{1}{\sqrt{2\pi\sigma^2}} e^{-(x-\mu)^2/2\sigma^2}, \qquad x \in \mathbb{R}.$$

7.3 Satz. *Es sei $G \sim \mathsf{N}(0,1)$ eine standard-normalverteilte ZV. Die charakteristische Funktion ist*

$$\mathbb{E}\, e^{i\xi G} = \frac{1}{\sqrt{2\pi}} \int_{\mathbb{R}} e^{i\xi x} e^{-x^2/2}\, dx = e^{-\xi^2/2}, \qquad \xi \in \mathbb{R}. \tag{7.2}$$

Die ZV $\sigma G + \mu$ ist $\mathsf{N}(\mu, \sigma^2)$-verteilt und hat die charakteristische Funktion

$$\mathbb{E}\, e^{i\xi(\sigma G + \mu)} = \frac{1}{\sqrt{2\pi\sigma^2}} \int_{\mathbb{R}} e^{i\xi x} e^{-(x-\mu)^2/2\sigma^2}\, dx = e^{i\mu\xi - \sigma^2\xi^2/2}, \qquad \xi \in \mathbb{R}. \tag{7.3}$$

Mit Hilfe des Satzes von Fubini lässt sich leicht eine mehrdimensionale Variante von Satz 7.3 für unabhängige normalverteilte ZV herleiten. Wir erinnern daran, dass das Euklidische Skalarprodukt in $\mathbb{R}^d$ durch $\langle x, \xi\rangle = \sum_{k=1}^d x_k \xi_k$ und die zugehörige Norm durch $|x|^2 = \sum_{k=1}^d x_k^2$ gegeben sind, und dass $\mathrm{E} = \mathrm{E}_d \in \mathbb{R}^{d\times d}$ die $d \times d$ Einheitsmatrix ist.

7.4 Korollar. *Es seien $G_1, \dots, G_d$ unabhängige, reelle $\mathsf{N}(0,1)$-verteilte ZV. Dann hat der Vektor $\sigma G + m$, $G = (G_1, \dots, G_d)^\top$, $\sigma > 0$, $m \in \mathbb{R}^d$, eine W-Verteilung mit der Dichte*

$$g_{m,\sigma^2\mathrm{E}}(x) = \frac{1}{(2\pi\sigma^2)^{d/2}} e^{-|x-m|^2/2\sigma^2}, \qquad x \in \mathbb{R}^d, \tag{7.4}$$

und die charakteristische Funktion

$$\mathbb{E}\, e^{i\langle \xi, \sigma G + m\rangle} = \frac{1}{(2\pi\sigma^2)^{d/2}} \int_{\mathbb{R}^d} e^{i\langle \xi, x\rangle} e^{-|x-m|^2/2\sigma^2}\, dx = e^{i\langle m, \xi\rangle - \sigma^2|\xi|^2/2}, \qquad \xi \in \mathbb{R}^d. \tag{7.5}$$

Wenn wir in (7.5) $m = 0$, $\sigma^2 = 1/t$ und $\xi \rightsquigarrow -\xi$ setzen, dann erhalten wir folgende nützliche Formel

$$\int_{\mathbb{R}^d} e^{-i\langle \xi, x\rangle} e^{-t|x|^2/2}\, dx = \left(\frac{2\pi}{t}\right)^{d/2} e^{-|\xi|^2/2t}, \qquad \xi \in \mathbb{R}^d. \tag{7.6}$$

Beweis von Satz 7.3. Wir definieren $\phi(\xi) := \int_{\mathbb{R}} (2\pi)^{-1/2} e^{-x^2/2} e^{ix\xi} dx$. Mit Hilfe des Differenzierbarkeitslemmas für Parameterintegrale [MI, Satz 12.2] erhalten wir

$$\phi'(\xi) = \int_{\mathbb{R}} \frac{1}{\sqrt{2\pi}} e^{-x^2/2} \frac{d}{d\xi} e^{ix\xi} dx = \frac{1}{\sqrt{2\pi}} \int_{\mathbb{R}} e^{-x^2/2} (ix) e^{ix\xi} dx$$
$$= \frac{1}{\sqrt{2\pi}} \int_{\mathbb{R}} (-i) \left[\frac{d}{dx} e^{-x^2/2}\right] e^{ix\xi} dx$$

und durch partielle Integration ergibt sich

$$\phi'(\xi) = \frac{1}{\sqrt{2\pi}} \int_{\mathbb{R}} i e^{-x^2/2} \left[\frac{d}{dx} e^{ix\xi}\right] dx = \frac{1}{\sqrt{2\pi}} \int_{\mathbb{R}} i e^{-x^2/2} i\xi e^{ix\xi} dx = -\xi \phi(\xi).$$

Die Differentialgleichung $\phi'(\xi) = -\xi\phi(\xi)$ hat die eindeutige Lösung $\phi(\xi) = \phi(0) e^{-\xi^2/2}$ mit der Konstanten $\phi(0) = 1$, da ϕ eine charakteristische Funktion ist.

Für die ZV $\sigma G + \mu$ gilt einerseits

$$\mathbb{E} e^{i\xi(\sigma G+\mu)} = e^{i\xi\mu} \mathbb{E} e^{i(\xi\sigma)G} \stackrel{(7.2)}{=} e^{i\xi\mu} e^{-\sigma^2\xi^2/2},$$

andererseits folgt wegen $\{\sigma G + \mu \in B\} = \{G \in (B - \mu)/\sigma\}$, $B \in \mathscr{B}(\mathbb{R})$, dass

$$\mathbb{P}(\sigma G + \mu \in B) = \frac{1}{\sqrt{2\pi}} \int_{(B-\mu)/\sigma} e^{-y^2/2} dy \underset{dy=dx/\sigma}{\overset{y=(x-\mu)/\sigma}{=}} \frac{1}{\sqrt{2\pi}\sigma} \int_B e^{-(x-\mu)^2/2\sigma^2} dx. \qquad \square$$

! Die Formeln (7.5), (7.6) besagen insbesondere, dass $(2\pi\sigma^2)^{-d/2} e^{-|x-m|^2/2\sigma^2} \xleftrightarrow{\text{char. Fn.}} e^{i\langle\xi,m\rangle-\sigma^2|\xi|^2/2}$ und $(2\pi/t)^{-d/2} e^{-t|x|^2/2} \xleftrightarrow{\text{char. Fn.}} e^{-|\xi|^2/2t}$ in eineindeutiger Beziehung stehen, d.h. wir erhalten eine Umkehrformel für die W-Dichte. Eine ähnliche Beziehung besteht zwischen der zweiseitigen Exponentialverteilung aus Beispiel 7.2.g) und der Cauchy-Verteilung, vgl. das folgende Beispiel 7.5. Dieser Zusammenhang gilt noch viel allgemeiner, da wir eine Umkehrformel für die Fouriertransformation haben, vgl. [MI, Korollar 23.9] oder Satz 7.10.

7.5 Beispiel. Die eindimensionale Cauchy-Verteilung $\mathsf{C}(\lambda, 0)$ mit Parameter $\lambda > 0$ hat die Dichte

$$c_\lambda(x) = \frac{1}{\pi} \frac{\lambda}{\lambda^2 + x^2}, \quad x \in \mathbb{R}.$$

Die charakteristische Funktion einer Cauchy-verteilten ZV $C \sim \mathsf{C}(\lambda, 0)$ ist

$$\mathbb{E} e^{i\xi C} = \frac{1}{\pi} \int_{\mathbb{R}} \frac{\lambda}{\lambda^2 + x^2} e^{i\xi x} dx = e^{-\lambda|\xi|}, \quad \xi \in \mathbb{R}. \tag{7.7}$$

Beweis. Mit Hilfe des Satzes von Fubini sehen wir

$$\mathbb{E} e^{i\xi C} = \frac{1}{\pi} \int_{\mathbb{R}} \frac{\lambda}{\lambda^2 + x^2} e^{i\xi x} dx = \frac{\lambda}{\pi} \int_{\mathbb{R}} \int_0^\infty e^{-t(\lambda^2+x^2)} dt\, e^{i\xi x} dx = \frac{\lambda}{\pi} \int_0^\infty e^{-t\lambda^2} \int_{\mathbb{R}} e^{-tx^2} e^{i\xi x} dx\, dt.$$

Wenn wir (7.6) mit $\xi \rightsquigarrow -\xi$, $t \rightsquigarrow 2t$, $d = 1$ verwenden und den Variablenwechsel $s = \lambda\sqrt{t}$ ausführen, dann erhalten wir

$$\mathbb{E}\, e^{i\xi C} = \frac{\lambda}{\sqrt{\pi}} \int_0^\infty \sqrt{\frac{1}{t}} e^{-t\lambda^2} e^{-\xi^2/4t}\, dt = \frac{2}{\sqrt{\pi}} \int_0^\infty e^{-s^2} e^{-(\lambda\xi)^2/4s^2}\, ds = \frac{1}{\sqrt{\pi}} \int_{-\infty}^\infty e^{-s^2} e^{-(\lambda\xi)^2/4s^2}\, ds.$$

Ergänzen wir den Exponenten zu einem vollständigen Quadrat, so gilt

$$\mathbb{E}\, e^{i\xi C} = \frac{1}{\sqrt{\pi}} \int_{-\infty}^\infty \exp\left[-\left(s - \frac{\lambda|\xi|}{2s}\right)^2\right] ds\, e^{-\lambda|\xi|}.$$

Das hier auftretende Integral hängt nicht von λ und ξ ab: für $a \geqslant 0$ ist nämlich

$$\begin{aligned}
\int_{-\infty}^\infty \exp\left[-s^2\right] ds &\overset{s=t-a/t}{\underset{ds=(1+a/t^2)\,dt}{=}} \int_0^\infty \left(1 + \frac{a}{t^2}\right) \exp\left[-\left(t - \frac{a}{t}\right)^2\right] dt \\
&= \int_0^\infty \exp\left[-\left(t - \frac{a}{t}\right)^2\right] dt + \int_0^\infty \frac{a}{t^2} \exp\left[-\left(t - \frac{a}{t}\right)^2\right] dt \\
&\overset{u=-a/t}{\underset{du=a/t^2\,dt}{=}} \int_0^\infty \exp\left[-\left(t - \frac{a}{t}\right)^2\right] dt + \int_{-\infty}^0 \exp\left[-\left(-\frac{a}{u} + u\right)^2\right] du \\
&= \int_{-\infty}^\infty \exp\left[-\left(t - \frac{a}{t}\right)^2\right] dt.
\end{aligned}$$

Wegen (7.2) mit $\xi = 0$ wissen wir, dass $\int_{-\infty}^\infty \exp[-s^2]\, ds = 2^{-1/2} \int_{-\infty}^\infty \exp[-s^2/2]\, ds = \sqrt{\pi}$ gilt, und die Behauptung folgt. □

7.6 Satz (Eigenschaften der charakteristischen Funktion). *Es sei $X : \Omega \to \mathbb{R}^d$ eine ZV. Die charakteristische Funktion $\phi_X(\xi) := \mathbb{E}\, e^{i\langle \xi, X\rangle}$ hat folgende Eigenschaften.*

a) *$\xi \mapsto \phi_X(\xi)$ ist stetig.*

b) $|\phi_X(\xi)| \leqslant \phi_X(0) = 1$.

c) $\phi_{-X}(\xi) = \phi_X(-\xi) = \overline{\phi_X(\xi)}$.

d) *$\operatorname{Re} \phi_X(\xi) = \mathbb{E}\left[\cos\langle \xi, X\rangle\right]$ ist die charakteristische Funktion der ZV $Y = \epsilon X$, wobei $\epsilon \sim \frac{1}{2}\delta_1 + \frac{1}{2}\delta_{-1}$ und X unabhängig sind.*

e) *$|\phi_X|^2$ ist die charakteristische Funktion der ZV $Y = X - \widetilde{X}$, wobei $\widetilde{X} \sim X$ und $X, \widetilde{X}$ unabhängige ZV sind.*

f) *Für eine lineare Abbildung $T : \mathbb{R}^d \to \mathbb{R}^n$, $Tx := \Sigma x + m$, $\Sigma \in \mathbb{R}^{n\times d}$, $m \in \mathbb{R}^n$, gilt*

$$\phi_{TX}(\xi) = e^{i\langle \xi, m\rangle} \phi_X(\Sigma^\top \xi), \quad \xi \in \mathbb{R}^n.$$

g) *Wenn* $\mathbb{E}(|X|^n) < \infty$ *für ein* $n \in \mathbb{N}$, *dann existiert* $\partial^\alpha \phi_X$ *für alle* $\alpha \in \mathbb{N}_0^d$ *mit* $|\alpha| \leqslant n$.[10] *Weiterhin ist* $\partial^\alpha \phi_X$ *stetig und es gilt*

$$\mathbb{E}(X^\alpha) = i^{-|\alpha|}\, \partial^\alpha \phi_X(0).$$

h) *Wenn* ϕ_X *2m-mal an der Stelle* $\xi = 0$ *differenzierbar ist, dann ist* $\mathbb{E}(|X|^n) < \infty$ *für alle* $n \leqslant 2m$. *Insbesondere ist dann* $\phi_X \in C^{2m}(\mathbb{R}^d)$.

Beweis. a) $\phi_X(\xi) = \int_{\mathbb{R}^d} e^{i\langle \xi, x\rangle}\, \mathbb{P}(X \in dx)$. Da $|e^{ix\xi}| = 1 \in L^1(\mathbb{P}_X)$ und $\xi \mapsto e^{i\langle \xi, x\rangle}$ stetig ist, folgt die Behauptung aus dem Stetigkeitslemma für Parameterintegrale [MI, Satz 12.1].

b), c) folgen direkt aus der Definition der charakteristischen Funktion.

d) Wegen $\operatorname{Re} e^{i\langle \xi, X\rangle} = \cos\langle \xi, X\rangle$ folgt die erste Behauptung aus der Linearität des Erwartungswerts. Wenn $\epsilon \perp\!\!\!\perp X$ ist, gilt nach Korollar 5.9 wegen $\operatorname{Re} z = \frac{1}{2}(z + \bar{z})$

$$\mathbb{E}\, e^{i\langle \xi, \epsilon X\rangle} = \frac{1}{2}\mathbb{E}\, e^{i\langle \xi, X\rangle} + \frac{1}{2}\mathbb{E}\, e^{i\langle \xi, -X\rangle} \overset{\text{c)}}{=} \operatorname{Re} \mathbb{E}\, e^{i\langle \xi, X\rangle}.$$

e) Wenn $\widetilde{X}$ eine iid (= unabhängige, identisch verteilte) Kopie von X ist, dann gilt wegen Korollar 5.9

$$\mathbb{E}\, e^{i\langle \xi, X-\widetilde{X}\rangle} \overset{X \perp\!\!\!\perp \widetilde{X}}{=} \mathbb{E}\, e^{i\langle \xi, X\rangle} \cdot \mathbb{E}\, e^{-i\langle \xi, \widetilde{X}\rangle} \underset{\text{c)}}{\overset{\widetilde{X}\sim X}{=}} \phi_X(\xi) \cdot \overline{\phi_X(\xi)} = |\phi_X(\xi)|^2.$$

f) Es ist $\phi_{TX}(\xi) = \mathbb{E}\, e^{i\langle \xi, \Sigma X + m\rangle} = e^{i\langle \xi, m\rangle} \mathbb{E}\, e^{i\langle \xi, \Sigma X\rangle} = e^{i\langle \xi, m\rangle} \mathbb{E}\, e^{i\langle \Sigma^\top \xi, X\rangle} = e^{i\langle \xi, m\rangle} \phi_X(\Sigma^\top \xi)$.

g) Zunächst bemerken wir, dass $|x^\alpha| \leqslant |x|^{|\alpha|}$ für $x \in \mathbb{R}^d$ und $\alpha \in \mathbb{N}_0^d$ gilt [✍]. Daher genügt es zu zeigen, dass unter der Annahme $\mathbb{E}|X^\alpha| < \infty$ die Ableitung $\partial^\alpha \phi_X$ existiert. Das folgt aus

$$\begin{aligned}\partial^\alpha \phi_X(\xi) = \partial_\xi^\alpha \int e^{i\langle \xi, x\rangle}\, \mathbb{P}(X \in dx) \overset{(*)}{=} \int \partial_\xi^\alpha e^{i\langle \xi, x\rangle}\, \mathbb{P}(X \in dx) &= \int (ix)^\alpha\, e^{i\langle \xi, x\rangle}\, \mathbb{P}(X \in dx) \\ &= i^{|\alpha|} \int x^\alpha\, e^{i\langle \xi, x\rangle}\, \mathbb{P}(X \in dx),\end{aligned}$$

und für $\xi = 0$ erhalten wir die Formel $\partial^\alpha \phi_X(0) = i^{|\alpha|}\mathbb{E}(X^\alpha)$. Im Schritt $(*)$ verwenden wir $|\alpha|$-mal das Differenzierbarkeitslemma und anschließend das Stetigkeitslemma für Parameterintegrale [MI, Satz 12.1, 12.2]. Beachte dazu, dass

$$\left|\partial_\xi^\alpha e^{i\langle \xi, x\rangle}\right| = \left|(ix)^\alpha\, e^{i\langle \xi, x\rangle}\right| = \left|(ix)^\alpha\right| = |x^\alpha|$$

gilt, und dass dieser Ausdruck nach Voraussetzung $\mathbb{P}_X$-integrierbar ist.

---

10 Wir verwenden die übliche Multiindex-Notation. Für $\alpha = (\alpha_1, \dots, \alpha_d) \in \mathbb{N}_0^d$ und $x \in \mathbb{R}^d$ schreibt man $|\alpha| = \alpha_1 + \dots + \alpha_d$, $x^\alpha := \prod_k x_k^{\alpha_k}$ und $\partial^\alpha = \partial_x^\alpha = \prod_k \partial^{\alpha_k}/\partial^{\alpha_k} x_k = \partial^{|\alpha|}/\partial^{\alpha_1} x_1 \dots \partial^{\alpha_d} x_d$. Diese Schreibweisen erlauben es uns, (formal) mit Multiindices wie mit natürlichen Zahlen zu rechnen.

h) Für festes $\xi \in \mathbb{R}^d$ definieren wir die Funktion $\psi(t) := \operatorname{Re} \phi_X(t\xi)$, $t \in \mathbb{R}$; nach Voraussetzung existiert $\psi''(0)$. Der Mittelwertsatz liefert für ein $\theta = \theta(t) \in (0,1)$

$$0 \leqslant \frac{\mathbb{E}(1 - \cos\langle t\xi, X\rangle)}{t^2} \overset{\text{d)}}{=} \frac{1 - \operatorname{Re} \mathbb{E}\, e^{it\langle \xi, X\rangle}}{t^2} = \frac{\psi(0) - \psi(t)}{t^2} \overset{\text{MWS}}{=} \frac{\psi'(\theta t)}{t} \leqslant \frac{\psi'(\theta t)}{\theta t}, \qquad t \neq 0.$$

Da ψ eine gerade Funktion ist, gilt $\psi'(0) = 0$, und die rechte Seite konvergiert für $t \to 0$ gegen $\psi''(0)$. Somit haben wir

$$0 \leqslant 1 - \operatorname{Re} \phi_X(t\xi) \leqslant C_\xi t^2 \quad \forall t \in \mathbb{R}.$$

Andererseits sehen wir mit dem Lemma von Fatou, dass

$$C_\xi \geqslant \liminf_{t\to 0} \mathbb{E}\Big(\frac{1 - \cos\langle t\xi, X\rangle}{t^2}\Big) \geqslant \mathbb{E}\Big(\liminf_{t\to 0} \frac{1 - \cos\langle t\xi, X\rangle}{t^2}\Big) = \frac{1}{2}\, \mathbb{E}[\langle \xi, X\rangle^2].$$

Da $\xi \in \mathbb{R}^d$ beliebig ist, folgt $\mathbb{E}|X^\alpha| < \infty$ für alle $\alpha \in \mathbb{N}_0^d$ mit $|\alpha| = 2$. Höhere Momente zeigt man nun mit Hilfe von Induktion, und der Zusatz ergibt sich aus g). □

Wir wollen schließlich zeigen, dass die charakteristische Funktion ϕ_X die Verteilung einer ZV X charakterisiert. Dazu benötigen wir einige Vorbereitungen.

7.7 Lemma. *Es seien $(\Omega, \mathscr{A}, \mathbb{P})$, $(\Omega', \mathscr{A}', \mathbb{P}')$ W-Räume, auf denen ZV $X : \Omega \to \mathbb{R}^d$ und $X' : \Omega' \to \mathbb{R}^d$ definiert sind. Es gilt $X \sim X'$ genau dann, wenn*

$$\mathbb{E}u(X) = \mathbb{E}'u(X') \quad \forall u \in C_c(\mathbb{R}^d); \tag{7.8}$$

($\mathbb{E}'$ ist der zum W-maß $\mathbb{P}'$ gehörende Erwartungswert).

Beweis. (Vgl. [MI, Satz 22.4]) Die Notwendigkeit von (7.8) ist klar. Umgekehrt gilt: Die kompakten Mengen sind ein ∩-stabiler Erzeuger von $\mathscr{B}(\mathbb{R}^d)$, und es gibt eine aufsteigende Folge kompakter Mengen $K_n \uparrow \mathbb{R}^d$. Daher reicht es aus,

$$\mathbb{E}\mathbb{1}_K(X) = \mathbb{P}(X \in K) = \mathbb{P}'(X' \in K) = \mathbb{E}'\mathbb{1}_K(X'), \quad K \subset \mathbb{R}^d \text{ kompakt}, \tag{7.9}$$

zu zeigen. Weil $x \mapsto \operatorname{dist}(x, A) := \inf_{a\in A} |x - a|$ für beliebige $A \subset \mathbb{R}^d$ (Lipschitz-)stetig ist [✍], wird für jede kompakte Menge $K \subset \mathbb{R}^d$ durch

$$u_n(x) = \frac{\operatorname{dist}(x, U_n^c)}{\operatorname{dist}(x, U_n^c) + \operatorname{dist}(x, K)}, \qquad U_n := K + B_{1/n}(0) = \big\{y \in \mathbb{R}^d \mid \operatorname{dist}(y, K) < \tfrac{1}{n}\big\}$$

eine Folge von C_c-Funktionen definiert, so dass $u_n \downarrow \mathbb{1}_K$. Somit erhalten wir (7.9) aus (7.8) mit monotoner Konvergenz. □

⚡ $X \sim X'$ ist eine Aussage über die Verteilungen der ZV, die nicht benötigt, dass die ZV auf demselben W-Raum definiert sind. Insbesondere folgt aus $X \sim X'$ nicht, dass $X = X'$ gilt.

7.8 Satz. *Es seien $(\Omega, \mathscr{A}, \mathbb{P})$, $(\Omega', \mathscr{A}', \mathbb{P}')$ zwei W-Räume, auf denen ZV $X : \Omega \to \mathbb{R}^d$ und $X' : \Omega' \to \mathbb{R}^d$ definiert sind. Genau dann gilt $X \sim X'$, wenn X und X' die gleiche charakteristische Funktion haben: $\phi_X \equiv \phi_{X'}$.*

Beweis. Aus $X \sim X'$ folgt unmittelbar, dass $\phi_X(\xi) = \mathbb{E}\, e^{i\langle \xi, X\rangle} = \mathbb{E}'\, e^{i\langle \xi, X'\rangle} = \phi_{X'}(\xi)$ für alle $\xi \in \mathbb{R}^d$ gilt.

Umgekehrt sei $\phi_X \equiv \phi_{X'}$. Wir konstruieren unabhängige, normalverteilte ZV $G_k \sim \mathsf{N}(0,1)$, $k = 1, \dots, d$, die zudem von X unabhängig sind; insbesondere ist $G := (G_1, \dots, G_d)^\top$ unabhängig von X und (7.4) zeigt

$$\mathbb{P}(\sqrt{t}G \in dy) = (2\pi t)^{-d/2} e^{-|y|^2/2t}\, dy.$$

Wegen der Unabhängigkeit $X \perp\!\!\!\perp G$ gilt für alle $u \in C_c(\mathbb{R}^d)$

$$\begin{aligned}\mathbb{E} u(X + \sqrt{t}G) &\overset{\text{ua}}{\underset{5.9}{=}} \int_{\mathbb{R}^d} \mathbb{E} u(X + y)\,(2\pi t)^{-d/2}\, e^{-|y|^2/2t}\, dy \\ &= \int_{\mathbb{R}^d} u(z)\,(2\pi t)^{-d/2}\, \mathbb{E}\, e^{-|X-z|^2/2t}\, dz.\end{aligned}$$

Wenn wir die Formel (7.6) für $x \rightsquigarrow \eta$, $\xi \rightsquigarrow X - z$ verwenden, erhalten wir

$$\begin{aligned}\mathbb{E} u(X + \sqrt{t}G) &= \frac{1}{(2\pi)^d} \int_{\mathbb{R}^d} u(z)\, \mathbb{E} \int_{\mathbb{R}^d} e^{-i\langle \eta, X - z\rangle} e^{-t|\eta|^2/2}\, d\eta\, dz \\ &= \frac{1}{(2\pi)^d} \int_{\mathbb{R}^d} u(z) \int_{\mathbb{R}^d} \mathbb{E}\, e^{-i\langle \eta, X\rangle}\, e^{i\langle \eta, z\rangle}\, e^{-t|\eta|^2/2}\, d\eta\, dz \\ &= \frac{1}{(2\pi)^d} \int_{\mathbb{R}^d} u(z) \int_{\mathbb{R}^d} \phi_X(-\eta)\, e^{i\langle \eta, z\rangle}\, e^{-t|\eta|^2/2}\, d\eta\, dz.\end{aligned}$$

Nach Voraussetzung gilt aber $\phi_X = \phi_{X'}$. Daher zeigt dieselbe Rechnung, allerdings auf dem W-Raum $(\Omega', \mathscr{A}', \mathbb{P}')$ und mit einem anderen Gaußischen Vektor G' [✍]:

$$\mathbb{E} u(X + \sqrt{t}G) = \mathbb{E}' u(X' + \sqrt{t}G') \quad \forall u \in C_c(\mathbb{R}^d).$$

Wenn wir mit dominierter Konvergenz den Limes $t \to 0$ bilden, erhalten wir die Behauptung $X \sim X'$ aus Lemma 7.7. □

Wir könnten nun mit Satz 7.8 den Beweis der Implikation 5.8.d)⇒5.8.c) ohne Rückgriff auf [MI, Satz 22.7 oder Korollar 23.8] führen. Weil das Zusammenspiel von Unabhängigkeit und charakteristischer Funktion so wichtig ist, wollen wir einen alternativen Beweis angeben.

7.9 Korollar (Satz von Kac). *Es seien $X, Y : \Omega \to \mathbb{R}^d$ zwei ZV, die auf demselben W-Raum definiert sind. Es gilt $X \perp\!\!\!\perp Y$ genau dann, wenn*

$$\mathbb{E}\, e^{i\langle \xi, X\rangle + i\langle \eta, Y\rangle} = \mathbb{E}\, e^{i\langle \xi, X\rangle} \cdot \mathbb{E}\, e^{i\langle \eta, Y\rangle} \quad \forall \xi, \eta \in \mathbb{R}^d. \tag{7.10}$$

Für die Unabhängigkeit von X und Y reicht es *nicht* aus, dass (7.10) für alle $\xi = \eta \in \mathbb{R}^d$ gilt. Dazu konstruieren wir eine zweidimensionale ZV $(X, Y) : \Omega \to \mathbb{R}^2$ mit der Dichte

$$f_{(X,Y)}(x, y) = \frac{1}{4}\, \mathbb{1}_{[-1,1]^2}(x, y) \cdot \left(1 + xy\left(x^2 - y^2\right)\right).$$

Dann gilt [✍]

a) $X, Y \sim \mathsf{U}[-1, 1]$ (Gleichverteilung auf $[-1, 1]$);
b) X, Y sind nicht unabhängig;
c) $Z := X + Y$ folgt einer Dreieckverteilung (vgl. Anhang A.7, Nr. 4, 5) auf $[-2, 2]$;
d) $\phi_Z(\xi) = \phi_X(\xi)\phi_Y(\xi) = \xi^{-2}\sin^2\xi$ für alle $\xi \in \mathbb{R}$.

Beweis. Die Richtung $X \perp\!\!\!\perp Y \Rightarrow$ (7.10) folgt mit Korollar 5.10. Für die Umkehrung bemerken wir, dass

$$\mathbb{E}\, e^{i\langle \xi, X\rangle + i\langle \eta, Y\rangle} = \mathbb{E}\, e^{i\left\langle (\xi,\eta)^\top,\, (X,Y)^\top\right\rangle} = \phi_{(X,Y)^\top}(\xi, \eta)$$

die charakteristische Funktion des *Vektors* $(X, Y)^\top$ ist. Wir konstruieren nun (z.B. wie in Kapitel 6 auf einem Produktraum) neue ZV $\widetilde{X}$ und $\widetilde{Y}$ mit folgenden Eigenschaften:

$$\widetilde{X} \sim X, \quad \widetilde{Y} \sim Y \quad \text{und} \quad \widetilde{X} \perp\!\!\!\perp \widetilde{Y}.$$

Dann gilt für alle $\xi, \eta \in \mathbb{R}^d$

$$\phi_{(X,Y)^\top}(\xi, \eta) = \phi_X(\xi)\phi_Y(\eta) \overset{\widetilde{X}\sim X}{\underset{\widetilde{Y}\sim Y}{=}} \phi_{\widetilde{X}}(\xi)\phi_{\widetilde{Y}}(\eta) \overset{\widetilde{X} \perp\!\!\!\perp \widetilde{Y}}{=} \phi_{(\widetilde{X},\widetilde{Y})^\top}(\xi, \eta).$$

Wegen der Injektivität der charakteristischen Funktion (Satz 7.8) folgern wir daraus, dass $(X, Y)^\top \sim (\widetilde{X}, \widetilde{Y})^\top$, mithin [✍] $X \perp\!\!\!\perp Y$. □

♦Die Umkehrformel für Wahrscheinlichkeitsdichten

Wir haben in Satz 7.8 gesehen, dass die charakteristische Funktion injektiv ist. Wir wollen für ZV, die eine Dichte besitzen, eine Umkehrformel angeben. Es gibt auch allgemeinere Umkehrformeln, mit denen wir jede W-Verteilung aus ihrer charakteristischen Funktion rekonstruieren können, vgl. [MI, Satz 23.6, Korollar 23.7], doch wollen wir hier darauf nicht eingehen.

7.10 Satz. *Es sei $X : \Omega \to \mathbb{R}^d$ eine ZV, deren charakteristische Funktion $\phi_X \in L^1(d\xi)$ integrierbar ist. Dann gilt $X \sim p_X(x)\,dx$, und die Dichte ist durch folgende Formel gegeben:*

$$p_X(x) = (2\pi)^{-d} \int_{\mathbb{R}^d} \phi_X(\xi)\, e^{-i\langle \xi, x\rangle}\, d\xi, \quad x \in \mathbb{R}^d. \tag{7.11}$$

Beweis. Wir schreiben $\mu := \mathbb{P}_X$ für die Verteilung der ZV X. Wie im Beweis von Satz 7.8 konstruieren wir unabhängige, normalverteilte ZV $G_k \sim \mathsf{N}(0, 1)$, $k = 1, \dots, d$, die außerdem von X unabhängig sind. Dann hat der Vektor $\sqrt{t}G := (\sqrt{t}G_1, \dots, \sqrt{t}G_d)^\top$ die

W-Dichte $g_{0,t\mathrm{E}}$ (Korollar 7.4) und die ZV $X + \sqrt{t}G$ hat die W-Dichte

$$p_{X+\sqrt{t}G}(x) = g_{0,t\mathrm{E}} * \mu(x) \overset{(7.4)}{=} \frac{1}{(2\pi t)^{d/2}} \int_{\mathbb{R}^d} e^{-|x-y|^2/2t}\, \mu(dy)$$

$$\overset{(7.6)}{=} \frac{1}{(2\pi t)^{d/2}} \int_{\mathbb{R}^d} \left(\frac{t}{2\pi}\right)^{d/2} \int_{\mathbb{R}^d} e^{-i\langle \eta, x-y\rangle}\, e^{-t|\eta|^2/2}\, d\eta\, \mu(dy),$$

und wegen $e^{-t|\eta|^2/2} \in L^1(\mu(dy) \otimes d\eta)$ können wir den Satz von Fubini verwenden:

$$p_{X+\sqrt{t}G}(x) = \frac{1}{(2\pi)^d} \int_{\mathbb{R}^d} \int_{\mathbb{R}^d} e^{-i\langle \eta, x-y\rangle}\, \mu(dy)\, e^{-t|\eta|^2/2}\, d\eta = \frac{1}{(2\pi)^d} \int_{\mathbb{R}^d} \phi_X(\eta)\, e^{-i\langle \eta, x\rangle} e^{-t|\eta|^2/2}\, d\eta.$$

Nach Voraussetzung ist $\phi_X \in L^1(d\eta)$, d.h. wir erhalten mittels dominierter Konvergenz

$$\lim_{t\to 0} p_{X+\sqrt{t}G}(x) = \frac{1}{(2\pi)^d} \int_{\mathbb{R}^d} \phi_X(\eta)\, e^{-i\langle \eta, x\rangle}\, d\eta =: p(x)$$

sowie $\sup_{t>0} \sup_{x\in\mathbb{R}^d} p_{X+\sqrt{t}G}(x) < \infty$; insbesondere ist $p(x) \geqslant 0$.

Die Indikatorfunktion $x \mapsto \mathbb{1}_{U_n}(x)$ der offenen Menge $U_n := (-n, n)^{\times d} \subset \mathbb{R}^d$, $n \in \mathbb{N}$, ist unterhalbstetig und daher gilt (vgl. Anhang A.2, Satz A.3)

$$\mathbb{E}\mathbb{1}_{U_n}(X) \leqslant \mathbb{E}\Big(\liminf_{t\to 0} \mathbb{1}_{U_n}(X + \sqrt{t}G)\Big) \overset{\text{Fatou}}{\leqslant} \liminf_{t\to 0} \mathbb{E}\left(\mathbb{1}_{U_n}(X + \sqrt{t}G)\right)$$

$$= \liminf_{t\to 0} \int_{U_n} p_{X+\sqrt{t}G}(x)\, dx.$$

Mit dominierter Konvergenz sehen wir nun

$$\mathbb{E}\mathbb{1}_{U_n}(X) \leqslant \int_{U_n} \underbrace{\lim_{t\to 0} p_{X+\sqrt{t}G}(x)}_{=p(x)}\, dx \leqslant \int_{\mathbb{R}^d} p(x)\, dx;$$

insbesondere also $1 = \sup_{n\in\mathbb{N}} \mathbb{E}\mathbb{1}_{U_n}(X) \leqslant \int_{\mathbb{R}^d} p(x)\, dx$. Andererseits ist

$$\int_{\mathbb{R}^d} p(x)\, dx = \int_{\mathbb{R}^d} \liminf_{t\to 0} p_{X+\sqrt{t}G}(x)\, dx \overset{\text{Fatou}}{\leqslant} \liminf_{t\to 0} \int_{\mathbb{R}^d} p_{X+\sqrt{t}G}(x)\, dx = 1,$$

was $\int p(x)\, dx = 1$ zeigt, d.h. $p(x)$ ist eine W-Dichte.

Nach dem Rieszschen Konvergenzsatz [MI, Satz 14.13] gilt daher $p_{X+\sqrt{t}G} \to p_X$ in $L^1(dx)$, und wir erhalten

$$\mathbb{E}\, e^{i\langle \xi, X\rangle} \underset{\text{Konv.}}{\overset{\text{dom.}}{=}} \lim_{t\to 0} \mathbb{E}\, e^{i\langle \xi, X+\sqrt{t}G\rangle} = \lim_{t\to 0} \int_{\mathbb{R}^d} e^{i\langle \xi, x\rangle}\, p_{X+\sqrt{t}G}(x)\, dx \overset{\text{Riesz}}{=} \int_{\mathbb{R}^d} e^{i\langle \xi, x\rangle}\, p(x)\, dx.$$

Aus der Injektivität der charakteristischen Funktion, Satz 7.8, ergibt sich $X \sim p(x)\, dx$, also $p(x) = p_X(x)$. □

♦Lévys truncation inequality

Die sog. *truncation inequality* von Lévy erlaubt es uns, die linken und rechten Ausläufer der W-Verteilung (sog. *tail probabilities*) einer ZV durch den Realteil ihrer charakteristischen Funktion abzuschätzen.

7.11 Satz (Lévy). *Es sei* $X : \Omega \to \mathbb{R}^d$, $X = (X_1, \dots, X_d)$, *eine ZV mit charakteristischer Funktion* ϕ_X. *Dann gilt*

$$\mathbb{P}\Big(\max_{1\leqslant k\leqslant d} |X_k| \geqslant r\Big) \leqslant 7\left(\frac{r}{2}\right)^d \int_{-1/r}^{1/r} \cdots \int_{-1/r}^{1/r} (1 - \operatorname{Re}\phi_X(\xi))\, d\xi. \tag{7.12}$$

Beweis. 1° Es sei $U \sim \mathsf{U}[-1/r, 1/r]$ eine gleichverteilte ZV. Dann ist $rU \sim \mathsf{U}[-1,1]$ und aus Beispiel 7.2.e) kennen wir die charakteristische Funktion

$$\mathbb{E}\, e^{isU} = \mathbb{E}\, e^{i(s/r)rU} = \frac{\sin(s/r)}{s/r}.$$

Weil die rechte Seite reellwertig ist, folgt

$$\frac{\sin(s/r)}{s/r} = \operatorname{Re}\mathbb{E}\left(e^{isU}\right) = \mathbb{E}\left(\operatorname{Re} e^{isU}\right) = \frac{r}{2}\int_{-1/r}^{1/r} \cos(st)\, dt.$$

Wenn wir nun einen Vektor $(U_1, \dots, U_d)^\top$ unabhängiger $\mathsf{U}[-1/r, 1/r]$-verteilter ZV betrachten, erhalten wir die Formel

$$\prod_{k=1}^d \frac{\sin(x_k/r)}{x_k/r} = \left(\frac{r}{2}\right)^d \int_{-1/r}^{1/r} \cdots \int_{-1/r}^{1/r} \cos\langle x,\ \xi\rangle\, d\xi_1 \dots d\xi_d. \tag{7.13}$$

2° Nun können wir (7.12) zeigen. Wir schreiben I_r für den Ausdruck auf der rechten Seite von (7.12) und $A_r := \{\max_{1\leqslant k\leqslant d} |X_k| \geqslant r\} \overset{[✍]}{=} \bigcup_{k=1}^d \{|X_k| \geqslant r\}$. Es gilt

$$I_r \underset{7.6.\mathrm{d})}{\overset{\text{Tonelli}}{=}} 7\left(\frac{r}{2}\right)^d \mathbb{E}\left[\int_{-1/r}^{1/r} \cdots \int_{-1/r}^{1/r} (1 - \cos\langle \xi, X\rangle)\, d\xi_1 \dots d\xi_d\right] \overset{(7.13)}{=} 7\mathbb{E}\left[1 - \prod_{k=1}^d \frac{\sin(X_k/r)}{X_k/r}\right]$$

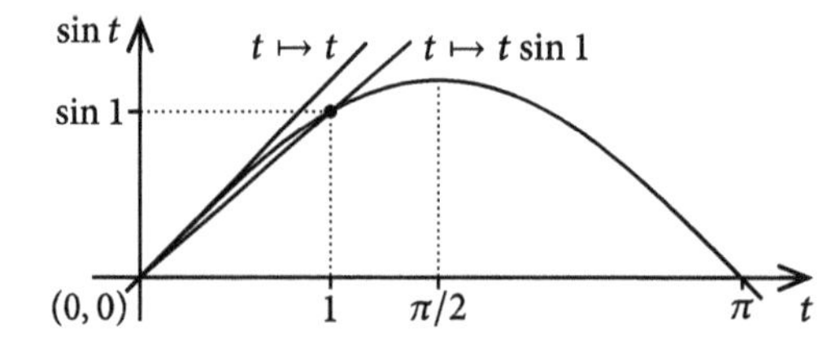

Abb. 7.1: sin t ist im Intervall $[0, \pi]$ konkav und $\sin t \leqslant 1$. Daher gilt $\sin t \leqslant t$ für alle $t \geqslant 0$, sowie $\sin t \leqslant \sin(1) \cdot t$ für $t \geqslant 1$. Aus Symmetriegründen gilt auch $|\sin t| \leqslant |t|$ und $|\sin t| \leqslant \sin(1) \cdot |t|$ für alle $|t| \geqslant 1$.

Wegen $|\sin(t)/t| \leqslant 1$ gilt weiterhin

$$I_r \geqslant 7\mathbb{E}\underbrace{\left[1-\prod_{k=1}^{d}\left|\frac{\sin(X_k/r)}{X_k/r}\right|\right]}_{\geqslant 0} \geqslant 7\mathbb{E}\left[\left(1-\prod_{k=1}^{d}\left|\frac{\sin(X_k/r)}{X_k/r}\right|\right)\mathbb{1}_{A_r}\right].$$

Für $\omega \in A_r$ gibt es stets ein $n = n(\omega)$, so dass $X_n(\omega) \geqslant r$. Daher können wir $\left|\frac{\sin(X_n/r)}{X_n/r}\right|$ auf der Menge A_r nach oben durch $\sin 1$ abschätzen (Abb. 7.1), während wir für alle anderen Koordinaten $k \neq n$ die Abschätzung $|\sin(t)/t| \leqslant 1$ verwenden. Mithin ist

$$I_r \geqslant 7\,\mathbb{E}([1-\sin 1]\mathbb{1}_{A_r}) \geqslant \mathbb{P}(A_r),$$

weil $1 - \sin 1 \geqslant 0.158 \geqslant 1/7$ gilt. Daraus folgt die Behauptung. □

Aufgaben

1. Zeigen Sie die in Beispiel 5.19 erwähnten Faltungsidentitäten mit Hilfe der charakteristischen Funktion.
2. Es sei X eine reelle ZV mit der Verteilung

$$\mu(dx) = \frac{1}{C}\sum_{i=2}^{\infty}\frac{1}{2i^2\log i}(\delta_{-i}+\delta_i)(dx), \quad C := \sum_{i=2}^{\infty}\frac{1}{i^2\log i}.$$

   Existiert $\mathbb{E}X$? Berechnen Sie die char. Funktion ϕ_X und zeigen Sie, dass ϕ_X' existiert. Finden Sie ϕ_X'.
   Hinweis. Die Reihe $\sum_n a_n \sin(nx)$ mit $a_{n+1} \leqslant a_n$ konvergiert genau dann gleichmäßig in x, wenn $\lim_n na_n = 0$.
3. Es seien X, Y unabhängige Cauchy-ZV ($\lambda = 1$) und $V := (X, X)^\top$. Zeigen Sie, dass $X + Y \sim 2X$ und $\phi_V(\xi,\xi) = \phi_X(\xi)\phi_X(\xi)$ gilt; im Allg. ist jedoch $\phi_V(\xi,\eta) \neq \phi_X(\xi)\phi_X(\eta)$.
4. Es sei $Y \sim \mathsf{N}(0,1)$. Für $a > 0$ definieren wir $Z := Y\mathbb{1}_{\{|Y|\leqslant a\}} - Y\mathbb{1}_{\{|Y|>a\}}$. Zeigen Sie, dass Z normalverteilt ist während $Y + Z$ nicht normalverteilt ist. Bestimmen Sie a, so dass $\operatorname{Cov}(Y, Z) = 0$.
5. Es seien X, Y, U, V unabhängige reelle ZV.
   (a) Zeigen Sie, dass $\phi_{XY}(\xi) = \int \phi_X(y\xi)\,\mathbb{P}(Y \in dy)$ gilt.
   (b) Finden Sie die char. Funktionen der ZV XY, $XY + UV$ und $|XY + UV|$, wenn $X, Y, U, V \sim \mathsf{N}(0,1)$.
6. Es sei $X \in \mathbb{R}^d$ eine ZV und $A \in \mathscr{A}$. Zeigen Sie: $X \perp\!\!\!\perp A \iff \forall \xi \in \mathbb{R}^d : \mathbb{E}\left[e^{i\xi X}\mathbb{1}_A\right] = \mathbb{P}(A)\mathbb{E}\,e^{i\xi X}$.
   Hinweis. Wenden Sie Korollar 7.9 auf die ZV $\mathbb{1}_A$ und X an.
7. Es seien X, Y reelle *beschränkte* ZV. Zeigen Sie:

$$X \perp\!\!\!\perp Y \iff \forall k, l \in \mathbb{N}_0 : \mathbb{E}(X^k Y^l) = \mathbb{E}(X^k)\mathbb{E}(Y^l).$$

   Hinweis. Verwenden Sie Korollar 7.9 und eine geeignete Potenzreihenentwicklung. Die Beschränktheit garantiert die Analytizität von ϕ_X, vgl. auch Bisgaard & Sasvári [9].
8. Verwenden Sie Satz 7.6 um die Momente von $G \sim \mathsf{N}(0,1)$ zu berechnen:

$$\mathbb{E}[G^{2n}] = \frac{(2n)!}{2^n \cdot n!} = (2n-1)\cdot(2n-3)\cdot\ldots\cdot 3\cdot 1, \quad n \in \mathbb{N}.$$

9. Zeigen Sie, dass $G \sim \mathsf{N}(0,1)$ alle exponentiellen Momente $\mathbb{E}\,e^{\xi G}$ besitzt und dass

$$\psi(\xi) := \mathbb{E}\,e^{\xi G} = e^{\xi^2/2}, \quad \xi \in \mathbb{R},$$

gilt. Folgern Sie daraus, dass die charakteristische Funktion $\phi_X(\zeta)$ für $\zeta \in \mathbb{C}$ definiert und holomorph ist, und dass $\phi_X(-i\xi) = \psi(\xi)$, $\xi \in \mathbb{R}$ gilt.

10. Es sei X eine reelle ZV. Wir nennen X symmetrisch, wenn $X \sim -X$. Zeigen Sie, dass X genau dann symmetrisch ist, wenn die charakteristische Funktion reellwertig ist, d.h. $\phi_X = \operatorname{Re}\phi_X$.
    Hinweis. Satz 7.6.d).

11. Es sei $X = (X_1, \dots, X_d)$ eine d-dimensionale ZV mit charakteristischer Funktion ϕ_X. Zeigen Sie:
    (a) $\phi_X(\eta, 0, \dots, 0) = \phi_{X_1}(\eta), \quad \eta \in \mathbb{R}$.
    (b) $\phi_X(\eta, \eta, \dots, \eta) = \phi_{X_1+X_2+\dots+X_d}(\eta), \quad \eta \in \mathbb{R}$.

12. $\widehat{u}(\xi) := (2\pi)^{-d}\int_{\mathbb{R}^d} u(x)e^{-i\langle x,\xi\rangle}\,dx$ ist die Fouriertransformation der Funktion $u \in L^1(dx)$. Zeigen Sie den **Satz von Plancherel.** *Es sei $X : \Omega \to \mathbb{R}^d$ eine ZV mit charakteristischer Funktion $\phi_X(\xi)$. Für alle Funktionen $u \in L^1(\mathbb{R}^d, dx)$, die auch $\widehat{u} \in L^1(\mathbb{R}^d, d\xi)$ erfüllen, gilt*

$$\mathbb{E}u(X) = \int_{\mathbb{R}^d} u(x)\,\mathbb{P}_X(dx) = \int_{\mathbb{R}^d} \widehat{u}(\xi)\,\phi_X(\xi)\,d\xi. \tag{7.14}$$

13. (Multiindex-Notation) Es sei $\alpha = (\alpha_1, \dots, \alpha_d) \in \mathbb{N}_0^d$ ein sog. Multiindex. Neben der Vektoraddition vereinbaren wir noch folgende Rechenregeln bzw. Schreibweisen ($x \in \mathbb{R}^d$, $|x|^2 = x_1^2 + \dots + x_d^2$):

$$\alpha! := \prod_{k=1}^d \alpha_k!, \qquad x^\alpha := \prod_{k=1}^d x_k^{\alpha_k}, \qquad \|\alpha\| := \sum_{k=1}^d \alpha_k, \qquad \partial_x^\alpha := \frac{\partial^{\|\alpha\|}}{\partial x_1^{\alpha_1}\dots\partial x_d^{\alpha_d}}.$$

    (a) Berechnen Sie $\partial_x^\alpha e^{i\langle x,\xi\rangle}$, $x, \xi \in \mathbb{R}^d$;
    (b) Zeigen Sie $|x^\alpha| \leqslant |x|^{\|\alpha\|}$, $x \in \mathbb{R}^d$;
    (c) Zeigen Sie $s^{\|\alpha\|}x^\alpha = (sx)^\alpha$, $x \in \mathbb{R}^d$, $s \in \mathbb{C}$.

14. (Integralsinus) Zeigen Sie: $\displaystyle\lim_{R\to\infty}\int_0^R \frac{\sin\xi}{\xi}\,d\xi = \frac{\pi}{2}$.
    Anleitung. $\xi^{-1} = \int_0^\infty e^{-t\xi}\,dt$, Fubini, $\operatorname{Im} e^{i\theta} = \sin\theta$ und dominierte Konvergenz.

15. (Lévys Inversionsformel). Es sei X eine reelle ZV und $[a, b] \subset \mathbb{R}$. Dann gilt

$$\frac{1}{2}\mathbb{P}(X = a) + \mathbb{P}(a < X < b) + \frac{1}{2}\mathbb{P}(X = b) = \lim_{T\to\infty}\frac{1}{2\pi}\int_{-T}^{T}\frac{e^{-ia\xi} - e^{-ib\xi}}{i\xi}\,\mathbb{E}\,e^{i\xi X}\,d\xi. \tag{7.15}$$

    Die folgenden Schritte ergeben einen Beweis für (7.15).
    (a) Zeigen Sie: $\displaystyle\int_{-T}^{T}\frac{e^{i\xi(x-a)} - e^{i\xi(x-b)}}{i\xi}\,d\xi = 2\int_0^T\frac{\sin(\xi(x-a))}{\xi}\,d\xi - 2\int_0^T\frac{\sin(\xi(x-b))}{\xi}\,d\xi.$
    (b) Aus $|e^{ix} - e^{iy}| \leqslant |x - y|$ folgt $\displaystyle\int_{-T}^{T}\left|\frac{e^{i\xi(x-a)} - e^{i\xi(x-b)}}{i\xi}\right|d\xi \leqslant 2(b-a)T.$
    (c) Zeigen Sie: $\displaystyle\int_{-T}^{T}\frac{e^{-ia\xi} - e^{-ib\xi}}{i\xi}\,\mathbb{E}\,e^{i\xi X}\,d\xi = \int\int_{-T}^{T}\frac{e^{i\xi(x-a)} - e^{i\xi(x-b)}}{i\xi}\,d\xi\,\mathbb{P}(X \in dx).$
    (d) Zeigen Sie mit Hilfe des Integralsinus

$$\lim_{T\to\infty}\int_{-T}^{T}\frac{e^{i\xi(x-a)} - e^{i\xi(x-b)}}{i\xi}\,d\xi = \begin{cases} 0, & \text{wenn } x < a \text{ oder } x > b,\\ \pi, & \text{wenn } x = a \text{ oder } x = b,\\ 2\pi, & \text{wenn } a < x < b.\end{cases}$$

    (e) Kombinieren Sie die Teilaufgaben und zeigen Sie (7.15) mit dominierter Konvergenz.

8 Drei klassische Grenzwertsätze

Ein zentrales Thema der W-Theorie ist das Grenzverhalten (von Summen) unabhängiger ZV. In diesem Kapitel sei $(\Omega, \mathscr{A}, \mathbb{P})$ ein W-Raum, auf dem abzählbar viele unabhängige reelle ZV $X_i : \Omega \to \mathbb{R}$, $i \in \mathbb{N}$, definiert sind. Wie üblich schreiben wir $S_0 := 0$ und $S_n := X_1 + \cdots + X_n$, $n \in \mathbb{N}$, für die Partialsummen der Folge $(X_i)_{i\in\mathbb{N}}$. Wenn die $(X_i)_{i\in\mathbb{N}}$ *unabhängig und identisch verteilt* sind, dann sprechen wir von *iid* (independent, identically distributed) ZV.

Bortkiewicz Gesetz der kleinen Zahlen (Poisson 1837, Bortkiewicz 1898)

Es sei $(X_i)_{i\in\mathbb{N}}$ eine iid Folge von ZV, so dass $\mathbb{P}(X_i = 1) = p$ und $\mathbb{P}(X_i = 0) = q = 1 - p$, d.h. $X_i \sim \mathsf{B}(p)$. Dann gilt

$$S_n = X_1 + \cdots + X_n \sim \mathsf{B}(n, p) \quad \text{oder} \quad \mathbb{P}(S_n = k) = \binom{n}{k} p^k q^{n-k}, \quad 0 \leqslant k \leqslant n.$$

Intuitive Herleitung. $S_n = k$ bedeutet, dass wir bei n unabhängigen Münzwürfen genau k Erfolge (Kopf) und $n-k$ Misserfolge (Wappen) beobachten. Wegen der Unabhängigkeit ist die Wahrscheinlichkeit $p^k q^{n-k}$, allerdings können wir dieses Ergebnis auf $\binom{n}{k}$ Arten erreichen, da es $\binom{n}{k}$ Platzierungen für »Kopf« gibt. □

Formale Herleitung. Nach Voraussetzung gilt $X_i \sim p\delta_1 + q\delta_0$. Wenn wir $\delta_a * \delta_b = \delta_{a+b}$ und Satz 5.17 verwenden, erhalten wir

$$X_1 + X_2 \sim (p\delta_1 + q\delta_0) * (p\delta_1 + q\delta_0) = p^2 \underbrace{\delta_1 * \delta_1}_{=\delta_1^{*2} = \delta_2} + \underbrace{pq\delta_1 * \delta_0 + qp\delta_0 * \delta_1}_{=2pq\delta_1} + q^2 \underbrace{\delta_0 * \delta_0}_{=\delta_0}.$$

Diese Rechnung zeigt, dass wir das Faltungsprodukt nach den üblichen Regeln ausmultiplizieren dürfen.

$$\begin{aligned} S_n = \sum_{i=1}^n X_i \sim (p\delta_1 + q\delta_0) * \cdots * (p\delta_1 + q\delta_0) &= \sum_{k=0}^n \binom{n}{k} p^k \delta_1^{*k} * q^{n-k} \delta_0^{*(n-k)} \\ &= \sum_{k=0}^n \binom{n}{k} p^k q^{n-k} \delta_k. \end{aligned}$$

□

Die Definition der Binomialverteilung $\mathsf{B}(n, p)$ ist elementar, aber für große n ist die konkrete Berechnung unangenehm. Für seltene Ereignisse – großes n und kleines p – verwendet man üblicherweise die *Poissonverteilung* als gute Approximation:

$$\mathsf{B}(n, p; k) = \binom{n}{k} p^k q^{n-k} \overset{\lambda = np}{\approx} e^{-\lambda} \frac{\lambda^k}{k!} = \mathsf{Poi}(\lambda; k), \quad k \in \mathbb{N}_0.$$

https://doi.org/10.1515/9783111342252-008

! Ein Vorläufer dieser Approximation findet sich bereits 1718 bei DeMoivre [20, Problems 5–7, S. 14–21], die heute übliche Formulierung stammt aus Poissons Lehrbuch von 1837 [55, Section 81, S. 205–207]. Bortkiewicz [12, Kapitel 2] hat durch statistische Betrachtungen seltener Ereignisse maßgeblich zur Verbreitung der Poissonverteilung beigetragen, legendär sind seine Anwendungen »auf einige Daten der Selbstmord- und der Unfall-Statistik«. Hier findet sich u.a. die nebenstehende Tabelle über »die durch Schlag eines Pferdes im preußischen Heere Getöteten«. Beobachtet wurden 10 Corps der preußischen Armee im Zeitraum von 20 Jahren (1875–1894), die zweite Spalte der Tabelle verzeichnet die Zahl der Jahre, in denen 0,1,2,... Todesfälle vorkamen, die dritte Spalte gibt die erwartete Zahl der Todesfälle, die mit der Poisson-Approximation ($\lambda = 0,61$) berechnet wurde.

Jahres-ergebnis	**Zahl der Fälle, in denen das nebenstehende Jahresergebnis**	
	vorgekommen ist	**zu erwarten war**
0	109	108,7
1	65	66,3
2	22	20,2
3	3	4,1
4	1	0,6
5 u. mehr	—	0,1

Mathematisch lässt sich die Poisson-Approximation folgendermaßen ausdrücken.

8.1 Satz (Poisson-Approximation). *Auf dem W-Raum* $(\Omega, \mathscr{A}, \mathbb{P})$ *seien reelle binomialverteilte ZV* $S_n \sim \mathsf{B}(n, p_n)$, $n \in \mathbb{N}$, *gegeben. Dann gilt*

$$\lim_{n\to\infty} np_n = \lambda \in [0, \infty) \implies \lim_{n\to\infty} \mathbb{P}(S_n = k) = e^{-\lambda}\frac{\lambda^k}{k!}. \tag{8.1}$$

Standardbeweis für Satz 8.1. Nach Voraussetzung gilt $\lim_{n\to\infty} np_n = \lambda$ und daher folgt $\lim_{n\to\infty} p_n = 0$. Mithin

$$\begin{aligned}\binom{n}{k}p_n^k(1-p_n)^{n-k} &= \frac{1}{k!}\frac{n(n-1)\cdots(n-k+1)}{n^k}(np_n)^k(1-p_n)^n(1-p_n)^{-k}\\ &= \frac{1}{k!}\underbrace{\left[\overbrace{\frac{n}{n}}^{=1}\cdot\overbrace{\frac{n-1}{n}}^{\to 1}\cdots\overbrace{\frac{n-k+1}{n}}^{\to 1}\right]}_{\to 1}\underbrace{(np_n)^k}_{\to\lambda^k}\underbrace{\left(1-\frac{np_n}{n}\right)^n}_{\to e^{-\lambda}}\underbrace{(1-p_n)^{-k}}_{\to 1}\\ &\xrightarrow[n\to\infty]{} \frac{\lambda^k}{k!}e^{-\lambda}.\end{aligned}$$

Wir haben hier die Beziehung $\lim_{n\to\infty}\left(1-\frac{a_n}{n}\right)^n = e^{-\lim_{n\to\infty} a_n}$ verwendet, die man (z.B. mit der l'Hospitalschen Regel) sehr einfach zeigen kann.[✍] □

Wir präsentieren noch einen weiteren Beweis für Satz 8.1, der allgemeiner und eleganter ist. Dazu benötigen wir eine Vorbereitung:

8.2 Lemma. *Es seien* ξ_i, $i = 1, \dots, n$, *unabhängige* $\mathsf{B}(p_i)$*-verteilte ZV. Für* $\Sigma_n := \xi_1 + \cdots + \xi_n$ *und* $\lambda_n := p_1 + \cdots + p_n$ *gilt*

$$\sum_{k=0}^{n}\left|\mathbb{P}(\Sigma_n = k) - e^{-\lambda_n}\frac{\lambda_n^k}{k!}\right| \leqslant 2\sum_{k=1}^{n} p_k^2. \tag{8.2}$$

Alternativer Beweis von Satz 8.1. Wir verwenden Lemma 8.2 für $p_1 = \cdots = p_n$ – d.h. die ZV $\xi_1, \dots, \xi_n$ hängen von p_n und damit von n ab – und setzen $\lambda_n = np_n \to \lambda$. Wegen

$$2\sum_{k=1}^{n} p_k^2 = 2np_n^2 = \underbrace{2np_n}_{\to 2\lambda} \overbrace{p_n}^{\to 0} \xrightarrow[n\to\infty]{} 0$$

folgt sofort die Behauptung (8.1). □

Beweis von Lemma 8.2 durch Coupling. Die Abschätzung (8.2) ist »nur« eine Aussage über die Bernoulli- und Poissonverteilung, d.h. wir können den Beweis durch geschickte Wahl von $\xi_i \sim \mathsf{B}(p_i)$ und $Y_i \sim \mathsf{Poi}(p_i)$ vereinfachen.

1° Wir konstruieren auf dem W-Raum $(\Omega_n, \mathscr{A}_n, \mathbb{P}_n)$ die ZV $(\xi_1, \dots, \xi_n)$ und $(Y_1, \dots, Y_n)$, so dass

- $\xi_i \sim \mathsf{B}(p_i)$, $i = 1, 2, \dots, n$, unabhängig sind,
- $Y_i \sim \mathsf{Poi}(p_i)$, $i = 1, 2, \dots, n$, unabhängig sind,
- jedes Paar (ξ_i, Y_i) die folgende (Tab. 8.1) gemeinsame Verteilung hat:

	$Y_i = 0$	$Y_i = k \in \mathbb{N}$	$\mathbb{P}_n(\xi_i = j)$
$\xi_i = 0$	$1 - p_i$	0	$1 - p_i$
$\xi_i = 1$	$e^{-p_i} - 1 + p_i$	$\frac{p_i^k}{k!} e^{-p_i}$	p_i
$\mathbb{P}_n(Y_i = k)$	e^{-p_i}	$\frac{p_i^k}{k!} e^{-p_i}$	

Tab. 8.1: Die Tabelle enthält die gemeinsamen Wahrscheinlichkeiten $\mathbb{P}_n(\xi_i = j, Y_i = k)$ und die Randverteilungen $\mathbb{P}_n(\xi_i = j)$ und $\mathbb{P}_n(Y_i = k)$ der Zufallsvariablen ξ_i und Y_i. Die zweidimensionalen ZV (ξ_i, Y_i) können wir wie in Kapitel 6 (Problem 1) konstruieren.

2° Wir definieren nun $\Sigma_n := \xi_1 + \cdots + \xi_n$, $P_n := Y_1 + \cdots + Y_n$ und $\lambda_n := p_1 + \cdots + p_n$. Offensichtlich gilt $P_n \sim \mathsf{Poi}(p_1 + \cdots + p_n) = \mathsf{Poi}(\lambda_n)$ und

$$\begin{aligned}
|\mathbb{P}_n(\Sigma_n = k) - \mathbb{P}_n(P_n = k)| &= |\mathbb{P}_n(\Sigma_n = k,\ P_n \neq \Sigma_n) + \mathbb{P}_n(\Sigma_n = k,\ P_n = \Sigma_n) \\
&\qquad - \mathbb{P}_n(P_n = k,\ \Sigma_n = P_n) - \mathbb{P}_n(P_n = k,\ \Sigma_n \neq P_n)| \\
&\leqslant \mathbb{P}_n(\Sigma_n = k,\ P_n \neq \Sigma_n) + \mathbb{P}_n(P_n = k,\ P_n \neq \Sigma_n).
\end{aligned}$$

Indem wir über $k = 0, 1, \dots, n$ summieren, erhalten wir

$$\sum_{k=0}^{n} \Big|\mathbb{P}_n(\Sigma_n = k) - \underbrace{\mathbb{P}_n(P_n = k)}_{= e^{-\lambda_n}\lambda_n^k/k!}\Big| \leqslant 2\mathbb{P}_n(\Sigma_n \neq P_n).$$

Weiterhin gilt

$$\mathbb{P}_n(\Sigma_n \neq P_n) \leqslant \mathbb{P}_n\left(\bigcup_{i=1}^{n}\{\xi_i \neq Y_i\}\right) \leqslant \sum_{i=1}^{n} \mathbb{P}_n\left(\xi_i \neq Y_i\right) = \sum_{i=1}^{n}\left(1 - \mathbb{P}_n\left(\xi_i = Y_i\right)\right),$$

und der Tabelle 8.1 entnehmen wir, dass

$$\mathbb{P}_n(\Sigma_n \neq P_n) \leqslant \sum_{i=1}^n (1 - \underbrace{(1-p_i)}_{\mathbb{P}_n(\xi_i=Y_i=0)} - \underbrace{p_i e^{-p_i}}_{\mathbb{P}_n(\xi_i=Y_i=1)}) = \sum_{i=1}^n p_i \underbrace{(1-e^{-p_i})}_{\leqslant p_i} \leqslant \sum_{i=1}^n p_i^2. \qquad \square$$

Das Gesetz der großen Zahlen (Bernoulli 1713, Chebyshev 1867, Khintchin 1929)

Wir werden nun einen ersten Grenzwertsatz für Summen unabhängiger bzw. unkorrelierter ZV zeigen: das sog. (schwache) Gesetz der großen Zahlen (WLLN – *weak law of large numbers*). Wir zeigen zunächst die auf Chebyshev [15] zurückgehende Version, die im Wesentlichen auf einer Anwendung der Chebyshev-Markov-Ungleichung [Anhang A.1 oder MI Korollar 10.5, Aufgabe 10.4] beruht: Für eine ZV $X : \Omega \to \mathbb{R}$ mit $X \in L^1(\mathbb{P})$ bzw. $X \in L^2(\mathbb{P})$ und $\epsilon > 0$ gilt

$$\mathbb{P}(|X| > \epsilon) \leqslant \frac{1}{\epsilon}\mathbb{E}(|X|) \quad \text{bzw.} \quad \mathbb{P}(|X - \mathbb{E}X| > \epsilon) \leqslant \frac{1}{\epsilon^2}\mathbb{E}(|X - \mathbb{E}X|^2) = \frac{1}{\epsilon^2}\mathbb{V}X; \tag{8.3}$$

(offensichtlich erhalten wir die zweite Ungleichung aus der ersten, indem wir $|X|$ und ϵ durch $|X - \mathbb{E}X|^2$ und ϵ^2 ersetzen).

8.3 Satz (Chebyshev; WLLN). *Es seien $X_i : \Omega \to \mathbb{R}$, $i \in \mathbb{N}$, abzählbar viele paarweise unkorrelierte ZV in $L^2(\mathbb{P})$. Wenn*

$$\lim_{n\to\infty} \frac{1}{n^2} \sum_{i=1}^n \mathbb{V}X_i = 0, \tag{8.4}$$

dann genügt $(X_i)_{i\in\mathbb{N}}$ dem schwachen Gesetz der großen Zahlen (WLLN), *d.h.*

$$\underbrace{\lim_{n\to\infty} \mathbb{P}\left(\left|\frac{1}{n}\sum_{i=1}^n (X_i - \mathbb{E}X_i)\right| > \epsilon\right) = 0 \quad \forall \epsilon > 0.}_{\text{stochastische Konvergenz, auch Konvergenz in W-keit}} \tag{8.5}$$

Beweis. Auf Grund der Chebyshev-Markov-Ungleichung (8.3) und der Gleichheit von Bienaymé, Satz 5.22, gilt

$$\begin{aligned}\mathbb{P}\left(\left|\sum_{i=1}^n (X_i - \mathbb{E}X_i)\right|^2 > (n\epsilon)^2\right) &\leqslant \frac{1}{(n\epsilon)^2}\mathbb{E}\left(\left|\sum_{i=1}^n (X_i - \mathbb{E}X_i)\right|^2\right) \\ &= \frac{1}{(n\epsilon)^2}\mathbb{V}\left(\sum_{i=1}^n X_i\right) \overset{5.22}{=} \frac{1}{(n\epsilon)^2}\sum_{i=1}^n \mathbb{V}X_i \xrightarrow[n\to\infty]{} 0. \qquad \square\end{aligned}$$

Für iid Bernoulli-verteilte ZV war dieser Satz bereits 150 Jahre früher bekannt.

8.4 Korollar (Bernoulli). *Es seien $X_i : \Omega \to \mathbb{R}$, $i \in \mathbb{N}$, iid ZV und $X_1 \sim \mathsf{B}(p)$. Dann gilt*

$$\lim_{n\to\infty} \mathbb{P}\left(\left|\frac{X_1 + \cdots + X_n}{n} - p\right| > \epsilon\right) = 0 \quad \forall \epsilon > 0.$$

Beweis. Wegen $|X_i| \leqslant 1$ gilt $X_i \in L^2(\mathbb{P})$. Daher folgt die Behauptung mit Satz 8.3 aus

$$\frac{1}{n^2}\sum_{i=1}^n \mathbb{V}X_i \overset{\text{iid}}{=} \frac{1}{n^2}\, n\, \mathbb{V}X_1 = \frac{1}{n}\,\mathbb{V}X_1 \xrightarrow[n\to\infty]{} 0. \qquad \square$$

8.5 Bemerkung. Die Interpretation der Aussage von Korollar 8.4 ist sehr wichtig: X_i ist das Ergebnis des i-ten Münzwurfs mit einer p-q-Münze.

- $S_n(\omega)/n$ ist die *beobachtete* relative Häufigkeit der Erfolge.
- p ist die *theoretisch* erwartete Häufigkeit der Erfolge.
- $\mathbb{P}\left(\left|\frac{S_n}{n} - p\right| \leqslant \epsilon\right) = 1 - \mathbb{P}\left(\left|\frac{S_n}{n} - p\right| > \epsilon\right)$ ist die Wahrscheinlichkeit dafür, dass die beobachteten und die theoretischen Werte höchstens um den Fehler ϵ abweichen.

M.a.W. rechtfertigt das WLLN die Approximation von Wahrscheinlichkeiten durch relative Häufigkeiten.

Korollar 8.4 sagt **nicht**, dass $S_n(\omega)/n \to p$ für eine feste Wurffolge ω gilt. Korollar 8.4 sagt **auch nicht**, dass nach 1000 aufeinanderfolgenden »0« das Auftreten einer »1« wahrscheinlicher ist!

Eine hübsche Anwendung des Bernoullischen WLLN ist Bernsteins Beweis des Weierstraßschen Approximationssatzes.

8.6 Satz (Weierstraß; Bernstein). *Es sei* $u : [0,1] \to \mathbb{R}$ *stetig. Dann gilt*

$$\lim_{n\to\infty} \sup_{0\leqslant x\leqslant 1} \Bigg| u(x) - \underbrace{\sum_{k=0}^n \binom{n}{k} u\left(\tfrac{k}{n}\right) x^k (1-x)^{n-k}}_{\text{sog. Bernstein-Polynom}} \Bigg| = 0. \tag{8.6}$$

Insbesondere sind die Polynome dicht im Raum der stetigen Funktionen $(C[0,1], \|\cdot\|_\infty)$.

Beweis (Bernstein 1912/13). Da $[0,1]$ kompakt ist, ist $u \in C[0,1]$ gleichmäßig stetig,

$$\forall \epsilon > 0 \quad \exists \delta = \delta(\epsilon) > 0 \quad \forall x, y \in [0,1],\ |x-y| < \delta : |u(x) - u(y)| < \epsilon. \tag{8.7}$$

Weiterhin gilt für die Partialsumme $S_n = X_1 + \cdots + X_n$ von iid ZV $X_i \sim \mathsf{B}(p)$

$$\mathbb{E}u\left(\tfrac{S_n}{n}\right) = \sum_{k=0}^n u\left(\tfrac{k}{n}\right)\mathbb{P}(S_n = k) = \sum_{k=0}^n \binom{n}{k} u\left(\tfrac{k}{n}\right) p^k (1-p)^{n-k}.$$

Daher müssen wir folgenden Ausdruck abschätzen

$$\begin{aligned}
\left|\mathbb{E}u\left(\tfrac{S_n}{n}\right) - u(p)\right| &= \left|\mathbb{E}\left[u\left(\tfrac{S_n}{n}\right) - u(p)\right]\right| \\
&\leqslant \mathbb{E}\left|u\left(\tfrac{S_n}{n}\right) - u(p)\right| \\
&= \mathbb{E}\left[\left|u\left(\tfrac{S_n}{n}\right) - u(p)\right| \mathbb{1}_{\{|\frac{S_n}{n}-p|<\delta\}}\right] + \mathbb{E}\left[\left|u\left(\tfrac{S_n}{n}\right) - u(p)\right| \mathbb{1}_{\{|\frac{S_n}{n}-p|\geqslant\delta\}}\right] \\
&\overset{(8.7)}{\leqslant} \mathbb{E}\left[\epsilon \mathbb{1}_{\{|\frac{S_n}{n}-p|<\delta\}}\right] + \mathbb{E}\left[(\|u\|_\infty + \|u\|_\infty)\mathbb{1}_{\{|\frac{S_n}{n}-p|\geqslant\delta\}}\right] \\
&\leqslant \epsilon + 2\|u\|_\infty \mathbb{P}\left(\left|\tfrac{S_n}{n} - p\right| \geqslant \delta\right) \xrightarrow[n\to\infty]{\epsilon,\delta \text{ fest}} \epsilon \xrightarrow[\epsilon\to 0]{} 0.
\end{aligned}$$

Weil alle Grenzwerte *gleichmäßig* in $p \in [0,1]$ sind, folgt die Behauptung. $\square$

Khintchin konnte 1929 mit Hilfe eines *Stutzungstricks* die optimale Version des WLLN zeigen. Wir werden diese Technik wieder im Beweis des *starken* Gesetzes der großen Zahlen verwenden.

8.7 ♦ Satz (Khintchin). *Es seien $X_i : \Omega \to \mathbb{R}$, $i \in \mathbb{N}$, abzählbar viele paarweise unabhängige und identisch verteilte ZV in $L^1(\mathbb{P})$. Dann gilt für die Folge $(X_i)_{i\in\mathbb{N}}$ das WLLN (8.5).*

Beweis. Für ein fest gewähltes $r > 0$ definieren wir die gestutzten ZV $X_i' := X_i \mathbb{1}_{\{|X_i|\leqslant r\}}$ und $X_i'' := X_i - X_i' = X_i \mathbb{1}_{\{|X_i|>r\}}$; entsprechend schreiben wir $S_n := X_1 + \cdots + X_n$ und $S_n' := X_1' + \cdots + X_n'$, $S_n'' := S_n - S_n'$.

Offensichtlich sind die gestutzten ZV X_i' wieder paarweise unabhängig, und es gilt $|X_i'| \leqslant r$, also ist $\mathbb{E}(|X_i'|^n) \leqslant r^n$ und $\mathbb{V}(X_i') = \mathbb{E}(|X_i'|^2) - (\mathbb{E}X_i')^2 \leqslant r^2$. Daher können wir Satz 8.3 anwenden: Es gilt $n^{-2}\sum_{i=1}^n \mathbb{V}X_i' \leqslant \frac{r^2}{n} \to 0$ für $n \to \infty$, mithin

$$\lim_{n\to\infty} \mathbb{P}\left(\frac{1}{n}\left|S_n' - \mathbb{E}S_n'\right| > \epsilon\right) = 0 \quad \forall \epsilon > 0.$$

Weiterhin gilt wegen der Dreiecksungleichung

$$\begin{aligned}\mathbb{P}\left(\frac{1}{n}|S_n - \mathbb{E}S_n| > 2\epsilon\right) &\leqslant \mathbb{P}\left(\frac{1}{n}\left|S_n' - \mathbb{E}S_n'\right| + \frac{1}{n}\left|S_n'' - \mathbb{E}S_n''\right| > 2\epsilon\right)\\ &\leqslant \mathbb{P}\left(\frac{1}{n}\left|S_n' - \mathbb{E}S_n'\right| > \epsilon\right) + \mathbb{P}\left(\frac{1}{n}\left|S_n'' - \mathbb{E}S_n''\right| > \epsilon\right).\end{aligned}$$

Die letzte Abschätzung folgt aus der Beobachtung, dass $|S'| + |S''| \geqslant |S' + S''| > 2\epsilon$ nur dann gelten kann, wenn $|S'| > \epsilon$ oder $|S''| > \epsilon$ ist. Mit der Chebyshev-Markov-Ungleichung sehen wir dann

$$\begin{aligned}\mathbb{P}\left(\frac{1}{n}|S_n - \mathbb{E}S_n| > 2\epsilon\right) &\leqslant \mathbb{P}\left(\frac{1}{n}\left|S_n' - \mathbb{E}S_n'\right| > \epsilon\right) + \frac{1}{n\epsilon}\mathbb{E}\left|S_n'' - \mathbb{E}S_n''\right|\\ &\underset{\text{verteilt}}{\overset{\text{identisch}}{\leqslant}} \mathbb{P}\left(\frac{1}{n}\left|S_n' - \mathbb{E}S_n'\right| > \epsilon\right) + \frac{1}{\epsilon}\mathbb{E}\left|X_1'' - \mathbb{E}X_1''\right|\\ &\leqslant \mathbb{P}\left(\frac{1}{n}\left|S_n' - \mathbb{E}S_n'\right| > \epsilon\right) + \frac{2}{\epsilon}\mathbb{E}\left|X_1''\right|\\ &\xrightarrow[n\to\infty]{r\text{ fest}} \frac{2}{\epsilon}\mathbb{E}\left|X_1''\right|.\end{aligned}$$

Für $X_1 \in L^1(\mathbb{P})$ folgt mit dominierter Konvergenz $\mathbb{E}|X_1''| = \mathbb{E}\left(|X_1|\mathbb{1}_{\{|X_1|>r\}}\right) \to 0$ wenn $r \to \infty$. Insgesamt haben wir damit das WLLN (8.5) gezeigt. □

DeMoivre-Laplace: Der zentrale Grenzwertsatz (1730/38, 1812)

Das WLLN (Satz 8.3 oder 8.7) macht keine Aussage über die *W-Verteilung* des Grenzwerts von S_n/n. Unter einer stärkeren iid-Annahme an die ZV $(X_i)_{i\in\mathbb{N}}$ können wir den zentralen Grenzwertsatz (CLT – *central limit theorem*) beweisen, der vor allem in der Statistik von größter Bedeutung ist.

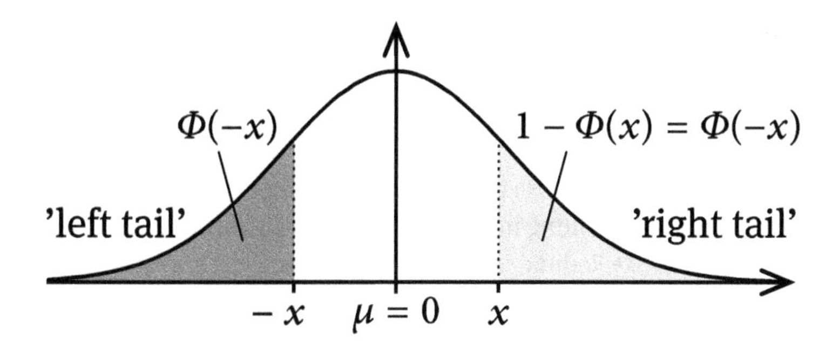

Abb. 8.1: Dichte $g(y) = (2\pi)^{-1/2} e^{-y^2/2}$ und Verteilungsfunktion $\Phi(x) := (2\pi)^{-1/2} \int_{-\infty}^{x} e^{-y^2/2}\,dy$ der Standard-Normalverteilung $\mathsf{N}(0,1)$.

8.8 Satz (DeMoivre; Laplace; CLT). *Es seien $(X_i)_{i\in\mathbb{N}}$ reelle iid ZV und $X_1 \in L^2(\mathbb{P})$. Weiter seien $S_n = X_1 + \dots + X_n$, $\mu = \mathbb{E}X_1$ und $\sigma^2 = \mathbb{V}X_1$. Dann gilt*

$$\lim_{n\to\infty} \mathbb{P}\left(a < \frac{S_n - n\mu}{\sigma\sqrt{n}} \leqslant b\right) = \frac{1}{\sqrt{2\pi}} \int_a^b e^{-x^2/2}\,dx = \Phi(b) - \Phi(a), \qquad a, b \in \mathbb{R}, \tag{8.8}$$

wobei $\Phi(y) = (2\pi)^{-1/2} \int_{-\infty}^{y} e^{-x^2/2}\,dx$.

Die auf der rechten Seite von (8.8) auftretende Verteilung ist die aus Beispiel 3.11.d) bekannte Standard-Normalverteilung, siehe Abb. 8.1. Wir können die Aussage von Satz 8.8 auch so schreiben

$$\lim_{n\to\infty} \mathbb{P}\left(\frac{S_n - n\mu}{\sigma\sqrt{n}} \leqslant b\right) = \mathbb{P}(G \leqslant b), \qquad b \in \mathbb{R},$$

wobei $G \sim \mathsf{N}(0,1)$ eine standard-normalverteilte ZV ist.

In vielen Anwendungen ist die Größe der Ausläufer $\Phi(-x) = (2\pi)^{-1/2} \int_{-\infty}^{-x} e^{-t^2/2}\,dt$ bzw. $1 - \Phi(x) = (2\pi)^{-1/2} \int_x^{\infty} e^{-t^2/2}\,dt$, $x > 0$, der Normalverteilung wichtig; sie werden üblicherweise in Tafelwerken aufgeführt. Die folgende *Gaußsche Standardabschätzung* ist bisweilen sehr hilfreich.

8.9 ♦ Lemma. *Es sei $G \sim \mathsf{N}(0,1)$ eine standard-normalverteilte ZV. Dann gilt*

$$\frac{1}{\sqrt{2\pi}} \frac{x}{x^2+1} e^{-x^2/2} \leqslant \mathbb{P}(G > x) = 1 - \Phi(x) \leqslant \frac{1}{\sqrt{2\pi}} \frac{1}{x} e^{-x^2/2}, \qquad x > 0. \tag{8.9}$$

Beweis. Die obere Abschätzung folgt aus

$$\int_x^{\infty} e^{-t^2/2}\,dt \leqslant \int_x^{\infty} \frac{t}{x} e^{-t^2/2}\,dt = \frac{1}{x} e^{-x^2/2}.$$

Für die untere Schranke verwenden wir erst partielle Integration

$$\frac{1}{x^2} \int_x^{\infty} e^{-t^2/2}\,dt \geqslant \int_x^{\infty} \frac{1}{t^2} e^{-t^2/2}\,dt \overset{\text{PI}}{=} \frac{1}{x} e^{-x^2/2} - \int_x^{\infty} e^{-t^2/2}\,dt$$

und formen diesen Ausdruck dann um:

$$\int_x^\infty e^{-t^2/2}\,dt \geqslant \left(\frac{1}{x^2}+1\right)^{-1}\frac{1}{x}\,e^{-x^2/2} = \frac{x}{x^2+1}\,e^{-x^2/2}. \qquad \square$$

Wir werden nun drei verschiedene Beweise des CLT angeben, von denen jeder für sich interessant ist. Da wir von der Darstellung in Kapitel 7 unabhängig sein wollen, haben die folgenden Ausführungen einige Redundanzen, auf die wir hinweisen werden.

8.10 Bemerkung (zur Beweisstrategie). a) Allen Beweisen gemein ist die Bemerkung, dass wir uns in Satz 8.8 auf den Fall $\mu = 0$ und $\sigma^2 = 1$ beschränken können, anderenfalls verwenden wir die Normierung $S_n \rightsquigarrow (S_n - \mathbb{E}S_n)/\sqrt{\mathbb{V}S_n}$.

b) Im Folgenden sei stets

$$g_t(x) := (2\pi t)^{-1/2}\, e^{-\frac{x^2}{2t}}, \quad t > 0,\ x \in \mathbb{R}, \quad \text{und} \quad G_t \sim g_t(x)\,dx,$$

wobei wir den W-Raum für die ZV G_t frei wählen können.

c) Alle Beweise verwenden, dass man (8.8) folgendermaßen umschreiben kann:

$$\lim_{n\to\infty}\left|\mathbb{E}h\left(\tfrac{S_n-n\mu}{\sigma\sqrt{n}}\right) - \mathbb{E}h(G)\right| = 0 \quad \text{mit} \quad h(x) = \mathbb{1}_{(a,b]}(x),\ G \sim \mathsf{N}(0,1). \tag{8.8'}$$

Der Grenzwert wird nicht direkt für $h = \mathbb{1}_{(a,b]}$, sondern erst für eine Klasse glatter Funktionen gezeigt. Die Beziehung (8.8′) folgt dann durch einen weiteren Grenzübergang.

1. Der Beweis des CLT à la Lévy (1925) und Feller (1935/36)

Für die klassische Formulierung des CLT, d.h. der »DeMoivre-Laplace CLT« für iid ZV (Satz 8.8), ist der folgende Beweis mittels charakteristischer Funktionen der Standardbeweis. In seinen Ursprüngen geht der Beweis auf Laplace (1812) zurück, die heutige Form findet man bei Lévy und Feller. Wir benötigen einige Vorbereitungen.

8.11 Lemma. *Es sei $G_t \sim g_t(x)\,dx$, eine normalverteilte ZV. Dann gilt*

$$\mathbb{E}(G_t^2) = \int_{\mathbb{R}} x^2\, g_t(x)\,dx = t \quad \textit{und} \quad \mathbb{E}\,e^{i\xi G_t} = \int_{\mathbb{R}} g_t(x)\,e^{ix\xi}\,dx = e^{-t\xi^2/2}. \tag{8.10}$$

Beweis. (vgl. auch Satz 7.3). Wir definieren $\phi(\xi) := (2\pi t)^{-1/2}\int_{\mathbb{R}} e^{-x^2/2t}\,e^{ix\xi}\,dx$. Mit Hilfe des Differenzierbarkeitslemmas für Parameterintegrale [MI, Satz 12.2] erhalten wir

$$\begin{aligned}\phi'(\xi) &= \frac{1}{\sqrt{2\pi t}}\int_{\mathbb{R}} e^{-x^2/2t}\,\frac{d}{d\xi}\,e^{ix\xi}\,dx = \frac{1}{\sqrt{2\pi t}}\int_{\mathbb{R}} e^{-x^2/2t}\,(ix)\,e^{ix\xi}\,dx\\ &= \frac{t}{\sqrt{2\pi t}}\int_{\mathbb{R}}(-i)\left[\frac{d}{dx}\,e^{-x^2/2t}\right]e^{ix\xi}\,dx\end{aligned}$$

und durch partielle Integration ergibt sich

$$\phi'(\xi) = \frac{t}{\sqrt{2\pi t}} \int_{\mathbb{R}} i\, e^{-x^2/2t} \left[\frac{d}{dx}\, e^{ix\xi}\right] dx = \frac{t}{\sqrt{2\pi t}} \int_{\mathbb{R}} i\, e^{-x^2/2t}\, i\xi\, e^{ix\xi}\, dx = -t\xi\, \phi(\xi).$$

Die Differentialgleichung $\phi'(\xi) = -t\xi\phi(\xi)$ hat die eindeutige Lösung $\phi(\xi) = \phi(0)\, e^{-t\xi^2/2}$ mit der Konstante $\phi(0) = 1$, da ϕ eine charakteristische Funktion ist.

Wiederum mit dem Differenzierbarkeitslemma für Parameterintegrale sehen wir, dass $\phi \in C^2(\mathbb{R})$ und

$$\frac{1}{\sqrt{2\pi t}} \int_{-\infty}^{\infty} x^2 e^{-x^2/2t}\, dx = -\frac{d^2}{d\xi^2}\bigg|_{\xi=0} \frac{1}{\sqrt{2\pi t}} \int_{-\infty}^{\infty} e^{i\xi x} e^{-x^2/2t}\, dx = -\frac{d^2}{d\xi^2}\bigg|_{\xi=0} e^{-t\xi^2/2} = t. \qquad \square$$

8.12 Lemma. *Für $S_n = X_1 + \cdots + X_n$ mit $X_k \in L^2(\mathbb{P})$ iid, $\mathbb{E}X_1 = 0$ und $\mathbb{V}X_1 = 1$ gilt*

$$\lim_{n\to\infty} \mathbb{E}\, e^{-i\xi S_n/\sqrt{n}} = e^{-\xi^2/2}, \qquad \xi \in \mathbb{R}. \tag{8.11}$$

Beweis. Weil die ZV unabhängig und identisch verteilt sind, gilt

$$\mathbb{E}\, e^{i\xi S_n/\sqrt{n}} = \mathbb{E}\, e^{i\xi(X_1+\cdots+X_n)/\sqrt{n}} \overset{\text{unabh.}}{=} \prod_{k=1}^{n} \mathbb{E}\, e^{i\xi X_k/\sqrt{n}} \underset{\text{verteilt}}{\overset{\text{identisch}}{=}} \left(\mathbb{E}\, e^{i\xi X_1/\sqrt{n}}\right)^n.$$

Setze $\phi(\eta) := \mathbb{E}\, e^{i\eta X_1}$. Da X_1 ein zweites Moment besitzt, sehen wir [✍] mit dem Differenzierbarkeitslemma für Parameterintegrale [MI, Satz 12.2], dass $\phi \in C^2(\mathbb{R})$ ist, sowie

$$\phi'(\eta) = i\mathbb{E}\left(X_1 e^{i\eta X_1}\right) \quad \text{und} \quad \phi''(\eta) = -\mathbb{E}\left(X_1^2 e^{i\eta X_1}\right).$$

Insbesondere folgt $\phi'(0) = 0$, $\phi''(0) = -1$ und mit einer Taylorentwicklung erster Ordnung erhalten wir

$$\phi(\eta) = \phi(0) + \eta\phi'(0) + \frac{1}{2}\eta^2\phi''(\theta\eta) = 1 + \frac{1}{2}\eta^2\phi''(\theta\eta) \ \text{ für ein } \theta \in (0,1).$$

Da ϕ'' stetig ist, gilt $\lim_{\eta\to 0} \phi(\theta\eta) = \phi''(0) = -1$. Daher haben wir

$$\mathbb{E}\, e^{i\xi S_n/\sqrt{n}} = \left\{\phi\left(\frac{\xi}{\sqrt{n}}\right)\right\}^n = \left\{1 + \frac{\xi^2}{2n}\phi''\left(\frac{\theta\xi}{\sqrt{n}}\right)\right\}^n \xrightarrow[n\to\infty]{} e^{-\xi^2/2},$$

wobei wir $\lim_{n\to\infty}\left(1 + \frac{a_n}{n}\right)^n = e^{\lim_{n\to\infty} a_n}$ [✍] beachten. □

Im Prinzip ist Lemma 8.12 bereits der Beweis von Satz 8.8, da wir aus Lemma 8.11 wissen, dass $e^{-\xi^2/2}$ die charakteristische Funktion einer ZV $G \sim \mathsf{N}(0,1)$ ist. Was noch *fehlt* ist die Aussage

$$\forall \xi \in \mathbb{R} : \mathbb{E}e^{i\xi S_n/\sqrt{n}} \xrightarrow[n\to\infty]{} \mathbb{E}e^{i\xi G} \implies \forall x \in \mathbb{R} : \mathbb{P}\left(\frac{S_n}{\sqrt{n}} \leqslant x\right) \xrightarrow[n\to\infty]{} \mathbb{P}(G \leqslant x),$$

die wir in Kapitel 9 in folgender allgemeiner Form zeigen werden:

8.13 Satz (vgl. Satz 9.18). *Es seien X_n und X reelle ZV, die nicht auf demselben W-Raum definiert sein müssen. Es gilt*

$$\forall\xi\in\mathbb{R}:\ \lim_{n\to\infty}\mathbb{E}e^{i\xi X_n}=\mathbb{E}e^{i\xi X}\implies\begin{cases}\lim_{n\to\infty}\mathbb{P}(X_n\leqslant x)=\mathbb{P}(X\leqslant x)\ \textit{an allen}\\ \textit{Stetigkeitsstellen von}\ x\mapsto\mathbb{P}(X\leqslant x).\end{cases}$$

Weil G eine Dichte bezüglich des Lebesgue-Maßes hat, ist $x\mapsto\mathbb{P}(G\leqslant x)$ überall stetig, und Satz 8.8 ist gezeigt.

2. Beweis des CLT à la Lévy (1925) und Feller (1935/36) – Reprise

Wir geben nun einen Beweis des CLT an, der ohne Vorgriff auf Kapitel 9, d.h. ohne Satz 8.13 (Satz 9.18) auskommt. Genauso wie im vorangehenden Abschnitt zeigen wir

8.14 Lemma (vgl. Lemma 8.11). *Es sei $G_t\sim g_t(x)\,dx$, eine normalverteilte ZV. Dann gilt*

$$\mathbb{E}(G_t^2)=\int_{\mathbb{R}}x^2\,g_t(x)\,dx=t\quad\textit{und}\quad\mathbb{E}\,e^{i\xi G_t}=\int_{\mathbb{R}}g_t(x)\,e^{ix\xi}\,dx=e^{-t\xi^2/2}.\tag{8.12}$$

8.15 Lemma (vgl. Lemma 8.12). *Für $S_n=X_1+\cdots+X_n$ mit $X_i\in L^2(\mathbb{P})$ iid und $\mathbb{E}X_1=0$ und $\mathbb{V}X_1=1$ gilt*

$$\lim_{n\to\infty}\mathbb{E}\,e^{-i\xi S_n/\sqrt{n}}=e^{-\xi^2/2},\qquad\xi\in\mathbb{R}.\tag{8.13}$$

Das folgende Lemma ist eine einfache Version des Faltungssatzes und der allgemeinen Umkehrformel für W-Dichten, die in Korollar 7.9 und Satz 7.10 behandelt wurden.

8.16 Lemma. *Für alle $a,b\in\mathbb{R}$, $a<b$, gilt*

$$\int_{\mathbb{R}}g_t*\mathbb{1}_{[a,b]}(x)e^{ix\xi}\,dx=e^{-t\xi^2/2}\int_a^b e^{iy\xi}\,dy,\qquad\xi\in\mathbb{R},\tag{8.14}$$

und

$$\frac{1}{2\pi}\int_{\mathbb{R}}\left(e^{-t\xi^2/2}\int_a^b e^{iy\xi}\,dy\right)e^{-ix\xi}\,d\xi=g_t*\mathbb{1}_{[a,b]}(x),\qquad x\in\mathbb{R}.\tag{8.15}$$

Beweis. Wir zeigen nur (8.15), da (8.14) ganz ähnlich (und sogar einfacher) bewiesen werden kann. Mit dem Satz von Fubini sehen wir

$$\begin{aligned}\frac{1}{2\pi}\int_{\mathbb{R}}\int_a^b e^{-t\xi^2/2}\,e^{iy\xi}\,e^{-ix\xi}\,dy\,d\xi&=\frac{1}{2\pi}\int_a^b\int_{\mathbb{R}}e^{-t\xi^2/2}\,e^{i(y-x)\xi}\,d\xi\,dy\\&\overset{\xi=\eta/t}{=}\int_a^b\frac{1}{2\pi t}\int_{\mathbb{R}}e^{-\eta^2/2t}\,e^{i\frac{(y-x)}{t}\eta}\,d\eta\,dy\end{aligned}$$

$$\overset{(8.12)}{=} \int_a^b \frac{1}{\sqrt{2\pi t}} e^{-t(y-x)^2/2t^2}\,dy$$

$$= \int_a^b \frac{1}{\sqrt{2\pi t}} e^{-(y-x)^2/2t}\,dy = g_t * \mathbb{1}_{[a,b]}(x). \qquad \square$$

Die Faltung $g_t * \mathbb{1}_{[\alpha,\beta]}$ »glättet« die Funktion $\mathbb{1}_{[\alpha,\beta]}$. Man kann mit dem Differentiationslemma der Maßtheorie [MI, Satz 12.2] schnell nachrechnen [✍], dass $x \mapsto g_t * \mathbb{1}_{[\alpha,\beta]}(x)$ eine C^∞-Funktion mit beschränkten Ableitungen ist.

8.17 Lemma. *Für $\alpha, \beta \in \mathbb{R}$, $0 < \epsilon < \frac{1}{2}(\beta - \alpha)$, und $t > 0$ gilt*

$$\left(1 - \frac{t}{\epsilon^2}\right) \mathbb{1}_{[\alpha+\epsilon,\beta-\epsilon]}(x) \leqslant g_t * \mathbb{1}_{[\alpha,\beta]}(x) \leqslant \mathbb{1}_{(\alpha-\epsilon,\beta+\epsilon)}(x) + \frac{t}{\epsilon^2}, \qquad x \in \mathbb{R}. \tag{8.16}$$

Insbesondere ist $g_t * \mathbb{1}_{[a,b]}$ gleichmäßig (für $t \in [0,1]$) beschränkt, beliebig of differenzierbar mit beschränkten Ableitungen und es gilt, dass $\lim_{t\to 0} g_t * \mathbb{1}_{[\alpha,\beta]}(x) = \mathbb{1}_{[\alpha,\beta]}(x)$ für $x \neq \alpha$ und $x \neq \beta$.

Beweis. Wir zeigen nur die untere Abschätzung, die Abschätzung nach oben beweist man ähnlich (und sogar einfacher). Es sei (auf irgendeinem W-Raum) $G_t \sim \mathsf{N}(0,t)$ eine normalverteilte ZV mit der Dichte $g_t(x)$. Dann gilt

$$\begin{aligned} g_t * \mathbb{1}_{[\alpha,\beta]}(x) &= \int \mathbb{1}_{[\alpha,\beta]}(x-y) g_t(y)\,dy \\ &= \mathbb{E}\left(\mathbb{1}_{[\alpha,\beta]}(x - G_t)\right) \\ &= \mathbb{E}\left(\mathbb{1}_{[\alpha,\beta]}(x - G_t)\mathbb{1}_{\{|G_t|\leqslant\epsilon\}}\right) + \mathbb{E}\left(\mathbb{1}_{[\alpha,\beta]}(x - G_t)\mathbb{1}_{\{|G_t|>\epsilon\}}\right) \\ &= \mathbb{E}\left(\mathbb{1}_{[\alpha+G_t,\beta+G_t]}(x)\mathbb{1}_{\{|G_t|\leqslant\epsilon\}}\right) + \mathbb{E}\left(\mathbb{1}_{[\alpha,\beta]}(x - G_t)\mathbb{1}_{\{|G_t|>\epsilon\}}\right). \end{aligned}$$

Daraus ergeben sich folgende Abschätzungen nach unten

$$g_t * \mathbb{1}_{[\alpha,\beta]}(x) \geqslant \mathbb{E}\left(\mathbb{1}_{[\alpha+\epsilon,\beta-\epsilon]}(x)\mathbb{1}_{\{|G_t|\leqslant\epsilon\}}\right) = \mathbb{1}_{[\alpha+\epsilon,\beta-\epsilon]}(x)(1 - \mathbb{P}(|G_t| > \epsilon))$$

und nach oben

$$g_t * \mathbb{1}_{[\alpha,\beta]}(x) \leqslant \mathbb{E}\left(\mathbb{1}_{(\alpha-\epsilon,\beta+\epsilon)}(x)\mathbb{1}_{\{|G_t|\leqslant\epsilon\}}\right) + \mathbb{E}\mathbb{1}_{\{|G_t|>\epsilon\}} \leqslant \mathbb{1}_{(\alpha-\epsilon,\beta+\epsilon)}(x) + \mathbb{P}\left(|G_t| > \epsilon\right).$$

Mit der Chebyshev-Markov-Ungleichung erhalten wir schließlich

$$\mathbb{P}(|G_t| > \epsilon) \leqslant \frac{\mathbb{E}(G_t^2)}{\epsilon^2} \overset{(8.12)}{=} \frac{t}{\epsilon^2},$$

was dann zu den Abschätzungen (8.16) führt.

Die Glattheit von $g_t * \mathbb{1}_{[\alpha,\beta]}$ folgt aus dem Differentiationslemma für Parameterintegrale [MI, Satz 12.2]. Die Ungleichungen (8.16) zeigen $\sup_{t\leqslant 1}\sup_{x\in\mathbb{R}} g_t * \mathbb{1}_{[\alpha,\beta]}(x) < \infty$; wenn wir in (8.16) erst den Grenzwert $t \to 0$ und dann $\epsilon \to 0$ bilden, erhalten wir, dass $g_t * \mathbb{1}_{[\alpha,\beta]}(x) \to \mathbb{1}_{(\alpha,\beta]}(x)$ für $x \neq \alpha, \beta$. $\square$

Beweis des CLT, Satz 8.8. Es gilt

$$\mathbb{E}\left[g_t * \mathbb{1}_{[a,b]}\left(\tfrac{S_n}{\sqrt{n}}\right)\right] \overset{(8.15)}{=} \mathbb{E}\left[\frac{1}{2\pi}\int_{\mathbb{R}}\left(e^{-t\xi^2/2}\int_a^b e^{iy\xi}\,dy\right)e^{-i\xi S_n/\sqrt{n}}\,d\xi\right]$$

$$\overset{\text{Fubini}}{=} \int_a^b\int_{\mathbb{R}} \frac{1}{2\pi} e^{-t\xi^2/2} e^{iy\xi}\,\mathbb{E}\left[e^{-i\xi S_n/\sqrt{n}}\right] d\xi\,dy.$$

Wenn wir dominierte Konvergenz und die Beziehung (8.13) verwenden, erhalten wir

$$\lim_{n\to\infty}\mathbb{E}\left[g_t * \mathbb{1}_{[a,b]}\left(\tfrac{S_n}{\sqrt{n}}\right)\right] \overset{(8.13)}{=} \int_a^b\int_{\mathbb{R}} \frac{1}{2\pi} e^{-t\xi^2/2} e^{iy\xi} e^{-\xi^2/2}\,d\xi\,dy$$

$$\overset{(8.14)}{=} \frac{1}{2\pi}\int_{\mathbb{R}}\int_{\mathbb{R}} g_t * \mathbb{1}_{[a,b]}(x) e^{ix\xi}\,e^{-\xi^2/2}\,dx\,d\xi$$

$$= \frac{1}{2\pi}\int_{\mathbb{R}} g_t * \mathbb{1}_{[a,b]}(x)\int_{\mathbb{R}} e^{ix\xi}\,e^{-\xi^2/2}\,d\xi\,dx$$

$$\overset{(8.12)}{=} \frac{1}{\sqrt{2\pi}}\int_{\mathbb{R}} g_t * \mathbb{1}_{[a,b]}(x)\,e^{-x^2/2}\,dx.$$

Wir wenden nun Lemma 8.17 mit $a = \alpha + \epsilon$ und $b = \beta - \epsilon$ an; das zeigt

$$\limsup_{n\to\infty}\left(1 - \tfrac{t}{\epsilon^2}\right)\mathbb{E}\mathbb{1}_{[a,b]}\left(\tfrac{S_n}{\sqrt{n}}\right) \leqslant \lim_{n\to\infty}\mathbb{E}\left[g_t * \mathbb{1}_{[a-\epsilon,b+\epsilon]}\left(\tfrac{S_n}{\sqrt{n}}\right)\right]$$

$$= \frac{1}{\sqrt{2\pi}}\int_{\mathbb{R}} g_t * \mathbb{1}_{[a-\epsilon,b+\epsilon]}(x)\,e^{-x^2/2}\,dx.$$

Für $t \to 0$ ergibt sich wegen $\lim_{t\to 0} g_t * \mathbb{1}_{[a-\epsilon,b+\epsilon]}(x) = \mathbb{1}_{[a-\epsilon,b+\epsilon]}(x)$, $x \neq a - \epsilon$, $x \neq b + \epsilon$, mit dominierter Konvergenz

$$\limsup_{n\to\infty}\mathbb{E}\mathbb{1}_{(a,b]}\left(\tfrac{S_n}{\sqrt{n}}\right) \leqslant \frac{1}{\sqrt{2\pi}}\int_{a-\epsilon}^{b+\epsilon} e^{-x^2/2}\,dx \xrightarrow[\epsilon\to 0]{} \frac{1}{\sqrt{2\pi}}\int_a^b e^{-x^2/2}\,dx.$$

Mit einer ähnlichen Rechnung erhalten wir

$$\liminf_{n\to\infty}\mathbb{E}\mathbb{1}_{(a,b]}\left(\tfrac{S_n}{\sqrt{n}}\right) \geqslant \frac{1}{\sqrt{2\pi}}\int_a^b e^{-x^2/2}\,dx.$$

Somit haben wir gezeigt, dass

$$\limsup_{n\to\infty}\mathbb{E}\mathbb{1}_{(a,b]}\left(\tfrac{S_n}{\sqrt{n}}\right) \leqslant \frac{1}{\sqrt{2\pi}}\int_a^b e^{-x^2/2}\,dx \leqslant \liminf_{n\to\infty}\mathbb{E}\mathbb{1}_{(a,b]}\left(\tfrac{S_n}{\sqrt{n}}\right),$$

woraus die behauptete Gleichheit (8.8) folgt. □

3. Beweis des CLT à la Lindeberg (1922)

Es seien $X_1, \dots, X_n$ iid Zufallsvariable mit $\mathbb{E}X_1 = 0$ und $\mathbb{E}X_1^2 = 1$ und $S_n := X_1 + \dots + X_n$. Wir wollen (8.8′) zunächst für $h \in C_b^3(\mathbb{R})$ zeigen, d.h. für dreimal stetig differenzierbare Funktionen, die zusammen mit ihren Ableitungen beschränkt sind:

$$\lim_{n\to\infty} \left|\mathbb{E}h\left(\tfrac{S_n}{\sqrt{n}}\right) - \mathbb{E}h(G)\right| = 0, \qquad h \in C_b^3(\mathbb{R}),\ G \sim \mathsf{N}(0,1).$$

Für iid ZV $G_1, \dots, G_n \sim \mathsf{N}(0,1)$ und $T_n := G_1 + \dots + G_n$ gilt $\frac{T_n}{\sqrt{n}} \sim G \sim \mathsf{N}(0,1)$. Ausgehend von dieser Beobachtung hat Lindeberg [44] folgenden »Austauschtrick« vorgeschlagen:

$$\mathbb{E}h\left(\tfrac{S_n}{\sqrt{n}}\right) - \mathbb{E}h(G) = \mathbb{E}h\left(\tfrac{S_n}{\sqrt{n}}\right) - \mathbb{E}h\left(\tfrac{T_n}{\sqrt{n}}\right) = \sum_{k=1}^{n} \left[h\left(\tfrac{R^k}{\sqrt{n}} + \tfrac{X_k}{\sqrt{n}}\right) - h\left(\tfrac{R^k}{\sqrt{n}} + \tfrac{G_k}{\sqrt{n}}\right)\right],$$

wobei $R^k := X_1 + \dots + X_{k-1} + G_{k+1} \dots + G_n$, $k = 1, 2, \dots, n$.[11] Ohne Einschränkung dürfen wir annehmen, dass die ZV $(X_1, \dots, X_n)$ und $(G_1, \dots, G_n)$ unabhängig sind.

Das folgende Lemma zeigt, dass wir die Ausdrücke $\left[h\left(\tfrac{R^k}{\sqrt{n}} + \tfrac{X_k}{\sqrt{n}}\right) - h\left(\tfrac{R^k}{\sqrt{n}} + \tfrac{G_k}{\sqrt{n}}\right)\right]$ relativ einfach abschätzen können.

8.18 Lemma. *Es seien $h \in C_b^3(\mathbb{R})$ und R, X, Γ unabhängige Zufallsvariable mit $\mathbb{E}X = \mathbb{E}\Gamma$ und $\mathbb{E}X^2 = \mathbb{E}\Gamma^2$. Dann gilt*

$$|\mathbb{E}h(R+X) - \mathbb{E}h(R+\Gamma)| \leq \left(\|h''\|_\infty + \|h'''\|_\infty\right)\left(\mathbb{E}\left[|X|^2 \wedge |X|^3\right] + \mathbb{E}\left[|\Gamma|^2 \wedge |\Gamma|^3\right]\right).$$

Beweis. Wir verwenden die Taylorentwicklung zweiter Ordnung

$$h(y+x) = h(y) + xh'(y) + \frac{1}{2}x^2 h''(y) + R_3(x,y).$$

Wegen $R \perp\!\!\!\perp X, \Gamma$ gilt

$$\begin{aligned}
\mathbb{E}[Xh'(R)] &= \mathbb{E}X \cdot \mathbb{E}h'(R) = \mathbb{E}\Gamma \cdot \mathbb{E}h'(R) = \mathbb{E}[\Gamma h'(R)],\\
\mathbb{E}[X^2 h''(R)] &= \mathbb{E}X^2 \cdot \mathbb{E}h''(R) = \mathbb{E}\Gamma^2 \cdot \mathbb{E}h''(R) = \mathbb{E}[\Gamma^2 h''(R)].
\end{aligned}$$

Daher folgt

$$\begin{aligned}
|\mathbb{E}h(R+X) - \mathbb{E}h(R+\Gamma)| &= |\mathbb{E}R_3(X,R) - \mathbb{E}R_3(\Gamma,R)|\\
&\leq \mathbb{E}|R_3(X,R)| + \mathbb{E}|R_3(\Gamma,R)|\\
&\leq C\left(\mathbb{E}\left[|X|^2 \wedge |X|^3\right] + \mathbb{E}\left[|\Gamma|^2 \wedge |\Gamma|^3\right]\right)
\end{aligned}$$

mit der Konstante $C = \|h'\|_\infty + \|h'''\|_\infty$, vgl. das folgende Lemma 8.19. □

---

11 Durch sukzessives Austauschen einzelner ZV »morphen« wir $(G_1, \dots, G_n) \to (X_1, G_2, \dots, G_n) \to (X_1, X_2, G_3, \dots, G_n) \to \dots \to (X_1, \dots, X_{n-1}, G_n) \to (X_1, \dots, X_n)$ und betrachten dann die zugehörigen normierten Summen $n^{-1/2}(Z_1 + \dots + Z_n)$; hier steht $(Z_1, \dots, Z_n)$ für jeweils eines der X-G-Tupel.

Im Beweis von Lemma 8.18 haben wir folgende Restgliedabschätzung verwendet.

8.19 Lemma. *Es sei $f \in C_b^3(\mathbb{R}, \mathbb{R})$. Dann ist für $x, y \in \mathbb{R}$*

$$f(y+x) = f(y) + xf'(y) + \frac{1}{2}x^2 f''(y) + R_3(x,y)$$

mit der Restgliedabschätzung $|R_3(x,y)| \leqslant \left(|x|^2\|f''\|_\infty\right) \wedge \left(|x|^3\|f'''\|_\infty\right)$.

Beweis. Wenn wir die Konvention $\int_0^x = -\int_x^0$ für $x < 0$ verwenden, erhalten wir

$$\begin{aligned}|R_3(x,y)| &= \left|f(y+x) - f(y) - xf'(y) - \tfrac{1}{2}x^2 f''(y)\right| \\ &= \left|\int_0^x \left(f'(y+u) - f'(y) - uf''(y)\right) du\right| = \left|\int_0^x \int_0^u \left(f''(y+t) - f''(y)\right) dt\, du\right|.\end{aligned}$$

Diesen Ausdruck können wir nun entweder durch

$$|R_3(x,y)| \leqslant \int_0^{|x|} \int_0^{|u|} \left|f''(y+t) - f''(y)\right| dt\, du \leqslant |x|^2 \|f''\|_\infty$$

oder durch

$$|R_3(x,y)| = \left|\int_0^x \int_0^u \int_0^t f'''(y+s)\, ds\, dt\, du\right| \leqslant \int_0^{|x|} \int_0^{|u|} \int_0^{|t|} \left|f'''(y+s)\right| ds\, dt\, du \leqslant \frac{1}{6}|x|^3 \|f''\|_\infty$$

abschätzen. Daraus folgt unmittelbar die Behauptung. □

8.20 Lemma. *Es seien $h \in C_b^3$, $X_1, \dots, X_n$ iid ZV mit $\mathbb{E}X_1 = 0$, $\mathbb{E}X_1^2 = 1$, $S_n := X_1 + \dots + X_n$ und $G \sim \mathsf{N}(0,1)$. Dann gilt*

$$\lim_{n\to\infty} \mathbb{E}h\left(\tfrac{S_n}{\sqrt{n}}\right) = \mathbb{E}h(G).$$

Beweis. Wir konstruieren iid ZV $G_1, \dots, G_n \sim \mathsf{N}(0,1)$, die auch von $X_1, \dots, X_n$ unabhängig sind. Mit Lindebergs Austauschtrick und Lemma 8.19 erhalten wir

$$\begin{aligned}\left|\mathbb{E}h\left(\tfrac{S_n}{\sqrt{n}}\right) - \mathbb{E}h(G)\right| &\leqslant \sum_{k=1}^n \left|\mathbb{E}\left[h\left(\tfrac{R^k}{\sqrt{n}} + \tfrac{X_k}{\sqrt{n}}\right) - h\left(\tfrac{R^k}{\sqrt{n}} + \tfrac{G_k}{\sqrt{n}}\right)\right]\right| \\ &\leqslant n\left(\|h''\|_\infty + \|h'''\|_\infty\right)\left(\mathbb{E}\left[\tfrac{|X_1|^2}{n} \wedge \tfrac{|X_1|^3}{n\sqrt{n}}\right] + \mathbb{E}\left[\tfrac{|G_1|^2}{n} \wedge \tfrac{|G_1|^3}{n\sqrt{n}}\right]\right).\end{aligned}$$

Die Behauptung folgt, weil $\lim_{n\to\infty} \mathbb{E}\left(|Z|^2 \wedge \frac{|Z|^3}{\sqrt{n}}\right) = 0$ für $Z = X_1$ bzw. $Z = G_1$. □

Für den Beweis von Satz 8.8 müssen wir noch $h = \mathbb{1}_{(a,b]}$ ausglätten. Dazu verwenden wir

8.21 Lemma (vgl. Lemma 8.17). *Für $\alpha, \beta \in \mathbb{R}$, $0 < \epsilon < \frac{1}{2}(\beta - \alpha)$, und $t > 0$ gilt*

$$\left(1 - \frac{t}{\epsilon^2}\right) \mathbb{1}_{[\alpha+\epsilon,\beta-\epsilon]}(x) \leqslant g_t * \mathbb{1}_{[\alpha,\beta]}(x) \leqslant \mathbb{1}_{(\alpha-\epsilon,\beta+\epsilon)}(x) + \frac{t}{\epsilon^2}, \quad x \in \mathbb{R}. \tag{8.17}$$

Insbesondere ist $g_t * \mathbb{1}_{[a,b]}$ gleichmäßig (für $t \in [0,1]$) beschränkt, beliebig of differenzierbar mit beschränkten Ableitungen und es gilt, dass $\lim_{t\to 0} g_t * \mathbb{1}_{[\alpha,\beta]}(x) = \mathbb{1}_{[\alpha,\beta]}(x)$ für $x \neq \alpha$ und $x \neq \beta$.

Beweis von Satz 8.8. Wir verwenden Lemma 8.21 mit $a = \alpha + \epsilon$ und $b = \beta - \epsilon$ und Lemma 8.20 mit $h = g_1 * \mathbb{1}_{[a-\epsilon,b+\epsilon]}$. Es folgt

$$\limsup_{n\to\infty} \left(1 - \tfrac{t}{\epsilon^2}\right) \mathbb{E}\mathbb{1}_{[a,b]}\left(\tfrac{S_n}{\sqrt{n}}\right) \leqslant \lim_{n\to\infty} \mathbb{E} g_t * \mathbb{1}_{[a-\epsilon,b+\epsilon]}\left(\tfrac{S_n}{\sqrt{n}}\right) = \mathbb{E} g_t * \mathbb{1}_{[a-\epsilon,b+\epsilon]}(G)\,.$$

Weil $\lim_{t\to 0} g_t * \mathbb{1}_{[a-\epsilon,b+\epsilon]} = \mathbb{1}_{[a-\epsilon,b+\epsilon]}$ f.ü. gilt und $\sup_{t\leqslant 1, x\in\mathbb{R}} g_t * \mathbb{1}_{[a-\epsilon,b+\epsilon]}(x) < \infty$ ist, können wir mit dominierter Konvergenz die Grenzwerte $t \to 0$ und dann $\epsilon \to 0$ bilden. Es folgt

$$\limsup_{n\to\infty} \mathbb{E}\mathbb{1}_{(a,b]}\left(\tfrac{S_n}{\sqrt{n}}\right) \leqslant \mathbb{E}\mathbb{1}_{[a-\epsilon,b+\epsilon]}(G) \xrightarrow[\epsilon\to 0]{} \mathbb{E}\mathbb{1}_{[a,b]}(G)\,.$$

Ein entsprechendes Argument gibt

$$\liminf_{n\to\infty} \mathbb{E}\mathbb{1}_{(a,b]}\left(\tfrac{S_n}{\sqrt{n}}\right) \geqslant \mathbb{E}\mathbb{1}_{[a,b]}(G)\,,$$

woraus dann die Behauptung wegen $\mathbb{P}(G = a) = \mathbb{P}(G = b) = 0$ folgt. □

Die Lindebergsche Austauschmethode ist durch ihre Einfachheit sehr flexibel und lässt sich auf eine Vielzahl von allgemeineren Situationen übertragen, z.B. für abhängige Zufallsvariable oder für Zufallsvariable mit Werten in einem Hilbert- oder Banachraum. Ein gut lesbarer Übersichtsartikel ist [23]. **!**

---

4. Beweis des CLT à la Stein (1972)

Charles Stein entwickelte in [59], vgl. auch [60], eine Beweismethode für den CLT, die auch eine quantitative Kontrolle des Approximationsfehlers in Satz 8.8 ermöglicht. Wie üblich bezeichne $C_b^k(\mathbb{R})$ die k-mal stetig differenzierbaren Funktionen $f : \mathbb{R} \to \mathbb{R}$, die zusammen mit ihren Ableitungen beschränkt sind.

8.22 Lemma. *Es sei $G \sim \mathsf{N}(0,1)$ und $h \in C_b^1(\mathbb{R})$. Dann ist die Funktion*

$$f_h(x) := e^{\frac{1}{2}x^2} \int_{-\infty}^{x} (h(y) - \mathbb{E}h(G))\, e^{-\frac{1}{2}y^2}\, dy = -e^{\frac{1}{2}x^2} \int_{x}^{\infty} (h(y) - \mathbb{E}h(G))\, e^{-\frac{1}{2}y^2}\, dy, \quad x \in \mathbb{R},$$

eine Lösung der Steinschen Differentialgleichung

$$f'(x) - xf(x) = g(x) \tag{8.18}$$

für die rechte Seite $g(x) = h(x) - \mathbb{E}h(G)$. Die Funktion f_h ist die einzige Lösung mit $\lim_{x\to\infty} e^{-x^2/2}f(x) = 0$, und es gilt

$$\|f_h\|_\infty \leqslant 3\|h\|_\infty, \quad \|f_h'\|_\infty \leqslant 4\|h\|_\infty, \quad \|f_h''\|_\infty \leqslant 12\|h\|_\infty + 4\|h'\|_\infty.$$ [12]

Beweis. Wir betrachten zunächst eine beliebige beschränkte und messbare rechte Seite g in (8.18). Indem wir die Differentialgleichung mit dem »integrierenden Faktor« $e^{-x^2/2}$ multiplizieren, folgt

$$\frac{d}{dx}\left(e^{-x^2/2}f(x)\right) = e^{-x^2/2}f'(x) - xe^{-x^2/2}f(x) = e^{-x^2/2}g(x)$$

und durch Integration ergibt sich

$$e^{-x^2/2}f(x) = c_+ - \int_x^\infty g(t)e^{-t^2/2}\,dt = -c_- + \int_{-\infty}^x g(t)e^{-t^2/2}\,dt$$

mit den Integrationskonstanten $c_\pm = \lim_{x\to\pm\infty} e^{-x^2/2}f(x)$. Wenn $c_+ = c_- = 0$ ist, dann erhalten wir für beschränktes g

$$|f(x)| \leqslant e^{x^2/2}\min\left\{\int_x^\infty |g(t)|\,e^{-t^2/2}\,dt,\ \int_{-\infty}^x |g(t)|\,e^{-t^2/2}\,dt\right\} \leqslant \|g\|_\infty\, e^{x^2/2}\int_{|x|}^\infty e^{-t^2/2}\,dt.$$

Durch Ableiten sehen wir, dass die Funktion $e^{x^2/2}\int_{|x|}^\infty e^{-t^2/2}\,dt$ für $x < 0$ wächst, für $x > 0$ fällt, und an der Stelle $x = 0$ ihr Maximum $\sqrt{\pi/2}$ annimmt. Also ist f genau dann beschränkt, wenn $c_+ = c_- = 0$.

Weiter erhalten wir mit der eben angestellten Rechnung auch noch

$$\begin{aligned}|xf(x)| \leqslant \|g\|_\infty|x|e^{x^2/2}\int_{|x|}^\infty e^{-t^2/2}\,dt &\leqslant \|g\|_\infty e^{x^2/2}\int_{|x|}^\infty te^{-t^2/2}\,dt\\ &= \|g\|_\infty e^{x^2/2}\Big[-e^{-t^2/2}\Big]_{|x|}^\infty = \|g\|_\infty.\end{aligned}$$

Aus der Steinschen Differentialgleichung folgt daher

$$|f'(x)| = |xf(x) + g(x)| \leqslant |xf_h(x)| + \|g\|_\infty \leqslant 2\|g\|_\infty.$$

Wenn die rechte Seite die Form $g = h - \mathbb{E}h(G)$ hat, dann erhalten wir außerdem

$$c_+ + c_- = \int_{-\infty}^\infty g(t)e^{-t^2/2}\,dt = \int_{-\infty}^\infty (h(t) - \mathbb{E}h(G))\,e^{-t^2/2}\,dt = 0,$$

12 Diese Abschätzungen sind relativ grob, deutlich bessere Schranken finden Sie z.B. in Chen *et al.* [16, Lemma 2.4 und S. 40*f.*]. Das elegante Argument für die Abschätzung von f_h'' verdanke ich Herrn Dr. David Berger.

wobei wir verwenden, dass $G \sim \mathsf{N}(0,1)$ und $\mathbb{E}h(G) = (2\pi)^{-1/2} \int_0^\infty h(t)\, e^{-t^2/2}\, dt$ gilt. Diese Rechnungen zeigen die Eindeutigkeit von f_h, wenn wir $c_+ = 0$ fordern.

Die Abschätzungen für f_h und f_h' haben wir bereits gezeigt, da mit $g = h - \mathbb{E}h(G)$

$$|f_h(x)| \leqslant \sqrt{\frac{\pi}{2}} \|h - \mathbb{E}h\|_\infty \leqslant 3\|h\|_\infty \quad \text{und} \quad |f_h'(x)| \leqslant 2\|h - \mathbb{E}h(G)\|_\infty \leqslant 4\|h\|_\infty$$

gilt. Um f_h'' zu beschränken, leiten wir die Differentialgleichung (8.18) ab und erhalten (nach Umstellen) für $f = f_h$

$$(f_h')'(x) - xf_h'(x) = f_h(x) + h'(x).$$

Das zeigt, dass f_h' die Differentialgleichung (8.18) mit der (beschränkten) rechten Seite $g = f_h + h'$ löst. Weil f_h' selbst beschränkt ist, erhalten wir aus der oben hergeleiteten allgemeinen Form der Lösungen, dass $c_- = c_+ = 0$ gilt. Nebenbei folgt auch, dass $\mathbb{E}\left[f_h(G) + h'(G)\right] = 0$.[✍] Daher können wir die Abschätzung für die erste Ableitung der Lösung verwenden und wir erhalten

$$\|(f_h')'\|_\infty \leqslant 4\|f_h + h'\|_\infty \leqslant 12\|h\|_\infty + 4\|h'\|_\infty. \qquad \square$$

Steins Methode beruht auf der Beobachtung, dass wir in die Differentialgleichung (8.18) eine beliebige Zufallsvariable X einsetzen und dann den Erwartungswert bilden dürfen:

$$\mathbb{E}h(X) - \mathbb{E}h(G) = \mathbb{E}f_h'(X) - Xf_h(X) \implies |\mathbb{E}h(X) - \mathbb{E}h(G)| \leqslant \mathbb{E}\left|f_h'(X) - Xf_h(X)\right|. \tag{8.19}$$

Um den CLT zu zeigen, seien $X_1, \dots, X_n$ iid ZV, $S_n = X_1 + \cdots + X_n$ und $X = n^{-1/2}S_n$. Wenn wir $h = \mathbb{1}_{[a,b]}$ wählen dürfen und $\lim_{n\to\infty} \mathbb{E}\left|f_h'\left(n^{-1/2}S_n\right) - X_n f\left(n^{-1/2}S_n\right)\right| = 0$ zeigen können, dann wären wir fertig. Unsere Überlegungen zeigen aber, dass diese naive Wahl nicht möglich ist, da h glatt sein muss. Wir verwenden folgendes »Glättungslemma«.

8.23 Lemma (vgl. Lemma 8.17). *Für $\alpha, \beta \in \mathbb{R}$, $0 < \epsilon < \frac{1}{2}(\beta - \alpha)$, und $t > 0$ gilt*

$$\left(1 - \frac{t}{\epsilon^2}\right)\mathbb{1}_{[\alpha+\epsilon,\beta-\epsilon]}(x) \leqslant g_t * \mathbb{1}_{[\alpha,\beta]}(x) \leqslant \mathbb{1}_{(\alpha-\epsilon,\beta+\epsilon)}(x) + \frac{t}{\epsilon^2}, \quad x \in \mathbb{R}. \tag{8.20}$$

Insbesondere ist $g_t * \mathbb{1}_{[a,b]}$ gleichmäßig (für $t \in [0,1]$) beschränkt, beliebig of differenzierbar mit beschränkten Ableitungen und es gilt, dass $\lim_{t\to 0} g_t * \mathbb{1}_{[\alpha,\beta]}(x) = \mathbb{1}_{[\alpha,\beta]}(x)$ für $x \neq \alpha$ und $x \neq \beta$.

Wir benötigen außerdem eine präzise Abschätzung des Restglieds, die genauso wie Lemma 8.19 gezeigt wird.

8.24 Lemma (vgl. Lemma 8.19). *Es sei $f \in C_b^2(\mathbb{R}, \mathbb{R})$. Dann ist für $x, y \in \mathbb{R}$*

$$f(y + x) = f(y) + xf'(y) + R_2(x,y) \quad \textit{und} \quad |R_2(x,y)| \leqslant \left(2|x|\|f'\|_\infty\right) \wedge \left(|x|^2\|f''\|_\infty\right).$$

8.25 Lemma. *Es sei $f \in C_b^3(\mathbb{R})$ und $X_1, \dots, X_n$ iid ZV mit $\mathbb{E}X_1 = 0$ und $\mathbb{E}X_1^2 = 1$. Dann gilt für $S_n := X_1 + \cdots + X_n$*

$$\left|\mathbb{E}f'\left(n^{-1/2}S_n\right) - n^{-1/2}S_n f\left(n^{-1/2}S_n\right)\right| \leqslant C_n\left(\|f'\|_\infty + \|f''\|_\infty + \|f'''\|_\infty\right),$$

wobei $C_n = n^{-1}\mathbb{E}|X_1|^2 + 2\mathbb{E}\left(|X_1|^2 \wedge n^{-1/2}|X_1|^3\right) \xrightarrow[n\to\infty]{} 0$.

Beweis. 1° Wir schreiben $\eta_n := n^{-1/2}(X_1 + X_2 + \cdots + X_n)$ und $\xi_k = n^{-1/2}X_k$. Weil die ZV $X_1, \dots, X_n$ iid sind, gilt $(X_1, \dots, X_k, \dots, X_n) \sim (X_k, \dots, X_1, \dots, X_n)$ für $k = 1, \dots, n$, also $\mathbb{E}\phi(X_1, \dots, X_k, \dots, X_n) = \mathbb{E}\phi(X_k, \dots, X_1, \dots, X_n)$. Daher

$$\mathbb{E}\eta_n f(\eta_n) = \sum_{k=1}^{n} \mathbb{E}\xi_k f(\eta_n) \stackrel{\text{iid}}{=} \sum_{k=1}^{n} \mathbb{E}\xi_1 f(\eta_n) = n\mathbb{E}\xi_1 f(\eta_n).$$

2° Wir setzen $\eta_n' := n^{-1/2}(X_2 + \cdots + X_n)$, also $\eta_n = \eta_n' + \xi_1$ mit $\xi_1 \perp\!\!\!\perp \eta_n'$. Wir verwenden nun für f' und f Taylorentwicklungen erster Ordnung mit den Restgliedern $R_1 = R_{1,f'}$ und $R_2 = R_{2,f}$:

$$\begin{aligned}
&\mathbb{E}\left(f'(\eta_n) - \eta_n f(\eta_n)\right) = \mathbb{E}\left(f'(\eta_n) - n\xi_1 f(\eta_n)\right) \\
&= \mathbb{E}\left(f'(\eta_n') + \xi_1 f''(\eta_n') + R_1(\xi_1, \eta_n') - n\xi_1 f(\eta_n') - n\xi_1^2 f'(\eta_n') - n\xi_1 R_2(\xi_1, \eta_n')\right) \\
&= \underbrace{\mathbb{E}\xi_1}_{=0} \mathbb{E}f''(\eta_n') - \underbrace{n\mathbb{E}\xi_1}_{=0} \mathbb{E}f(\eta_n') + (1 - \underbrace{n\mathbb{E}\xi_1^2}_{=1})\mathbb{E}f'(\eta_n') + \mathbb{E}\left[R_1(\xi_1, \eta_n') - n\xi_1 R_2(\xi_1, \eta_n')\right].
\end{aligned}$$

Wir können die Restglieder mit Hilfe von Lemma 8.24 abschätzen und erhalten

$$\begin{aligned}
&\left|\mathbb{E}\left(f'(\eta_n) - \eta_n f(\eta_n)\right)\right| \\
&\quad \leqslant \mathbb{E}\left|R_1(\xi_1, \eta_n')\right| + \mathbb{E}\left|n\xi_1 R_2(\xi_1, \eta_n')\right| \\
&\quad \leqslant \mathbb{E}\left(|\xi_1| \wedge |\xi_2|^2\right)\left(2\|f''\|_\infty + \tfrac{1}{2}\|f'''\|_\infty\right) + n\mathbb{E}\left(|\xi_1|^2 \wedge |\xi_1|^3\right)\left(2\|f'\|_\infty + \tfrac{1}{2}\|f''\|_\infty\right) \\
&\quad \leqslant C_n\left(\|f'\|_\infty + \|f''\|_\infty + \|f'''\|_\infty\right)
\end{aligned}$$

mit der Konstante $C_n = n^{-1}\mathbb{E}|X_1|^2 + 2\mathbb{E}\left(|X_1|^2 \wedge n^{-1/2}|X_1|^3\right)$. □

Beweis von Satz 8.8. Wir verwenden Lemma 8.23 mit $a = \alpha + \epsilon$ und $b = \beta - \epsilon$, sowie Lemma 8.25 und (8.19) mit $h = g_1 * \mathbb{1}_{[a-\epsilon, b+\epsilon]}$. Es folgt

$$\limsup_{n\to\infty}\left(1 - \frac{t}{\epsilon^2}\right)\mathbb{E}\mathbb{1}_{[a,b]}\left(\frac{S_n}{\sqrt{n}}\right) \leqslant \lim_{n\to\infty} \mathbb{E}g_t * \mathbb{1}_{[a-\epsilon,b+\epsilon]}\left(\frac{S_n}{\sqrt{n}}\right) = \mathbb{E}g_t * \mathbb{1}_{[a-\epsilon,b+\epsilon]}(G).$$

Weil $\lim_{t\to 0} g_t * \mathbb{1}_{[a-\epsilon,b+\epsilon]} = \mathbb{1}_{[a-\epsilon,b+\epsilon]}$ f.ü. gilt und $\sup_{t\leqslant 1, x\in\mathbb{R}} g_t * \mathbb{1}_{[a-\epsilon,b+\epsilon]}(x) < \infty$ ist, können wir mit dominierter Konvergenz die Grenzwerte $t \to 0$ und dann $\epsilon \to 0$ bilden. Es folgt

$$\limsup_{n\to\infty} \mathbb{E}\mathbb{1}_{(a,b]}\left(\frac{S_n}{\sqrt{n}}\right) \leqslant \mathbb{E}\mathbb{1}_{[a-\epsilon,b+\epsilon]}(G) \xrightarrow[\epsilon\to 0]{} \mathbb{E}\mathbb{1}_{[a,b]}(G).$$

Ein entsprechendes Argument gibt

$$\liminf_{n\to\infty} \mathbb{E}\mathbb{1}_{(a,b]}\left(\frac{S_n}{\sqrt{n}}\right) \geqslant \mathbb{E}\mathbb{1}_{[a,b]}(G),$$

woraus dann die Behauptung wegen $\mathbb{P}(G = a) = \mathbb{P}(G = b) = 0$ folgt. □

Die eigentliche Stärke der Steinschen Methode besteht darin, dass wir mit (8.19) die Möglichkeit haben, $\mathbb{E}h(X) - \mathbb{E}h(G)$ für alle Funktionen h aus einer Familie $\mathcal{H}$ zu beschränken. Dazu muss man »nur« $\mathbb{E}\left(f_h'(X) - Xf_h(X)\right)$ gleichmäßig für alle $h \in \mathcal{H}$ abschätzen. Hier treten nun zwei Effekte auf: Lemma 8.22 legt nahe, dass die Schranke von $\|h\|_\infty$ und/oder $\|h'\|_\infty$ abhängen wird, und Lemma 8.25 zeigt, dass es noch weiterer stochastischer Argumente bedarf, die die Verteilung von X berücksichtigen.

Auf diese Weise kann man, mit nicht ganz trivialen Argumenten, z.B. die Wasserstein-Distanz der Verteilungsfunktionen von X und G

$$\|F_X - F_G\|_1 := \int_{\mathbb{R}} |F_X(t) - F_G(t)|\,dt = \sup_{h\in\mathcal{H}} |\mathbb{E}h(X) - \mathbb{E}h(G)|$$

(hier ist $\mathcal{H}$ die Klasse der Lipschitz-stetigen Funktionen mit Lipschitz-Konstante 1) abschätzen, oder die Distanz in Totalvariation

$$\|F_X - F_G\|_{TV} := \sup_{B\in\mathscr{B}(\mathbb{R})} |\mathbb{P}(X \in B) - \mathbb{P}(G \in B)| = \sup_{h\in\mathcal{H}} |\mathbb{E}h(X) - \mathbb{E}h(G)|$$

(hier sind $\mathcal{H}$ die messbaren Funktionen mit $\|h\|_\infty \leqslant 1$) beschränken. Es ist sogar möglich, Berry-Esseen Schranken (8.21) für den CLT zu erhalten. Für diese und weitere Entwicklungen verweisen wir auf Chen *et al.* [16].

Einige Anwendungen des CLT

8.26 Bemerkung. Eine wichtige Anwendung des CLT ist wiederum die Approximation der Binomialverteilung $\mathsf{B}(n,p)$, allerdings nicht für *seltene* Ereignisse, sondern für typische Ereignisse. Sei $X_1 \sim \mathsf{B}(p)$. Dann gilt

$$\begin{aligned}\mu &= \mathbb{E}X_1 = 1\cdot\mathbb{P}(X=1) + 0\cdot\mathbb{P}(X=0) = p\\ \sigma^2 &= \mathbb{V}X_1 = (1-p)^2\,\mathbb{P}(X=1) + (0-p)^2\,\mathbb{P}(X=0) = q^2p + p^2q = pq,\end{aligned}$$

und für die Summe $S_n = X_1 + \cdots + X_n$ von iid $\mathsf{B}(p)$-ZV gilt

$$\begin{aligned}\mathbb{E}S_n &= \mathbb{E}(X_1 + \cdots + X_n) = \sum_{i=1}^n \mathbb{E}X_i \overset{\text{iid}}{=} np\\ \mathbb{V}S_n &= \mathbb{V}(X_1 + \cdots + X_n) \underset{5.22}{\overset{\text{Bienaymé}}{=}} \sum_{i=1}^n \mathbb{V}X_i \overset{\text{iid}}{=} npq.\end{aligned}$$

Für Anwender ist die zentrale Frage, wie gut die Geschwindigkeit der Approximation durch die Normalverteilung ist. Derzeit ist nur die (enttäuschend grobe) Antwort in Form der Ungleichung von Berry-Esseen bekannt,

$$\left|\mathbb{P}\left(\frac{S_n - n\mu}{\sigma\sqrt{n}} \leqslant y\right) - \Phi(y)\right| \leqslant \begin{cases}\dfrac{c\cdot\mathbb{E}(|X_1|^3)}{\sigma^3\sqrt{n}}, & \text{(für iid ZV in } L^3\text{)},\\[2ex] \dfrac{c\cdot(p^3+q^3)}{pq\sqrt{npq}}, & \text{(für iid } \mathsf{B}(p)\text{-ZV)},\end{cases} \tag{8.21}$$

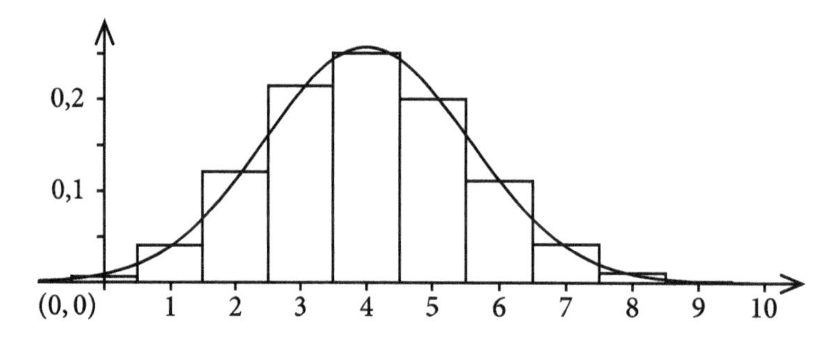

Abb. 8.2: Die Häufigkeitsverteilung der ZV $S_n \sim \mathsf{B}(n, p)$, $(n = 10, p = 0,4)$ und die Approximation durch die Normalverteilung $\mathsf{N}(np, np(1-p))$.

die gleichmäßig für alle $y \in \mathbb{R}$ gilt. Eine Faustregel besagt, dass die Approximation für $n \geqslant 10$ und $npq > 6$ relativ gut ist. Die derzeit beste bekannte Konstante in (8.21) ist $c = 0.4774$ [63], andererseits weiß man seit 1956 [26], dass $c \geqslant 0.40973$ gelten muss.

Wenn n klein ist, etwa $n \leqslant 1000$, und die $(X_n)_{n\in\mathbb{N}}$ iid $\mathsf{B}(p)$-ZV sind, dann sollte man folgende Stetigkeitskorrektur im CLT verwenden:

$$\mathbb{P}\left(a\sigma\sqrt{n} < S_n - n\mu \leqslant b\sigma\sqrt{n}\right) \approx \mathbb{P}\left(a\sigma\sqrt{n} - \tfrac{1}{2} < G_n - n\mu \leqslant b\sigma\sqrt{n} + \tfrac{1}{2}\right);$$

G_n bezeichnet eine $\mathsf{N}(n\mu, n\sigma^2)$-verteilte ZV. Dies ist intuitiv klar, wenn man sich Abb. 8.2 betrachtet und die Verteilung $\mathsf{B}(n, p)$ als Approximation von $\mathsf{N}(n\mu, n\sigma^2)$, $\mu = p$ und $\sigma^2 = p(1-p)$, in Form einer äquidistanten Riemannschen Treppenfunktion begreift. Mithin erhalten wir

$$\begin{gathered}\mathbb{P}\left(a < \frac{S_n - n\mu}{\sigma\sqrt{n}} \leqslant b\right) \approx \mathbb{P}\left(a_* < \frac{G_n - n\mu}{\sigma\sqrt{n}} \leqslant b^*\right) = \Phi(b^*) - \Phi(a_*) \\ a_* := a - \frac{1}{2\sigma\sqrt{n}}, \quad b^* := b + \frac{1}{2\sigma\sqrt{n}}, \quad a, b \in \mathbb{R}.\end{gathered} \tag{8.22}$$

8.27 Beispiel. Wir verwenden die Bezeichnungen aus Bemerkung 8.26
a) Wir werfen eine faire Münze 100 Mal. Was ist die Wahrscheinlichkeit für »mindestens 60 mal Kopf?« Wenn X_i den i-ten Wurf bezeichnet, dann suchen wir

$$\begin{aligned}\mathbb{P}(S_{100} \geqslant 60) &= \mathbb{P}\left(\frac{S_{100} - \mathbb{E}S_{100}}{\sqrt{\mathbb{V}S_{100}}} \geqslant \frac{60-50}{5} = 2\right) \\ &\approx \frac{1}{\sqrt{2\pi}} \int_2^\infty e^{-x^2/2}\,dx = 1 - \Phi(2) \approx 0,02275;\end{aligned}$$

mit der Stetigkeitskorrektur (8.22) aus Bemerkung 8.26 erhalten wir die deutlich bessere Approximation

$$\mathbb{P}(S_{100} \geqslant 60) \approx 1 - \Phi(2 - \tfrac{1}{10}) = 1 - \Phi(1.9) \approx 0,02872.$$

b) Es seien $X_1, X_2, \ldots$ unabhängige $\mathsf{B}(p)$-verteilte ZV. Dann ist $S_n \sim \mathsf{B}(n,p)$ und

$$\frac{S_n - \mathbb{E}S_n}{\sqrt{\mathbb{V}S_n}} = \frac{S_n - np}{\sqrt{npq}} = \sqrt{\frac{n}{pq}}\left(\frac{S_n}{n} - p\right).$$

Daher ist (8.8) eine Beziehung zwischen der relativen Häufigkeit S_n/n und der theoretischen Wahrscheinlichkeit p. Wir erhalten (ohne Stetigkeitskorrektur)

$$\mathbb{P}\left(a < \sqrt{\frac{n}{pq}}\left(\frac{S_n}{n} - p\right) \leqslant b\right) \approx \Phi(b) - \Phi(a), \tag{8.8'}$$

$$\mathbb{P}\left(a\sqrt{\frac{pq}{n}} < \frac{S_n}{n} - p \leqslant b\sqrt{\frac{pq}{n}}\right) \approx \Phi(b) - \Phi(a); \tag{8.8''}$$

insbesondere gilt für $b = -a > 0$

$$\mathbb{P}\left(\left|\frac{S_n}{n} - p\right| \leqslant b\sqrt{\frac{pq}{n}}\right) \approx 2\Phi(b) - 1. \tag{8.8'''}$$

Wenn wir die Stetigkeitskorrektur berücksichtigen, dann ersetzen wir a und b durch $a_* = a - 1/(2\sqrt{npq})$ bzw. $b^* = b + 1/(2\sqrt{npq})$.

c) (Wahlvorhersage 1) *Nach* einer Wahl wissen wir, dass die Partei P einen Stimmenanteil von $p = 37{,}5\%$ erreicht hat. Wie viele Wähler n *hätte man vor der Wahl befragen müssen*, um durch S_n/n diesen Wert p mit einer Fehlertoleranz von ±2 Prozentpunkten und mit 99% Sicherheit vorherzusagen? Gemäß (8.8‴) gilt

$$\mathbb{P}\left(\left|\frac{S_n}{n} - 0.375\right| \leqslant \underbrace{\overbrace{0,02}^{\pm 2\%}}_{=b\sqrt{\frac{pq}{n}}}\right) \geqslant \underbrace{0,99}_{=2\Phi(b)-1}.$$

Wir müssen also folgendes System lösen

$$b = \sqrt{\frac{n}{pq}} \times 0.02 = \frac{\sqrt{n} \times 0.02}{\sqrt{0.375 \times 0.625}} \quad \text{und} \quad 2\Phi(b) - 1 \geqslant 0.99.$$

Somit gilt $\Phi(b) \geqslant \frac{1.99}{2}$, und einer Tafel entnehmen wir, dass das für $b \geqslant 2.58$ erfüllt ist. Die erste Gleichheit können wir nun folgendermaßen umformen:

$$\sqrt{n} \geqslant \frac{2.58}{0.02} \times \sqrt{pq} = \frac{2.58}{0.02} \times \sqrt{0.375 \times 0.625} \implies n > 3.900.$$

d) (Wahlvorhersage 2) Weil wir *vor* der Wahl den Stimmenanteil p der Partei P nicht kennen, können wir die Rechnung nicht so wie in c) durchführen. Hier hilft folgende Beobachtung:

$$\max_{0\leqslant p\leqslant 1} pq = \frac{1}{4} \implies \sqrt{pq} \leqslant \frac{1}{2}.$$

Wie vorher gilt

$$\sqrt{n} \geqslant \frac{2.58}{0.02} \times \sqrt{pq}$$

und das können wir so garantieren:

$$\sqrt{n} \geqslant \frac{2.58}{0.02} \times \frac{1}{2} \geqslant \frac{2.58}{0.02} \times \sqrt{pq} \quad \Longrightarrow \quad n \geqslant \left(\frac{258}{4}\right)^2 > 4.160.$$

Beachte die höhere Zahl der nötigen Befragungen, wenn $p \approx \frac{1}{2}$. Da der Faktor $\sqrt{pq}$ für $0 \leqslant p \leqslant \frac{1}{2}$ monoton wächst, ist die Genauigkeit der Voraussage bei kleinen Parteien tendenziell besser als bei Volksparteien mit einem Stimmenanteil von über 25%.

e) (Konfidenzintervall) Wir beobachten eine 0-1 Folge $(x_n)_{n\in\mathbb{N}}$, von der wir wissen, dass sie von iid $\mathsf{B}(p)$-verteilten ZV $(X_n)_{n\in\mathbb{N}}$ stammt. Allerdings ist die Erfolgswahrscheinlichkeit p unbekannt. Korollar 8.4 legt es nahe, folgenden *Schätzer* für p zu verwenden:

$$\widehat{p} := \widehat{p}(X) := \frac{1}{n}(X_1 + \cdots + X_n)$$

und wir fragen uns, wie wahrscheinlich es ist, dass $\frac{1}{n}(x_1 + \cdots + x_n)$ nahe bei p liegt. Eine sehr grobe Schätzung liefert die Chebyshev-Markov-Ungleichung, die wir im Beweis von Satz 8.3 verwendet haben:

$$\underbrace{\mathbb{P}_p}_{\text{W-Maß, so dass } X_1 \sim \mathsf{B}(p)}(|\widehat{p}(X) - p| > \epsilon) \leqslant \frac{\mathbb{V}_p\widehat{p}(X)}{\epsilon^2} = \frac{npq}{n^2\epsilon^2} \overset{pq\leqslant 1/4}{\leqslant} \frac{1}{4n\epsilon^2}.$$

Das Konfidenzintervall $C(X)$ zum Konfidenzniveau $\alpha \in [0, 1]$ ist ein zufälliges (also von ω abhängendes) Intervall, so dass

$$\forall p \in [0,1],\ X_i \sim \mathsf{B}(p) \ :\ \mathbb{P}_p(C(X) \ni p) \geqslant \alpha$$

gilt; eine mögliche Wahl ist $C(X) = [\widehat{p}(X) - \epsilon, \widehat{p}(X) + \epsilon]$, wobei $\epsilon > 0$ den maximalen Schätzfehler angibt. Die Chebyshev-Markov-Ungleichung zeigt, dass $1 - 1/(4n\epsilon^2) \geqslant \alpha$ eine hinreichende Bedingung ist, d.h. wir sollten $n \geqslant 1/(4\epsilon^2(1-\alpha))$ Beobachtungen machen, um mit Sicherheit α davon ausgehen zu können, dass sich p und unsere Schätzung $\frac{1}{n}(x_1 + \cdots + x_n)$ um höchstens ϵ unterscheiden.

Da die Chebyshev-Markov-Ungleichung unabhängig von der konkreten Verteilung ist, ist diese Schranke i.Allg. ungenau. Wir können aber den CLT verwenden. Dazu setzen wir in (8.8‴) $\epsilon = b\sqrt{pq/n} \leqslant b/\sqrt{4n}$ (p ist unbekannt und wir können $pq = p(1-p)$ durch $\frac{1}{4}$ abschätzen) und lösen die Ungleichung

$$2\Phi\left(2\epsilon\sqrt{n}\right) - 1 \geqslant \alpha \iff \Phi\left(2\epsilon\sqrt{n}\right) \geqslant \frac{1}{2}(\alpha + 1)$$

nach ϵ auf: $\epsilon \geqslant \frac{1}{2\sqrt{n}}\Phi^{-1}\left(\frac{\alpha+1}{2}\right)$; daher ist

$$\left[\widehat{p}(X) - \tfrac{1}{2\sqrt{n}}\Phi^{-1}\left(\tfrac{\alpha+1}{2}\right),\ \widehat{p}(X) + \tfrac{1}{2\sqrt{n}}\Phi^{-1}\left(\tfrac{\alpha+1}{2}\right)\right]$$

ein Kandidat für das Konfidenzintervall.

Aufgaben

1. (Poisson-Fußball) Tore sind bei einem Fußballspiel »seltene« Ereignisse, daher liegt es nahe, die Tore der Mannschaften ($i = 1, 2$) bei einem Spiel durch Poisson-ZV $X_i \sim \mathsf{Poi}(\lambda_i)$ zu modellieren. Wir nehmen an, dass die ZV X_1 und X_2 unabhängig sind. Bestimmen sie die gemeinsame Verteilung von X_1, X_2 und berechnen Sie die Wahrscheinlichkeit für die Ereignisse »Mannschaft i gewinnt« und »das Spiel endet unentschieden«.

2. Das Ziel dieser Aufgabe ist ein weiterer analytischer Beweis für die Poisson-Approximation.
   (a) Es sei $(a_n)_{n\in\mathbb{N}} \subset \mathbb{R}$ eine konvergente Folge. Es gilt $\lim_{n\to\infty}\left(1 - \frac{a_n}{n}\right)^n = \exp\left(-\lim_{n\to\infty} a_n\right)$.
   (b) Es sei $p = p_n \in [0, 1]$. Wir nehmen an, dass $\lambda = \lim_{n\to\infty} np_n > 0$. Zeigen Sie, dass

   $$\lim_{n\to\infty} \binom{n}{k} p_n^k (1 - p_n)^{n-k} = \frac{\lambda^k}{k!} e^{-\lambda}.$$

   Hinweis. Stirlingsche Formel, verwende $1 - p_n = 1 - \frac{(n-k)p_n}{n-k}$ und Teil (a).
   (c) Begründen Sie, warum für festes $p \in (0, 1)$ stets $\lim_{n\to\infty} \binom{2n}{n} p_n^n (1 - p_n)^n = 0$ gilt und interpretieren Sie diesen Befund im Hinblick auf den CLT.

3. Ein Betrunkener bewegt sich auf einer Linie in jeder Minute um genau einen Meter nach Norden oder Süden. In welche Richtung er geht ist zufällig, die Wahrscheinlichkeit für einen Schritt nach Norden oder nach Süden beträgt jeweils $\frac{1}{2}$. Wir bezeichnen die Schritte mit X_n. Wenn die Anfangsposition $S_0 = 0$ ist, dann ist der Betrunkene nach n Minuten an der Stelle $S_n = X_1 + \cdots + X_n$.
   (a) Welche Werte kann S_{2n} annehmen?
   (b) Wie groß ist die Wahrscheinlichkeit, dass der Betrunkene nach $2n$ Minuten wieder am Ausgangspunkt ist? Berechnen Sie die Asymptotik für $n \to \infty$.
   (c) Berechnen Sie die Wahrscheinlichkeit, dass der Betrunkene nach 100 Minuten maximal 10 Meter vom Startpunkt entfernt ist.
   Hinweis. CLT.
   (d) Finden Sie einen möglichst kleinen Wert a, so dass die Wahrscheinlichkeit, dass der Betrunkene nach 100 Minuten höchstens a Meter von seinem Startpunkt entfernt ist, mindestens 95% beträgt.
   (e) Finden Sie eine untere Schranke für n, so dass das Ereignis $S_{2n} \in [-10, 10]$ höchstens die Wahrscheinlichkeit 10% hat.

4. Beim Roulette verliert ein Spieler mit Wahrscheinlichkeit 19/37, wenn er auf eine Farbe setzt. Wie oft muss der Spieler bei einem Einsatz von je einem Euro mindestens spielen, damit die Bank mit mindestens 50% Wahrscheinlichkeit einen Gewinn von 1000 Euro macht?

5. In einer Fabrik arbeitet jede von 200 Maschinen zu einem beliebigen Zeitpunkt t mit der Wahrscheinlichkeit 0.95 und steht mit Wahrscheinlichkeit 0.05 still. Die Maschinen seien voneinander unabhängig. Wie groß ist die Wahrscheinlichkeit, dass zu einem festen Zeitpunkt mindestens 180 Maschinen arbeiten?

6. In einem Postamt wurden in einem Jahr 1017 Briefe ohne Absender aufgegeben. Man schätze die Zahl der Tage in diesem Jahr, an denen mehr als 2 Briefe ohne Adresse aufgegeben wurden. Warum ist es sinnvoll, die Poisson-Approximation zu verwenden?

7. Es sei $g_t(x) = (2\pi t)^{-1/2} e^{-x^2/2t}$, $G_t \sim g_t(x)\,dx$ und $h \in L^\infty(\mathbb{R})$. Zeigen Sie, dass $g_t * h \in C_b^\infty(\mathbb{R})$. Zeigen Sie, dass $\lim_{t\to 0} g_t * h(x) = h(x)$ an allen Stetigkeitsstellen x von h gilt.

9 Konvergenz von Zufallsvariablen

In Kapitel 8 sind wir bereits Grenzwertsätzen für Folgen und Reihen von ZV begegnet, z.B. dem schwachen Gesetz der großen Zahlen (WLLN) oder dem zentralen Grenzwertsatz (CLT). Wir werden in Kapitel 12 eine Aussage über die f.s. Konvergenz von Folgen von ZV kennenlernen, das starke Gesetz der großen Zahlen (SLLN). Vorab müssen wir aber die verschiedenen Konvergenzarten von Zufallsvariablen diskutieren.

9.1 Definition. Die ZV $X, X_n : \Omega \to \mathbb{R}$, $n \in \mathbb{N}$, seien auf demselben W-Raum $(\Omega, \mathscr{A}, \mathbb{P})$ definiert.

a) X_n konvergiert gegen X *fast sicher*, wenn

$$\mathbb{P}\Big(\Big\{\omega \in \Omega \mid \lim_{n\to\infty} X_n(\omega) = X(\omega)\Big\}\Big) = 1.$$

Notation: $\lim_{n\to\infty} X_n = X$ f.s., $X_n \xrightarrow{\text{f.s.}} X$.

b) X_n konvergiert gegen X *in L^p*, $1 \leqslant p \leqslant \infty$, oder *im p-ten Mittel*, wenn

$$X_n, X \in L^p(\mathbb{P}) \quad \text{und} \quad \lim_{n\to\infty} \|X_n - X\|_{L^p} = 0.\text{[13]}$$

Notation: L^p-$\lim_{n\to\infty} X_n = X$, $X_n \xrightarrow{L^p} X$.

c) X_n konvergiert gegen X *stochastisch* oder *in Wahrscheinlichkeit*, wenn

$$\forall \epsilon > 0 : \quad \lim_{n\to\infty} \mathbb{P}(|X_n - X| > \epsilon) = 0.$$

Notation: $\mathbb{P}$-$\lim_{n\to\infty} X_n = X$, $X_n \xrightarrow{\mathbb{P}} X$.

9.2 Lemma. *Die Limiten in Definition 9.1 sind eindeutig (und damit wohldefiniert):*

$$X_n \xrightarrow{f.s./L^p/\mathbb{P}} X \quad \& \quad X_n \xrightarrow{f.s./L^p/\mathbb{P}} Y \implies X = Y \quad f.s.$$

Beweis. *F.s. Konvergenz*: Es gilt

$$\{X = Y\} \supset \Big\{\lim_{n\to\infty} X_n = X\Big\} \cap \Big\{\lim_{n\to\infty} X_n = Y\Big\}$$

und beide Mengen auf der rechten Seite haben Maß 1, d.h. $\mathbb{P}(X = Y) = 1$.

L^p-Konvergenz: Die Minkowski-Ungleichung zeigt für $1 \leqslant p \leqslant \infty$

$$\|X - Y\|_{L^p} = \|X - X_n + X_n - Y\|_{L^p} \leqslant \|X - X_n\|_{L^p} + \|X_n - Y\|_{L^p}$$

und beide Ausdrücke auf der rechten Seite konvergieren für $n \to \infty$ gegen 0; daher gilt $\|X - Y\|_{L^p} = 0$, mithin $X = Y$ f.s.

---

13 Für $1 \leqslant p < \infty$ gilt $\|Y\|_{L^p} = \big(\mathbb{E}[|Y|^p]\big)^{1/p}$.

https://doi.org/10.1515/9783111342252-009

$\mathbb{P}$-*Konvergenz*: Wegen der Dreiecksungleichung gilt $|X - Y| \leqslant |X - X_n| + |X_n - Y|$ und daher kann $|X - Y| > 2\epsilon$ nur dann erfüllt sein, wenn $|X - X_n| > \epsilon$ oder $|Y - X_n| > \epsilon$ ist, also

$$\{|X - Y| > 2\epsilon\} \subset \{|X - X_n| > \epsilon\} \cup \{|X_n - Y| > \epsilon\}.$$

Somit

$$\mathbb{P}(|X - Y| > 2\epsilon) \leqslant \mathbb{P}(|X - X_n| > \epsilon) + \mathbb{P}(|X_n - Y| > \epsilon) \xrightarrow[n\to\infty]{} 0.$$

Nun wählen wir $2\epsilon = 1/i$, $i \in \mathbb{N}$, und bemerken, dass

$$\mathbb{P}(X \neq Y) = \mathbb{P}(|X - Y| > 0) = \mathbb{P}\left(\bigcup_{i=1}^{\infty}\left\{|X - Y| > \tfrac{1}{i}\right\}\right) \leqslant \sum_{i=1}^{\infty} \underbrace{\mathbb{P}\left(|X - Y| > \tfrac{1}{i}\right)}_{=0} = 0$$

gilt, d.h. $X = Y$ fast sicher. □

Oft ist eine weitere Konvergenzart von Interesse, bei der die ZV auf *unterschiedlichen* W-Räumen definiert sein können, da uns nur ihre Verteilung interessiert.

9.3 Definition. Es seien X, X_n reelle ZV, die nicht notwendig auf demselben W-Raum definiert sein müssen. Die Folge X_n konvergiert gegen X *schwach* oder *in Verteilung*, wenn

$$\forall f \in C_b(\mathbb{R}) : \quad \lim_{n\to\infty} \mathbb{E}f(X_n) = \mathbb{E}f(X). \tag{9.1}$$

Notation: $X_n \xrightarrow{\mathrm{d}} X$, $X_n \Rightarrow X$ oder $\mathbb{P}_{X_n} \xrightarrow{w} \mathbb{P}_X$.

- Für die Konvergenz in Verteilung müssen die ZV X, X_n nicht auf demselben W-Raum definiert sein, d.h. eigentlich sollte man $\mathbb{P}$, $\mathbb{P}_n$ (und $\mathbb{E}$, $\mathbb{E}_n$) verwenden – wir schließen uns aber der weit verbreiteten Konvention an, diese Abhängigkeit in der Regel nicht zu kennzeichnen. **!**
- Wir können (9.1) äquivalent schreiben als

$$\forall f \in C_b(\mathbb{R}) : \quad \lim_{n\to\infty} \int f(x)\, \mathbb{P}(X_n \in dx) = \int f(x)\, \mathbb{P}(X \in dx); \tag{9.1'}$$

in der Funktionalanalysis verwendet man auch $\lim_{n\to\infty} \langle f, \mathbb{P}_{X_n}\rangle = \langle f, \mathbb{P}_X\rangle$ ($\langle f, \mu\rangle$ bezeichnet $\int f\, d\mu$). Eine ausführliche Diskussion findet man z.B. in [MI, Kapitel 27].

9.4 Lemma. *Der in Definition 9.3 definierte schwache Grenzwert ist eindeutig* (*und damit wohldefiniert*):

$$X_n \xrightarrow[n\to\infty]{d} X \quad \& \quad X_n \xrightarrow[n\to\infty]{d} Y \implies X \sim Y.$$

Beweis. Wir wählen ein festes Intervall $I = [a, b] \subset \mathbb{R}$ und konstruieren eine Folge $f_k \in C_b(\mathbb{R})$ mit $f_k \downarrow \mathbb{1}_{[a,b]}$.[14] Mit dem Satz von der monotonen Konvergenz erhalten wir

$$\mathbb{P}_X([a, b]) = \int \mathbb{1}_{[a,b]}\, d\mathbb{P}_X = \lim_{k\to\infty} \int f_k\, d\mathbb{P}_X \overset{\text{Vorauss.}}{=} \lim_{k\to\infty} \lim_{n\to\infty} \int f_k\, d\mathbb{P}_{X_n},$$

14 Z.B. $f_k(x) = d(x, I_k^c)/(d(x, I) + d(x, I_k^c))$ mit $I_k = [a - 1/k, b + 1/k]$ und $d(x, B) = \inf_{b\in B} |x - b|$.

und eine ähnliche Rechnung für $\mathbb{P}_{X_n} \to \mathbb{P}_Y$ zeigt

$$\mathbb{P}_X([a,b]) = \lim_{k\to\infty} \lim_{n\to\infty} \int f_k \, d\mathbb{P}_{X_n} = \mathbb{P}_Y([a,b]).$$

Weil die kompakten Intervalle $[a,b]$ ein $\cap$-stabiler Erzeuger von $\mathscr{B}(\mathbb{R})$ sind, folgt aus dem Eindeutigkeitssatz für Maße $\mathbb{P}_X = \mathbb{P}_Y$ oder $X \sim Y$. □

9.5 Bemerkung. a) Die Definitionen 9.1 und 9.3 gelten auch für ZV mit Werten in einem normierten Raum $(E, |\cdot|)$; in diesem Fall wählt man $\mathscr{B}(E)$ als σ-Algebra.

b) Ist in a) $E = \mathbb{R}^d$, dann gilt für $X = (X^{(1)}, \dots, X^{(d)})$, $X_n = (X_n^{(1)}, \dots, X_n^{(d)})$:

$$X_n \xrightarrow{\text{f.s.}/L^p/\mathbb{P}} X \iff \forall k = 1, \dots, d : X_n^{(k)} \xrightarrow{\text{f.s.}/L^p/\mathbb{P}} X^{(k)}.$$

c) Für die in Definition 9.1 definierten Konvergenzarten gilt offenbar

$$X_n - X \xrightarrow{\text{f.s.}/L^p/\mathbb{P}} 0 \iff X_n \xrightarrow{\text{f.s.}/L^p/\mathbb{P}} X;$$

für die Konvergenz in Verteilung (Definition 9.3) ist eine derartige Aussage allerdings sinnlos, da »$X_n - X$« einen *gemeinsamen* W-Raum $(\Omega, \mathscr{A}, \mathbb{P})$ voraussetzt!

d) Die Konvergenz in L^p und »fast sicher« sind vollständig, d.h. eine Folge $(X_n)_{n\in\mathbb{N}}$ von ZV konvergiert in L^p oder f.s. genau dann, wenn es eine Cauchy-Folge ist.

e) Man kann zeigen (Aufgaben 9.3 & 9.5), dass auch die stochastische Konvergenz durch eine vollständige Metrik beschrieben wird. An dieser Stelle bemerken wir nur, dass eine $\mathbb{P}$-konvergente Folge $X_n \xrightarrow{\mathbb{P}} X$ auch eine $\mathbb{P}$-Cauchy-Folge sein muss. Ähnlich wie im Beweis von Lemma 9.2 haben wir für $k, n \in \mathbb{N}$ und $\epsilon > 0$

$$\mathbb{P}(|X_n - X_k| > 2\epsilon) \leqslant \mathbb{P}(|X_n - X| > \epsilon) + \mathbb{P}(|X_k - X| > \epsilon) \xrightarrow[k,n\to\infty]{} 0.$$

Wir werden nun in 9.6–9.12 die Zusammenhänge zwischen den verschiedenen Konvergenzarten untersuchen, vgl. auch die Übersicht in Abb. 9.1.

9.6 Lemma. *Für die ZV $X_n, X : \Omega \to \mathbb{R}$, $n \in \mathbb{N}$, und $1 \leqslant p \leqslant \infty$ gilt*

a) $X_n \xrightarrow{L^p} X \implies X_n \xrightarrow{L^1} X$.

b) $X_n \xrightarrow{L^1} X \implies X_n \xrightarrow{\mathbb{P}} X$.

c) $X_n \xrightarrow{f.s.} X \implies X_n \xrightarrow{\mathbb{P}} X$.

Beweis. a) Zunächst nehmen wir $1 < p < \infty$ an und schreiben q für den konjugierten Exponenten $\frac{1}{p} + \frac{1}{q} = 1$. Aus der Hölder-Ungleichung folgt

$$\begin{aligned}\mathbb{E}|X_n - X| = \int |X_n - X| \cdot 1 \, d\mathbb{P} &\leqslant \left(\int |X_n - X|^p \, d\mathbb{P}\right)^{1/p} \left(\int 1^q \, d\mathbb{P}\right)^{1/q} \\ &= \left(\mathbb{E}(|X_n - X|^p)\right)^{1/p} \xrightarrow[n\to\infty]{} 0.\end{aligned}$$

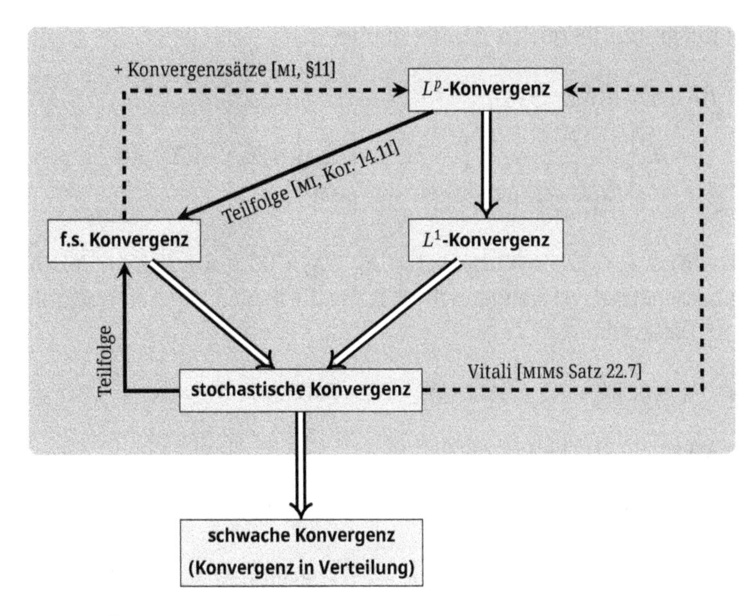

Abb. 9.1: Übersicht über die verschiedenen Konvergenzarten für Zufallsvariable. Für die grau hinterlegten Konvergenzarten (im oberen Bereich der Grafik) müssen die ZV *auf demselben W-Raum* definiert sein.

Der Fall $p = \infty$ folgt analog, wenn wir $\mathbb{E}(|X|^p)^{1/p} = \|X\|_{L^p}$ durch $\|X\|_{L^\infty}$ ersetzen. Insbesondere zeigt unsere Rechnung, dass $L^p(\mathbb{P}) \hookrightarrow L^1(\mathbb{P})$ (im Sinne einer stetigen Einbettung) gilt.

b) Mit der Chebyshev-Markov-Ungleichung folgt

$$\forall \epsilon > 0 \, : \, \mathbb{P}(|X_n - X| > \epsilon) \leqslant \frac{1}{\epsilon}\mathbb{E}|X_n - X| \xrightarrow[n\to\infty]{} 0.$$

c) Für alle $\epsilon > 0$ gilt $\mathbb{P}(|X_n - X| > \epsilon) = \mathbb{E}\mathbb{1}_{\{|X_n-X|>\epsilon\}}$. Die ZV $Y_n := \mathbb{1}_{\{|X_n-X|>\epsilon\}}$ sind gleichmäßig durch $1 \in L^1(\mathbb{P})$ beschränkt und $\lim_{n\to\infty} Y_n = 0$ f.s. Nach dem Satz von der dominierten Konvergenz gilt daher

$$\forall \epsilon > 0 \, : \, \mathbb{P}(|X_n - X| > \epsilon) \xrightarrow[n\to\infty]{} 0. \qquad \square$$

9.7 Satz. *Es seien $X, X_n : \Omega \to \mathbb{R}$ ZV, so dass $X_n \xrightarrow{\mathbb{P}} X$. Dann gilt $X_n \xrightarrow{d} X$.*

Zusatz: *Außerdem gilt $f(X_n) \xrightarrow{L^1} f(X)$ für alle $f \in C_b(\mathbb{R})$.*

Beweis. Es seien $f \in C_b(\mathbb{R})$ und $\epsilon > 0$ fest. Wegen $\{|X| > k\} \downarrow \emptyset$ für $k \uparrow \infty$ erhalten wir mit der $\emptyset$-Stetigkeit des W-Maßes $\mathbb{P}$, dass

$$\exists N = N(\epsilon) \in \mathbb{N} \quad \forall k \geqslant N \, : \, \mathbb{P}(|X| > k) < \epsilon. \tag{9.2}$$

Nach Annahme ist $|f| \leqslant M$ für eine geeignete Konstante M, und $f|_{[-N-1,N+1]}$ (N wie in (9.2)) ist gleichmäßig stetig, d.h.

$$\exists \delta = \delta(\epsilon) \in (0,1) \quad \forall |x|, |y| \leqslant N+1, \; |x-y| \leqslant \delta \, : \, |f(x) - f(y)| \leqslant \epsilon. \tag{9.3}$$

Wir teilen nun den Integrationsbereich auf und erhalten

$$\begin{aligned}\left|\mathbb{E}f(X_n) - \mathbb{E}f(X)\right| &\leqslant \mathbb{E}\left|f(X_n) - f(X)\right| \\ &= \Bigg\{ \int\limits_{\substack{\{|X_n-X|\leqslant\delta\} \\ \cap\{|X|\leqslant N\}}} + \int\limits_{\substack{\{|X_n-X|\leqslant\delta\} \\ \cap\{|X|>N\}}} + \int\limits_{\{|X_n-X|>\delta\}} \Bigg\} \left|f(X_n) - f(X)\right| \, d\mathbb{P}.\end{aligned}$$

Auf der Menge $\{|X_n - X| \leqslant \delta\} \cap \{|X| \leqslant N\}$ ist $|X_n| \leqslant |X_n - X| + |X| \leqslant \delta + N \leqslant 1 + N$. Um das erste Integral abzuschätzen, verwenden wir (9.3), für die beiden anderen Integrale beachten wir $|f| \leqslant M$. Das ergibt

$$\epsilon\mathbb{P}(|X_n - X| \leqslant \delta,\ |X| \leqslant N) + 2M\,\mathbb{P}(|X| > N) + 2M\mathbb{P}(|X - X_n| > \delta)$$

als obere Schranke. Wegen (9.2) erhalten wir dann

$$\left|\mathbb{E}f(X_n) - \mathbb{E}f(X)\right| \leqslant \mathbb{E}\left|f(X_n) - f(X)\right| \leqslant (2M+1)\epsilon + 2M\mathbb{P}(|X_n - X| > \delta).$$

Da $X_n \xrightarrow{\mathbb{P}} X$, konvergiert dieser Ausdruck für $n \to \infty$ gegen $(2M+1)\epsilon$; schließlich können wir den Grenzwert $\epsilon \to 0$ bilden und erhalten, dass $f(X_n) \to f(X)$ in L^1 und $\mathbb{E}f(X_n) \to \mathbb{E}f(X)$. □

Nun kommen wir zu den Teilfolgenaussagen aus der Übersicht Abb. 9.1. Wir erinnern zunächst an die Definition des Limes superior für Mengen:

$$\omega \in \limsup_{n\to\infty} A_n := \bigcap_{k\in\mathbb{N}} \bigcup_{n\geqslant k} A_n \overset{[\text{✍}]}{\iff} \omega \text{ ist in unendlich vielen der } A_n \text{ enthalten.}$$

Diese Beobachtung rechtfertigt die in der W-Theorie übliche Sprechweise

$$\limsup_{n\to\infty} A_n = \{A_n \text{ für unendlich viele } n\} = \{A_n \text{ unendlich oft (u.o.)}\}.$$

9.8 Lemma (Borel-Cantelli; einfache Richtung). *Es sei $(A_n)_{n\in\mathbb{N}} \subset \mathscr{A}$. Dann gilt*

$$\sum_{n=1}^{\infty} \mathbb{P}(A_n) < \infty \implies \mathbb{P}(A_n \textit{ für unendlich viele } n) = 0.$$

Beweis. Es gilt

$$\omega \in \limsup_{n\to\infty} A_n \iff \begin{bmatrix} \omega \text{ ist in unendlich} \\ \text{vielen der } A_n \text{ enthalten} \end{bmatrix} \iff \sum_{n=1}^{\infty} \mathbb{1}_{A_n}(\omega) = \infty.$$

Mit Hilfe des Satzes von Beppo Levi sehen wir

$$\mathbb{E}\Big(\sum_{n=1}^{\infty} \mathbb{1}_{A_n}\Big) = \sum_{n=1}^{\infty} \mathbb{E}\mathbb{1}_{A_n} = \sum_{n=1}^{\infty} \mathbb{P}(A_n) < \infty,$$

und das zeigt, dass $\sum_{n=1}^{\infty} \mathbb{1}_{A_n} < \infty$ f.s., also $\mathbb{P}(A_n$ für unendlich viele $n) = 0$ gilt. □

Wenn wir die Konvergenzgeschwindigkeit des Ausdrucks $\mathbb{P}(|X_n - X| > \epsilon) \to 0$ kontrollieren können, dann folgt aus der stochastischen die fast sichere Konvergenz.

9.9 Lemma (»schnelle« stoch. Konv. $\Longrightarrow$ f.s. Konv.). *Es seien $X_n, X : \Omega \to \mathbb{R}$ ZV, so dass $X_n \xrightarrow{\mathbb{P}} X$, und für eine Nullfolge $\epsilon_n \downarrow 0$ gelte $\sum_{n=0}^{\infty} \mathbb{P}(|X_n - X| > \epsilon_n) < \infty$. Dann folgt*

$$X_n \xrightarrow{f.s.} X.$$

Beweis. Lemma 9.8 zeigt

$$\begin{aligned}
&\mathbb{P}(|X_n - X| > \epsilon_n \text{ für unendlich viele } n) = 0 \\
&\quad\Longleftrightarrow \mathbb{P}(|X_n - X| > \epsilon_n \text{ für höchstens endlich viele } n) = 1 \\
&\quad\Longleftrightarrow \exists \Omega' \subset \Omega,\ \mathbb{P}(\Omega') = 1 \quad \forall \omega \in \Omega' \quad \exists N(\omega) \quad \forall n \geqslant N(\omega) : |X_n(\omega) - X(\omega)| \leqslant \epsilon_n \\
&\quad\Longrightarrow \forall \omega \in \Omega' : |X_n(\omega) - X(\omega)| \xrightarrow[n\to\infty]{} 0.
\end{aligned}$$

□

Eine Möglichkeit, die Konvergenzgeschwindigkeit zu kontrollieren, ist der Übergang zu einer geeigneten Teilfolge.

9.10 Korollar. *Es seien $X_n, X : \Omega \to \mathbb{R}$ ZV. Wenn $X_n \xrightarrow{\mathbb{P}} X$, dann existiert eine Teilfolge $(X_{n(k)})_k \subset (X_n)_n$ mit $X_{n(k)} \xrightarrow[k\to\infty]{f.s.} X$.*

Beweis. Nach Voraussetzung gilt

$$\forall k \in \mathbb{N} \quad \forall \epsilon > 0 \quad \exists N(k, \epsilon) \in \mathbb{N} \quad \forall n \geqslant N(k, \epsilon) : \mathbb{P}(|X_n - X| > \epsilon) \leqslant 2^{-k}.$$

Wir wählen $\epsilon = 2^{-k}$ und $n(k) := N(k, 2^{-k})$; dann ist

$$\sum_{k=1}^{\infty} \mathbb{P}(|X_{n(k)} - X| > 2^{-k}) \leqslant \sum_{k=1}^{\infty} 2^{-k} < \infty$$

und die Behauptung folgt aus Lemma 9.9. □

Mit dem Borel-Cantelli-Lemma können wir auch die f.s. Konvergenz charakterisieren.

9.11 Satz. *Für die ZV $X_n, X : \Omega \to \mathbb{R}$ gilt $X_n \xrightarrow{f.s.} X$ genau dann, wenn*

$$\forall \epsilon > 0 : \mathbb{P}(|X_n - X| > \epsilon \text{ für unendlich viele } n) = 0.$$

Beweis. Für festes $\epsilon > 0$ definieren wir die Menge $N_\epsilon := \{|X_n - X| > \epsilon \text{ unendlich oft}\}$; N_ϵ ist messbar [✍] und es gilt

$$\begin{aligned}
\mathbb{P}(N_\epsilon) = 0 &\Longleftrightarrow \mathbb{P}(N_\epsilon^c) = 1 \\
&\Longleftrightarrow \mathbb{P}(|X_n - X| > \epsilon \text{ für höchstens endlich viele } n) = 1 \\
&\Longleftrightarrow \exists \Omega' \subset \Omega,\ \mathbb{P}(\Omega') = 1, \quad \forall \omega \in \Omega' \quad \exists M(\omega) \in \mathbb{N} \\
&\qquad \forall n \geqslant M(\omega) : |X_n(\omega) - X(\omega)| \leqslant \epsilon \\
&\Longleftrightarrow \mathbb{P}\left(\limsup_{n\to\infty} |X_n - X| \leqslant \epsilon\right) = 1.
\end{aligned}$$

Wir wählen nun $\epsilon = 1/i$, $i \in \mathbb{N}$, und sehen mit der Stetigkeit von Maßen

$$\mathbb{P}\Big(\bigcup_{i\in\mathbb{N}} N_{1/i}\Big) = 0 \iff \mathbb{P}\Big(\underbrace{\limsup_{n\to\infty} |X_n - X| \leqslant \tfrac{1}{i} \ \ \forall i \in \mathbb{N}}_{=\bigcap_{i\in\mathbb{N}}\left\{\limsup_{n\to\infty}|X_n-X|\leqslant 1/i\right\}=\left\{\lim_{n\to\infty}|X_n-X|=0\right\}}\Big) = 1. \qquad \square$$

In gewissen Fällen können wir aus der Verteilungskonvergenz auf die stochastische Konvergenz schließen.

9.12 Lemma. *Es seien $X_n, X : \Omega \to \mathbb{R}$ ZV, die auf demselben (!) W-Raum definiert sind. Wenn X f.s. konstant ist, $X \equiv c$, dann gilt*

$$X_n \xrightarrow{\mathbb{P}} X \equiv c \iff X_n \xrightarrow{d} X \equiv c.$$

Beweis. Die Richtung »⇒« gilt immer (auch ohne die Annahme, dass X f.s. konstant ist), vgl. Satz 9.7.

Für die Umkehrung »⇐« wählen wir für festes $\epsilon > 0$ eine Funktion $\chi_\epsilon \in C_b(\mathbb{R})$ mit $\chi_\epsilon(0) = 0$ und $\chi_\epsilon \geqslant \mathbb{1}_{[-\epsilon,\epsilon]^c}$, vgl. Abb. 9.2. Dann ist $\chi_\epsilon(\cdot - c) \in C_b(\mathbb{R})$ und es gilt

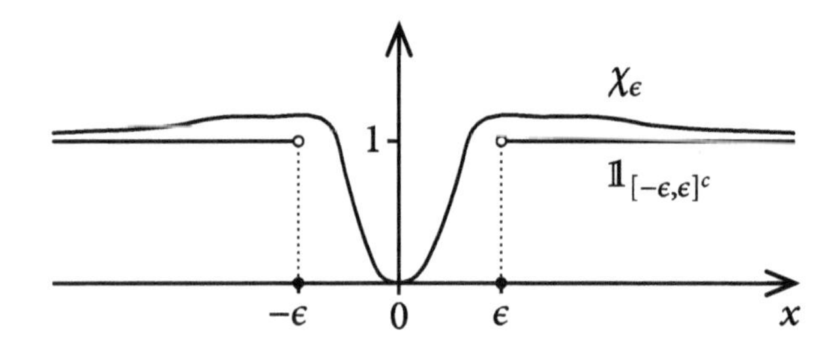

Abb. 9.2: Ausschneidefunktion für die Null.

$$\mathbb{P}(|X_n - X| > \epsilon) \leqslant \int \chi_\epsilon(X_n - X)\,d\mathbb{P} \overset{X\equiv c \text{ f.s.}}{=} \int \chi_\epsilon(X_n - c)\,d\mathbb{P}$$

$$\xrightarrow[n\to\infty]{\text{schw. Konv.}} \int \chi_\epsilon(\underbrace{X - c}_{=0 \text{ f.s.}})\,d\mathbb{P} = 0. \qquad \square$$

Im Allgemeinen sind die Beziehungen zwischen den Konvergenzarten nicht umkehrbar. Beispiel 9.13 zeigt die typischen Gegenbeispiele.

9.13 Beispiel. Betrachte den W-Raum $([0,1), \mathscr{B}[0,1), d\omega)$.

a) **L^1-Konvergenz $\not\Rightarrow$ L^p-Konvergenz ($p > 1$).**

$$X_n(\omega) = \mathbb{1}_{[1/n,1)}(\omega)\,\omega^{-1/p}, \quad X(\omega) = \omega^{-1/p}.$$

b) **L^1-Konvergenz $\not\Rightarrow$ f.s. Konvergenz.**

$$X_{n,k}(\omega) = \mathbb{1}_{[k/n,(k+1)/n)}(\omega), \quad n \in \mathbb{N},\ k = 0, 1, \dots, n-1,$$

lexikographisch zu einer Folge geordnet, d.h. es handelt sich um einen »Impuls« der Länge $1/n$, der das Intervall $[0, 1)$ in n Schritten ($k = 0, \dots, n-1$) von links nach rechts durchläuft; danach wird die Länge des Impulses auf $1/(n+1)$ reduziert, und das Spiel beginnt erneut usw. Offensichtlich ist $X(\omega) \equiv 0$ der L^1-Grenzwert, aber die Folge $(X_{n,k})_{n,k}$ konvergiert *an keinem Punkt* $\omega \in [0, 1)$.

c) **Stochastische Konvergenz $\not\Longrightarrow$ L^1-Konvergenz.**

$$X_n(\omega) = n\, \mathbb{1}_{[0,1/n]}(\omega), \qquad X(\omega) \equiv 0.$$

d) **Stochastische Konvergenz $\not\Longrightarrow$ f.s. Konvergenz.** Siehe Beispiel b).

e) **schwache Konvergenz $\not\Longrightarrow$ stochastische Konvergenz** (selbst wenn alle ZV auf demselben W-Raum definiert sind). Betrachte die sog. *Rademacher-Funktionen* $R_1, R_2, R_3, \dots$:

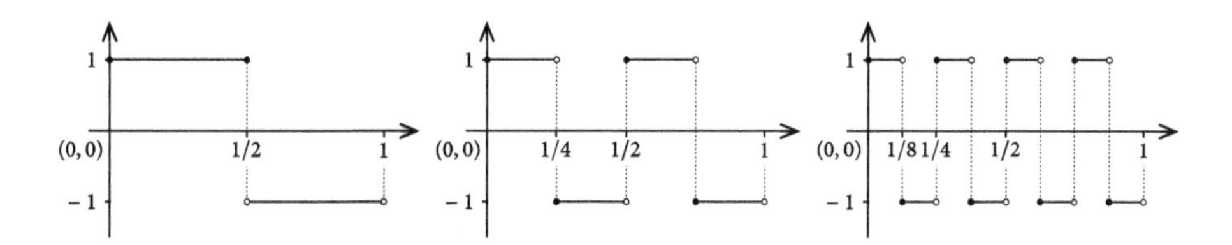

Abb. 9.3: Die ersten drei Rademacher-Funktionen R_1, R_2, R_3.

Offensichtlich ist $R_n \sim \frac{1}{2}\delta_1 + \frac{1}{2}\delta_{-1}$, da die R_n alternierend auf Mengen gleicher Länge die Werte ± 1 annehmen. Trivialerweise gilt

$$\mathbb{E}f(R_n) = \underbrace{\tfrac{1}{2}f(1) + \tfrac{1}{2}f(-1)}_{\text{unabhängig von } n} \xrightarrow[n\to\infty]{} \mathbb{E}f(R_1),$$

d.h. $R_n \xrightarrow{\text{d}} R_1$. Andererseits ist klar, dass die $R_n(\omega)$ nicht f.s. konvergieren können, da

$$\liminf_{n\to\infty} R_n(\omega) = -1 < +1 = \limsup_{n\to\infty} R_n(\omega) \quad \forall \omega \in (0, 1).$$

Weiterhin gilt aus Symmetriegründen für $k \neq n$,

$$R_n - R_k = \begin{cases} 0, & \{R_n = R_k\} & \text{in } \frac{1}{2} \text{ aller Fälle} \\ +2, & \{R_n = 1, R_k = -1\} & \text{in } \frac{1}{4} \text{ aller Fälle} \\ -2, & \{R_n = -1, R_k = 1\} & \text{in } \frac{1}{4} \text{ aller Fälle} \end{cases}$$

woraus wir $\mathbb{P}(|R_n - R_k| > \epsilon) = \frac{1}{2}$ für alle $\epsilon < 2$ folgern. Daher kann $(R_n)_{n\in\mathbb{N}}$ keine $\mathbb{P}$-Cauchy-Folge sein, und auch nicht stochastisch konvergieren, vgl. Bemerkung 9.5.e).

Schwache Konvergenz als Verteilungskonvergenz

Wir zeigen nun noch eine äquivalente Form der schwachen Konvergenz von ZV, die den Begriff *Verteilungskonvergenz* rechtfertigt. Es handelt sich hier um eine (eindimensionale, stochastische) Version des Portmanteau-Theorems aus [MI, Satz 27.3].

Für reelle ZV $Y : \Omega \to \mathbb{R}$ hatten wir die Verteilungsfunktion als $F_Y(x) := \mathbb{P}(Y \leqslant x)$ definiert; wir nennen alle $x \in \mathbb{R}$, für die F_Y stetig ist, *Stetigkeitsstellen* (von F_Y).

9.14 Satz. *Es seien X_n, X reelle ZV, die nicht auf demselben W-Raum definiert sein müssen. Dann gilt*

$$X_n \xrightarrow{\mathrm{d}} X \implies F_{X_n}(x) \xrightarrow[n\to\infty]{} F_X(x) \quad \textit{für alle Stetigkeitsstellen } x \textit{ von } F_X.$$

Beweis. Für ein festes $x \in \mathbb{R}$ konstruieren wir $\psi_k, \phi_k \in C_b(\mathbb{R})$, so dass $\psi_k \leqslant \mathbb{1}_{(-\infty,x]} \leqslant \phi_k$ gilt – vgl. Abb. 9.4. Nach Konstruktion der Funktion ϕ_k haben wir

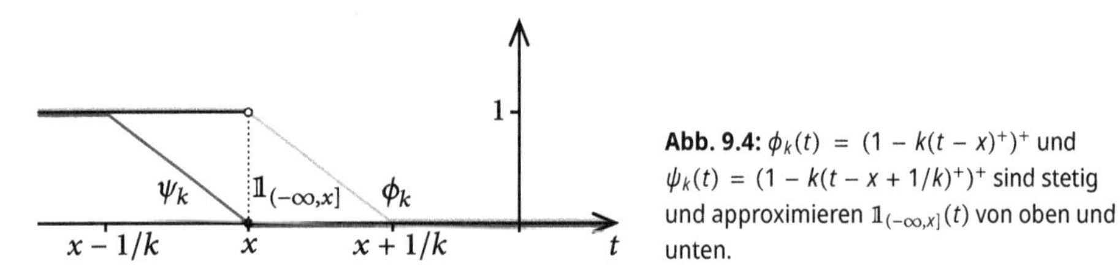

Abb. 9.4: $\phi_k(t) = (1 - k(t-x)^+)^+$ und $\psi_k(t) = (1 - k(t - x + 1/k)^+)^+$ sind stetig und approximieren $\mathbb{1}_{(-\infty,x]}(t)$ von oben und unten.

$$F_{X_n}(x) = \mathbb{E}\big[\mathbb{1}_{(-\infty,x]}(X_n)\big] \leqslant \mathbb{E}\phi_k(X_n) \xrightarrow[n\to\infty]{d\text{-Konvergenz}} \mathbb{E}\phi_k(X).$$

Das zeigt

$$\limsup_{n\to\infty} F_{X_n}(x) \leqslant \mathbb{E}\phi_k(X) \xrightarrow[k\to\infty]{\text{dom. Konv.}} \mathbb{E}\big[\mathbb{1}_{(-\infty,x]}(X)\big] = F_X(x).$$

Entsprechend sehen wir

$$F_{X_n}(x) = \mathbb{E}\big[\mathbb{1}_{(-\infty,x]}(X_n)\big] \geqslant \mathbb{E}\psi_k(X_n) \xrightarrow[n\to\infty]{d\text{-Konvergenz}} \mathbb{E}\psi_k(X)$$

sowie

$$\liminf_{n\to\infty} F_{X_n}(x) \geqslant \mathbb{E}\psi_k(X) \xrightarrow[k\to\infty]{\text{dom. Konv.}} \mathbb{E}\big[\mathbb{1}_{(-\infty,x)}(X)\big] = F_X(x-).$$

Wenn x ein Stetigkeitspunkt von F_X ist, gilt zudem

$$\limsup_{n\to\infty} F_{X_n}(x) \leqslant F_X(x) = F_X(x-) \leqslant \liminf_{n\to\infty} F_{X_n}(x),$$

und die Behauptung folgt. □

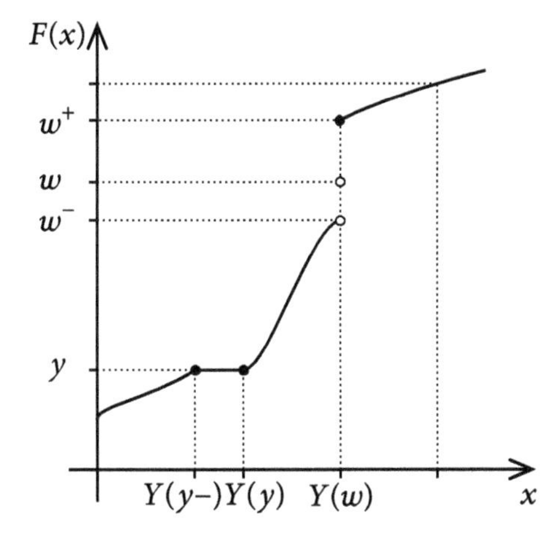

Abb. 9.5: Identifikation der Ausnahmemenge.

Um fortzufahren, benötigen wir folgenden Satz, der einen einfachen Zusammenhang zwischen Verteilungskonvergenz und f.s. Konvergenz (auf einem anderen W-Raum!) herstellt. Wir formulieren und zeigen die Aussage nur für reelle ZV, aber die Aussage gilt auch für ZV mit Werten in metrischen Räumen, vgl. Dudley [22, Theorem 11.7.2].

9.15 Satz. *Es seien X_n, X reelle ZV, die nicht auf demselben W-Raum definiert sein müssen. Wenn $X_n \xrightarrow{\text{d}} X$, dann gibt es einen weiteren W-Raum und darauf ZV Y_n, Y, so dass*

$$X_n \sim Y_n, \quad X \sim Y \quad \textit{und} \quad Y_n \xrightarrow{\textit{f.s.}} Y.$$

Zusatz: *$X_n \xrightarrow{\text{d}} X$ kann durch »$\lim_{n\to\infty} F_{X_n}(x) = F_X(x)$ für alle Stetigkeitsstellen von F_X« ersetzt werden.*

Beweis. Wie im Beweis von Lemma 6.1 verwenden wir die verallgemeinerten Inversen[15]

$$Y_n(y) := F_{X_n}^{-1}(y) \quad \text{und} \quad Y(y) := F_X^{-1}(y),$$

die wir als ZV auf dem W-Raum $((0,1), \mathscr{B}(0,1), dy)$ interpretieren. Wir zeigen nun, dass $\lim_{n\to\infty} F_{X_n}^{-1}(y) = F_X^{-1}(y)$ für Lebesgue fast alle $y \in (0,1)$ gilt.

1° Identifikation der Ausnahmemenge (vgl. Abb. 9.5). Definitionsgemäß haben wir $Y(y) = \inf\{x \mid F_X(x) > y\}$ während $Y(y-) = \sup\{x \mid F_X(x) < y\}$ ist. Wir schreiben

$$\Omega_0^c = \{y \mid (Y(y-), Y(y)) \neq \emptyset\}$$

für die Niveaus, auf denen F_X ein Konstanzintervall hat und mit Ω_0 die Niveaus, auf denen F_X strikt wächst. Da jedes offene Intervall $(Y(y-), Y(y)) \neq \emptyset$ einen rationalen Punkt enthält, ist Ω_0^c höchstens abzählbar und daher eine Lebesgue-Nullmenge.

15 Zur Erinnerung: $F_Z^{-1}(y) = \inf\{x \mid F_Z(x) > y\}$ ist die verallgemeinerte rechtsstetige Inverse von F_Z.

2^0 Wir zeigen nun, dass $\liminf_{n\to\infty} F_{X_n}^{-1}(y) \geqslant F_X^{-1}(y)$ für $y \in \Omega_0$ gilt. Wir nehmen zunächst an, dass x eine Stetigkeitsstelle von F_X ist. Dann haben wir

$$\begin{aligned}
x < F_X^{-1}(y) &\Longrightarrow F_X(x) < y \quad && \text{da } y \in \Omega_0 \text{ eine strikte Wachstumsstelle ist}\\
&\overset{n \text{ groß}}{\Longrightarrow} F_{X_n}(x) < y && \text{wegen Satz 9.14: } F_{X_n}(x) \to F_X(x)\\
&\overset{n \text{ groß}}{\Longrightarrow} x \leqslant F_{X_n}^{-1}(y) && \text{gemäß Definition von } F_{X_n}^{-1}\\
&\Longrightarrow x \leqslant \liminf_{n\to\infty} F_{X_n}^{-1}(y).
\end{aligned}$$

Als monotone Funktion hat F_X höchstens abzählbar viele Unstetigkeitsstellen (vgl. Lemma 3.9), d.h. wir können für jedes $y \in \Omega_0$ eine Folge $(x_k)_{k\in\mathbb{N}}$, $x_k = x_k(y)$, von Stetigkeitsstellen von F_X finden, die gegen $F_X^{-1}(y)$ aufsteigt. Insbesondere zeigt dann die eben gezeigte Ungleichung, dass $F_X^{-1}(y) = \lim_{k\to\infty} x_k \leqslant \liminf_{n\to\infty} F_{X_n}^{-1}(y)$ ist.

3^0 Wie in 2^0 sehen wir, dass $\limsup_{n\to\infty} F_{X_n}^{-1}(y) \leqslant F_X^{-1}(y)$ für alle $y \in \Omega_0$ gilt.

4^0 Wenn wir die letzten beiden Schritte kombinieren, folgt

$$\liminf_{n\to\infty} F_{X_n}^{-1}(y) \leqslant \limsup_{n\to\infty} F_{X_n}^{-1}(y) \overset{3^0}{\leqslant} F_X^{-1}(y) \overset{2^0}{\leqslant} \liminf_{n\to\infty} F_{X_n}^{-1}(y).$$ □

Das folgende Korollar zeigt eine *typische* Anwendungsmöglichkeit für Satz 9.15; darüber hinaus ist es die angekündigte Charakterisierung der Verteilungskonvergenz.

9.16 Korollar. *Es seien X_n, X reelle ZV, die nicht auf demselben W-Raum definiert sein müssen. Dann gilt*

$$X_n \xrightarrow{\mathrm{d}} X \iff F_{X_n}(x) \xrightarrow[n\to\infty]{} F_X(x) \quad \textit{für alle Stetigkeitsstellen } x \textit{ von } F_X.$$

Beweis. Die Richtung »⇒« folgt aus Satz 9.14. Für die Umkehrung »⇐« wählen wir ein beliebiges $f \in C_b(\mathbb{R})$. Gemäß Satz 9.15 (Zusatz) gibt es auf einem neuen W-Raum $(\Omega', \mathscr{A}', \mathbb{P}')$ ZV Y_n und Y, so dass $Y_n \sim X_n$, $Y \sim X$ und $Y_n \xrightarrow{\text{f.s.}} Y$. Mithin gilt

$$\mathbb{E}f(X_n) \overset{X_n\sim Y_n}{=} \mathbb{E}'f(Y_n) \xrightarrow[n\to\infty]{\text{dom. Konv.}} \mathbb{E}'f(Y) \overset{X\sim Y}{=} \mathbb{E}f(X).$$ □

! Die in Korollar 9.16 gezeigte äquivalente Formulierung der Verteilungskonvergenz wird für reelle ZV oft als *Definition* der Verteilungskonvergenz verwendet.

Verteilungskonvergenz und charakteristische Funktionen

Wir wollen noch eine weitere Charakterisierung der Verteilungskonvergenz mit Hilfe charakteristischer Funktionen angeben.

9.17 Lemma (Straffheit). *Es seien X_n ZV mit Werten in $\mathbb{R}^d$. Wenn die charakteristischen Funktionen ϕ_{X_n} für alle $\xi \in \mathbb{R}^d$ einen Grenzwert $\phi(\xi) = \lim_{n\to\infty} \phi_{X_n}(\xi)$ haben, so dass ϕ an der Stelle $\xi = 0$ stetig ist, dann gilt*

$$\forall \epsilon > 0 \quad \exists r = r(\epsilon) \quad \forall R \geqslant r(\epsilon) \ : \ \sup_{n\in\mathbb{N}} \mathbb{P}(|X_n| > R) \leqslant \epsilon. \tag{9.4}$$

Die Ungleichung (9.4) wird oft als Straffheit bezeichnet, vgl. auch [MI, Satz 27.9]. **!**

Beweis. Wir wählen $\epsilon > 0$ fest. Weil $\phi(0) = \lim_{n\to\infty} \phi_{X_n}(0) = 1$ und $\phi(\xi)$ im Ursprung stetig ist, gibt es ein $\delta = \delta(\epsilon)$, so dass

$$\forall |\xi| \leqslant \delta \ : \ |1 - \operatorname{Re}\phi(\xi)| \leqslant \epsilon.$$

Mit Hilfe der dominierten Konvergenz sehen wir

$$\left(\frac{r}{2}\right)^d \int_{-1/r}^{1/r} \cdots \int_{-1/r}^{1/r} (1 - \operatorname{Re}\phi_{X_n}(\xi))\, d\xi \xrightarrow[n\to\infty]{} \left(\frac{r}{2}\right)^d \int_{-1/r}^{1/r} \cdots \int_{-1/r}^{1/r} (1 - \operatorname{Re}\phi(\xi))\, d\xi.$$

Für hinreichend große $n \geqslant N(\epsilon)$ und $r > 1/\delta = 1/\delta(\epsilon)$ gilt wegen der *truncation inequality* (7.12) für die Koordinaten $(X_n^{(1)}, \dots, X_n^{(d)})$ der ZV X_n

$$\begin{aligned}
\mathbb{P}\Big(\max_{1\leqslant k\leqslant d} |X_n^{(k)}| > r\Big) &\overset{(7.12)}{\leqslant} 7\left(\frac{r}{2}\right)^d \int_{-1/r}^{1/r} \cdots \int_{-1/r}^{1/r} (1 - \operatorname{Re}\phi_{X_n}(\xi))\, d\xi \\
&\overset{n\geqslant N(\epsilon)}{\leqslant} 7\epsilon + 7\left(\frac{r}{2}\right)^d \int_{-1/r}^{1/r} \cdots \int_{-1/r}^{1/r} \underbrace{(1 - \operatorname{Re}\phi(\xi))}_{\leqslant\epsilon,\ \forall|\xi|\leqslant\delta}\, d\xi \\
&\overset{r>1/\delta}{\leqslant} 7(\epsilon + \epsilon) = 14\epsilon.
\end{aligned}$$

Die gleiche Abschätzung gilt für die ZV $X_1, \dots, X_{N(\epsilon)}$ wegen der Maßstetigkeit – ggf. müssen wir r geeignet vergrößern [✍]–, so dass

$$\mathbb{P}(|X_n| > rd) \leqslant \mathbb{P}\Big(\max_{1\leqslant k\leqslant d} |X_n^{(k)}| > r\Big) \leqslant 14\epsilon$$

gleichmäßig für alle $n \in \mathbb{N}$ gilt. □

9.18 Satz (Lévy 1925). *Es seien X, X_n ZV mit Werten in $\mathbb{R}^d$. Dann gilt*

$$X_n \xrightarrow[n\to\infty]{d} X \iff \forall \xi \in \mathbb{R}^d \ : \ \phi_{X_n}(\xi) \xrightarrow[n\to\infty]{} \phi_X(\xi).$$

Zusatz: *Die Konvergenz der charakteristischen Funktionen ist lokal gleichmäßig.*

Die Aussage von Satz 9.18 kann dahingehend verschärft werden, dass wir aus der punktweisen Konvergenz der charakteristischen Funktionen ϕ_{X_n} gegen eine bei $\xi = 0$ stetige Funktion ϕ bereits die Existenz einer ZV X mit $X_n \xrightarrow{\mathrm{d}} X$ folgern können, vgl. Lévys Stetigkeitssatz 15.2. Für viele Anwendungen – u.a. auch dem CLT, vgl. Lemma 8.12 und Satz 8.8 sowie Satz 13.4 – genügt die hier vorgestellte Version des Satzes, bei der *vorausgesetzt wird*, dass der Grenzwert ϕ der charakteristischen Funktionen ϕ_{X_n} selbst eine charakteristische Funktion ist.

Beweis. Die Richtung »$\Rightarrow$« folgt aus direkt aus der Definition der Verteilungskonvergenz und der Tatsache, dass $e_\xi(x) := e^{i\langle \xi, x\rangle} = \cos\langle \xi, x\rangle + i \sin\langle \xi, x\rangle$ eine Funktion aus $C_b(\mathbb{R}^d, \mathbb{C}) \simeq C_b(\mathbb{R}^d, \mathbb{R}) \oplus i\, C_b(\mathbb{R}^d, \mathbb{R})$ ist.

Für die umgekehrte Richtung »$\Leftarrow$« wählen wir $f \in C_b(\mathbb{R}^d)$, $\epsilon > 0$ und $R \geqslant r(\epsilon)$ wie in (9.4). Weiterhin sei $G_t := \sqrt{t}G$ eine d-dimensionale ZV mit unabhängigen $\mathsf{N}(0, t)$-verteilten Koordinaten, so dass G_t und $(X_n)_{n\in\mathbb{N}}, X$ unabhängig sind.

1° Weil f auf kompakten Mengen gleichmäßig stetig ist, gibt es ein $\delta = \delta(\epsilon) < 1$, so dass

$$|f(X_n + G_t) - f(X_n)| \leqslant \epsilon \quad \text{auf der Menge } \{|X_n| \leqslant R\} \cap \{|G_t| \leqslant \delta\}.$$

Daher erhalten wir für $f_R(x) := f(x)\mathbb{1}_{[0,R+1]}(|x|)$

$$\begin{aligned}
\left|\mathbb{E}f_R(X_n + G_t) - \mathbb{E}f(X_n)\right| &\leqslant \mathbb{E}\left[|f(X_n + G_t) - f(X_n)|\mathbb{1}_{\{|X_n|\leqslant R\}\cap\{|G_t|\leqslant\delta\}}\right] \\
&\quad + \mathbb{E}\left[|f_R(X_n + G_t) - f(X_n)|\mathbb{1}_{\{|X_n|>R\}\cup\{|G_t|>\delta\}}\right] \\
&\leqslant \epsilon + 2\|f\|_{L^\infty}\left[\mathbb{P}(|X_n| > R) + \mathbb{P}(|G_t| > \delta)\right] \\
&\overset{(9.4)}{\leqslant} \epsilon + 2\|f\|_{L^\infty}\,\epsilon + 2\|f\|_{L^\infty}\,\frac{1}{\delta^2}\mathbb{E}[G_t^2] \leqslant c\epsilon
\end{aligned}$$

für $t < \epsilon\delta^2$, weil $\mathbb{E}[G_t^2] = t$, vgl. Beispiel 3.10.d) oder Lemma 8.11.

2° Es gilt für f_R aus Schritt 1°

$$\begin{aligned}
\mathbb{E}f_R(X_n + G_t) &\overset{X_n \perp\!\!\!\perp G_t}{=} \mathbb{E}\int f_R(X_n + y)\,(2\pi t)^{-d/2}e^{-|y|^2/2t}\,dy \\
&\overset{(7.6)}{=} (2\pi)^{-d}\mathbb{E}\iint f_R(X_n + y)e^{i\langle\xi,y\rangle}e^{-t|\xi|^2/2}\,d\xi\,dy \\
&= (2\pi)^{-d}\mathbb{E}\iint f_R(x)e^{i\langle\xi,x-X_n\rangle}e^{-t|\xi|^2/2}\,d\xi\,dx \\
&\overset{\text{Fubini}}{=} \int (2\pi)^{-d}\int f_R(x)\,e^{i\langle\xi,x\rangle}\,dx\,\mathbb{E}\,e^{-i\langle\xi,X_n\rangle}e^{-t|\xi|^2/2}\,d\xi \\
&= \int \widehat{f}_R(-\xi)\phi_{X_n}(-\xi)e^{-t|\xi|^2/2}\,d\xi.
\end{aligned} \tag{9.5}$$

Mit dem Satz von der dominierten Konvergenz erhalten wir

$$\lim_{n\to\infty}\mathbb{E}f_R(X_n + G_t) = \int \widehat{f}_R(-\xi)\phi_X(-\xi)e^{-t|\xi|^2/2}\,d\xi \underbrace{= \cdots =}_{\text{wie in (9.5)}} \mathbb{E}f_R(X + G_t).$$

Wiederum mit dominierter Konvergenz folgt wegen $G_t = \sqrt{t}G \to 0$

$$\lim_{t\to 0}\lim_{n\to\infty} \mathbb{E}f_R(X_n + G_t) = \lim_{t\to 0}\mathbb{E}f_R(X + G_t) = \mathbb{E}f_R(X)$$

und $\lim_{R\to\infty} \mathbb{E}f_R(X) = \mathbb{E}f(X)$.

3° Wegen 1° erhalten wir für $f \in C_b(\mathbb{R}^d)$, alle $n \in \mathbb{N}$ und $t \leqslant \epsilon\delta^2$

$$\begin{aligned}|\mathbb{E}f(X) - \mathbb{E}f(X_n)| &\leqslant |\mathbb{E}f(X) - \mathbb{E}f_R(X_n + G_t)| + |\mathbb{E}f_R(X_n + G_t) - \mathbb{E}f(X_n)| \\ &\leqslant |\mathbb{E}f(X) - \mathbb{E}f_R(X_n + G_t)| + \epsilon.\end{aligned}$$

Die Behauptung folgt nun aus 2°, wenn wir die Grenzübergänge $n \to \infty$, dann $t \to 0$ und schließlich $R \to \infty$ durchführen.

Um den *Zusatz* zu beweisen, bemerken wir dass die Überlegungen in den Schritten 1°–3°, angewendet auf $e_\xi(x) = e^{i\langle \xi, x\rangle}$, gleichmäßig für alle $|\xi| \leqslant r$ bei festem $r > 0$ gelten. Insbesondere folgt daraus, dass der Grenzwert $\phi_{X_n}(\xi) = \mathbb{E}\, e_\xi(X_n) \to \mathbb{E}\, e_\xi(X) = \phi_X(\xi)$ lokal gleichmäßig existiert. □

Satz 9.18 ergibt sofort folgende Charakterisierung der mehrdimensionalen Verteilungskonvergenz, die üblicherweise als *Cramér-Wold Trick* (*Cramér-Wold device*) bezeichnet wird.

9.19 Korollar (Cramér-Wold). *Es seien X, X_n ZV mit Werten in $\mathbb{R}^d$. Dann gilt*

$$X_n \xrightarrow[n\to\infty]{d} X \iff \forall \xi \in \mathbb{R}^d \;:\; \langle \xi, X_n\rangle \xrightarrow[n\to\infty]{d} \langle \xi, X\rangle.$$

Beweis. Aus Satz 9.18 wissen wir, dass $X_n \xrightarrow{\mathrm{d}} X$ äquivalent ist zur

$$\forall \xi \in \mathbb{R}^d, \quad \forall t \in \mathbb{R} \;:\; \lim_{n\to\infty} \phi_{X_n}(t\xi) = \phi_X(t\xi);$$

hier verwenden wir die Beobachtung, dass $\mathbb{R}^d = \mathbb{R}\cdot\mathbb{R}^d = \{t\xi : t \in \mathbb{R}, \xi \in \mathbb{R}^d\}$ gilt. Wegen $\phi_{X_n}(t\xi) = \mathbb{E}\, e^{i\langle t\xi, X_n\rangle} = \mathbb{E}\, e^{it\langle \xi, X_n\rangle} = \phi_{\langle \xi, X_n\rangle}(t)$ folgt die Behauptung, indem wir erneut Satz 9.18 (für $d = 1$) anwenden. □

♦Verteilungskonvergenz von Summen und Vektoren von ZVn

Ohne zusätzliche Eigenschaften kann man i.Allg. nicht folgern dass aus $X_n \xrightarrow{\mathrm{d}} X$ und $Y_n \xrightarrow{\mathrm{d}} Y$ die Konvergenz von $X_n + Y_n \xrightarrow{\mathrm{d}} X + Y$ oder $(X_n, Y_n)^\top \xrightarrow{\mathrm{d}} (X, Y)^\top$ folgt, selbst dann nicht, wenn alle ZV X_n, X, Y_n, Y auf demselben W-Raum leben. Das nächste Lemma folgt aus Korollar 9.19, angewendet auf $d = 2$, $\xi = (\tau, 0)^\top$, $\xi = (0, \tau)^\top$ und $\xi = (\tau, \tau)^\top$.

9.20 Lemma. *Es seien X_n, Y_n reelle ZV, die nicht auf demselben W-Raum definiert sein müssen. Wenn $(X_n, Y_n)^\top \xrightarrow{\mathrm{d}} (X, Y)^\top$, dann gilt auch*

$$X_n \xrightarrow{\mathrm{d}} X, \quad Y_n \xrightarrow{\mathrm{d}} Y \quad \textit{und} \quad X_n + Y_n \xrightarrow{\mathrm{d}} X + Y.$$

↯ $X_n \xrightarrow{d} X$, $Y_n \xrightarrow{d} Y \not\Rightarrow (X_n, Y_n)^\top \xrightarrow{d} (X, Y)^\top$. Als Gegenbeispiel betrachten wir iid Bernoulli ZV $X, Y \sim \mathsf{B}(1/2)$ und definieren $X_n := X + 1/n$ und $Y_n := 1 - X_n$. Offensichtlich [✍] gilt $1 - X \sim \mathsf{B}(1/2) \sim Y$, $X_n \to X$ und $Y_n \to 1 - X \sim Y$.

Angenommen, $(X_n, Y_n)^\top \xrightarrow{d} (X, Y)^\top$, dann wissen wir wegen $X \perp\!\!\!\perp Y$, dass die Verteilung der Summe

$$X + Y \sim \frac{1}{2}(\delta_0 + \delta_1) * \frac{1}{2}(\delta_0 + \delta_1) = \frac{1}{4}(\delta_0 + 2\delta_1 + \delta_2)$$

ist. Andererseits sehen wir sofort, dass $X_n + Y_n \equiv 1 \xrightarrow{d} 1$, und wegen Lemma 9.20 erhalten wir einen Widerspruch.

Der folgende Satz macht eine derartige typische Zusatzannahme:

9.21 Satz (Slutsky). *Es seien $X_n, Y_n : \Omega \to \mathbb{R}^d$, $n \in \mathbb{N}$, Folgen von ZV, so dass $X_n \xrightarrow{d} X$ und $X_n - Y_n \xrightarrow{\mathbb{P}} 0$ gilt. Dann gilt $Y_n \xrightarrow{d} X$.*

Beweis. Mit Hilfe der Abschätzung $|e^{iz} - 1| = \left|\int_0^{iz} e^\zeta \, d\zeta\right| \leqslant \sup_{|y| \leqslant |z|} |e^{iy}| \cdot |z| = |z|$ sehen wir, dass die Funktion $x \mapsto e^{i\langle \xi, x\rangle}$, $\xi \in \mathbb{R}^d$ lokal Lipschitz-stetig ist:

$$\left|e^{i\langle \xi, x\rangle} - e^{i\langle \xi, y\rangle}\right| = \left|e^{i\langle \xi, x-y\rangle} - 1\right| \leqslant |\langle \xi, x - y\rangle| \leqslant |\xi| \cdot |x - y|, \quad \xi, x, y \in \mathbb{R}^d. \tag{9.6}$$

Mithin gilt

$$\mathbb{E}\, e^{i\langle \xi, Y_n\rangle} = \mathbb{E}\left[e^{i\langle \xi, Y_n - X_n\rangle} e^{i\langle \xi, X_n\rangle}\right] = \mathbb{E}\left[\left(e^{i\langle \xi, Y_n - X_n\rangle} - 1\right) e^{i\langle \xi, X_n\rangle}\right] + \mathbb{E}\, e^{i\langle \xi, X_n\rangle}.$$

Aus Satz 9.18 wissen wir $\lim_{n\to\infty} \mathbb{E}\, e^{i\langle \xi, X_n\rangle} = \mathbb{E}\, e^{i\langle \xi, X\rangle}$, d.h. es genügt zu zeigen, dass der erste Ausdruck auf der rechten Seite für $n \to \infty$ verschwindet. Es gilt

$$\mathrm{I} := \left|\mathbb{E}\left[\left(e^{i\langle \xi, Y_n - X_n\rangle} - 1\right) e^{i\langle \xi, X_n\rangle}\right]\right| \leqslant \mathbb{E}\left|\left(e^{i\langle \xi, Y_n - X_n\rangle} - 1\right) e^{i\langle \xi, X_n\rangle}\right| = \mathbb{E}\left|e^{i\langle \xi, Y_n - X_n\rangle} - 1\right|.$$

Wir teilen nun den Integrationsbereich auf und verwenden die Lipschitz-Stetigkeit

$$\begin{aligned}
\mathrm{I} &\leqslant \mathbb{E}\left[\mathbb{1}_{\{|Y_n - X_n| \leqslant \delta\}} \left|e^{i\langle \xi, Y_n - X_n\rangle} - 1\right|\right] + \mathbb{E}\left[\mathbb{1}_{\{|Y_n - X_n| > \delta\}} \left|e^{i\langle \xi, Y_n - X_n\rangle} - 1\right|\right] \\
&\overset{(9.6)}{\leqslant} \delta\,|\xi| + 2\,\mathbb{E}\mathbb{1}_{\{|Y_n - X_n| > \delta\}} = \delta\,|\xi| + 2\,\mathbb{P}(|Y_n - X_n| > \delta) \xrightarrow[n\to\infty]{} \delta\,|\xi| \xrightarrow[\delta\to 0]{} 0,
\end{aligned}$$

wobei im letzten Schritt die Konvergenz $X_n - Y_n \xrightarrow{\mathbb{P}} 0$ eingeht. □

Weitere Variationen dieses Themas finden Sie in den Aufgaben.

Aufgaben

1. Für ZV $X_n, X : \Omega \to \mathbb{R}$ gilt $X_n \xrightarrow{\mathbb{P}} X \iff X_n - X \xrightarrow{\mathbb{P}} 0$.
2. Arbeiten Sie die Gegenbeispiele aus Beispiel 9.13 aus.

3. Es seien X, Y, X_n, Y_n, $n \in \mathbb{N}$ reelle ZV auf einem W-Raum $(\Omega, \mathscr{A}, \mathbb{P})$. Zeigen Sie:
   (a) $X_n \xrightarrow{\mathbb{P}} X,\ X_n \xrightarrow{\mathbb{P}} Y \implies X = Y$ f.s.;
   (b) $X_n \xrightarrow{\mathbb{P}} X,\ Y_n \xrightarrow{\mathbb{P}} Y \implies X_n + Y_n \xrightarrow{\mathbb{P}} X + Y$;
   (c) $\exists$ZV $Z : X_n \xrightarrow{\mathbb{P}} Z \iff \forall \epsilon > 0\ \forall \delta > 0\ \exists N \in \mathbb{N}\ \forall m, n \geqslant N : \mathbb{P}(|X_n - X_m| > \epsilon) \leqslant \delta$.

   Bemerkung. Insbesondere folgt, dass die Konvergenz in Wahrscheinlichkeit vollständig ist (vgl. Bem. 9.5.e)).

4. Zeigen Sie die Behauptung von Bemerkung 9.5.b).
   Hinweis. Beachte für die $\mathbb{P}$-Konvergenz: $\{|X + Y| > 2\epsilon\} \subset \{|X| > \epsilon\} \cup \{|Y| > \epsilon\} \subset \{|X| + |Y| > \epsilon\}$.

5. Es seien X, X_n, $n \in \mathbb{N}$ reelle ZV auf einem W-Raum $(\Omega, \mathscr{A}, \mathbb{P})$. Zeigen Sie, dass die folgenden Aussagen äquivalent sind:

$$\text{(a)}\quad X_n \xrightarrow{\mathbb{P}} X; \qquad \text{(b)}\quad \mathbb{E}\left[\frac{|X_n - X|}{1 + |X_n - X|}\right] \to 0; \qquad \text{(c)}\quad \mathbb{E}\left[|X_n - X| \wedge 1\right] \to 0.$$

   Zeigen Sie außerdem, dass $\rho(X, Y) := \mathbb{E}\left[\frac{|X-Y|}{1+|X-Y|}\right]$ eine Metrik ist.
   Bemerkung. Insbesondere folgt, dass die Konvergenz in Wahrscheinlichkeit metrisierbar ist (vgl. Bem. 9.5.e)).

6. Es seien X, X_n, $n \in \mathbb{N}$ reelle ZV auf einem W-Raum $(\Omega, \mathscr{A}, \mathbb{P})$. Zeigen Sie, dass die folgenden Aussagen äquivalent sind:
   (a) $X_n \xrightarrow{\text{f.s.}} X$;
   (b) $\forall \epsilon > 0 : \mathbb{P}(|X_n - X| > \epsilon$ für unendlich viele $n) = 0$;
   (c) $\forall \epsilon > 0 : \mathbb{P}(\limsup_{n\to\infty} |X_n - X| > \epsilon) = 0$;
   (d) $\forall \epsilon > 0 : \lim_{k\to\infty} \mathbb{P}(\sup_{n\geqslant k} |X_n - X| > \epsilon) = 0$.

7. (Teilfolgenprinzip) Eine Folge von ZV $(X_n)_{n\in\mathbb{N}}$ konvergiert genau dann in Wahrscheinlichkeit gegen eine ZV X, wenn jede Teilfolge $(X_n')_{n\in\mathbb{N}} \subset (X_n)_{n\in\mathbb{N}}$ eine Teilfolge $(X_n'')_{n\in\mathbb{N}}$ hat, die gegen X in Wahrscheinlichkeit (oder fast sicher) konvergiert.
   Wenden Sie das Teilfolgenprinzip auf die (Indikatorfunktionen der) Ereignisse $(A_n)_{n\in\mathbb{N}} \subset \mathscr{A}$ mit $\lim_{n\to\infty} \mathbb{P}(A_n) = 0$ an.

8. (Teilfolgenprinzip) Eine Folge von ZV $(X_n)_{n\in\mathbb{N}}$ konvergiert genau dann in Verteilung gegen eine ZV X, wenn jede Teilfolge $(X_n')_{n\in\mathbb{N}} \subset (X_n)_{n\in\mathbb{N}}$ eine Teilfolge $(X_n'')_{n\in\mathbb{N}}$ hat, die gegen X in Verteilung konvergiert.

9. Es seien X, X_n, $n \in \mathbb{N}$, ZV mit Werten in einer abzählbaren Menge $C \subset \mathbb{R}$. Dann gilt $X_n \xrightarrow{\text{d}} X$ genau dann, wenn $\lim_n \mathbb{P}(X_n = c) = \mathbb{P}(X = c)$ für jedes $c \in C$.

10. Es seien X, X_n, $n \in \mathbb{N}$, reelle ZV mit $X_n \sim p_n(x)\,dx$ und $X \sim p(x)\,dx$. Wenn $\lim_n p_n(x) = p(x)$ f.s., dann folgt $X_n \xrightarrow{\text{d}} X$.

11. Es seien $(X_n)_{n\in\mathbb{N}}$ und $(Y_n)_{n\in\mathbb{N}}$ Folgen von ZV, die in Verteilung gegen X bzw. Y konvergieren. Weiter gelte $X_n \perp\!\!\!\perp Y_n$ für alle $n \in \mathbb{N}$. Zeigen Sie:
    (a) $X \perp\!\!\!\perp Y$; **Hinweis.** Satz von Kac (Satz 7.9) und Satz 9.18.
    (b) $(X_n, Y_n)^\top \xrightarrow{\text{d}} (X, Y)^\top$ und $(X_n, X_n)^\top \xrightarrow{\text{d}} (X, X)^\top$.
    (c) $X_n + Y_n \xrightarrow{\text{d}} X + Y$; **Hinweis.** Verwende Teil (b).

12. Zeigen Sie folgende Variante von Slutskys Satz.
    Satz. *Es seien $X_n, Y_n : \Omega \to \mathbb{R}$, $n \in \mathbb{N}$, zwei Folgen von ZV. Dann gilt*
    (a) *Wenn $X_n \xrightarrow{\text{d}} X$ und $Y_n \xrightarrow{\mathbb{P}} c$ für ein $c \in \mathbb{R}$, dann gilt $X_n Y_n \xrightarrow{\text{d}} cX$.*
    (b) *Wenn $X_n \xrightarrow{\text{d}} X$ und $Y_n \xrightarrow{\mathbb{P}} 0$, dann gilt $X_n + Y_n \xrightarrow{\text{d}} X$.*

Untersuchen Sie, ob die Aussagen auch noch gelten, wenn die Folge Y_n in Verteilung gegen c bzw. 0 konvergiert.

13. Es seien $X_n, X, Y : \Omega \to \mathbb{R}$, $n \geqslant 1$, ZV. Wenn

$$\lim_{n\to\infty} \mathbb{E}(f(X_n)g(Y)) = \mathbb{E}(f(X)g(Y)) \quad \text{für alle } f : \mathbb{R} \xrightarrow[\text{beschränkt}]{\text{stetig}} \mathbb{R},\ g : \mathbb{R} \xrightarrow[\text{beschränkt}]{\text{messbar}} \mathbb{R},$$

dann gilt $(X_n, Y) \xrightarrow{\text{d}} (X, Y)$.
Wenn $X = \phi(Y)$ für eine messbare Funktion $\phi : \mathbb{R} \to \mathbb{R}$, dann gilt sogar $X_n \xrightarrow{\mathbb{P}} X$.
Hinweis. Für den zweiten Teil der Aussage wählen Sie $g = f \circ \phi$ und zeigen, dass $f(X_n) \to f(X)$ in $L^2(\mathbb{P})$ gilt. Dann wählen Sie $f(x) := (-R) \vee x \wedge R$ für $R > 0$ und zeigen, dass aus $f(X_n) \xrightarrow{\mathbb{P}} f(X)$ und hinreichend großes R bereits $X_n \xrightarrow{\mathbb{P}} X$ folgt.

14. Es seien $X_n \sim \mathsf{N}(\mu_n, \sigma_n^2)$ reelle ZV, so dass $X_n \xrightarrow{\text{d}} X$. Zeigen Sie, dass $X \sim \mathsf{N}(\mu, \sigma^2)$ mit Mittelwert $\mu = \lim_{n\to\infty} \mu_n$ und Varianz $\sigma^2 = \lim_{n\to\infty} \sigma_n^2$ gilt. Formulieren und beweisen Sie eine Umkehrung dieses Resultats.

15. Auf einem W-Raum seien X_n normalverteilte reelle ZV und $Y_n \sim \mathsf{B}(1 - 1/n)$. Konvergiert die Folge $Z_n := X_n Y_n$?

16. Beweisen Sie Satz 9.18 und Satz 9.14 mit Mitteln aus [MI].

17. Die ZV X_n, $n \in \mathbb{N}$, seien iid $\mathsf{N}(0, 1)$-verteilt. Wir schreiben $\overline{X}_n := \frac{1}{n} \sum_{i=1}^n X_i$ für das arithmetische Mittel. Zeigen Sie, dass $\overline{X}_n \sim \mathsf{N}(0, 1/n)$ und dass $\lim_{n\to\infty} \overline{X}_n = 0$ stochastisch und f.s.
Hinweis. Berechnen Sie die exponentiellen Momente $\mathbb{E}\, e^{a\overline{X}_n}$, $a > 0$, und verwenden Sie eine Variante der Markovschen Ungleichung und ein geeignetes a, um »schnelle« $\mathbb{P}$-Konvergenz zu zeigen.

10 Unabhängigkeit und Konvergenz

Wir kommen nun zu einem zentralen Thema der klassischen Wahrscheinlichkeitstheorie: die Konvergenz von (Summen von) unabhängigen ZV. In diesem Kapitel werden wir einige grundlegende Techniken für Konvergenzuntersuchungen kennenlernen und die Rolle der Unabhängigkeit diskutieren. Die sog. »einfache« Richtung des folgenden Resultats haben wir bereits in Lemma 9.8 gezeigt. Wie üblich ist $(\Omega, \mathscr{A}, \mathbb{P})$ ein W-Raum.

10.1 Satz (Borel-Cantelli-Lemma). *Es sei* $(A_n)_{n\in\mathbb{N}} \subset \mathscr{A}$.

a) $\sum_{n=1}^{\infty} \mathbb{P}(A_n) < \infty \implies \mathbb{P}(\limsup_n A_n) = \mathbb{P}(A_n \textit{ für unendlich viele } n) = 0.$

b) *Wenn die* A_n *paarweise unabhängig sind, dann gilt*
$\sum_{n=1}^{\infty} \mathbb{P}(A_n) = \infty \implies \mathbb{P}\Big(\limsup_{n\to\infty} A_n\Big) = \mathbb{P}(A_n \textit{ für unendlich viele } n) = 1.$

Beweis. Die »einfache« Hälfte a) haben wir bereits in Lemma 9.8 gezeigt. Um die umgekehrte Richtung b) zu zeigen, definieren wir

$$S_n := \sum_{i=1}^{n} \mathbb{1}_{A_i}, \quad m_n := \mathbb{E}\left[\sum_{i=1}^{n} \mathbb{1}_{A_i}\right] = \sum_{i=1}^{n} \mathbb{P}(A_i).$$

Nach Voraussetzung gilt

$$\lim_{n\to\infty} S_n = \sum_{i=1}^{\infty} \mathbb{1}_{A_i} =: S, \quad \lim_{n\to\infty} m_n = \sum_{i=1}^{\infty} \mathbb{P}(A_i) = \infty,$$

und wegen der paarweisen Unabhängigkeit folgt mit der Identität von Bienaymé

$$\mathbb{V}S_n \overset{\text{Bienaymé}}{\underset{5.22}{=}} \sum_{i=1}^{n} \mathbb{V}\mathbb{1}_{A_i} = \sum_{i=1}^{n} \left[\mathbb{E}\mathbb{1}_{A_i}^2 - (\mathbb{E}\mathbb{1}_{A_i})^2\right] \leqslant \sum_{i=1}^{n} \mathbb{E}[\mathbb{1}_{A_i}^2] = m_n.$$

Da $S_n \leqslant S$, gilt $\left\{S \leqslant \frac{1}{2} m_n\right\} \subset \left\{S_n \leqslant \frac{1}{2} m_n\right\}$ und

$$\mathbb{P}\left(S \leqslant \tfrac{1}{2} m_n\right) \leqslant \mathbb{P}\left(S_n \leqslant \tfrac{1}{2} m_n\right) = \mathbb{P}\left(S_n - m_n \leqslant -\tfrac{1}{2} m_n\right) \leqslant \mathbb{P}\left(|S_n - m_n| \geqslant \tfrac{1}{2} m_n\right);$$

beachte, dass $S_n - m_n \leqslant -\frac{1}{2}m_n$ die Ungleichung $|S_n - m_n| \geqslant \frac{1}{2}m_n$ gibt. Wenn wir noch die Chebyshev-Markov-Ungleichung anwenden, folgt

$$\mathbb{P}\left(S \leqslant \tfrac{1}{2} m_n\right) \leqslant \mathbb{P}\left(|S_n - m_n| \geqslant \tfrac{1}{2} m_n\right) \leqslant \frac{4}{m_n^2} \mathbb{V}S_n \leqslant \frac{4}{m_n} \xrightarrow[n\to\infty]{} 0.$$

Das zeigt

$$\mathbb{P}(S < \infty) = \mathbb{P}\left(\bigcup_{n=1}^{\infty} \{S \leqslant \tfrac{1}{2} m_n\}\right) = \lim_{n\to\infty} \mathbb{P}(S \leqslant \tfrac{1}{2} m_n) = 0$$

und die Behauptung folgt wegen

$$\omega \in \limsup_{n\to\infty} A_n \iff \omega \text{ ist in unendlich vielen } A_n \iff S(\omega) = \sum_{n=1}^{\infty} \mathbb{1}_{A_n}(\omega) = \infty. \quad \square$$

https://doi.org/10.1515/9783111342252-010

Hier sind zwei typische Anwendungen für das Borel-Cantelli-Lemma.

10.2 Beispiel. Es seien $(X_n)_{n\in\mathbb{N}}$ iid ZV in $\mathbb{R}$ mit $X_n \sim \mathsf{Exp}(1)$, d.h.

$$\mathbb{P}(X_n \geqslant x) = \int_x^\infty e^{-t}\,dt = e^{-x}, \quad x \geqslant 0.$$

Insbesondere haben wir $\mathbb{P}(X_n > \alpha \log n) = n^{-\alpha}$ für $\alpha > 0$. Daher zeigt das Borel-Cantelli-Lemma

$$\mathbb{P}(X_n > \alpha \log n \text{ für unendlich viele } n) = \begin{cases} 0, & \sum_{n=1}^\infty n^{-\alpha} < \infty \iff \alpha > 1, \\ 1, & \sum_{n=1}^\infty n^{-\alpha} = \infty \iff \alpha \leqslant 1. \end{cases}$$

Setze $L(\omega) = \limsup_{n\to\infty} \frac{X_n(\omega)}{\log n}$. Mit $\alpha = 1$ erhalten wir

$$\mathbb{P}(L \geqslant 1) \geqslant \mathbb{P}(X_n > \log n \text{ für unendlich viele } n) = 1$$

und für $\alpha = 1 + \frac{1}{k}$ gilt

$$\mathbb{P}(L > 1 + \tfrac{1}{k}) \leqslant \mathbb{P}(X_n > (1 + \tfrac{1}{k}) \log n \text{ für unendlich viele } n) = 0.$$

Die Menge $\{L > 1\} = \bigcup_{k=1}^\infty \left\{L > 1 + \frac{1}{k}\right\}$ ist also eine Nullmenge und somit

$$\mathbb{P}(L = 1) = \mathbb{P}(\{L \geqslant 1\} \setminus \{L > 1\}) = 1 \implies L = \limsup_{n\to\infty} \frac{X_n}{\log n} = 1 \quad \text{fast sicher.}$$

Satz 10.1 erlaubt auch, eine einfache Version des starken Gesetzes der großen Zahlen (SLLN – *strong law of large numbers*) zu zeigen.

10.3 Satz (L^4-SLLN). *Es seien $(X_n)_{n\in\mathbb{N}} \subset L^4(\mathbb{P})$ iid ZV und $S_n := X_1 + \cdots + X_n$. Dann*

$$\lim_{n\to\infty} \frac{S_n}{n} = \mathbb{E}X_1 = \mu \quad \textit{fast sicher.}$$

Beweis. Da die $(X_i)_{i\in\mathbb{N}}$ iid und in $L^4(\mathbb{P})$ sind, gilt

$$\mu = \mathbb{E}X_i, \quad (X_i - \mu)_{i\in\mathbb{N}} \subset L^4(\mathbb{P}) \text{ iid} \quad \text{und} \quad \mathbb{E}(X_i - \mu) = 0.$$

Daher können wir ohne Einschränkung $\mu = 0$ annehmen. Durch Ausmultiplizieren erhalten wir

$$\mathbb{E}S_n^4 = \mathbb{E}\Big[\Big(\sum_{i=1}^n X_i\Big)^4\Big] = \mathbb{E}\Big[\sum_{i,k,l,m} X_i X_k X_l X_m\Big] = \sum_{i,k,l,m} \mathbb{E}[X_i X_k X_l X_m].$$

Auf Grund der Unabhängigkeit gilt

$$\mathbb{E}[X_i X_k X_l X_m] = \begin{cases} \text{a)} & \mathbb{E}(X_i^4), & i = k = l = m, \\ \text{b)} & \mathbb{E}(X_i^2)\,\mathbb{E}(X_l^2), & i = k \neq l = m, \\ \text{c)} & \underbrace{\mathbb{E}[X_i]}_{=0}\,\mathbb{E}[X_k X_l X_m], & \text{sonst.} \end{cases}$$

Fall a) tritt n Mal und Fall b) $\binom{4}{2}\, n(n-1)$ Mal auf, d.h.

$$\mathbb{E}S_n^4 \leqslant n\mathbb{E}X_1^4 + 6n(n-1)[\mathbb{E}(X_1^2)]^2 \leqslant \kappa\, n^2, \quad n \in \mathbb{N}.$$

Die Markov-Ungleichung zeigt nun für beliebige $\epsilon > 0$

$$\mathbb{P}(|S_n| > n\epsilon) \leqslant \frac{\mathbb{E}S_n^4}{n^4\,\epsilon^4} \leqslant \frac{\kappa}{n^2\,\epsilon^4} \implies \sum_{n=1}^{\infty} \mathbb{P}(|S_n| > n\epsilon) \leqslant \frac{\kappa}{\epsilon^4}\sum_{n=1}^{\infty}\frac{1}{n^2} < \infty.$$

Mit Hilfe des Borel-Cantelli-Lemmas 10.1.a) folgt $\mathbb{P}(|S_n| > n\epsilon$ für unendl. viele $n) = 0$, und daher ist

$$\Omega_\epsilon := \left\{\limsup_{n\to\infty}\frac{|S_n|}{n} \leqslant \epsilon\right\}, \quad \epsilon > 0,$$

für jedes feste $\epsilon > 0$ eine Menge mit Maß 1. Es gilt

$$\left\{\lim_{n\to\infty}\frac{|S_n|}{n} = 0\right\} \overset{[\text{✍}]}{=} \left\{\limsup_{n\to\infty}\frac{|S_n|}{n} = 0\right\} = \bigcap_{\epsilon>0}\Omega_\epsilon \overset{[\text{✍}]}{=} \bigcap_{m\in\mathbb{N}}\Omega_{1/m} =: \Omega_0,$$

und weil Ω_0 der Schnitt *abzählbar vieler* Mengen mit Maß 1 ist, haben wir $\mathbb{P}(\Omega_0) = 1$, und die Behauptung folgt. □

! Im Beweis von Satz 10.3 haben wir zwei Tatsachen verwendet, die wir immer wieder (ohne explizite Erwähnung) benutzen werden

- Wenn $a_n \geqslant 0$, dann folgt aus $\limsup_{n\to\infty} a_n = 0$ bereits $\lim_{n\to\infty} a_n = 0$.
  Das gilt wegen $0 \leqslant \liminf_{n\to\infty} a_n \leqslant \limsup_{n\to\infty} a_n = 0$.
- Wenn $\mathbb{P}(\Omega_n) = 1$ für abzählbar viele $\Omega_n \in \mathscr{A}$ gilt, dann hat auch $\Omega_0 := \bigcap_{n\in\mathbb{N}}\Omega_n$ Wahrscheinlichkeit 1. Das sieht man am einfachsten mit Hilfe der Komplemente:

$$\mathbb{P}(\Omega_0^c) = \mathbb{P}\Big(\bigcup_{n\in\mathbb{N}}\Omega_n^c\Big) \leqslant \sum_{n\in\mathbb{N}}\mathbb{P}(\Omega_n^c) = 0.$$

Das L^4-SLLN ist eine relativ schwache Aussage. Wie weit wir die Voraussetzungen an die Integrierbarkeit abschwächen können, zeigt der folgende Satz.

10.4 Satz. *Es seien $(X_n)_{n\in\mathbb{N}}$ paarweise unabhängige, identisch verteilte reelle ZV, so dass $\mathbb{E}|X_n| = \infty$. Dann gilt für $S_n = X_1 + \cdots + X_n$*

a) $\mathbb{P}\,(|X_n| \geqslant n$ *für unendlich viele* $n) = 1$.

b) $\mathbb{P}\left(\lim_{n\to\infty} S_n/n \text{ existiert und ist endlich}\right) = 0$.

Beweis. a) Es gilt

$$\infty = \mathbb{E}|X_1| \overset{[\text{MI, S. 16.7}]}{=} \int_0^\infty \mathbb{P}(|X_1| > t)\,dt = \sum_{n=0}^{\infty}\int_n^{n+1}\mathbb{P}(|X_1| > t)\,dt \leqslant \sum_{n=0}^{\infty}\mathbb{P}(|X_1| \geqslant n).$$

Weil die ZV identisch verteilt sind, gilt außerdem $\mathbb{P}(|X_1| \geqslant n) = \mathbb{P}(|X_n| \geqslant n)$, und wegen der paarweisen Unabhängigkeit können wir Satz 10.1.b) anwenden:

$$\mathbb{P}(\{|X_n| \geqslant n \text{ für unendlich viele } n\}) = 1.$$

b) Wir definieren die Mengen $C := \{L = \lim_{n\to\infty} S_n/n$ existiert und ist endlich$\}$ und $\Omega_0 := \{|X_n| \geqslant n$ für unendlich viele $n\}$. Für $\omega \in C$ gilt

$$\frac{X_{n+1}(\omega)}{n+1} = \frac{S_{n+1}(\omega)}{n+1} - \frac{S_n(\omega)}{n+1} = \underbrace{\frac{S_{n+1}(\omega)}{n+1}}_{\to L} - \underbrace{\frac{n}{n+1}}_{\to 1}\underbrace{\frac{S_n(\omega)}{n}}_{\to L}.$$

Das zeigt, dass $\lim_{n\to\infty} X_n(\omega)/n = 0$ für alle $\omega \in C$ gilt, also ist $C \cap \Omega_0 = \emptyset$ und

$$\mathbb{P}(C) = \mathbb{P}(C \cap \Omega_0) + \mathbb{P}(C \setminus \Omega_0) \leqslant \mathbb{P}(\Omega_0^c) = 0. \qquad \square$$

Satz 10.4.b) kann auch folgendermaßen formuliert werden.

10.5 Korollar. *Es seien $(X_n)_{n\in\mathbb{N}}$ paarweise unabhängige, identisch verteilte reelle ZV, für die $L = \lim_{n\to\infty} \frac{1}{n}(X_1 + \cdots + X_n)$ fast sicher existiert und endlich ist. Dann gilt $\mathbb{E}|X_n| < \infty$.*

! Korollar 10.5 wird oft als die Umkehrung des starken Gesetzes der großen Zahlen aus Kapitel 12 bezeichnet. Tatsächlich (vgl. Satz 12.4) gilt $L = \mathbb{E}X_1$ und daher ist $X_n \in L^1(\mathbb{P})$ die optimale Integrabilitätsbedingung für das starke Gesetz.

Null-Eins-Gesetze

Wir wollen nochmals auf das Borel-Cantelli-Lemma 10.1 zurückkommen. Die Aussagen $\sum_{n=1}^\infty \mathbb{P}(A_n) = \infty$ bzw. $< \infty$ sind offensichtlich eine Dichotomie; dass die daraus abgeleiteten Folgerungen $\mathbb{P}(\dots) = 0$ oder $= 1$ auch eine Dichotomie bilden, ist wesentlich der Unabhängigkeit zuzuschreiben. Derartige »Null-Eins-Gesetze« sind typisch für unabhängige Mengen und ZV.

10.6 Definition. Es sei $(\mathscr{A}_i)_{i\in\mathbb{N}}$ eine Folge von Mengensystemen aus $\mathscr{A}$. Setze

$$\mathscr{T}_n := \sigma(\mathscr{A}_n, \mathscr{A}_{n+1}, \dots) = \sigma\left(\bigcup_{i\geqslant n} \mathscr{A}_i\right), \qquad n \in \mathbb{N}.$$

$\mathscr{T}_\infty := \bigcap_{n\in\mathbb{N}} \mathscr{T}_n$ heißt *σ-Algebra der terminalen*[16] *Ereignisse* oder *terminale σ-Algebra.*

10.7 Beispiel. Es sei $A_i \in \mathscr{A}_i$, $i \in \mathbb{N}$. Für $n \geqslant m$ sehen wir, dass $\mathscr{T}_m \supset \mathscr{T}_n$. Daher ist

$$\limsup_{i\to\infty} A_i = \bigcap_{n\geqslant 1} \underbrace{\bigcup_{i\geqslant n} A_i}_{\in \mathscr{T}_n} \overset{\forall m\in\mathbb{N}}{=} \bigcap_{n\geqslant m} \bigcup_{i\geqslant n} A_i \in \mathscr{T}_m$$

und somit gilt $\limsup_{i\to\infty} A_i \in \bigcap_{m\in\mathbb{N}} \mathscr{T}_m = \mathscr{T}_\infty$.

---

16 In der englischsprachigen Literatur spricht man von *tail events* und der *tail σ-algebra*.

10.8 Beispiel. Es seien $(X_i)_{i\in\mathbb{N}}$ reelle ZV, $\mathscr{T}_n := \sigma(X_n, X_{n+1}, \dots)$ – also $\mathscr{A}_i = \sigma(X_i)$ – und $S_n := X_1 + \dots + X_n$.

a)
$$\left\{\omega \mid \lim_{n\to\infty} S_n(\omega) \text{ existiert}\right\} = \left\{\forall m \in \mathbb{N} \mid \lim_{n\to\infty}(X_m + \dots + X_n) \text{ existiert}\right\}$$
$$= \bigcap_{m\in\mathbb{N}} \underbrace{\left\{\lim_{n\to\infty}(X_m + \dots + X_n) \text{ existiert}\right\}}_{\in \mathscr{T}_m} \in \mathscr{T}_\infty.$$

b) Es sei $(c_n)_{n\in\mathbb{N}} \subset (0,\infty)$ eine Folge mit $\lim_{n\to\infty} c_n = \infty$.
$$\left\{\omega \mid \limsup_{n\to\infty} \frac{S_n(\omega)}{c_n} > x\right\} = \left\{\forall m \in \mathbb{N} \mid \limsup_{n\to\infty} \frac{S_n - S_m}{c_n} + \underbrace{\lim_{n\to\infty} \frac{S_m}{c_n}}_{=0} > x\right\}$$
$$= \bigcap_{m\in\mathbb{N}} \underbrace{\left\{\limsup_{n\to\infty} \frac{S_n - S_m}{c_n} > x\right\}}_{\in \mathscr{T}_m} \in \mathscr{T}_\infty.$$

c) Die Menge $\{\limsup_{n\to\infty} S_n \geqslant 0\}$ ist *nicht terminal*, da alle X_i den Wert beeinflussen können. Z.B. gilt für $X_1 = \mathbb{1}_A$ und $X_i \equiv -1/2^{i-1}$, $i \geqslant 2$, dass
$$S_\infty = \lim_{n\to\infty} S_n = \mathbb{1}_A - \sum_{i=2}^{\infty} \frac{1}{2^{i-1}} = \mathbb{1}_A - 1 = -\mathbb{1}_{A^c},$$
d.h. $\{S_\infty \geqslant 0\}$ wird durch X_1 bestimmt, ist also nicht terminal.

10.9 Satz (Kolmogorovsches 0-1-Gesetz). *Es seien $(X_n)_{n\in\mathbb{N}}$ unabhängige reelle ZV und*
$$\mathscr{T}_\infty := \bigcap_{n\in\mathbb{N}} \mathscr{T}_n \quad \textit{und} \quad \mathscr{T}_n := \sigma(X_n, X_{n+1}, \dots).$$
Für alle $A \in \mathscr{T}_\infty$ gilt $\mathbb{P}(A) = 0$ oder $\mathbb{P}(A) = 1$.

Beweis. Die Beweisidee ist einfach: Wenn A von sich selbst unabhängig ist, dann gilt
$$\mathbb{P}(A) = \mathbb{P}(A \cap A) = \mathbb{P}(A)^2 \implies \mathbb{P}(A) = 0 \text{ oder } \mathbb{P}(A) = 1.$$
Wir zeigen nun, dass $\mathscr{T}_\infty \perp\!\!\!\perp \mathscr{T}_\infty$ gilt.

1° Das dritte Blocklemma (Korollar 6.8) zeigt
$$\sigma(X_1, \dots, X_k) \perp\!\!\!\perp \sigma(X_{k+1}, X_{k+2}, \dots) = \mathscr{T}_{k+1}.$$

2° Wegen $\mathscr{T}_\infty \subset \mathscr{T}_{k+1}$ gilt offensichtlich $\sigma(X_1, \dots, X_k) \perp\!\!\!\perp \mathscr{T}_\infty$ für jedes $k \in \mathbb{N}$.

3° $\underbrace{\bigcup_k \sigma(X_1, \dots, X_k)}_{\cap\text{-stabil, da aufsteigend}} \perp\!\!\!\perp \mathscr{T}_\infty.$

4° $\underbrace{\sigma\left(\bigcup_k \sigma(X_1, \dots, X_k)\right)}_{=\sigma(X_1, X_2, \dots) \supset \mathscr{T}_\infty} \perp\!\!\!\perp \mathscr{T}_\infty$ nach Satz 5.5.

Das zeigt, dass $\mathscr{T}_\infty \perp\!\!\!\perp \mathscr{T}_\infty$, und somit gilt $\mathbb{P}(A) \in \{0,1\}$ für alle $A \in \mathscr{T}_\infty$. □

Typischerweise wendet man das Kolmogorovsche 0-1-Gesetz auf Grenzwerte von unabhängigen Folgen $(X_i)_{i\in\mathbb{N}}$ an:

10.10 Korollar. *Es sei $(X_i)_{i\in\mathbb{N}}$ eine Folge von unabhängigen reellen ZV und $\mathscr{T}_\infty$ die zugehörige terminale σ-Algebra. Jede ZV Y, die bezüglich $\mathscr{T}_\infty$ messbar ist, ist f.s. konstant.*

Beweis. Es gilt $\mathbb{P}(Y \leqslant y) \in \{0,1\}$, d.h. $\mathbb{P}(Y = y_0) = 1$ für ein $y_0 \in \mathbb{R}$. □

Beispiel 10.8.c), vgl. auch Lemma 10.19, legt nahe, dass wir Satz 10.9 auf Summen von unabhängigen ZV nicht oder nicht direkt anwenden können. Einen Ausweg bietet das 0-1-Gesetz von Hewitt-Savage, das wesentlich auf der Beobachtung beruht, dass wir in einer Summe von iid ZV

$$S = X_1 + \cdots + X_n + X_{n+1} + X_{n+2} + \cdots$$

endlich viele Summanden permutieren dürfen, ohne den Wert oder die Verteilung zu ändern.

Um das mathematisch korrekt zu formulieren, benötigen wir einige Definitionen. Eine endliche Permutation ist eine Permutation π der Menge $\{1,\dots,m\}$ für ein $m \in \mathbb{N}$. Wir schreiben

$$\mathbb{X} := (\underbrace{X_1,\dots,X_m}_{=:\mathbb{X}_m}, X_{m+1},\dots) \quad\text{und}\quad \pi\mathbb{X} := (\underbrace{X_{\pi(1)},\dots,X_{\pi(m)}}_{=:\pi\mathbb{X}_m}, X_{m+1},\dots),$$

$\mathscr{F}_n := \sigma(X_1,\dots,X_n)$, $\mathscr{F}_\infty := \sigma\left(\bigcup_{n=1}^\infty \mathscr{F}_n\right)$, $\mathscr{T}_{n+1} = \sigma(X_k, k \geqslant n+1)$ und $\mathscr{T}_\infty = \bigcap_{n\in\mathbb{N}} \mathscr{T}_n$ für die terminale σ-Algebra.

Da $\mathscr{F}_\infty$ die kleinste σ-Algebra ist, so dass $\mathbb{X} : (\Omega, \mathscr{F}_\infty) \to (\mathbb{R}^\mathbb{N}, \mathscr{B}(\mathbb{R}^\mathbb{N}))$ messbar ist, gilt $F = \{\mathbb{X} \in B\}$ für alle $F \in \mathscr{F}_\infty$ mit einer geeigneten Menge $B \in \mathscr{B}(\mathbb{R}^\mathbb{N})$, vgl. [MI, Kapitel 17].

10.11 Definition. Eine Menge $F \in \mathscr{F}_\infty$, $F = \{\mathbb{X} \in B\}$, nennt man *permutierbar*, wenn $\{\pi\mathbb{X} \in B\} = \{\mathbb{X} \in B\}$ für alle endlichen Permutationen π gilt.

10.12 Beispiel. Es sei $(X_i)_{i\in\mathbb{N}}$ eine Folge von iid ZV. Typische Beispiele für permutierbare Mengen sind

a) $A = \{\omega \mid X_n(\omega) \in B \text{ für unendlich viele } n\}$ für alle $B \in \mathscr{B}(\mathbb{R})$;

b) $A' = \{\omega \mid \limsup_{n\to\infty} c_n^{-1} X_n(\omega) \geqslant 1\}$ für eine Folge $(c_n)_{n\in\mathbb{N}} \subset (0,\infty)$.

10.13 ♦ Satz (0-1-Gesetz von Hewitt-Savage). *Es seien $(X_i)_{i\in\mathbb{N}}$ reelle iid ZV und F eine permutierbare Menge aus $\mathscr{F}_\infty$. Dann gilt $\mathbb{P}(F) \in \{0,1\}$.*

Beweis. Die Familie $\mathscr{G} = \bigcup_{n=1}^\infty \mathscr{F}_n$ ist eine Boolesche Algebra[17] [✍], die die σ-Algebra $\mathscr{F}_\infty$ erzeugt. Daher können wir jedes $F \in \mathscr{F}_\infty$ durch Mengen aus dem Erzeuger appro-

17 D.h. $\Omega \in \mathscr{G}$ und $\mathscr{G}$ ist stabil unter endlichen Schnitten, Vereinigungen und Komplementbildung.

ximieren (vgl. Appendix A.3):

$$\forall k \in \mathbb{N},\ \epsilon > 0 \quad \exists n(k) = n(k,\epsilon),\ F_{n(k)} \in \mathscr{F}_{n(k)} \ :\ \mathbb{P}(F_{n(k)} \triangle F) \leqslant \epsilon 2^{-k}. \tag{10.1}$$

Indem wir ggf. $n(k)$ vergrößern, können wir $n(k) \uparrow \infty$ annehmen. Wir wählen nun k, ϵ und $F_{n(k)}$ wie in (10.1), und betrachten die Permutation

$$\sigma = \begin{pmatrix} 1, & \dots & n(k), & n(k)+1, & \dots & 2n(k) \\ n(k)+1, & \dots & 2n(k), & 1, & \dots & n(k) \end{pmatrix}.$$

Für ein geeignetes $B_n \in \mathscr{B}(\mathbb{R}^n)$ gilt

$$F_{n(k)} = \{\mathbb{X}_{n(k)} \in B_{n(k)}\} = \left\{\mathbb{X}_{2n(k)} \in B_{n(k)} \times \mathbb{R}^{n(k)}\right\}$$

und wir definieren

$$F^{\sigma}_{n(k)} := \left\{\sigma\mathbb{X}_{2n(k)} \in B_{n(k)} \times \mathbb{R}^{n(k)}\right\} = \left\{(X_{n(k)+1}, \dots, X_{2n(k)}) \in B_{n(k)}\right\} \in \mathscr{T}_{n(k)}.$$

Auf Grund der Konstruktion der Menge $F_{n(k)}$ und weil wir $F \in \mathscr{F}_\infty$ als $F = \{\mathbb{X} \in B\}$ mit einer Menge $B \in \mathscr{B}(\mathbb{R}^{\mathbb{N}})$ schreiben können, haben wir

$$\begin{aligned} \epsilon 2^{-k} \geqslant \mathbb{P}(F \triangle F_{n(k)}) &= \mathbb{P}\left(\{\mathbb{X} \in B\} \triangle \left\{\mathbb{X}_{2n(k)} \in B_{n(k)} \times \mathbb{R}^{n(k)}\right\}\right) \\ &\overset{\text{iid}}{=} \mathbb{P}\left(\{\sigma\mathbb{X} \in B\} \triangle \left\{\sigma\mathbb{X}_{2n(k)} \in B_{n(k)} \times \mathbb{R}^{n(k)}\right\}\right) \\ &\underset{\text{bar}}{\overset{\text{permutier-}}{=}} \mathbb{P}\left(\{\mathbb{X} \in B\} \triangle \left\{\sigma\mathbb{X}_{2n(k)} \in B_{n(k)} \times \mathbb{R}^{n(k)}\right\}\right) \\ &= \mathbb{P}\left(F \triangle F^{\sigma}_{n(k)}\right). \end{aligned}$$

Im mit »iid« markierten Schritt verwenden wir die Unabhängigkeit der ZV $(X_i)_{i\in\mathbb{N}}$ (vgl. Korollar 6.7):

$$\mathbb{P}_{\mathbb{X}} \overset{\text{unabh.}}{=} \bigotimes_{i=1}^{\infty} \mathbb{P}_{X_i} \overset{\text{iid}}{=} \bigotimes_{i=1}^{\infty} \mathbb{P}_{X_1} \overset{\text{iid}}{=} \bigotimes_{i=1}^{2n(k)} \mathbb{P}_{X_{\sigma(i)}} \otimes \bigotimes_{i=2n(k)+1}^{\infty} \mathbb{P}_{X_i} \overset{\text{unabh.}}{=} \mathbb{P}_{\sigma\mathbb{X}}$$

Andererseits ist für alle $m \in \mathbb{N}$

$$F \triangle \bigcap_{m=1}^{\infty} \bigcup_{k\geqslant m} F^{\sigma}_{n(k)} \subset F \triangle \bigcup_{k\geqslant m} F^{\sigma}_{n(k)} \subset \bigcup_{k\geqslant m} \left(F \triangle F^{\sigma}_{n(k)}\right),$$

und daher gilt

$$\mathbb{P}\left(F \triangle \bigcap_{m=1}^{\infty} \bigcup_{k\geqslant m} F^{\sigma}_{n(k)}\right) \leqslant \sum_{k\geqslant m} \mathbb{P}\left(F \triangle F^{\sigma}_{n(k)}\right) \leqslant \sum_{k\geqslant m} \epsilon 2^{-k} \leqslant \epsilon.$$

Weil $F^{\sigma}_{n(k)} \in \mathscr{T}_{n(k)}$ gilt, haben wir $F' := \bigcap_{m=1}^{\infty} \bigcup_{k\geqslant m} F^{\sigma}_{n(k)} \in \mathscr{T}_\infty$. Nach dem Kolmogorovschen 0-1-Gesetz ist $\mathbb{P}(F') = 0$ oder $= 1$; da $\epsilon > 0$ beliebig ist, haben wir $\mathbb{P}(F) = 0$ oder $= 1$. □

Wir wollen nun einige Anwendungen des Borel-Cantelli-Lemmas und der 0-1-Gesetze vorstellen.

Normale Zahlen (Borel 1909)

Wir betrachten den W-Raum $([0,1), \mathscr{B}[0,1), d\omega)$. Für jedes $b \in \mathbb{N}$, $b \geqslant 2$ können wir $\omega \in [0,1)$ als b-adischen Bruch mit den »Ziffern« $t_n(\omega) \in \{0, 1, \dots, b-1\}$ schreiben:

$$\omega = 0.t_1 t_2 t_2 \ldots := \sum_{n=1}^{\infty} t_n b^{-n}.$$

Indem wir Perioden ausschließen, die mit der Ziffer $b-1$ enden, können wir die Eindeutigkeit der Darstellung erreichen. Es gilt

$$\{t_n = k\} = \{\text{alle } \omega, \text{deren } n\text{-te Ziffer } k \text{ ist}\} = \biguplus_{m=0}^{b^{n-1}-1} \left[\frac{mb+k}{b^n}, \frac{mb+k+1}{b^n}\right)$$

d.h. $t_n = t_n(\omega)$ ist messbar, also eine ZV. Weil wir das Lebesguemaß $d\omega$ als W-Maß verwenden, sind die ω in $[0,1)$ gleichverteilt und es gilt

- $\mathbb{P}(t_n = k) = \frac{1}{b}$ für alle Ziffern $k \in \{0, 1, \dots, b-1\}$;
- t_n, $n \in \mathbb{N}$, sind unabhängige ZV, vgl. Seite 69.

Wir interessieren uns für die relative Häufigkeit der Ziffern von $\omega \in [0,1)$. Definiere

$$X_n^k = \mathbb{1}_{\{t_n = k\}}, \quad S_n^k = X_1^k + \cdots + X_n^k.$$

10.14 Definition. Eine Zahl $\omega \in [0,1)$ heißt *normal* (bezüglich der Basis b), wenn f.s.

$$\lim_{n\to\infty} \frac{S_n^k}{n} = \frac{1}{b} \quad \forall k = 0, 1, 2, \dots, b-1.$$

Die Zahl ω heißt *absolut normal*, wenn ω normal ist für alle $b = 2, 3, \ldots$

10.15 Satz (Borel 1909). *Lebesgue-fast alle $\omega \in [0,1)$ sind absolut normal.*

Beweis. Gemäß dem L^4-SLLN (Satz 10.3) gibt es für jedes $b \in \mathbb{N}$, $b \geqslant 2$, eine Menge $\Omega_b \subset [0,1)$ mit Lebesguemaß $\lambda(\Omega_b) = 1$ und

$$\lim_{n\to\infty} \frac{S_n^k(\omega)}{n} = \frac{1}{b} \qquad \forall \omega \in \Omega_b, \ \forall k = 0, \dots, b-1. \tag{10.2}$$

Nun ist aber $\Omega_\infty := \bigcap_{b=2}^{\infty} \Omega_b$ wieder eine Menge mit Lebesguemaß 1, auf der offensichtlich (10.2) für alle $b \geqslant 2$ gilt. □

Für die meisten Zahlen, z.B. $\frac{\sqrt{2}}{2}, \frac{\pi}{4}, \frac{e}{3}, \log 2\ldots$ ist unbekannt, ob sie normal sind. Bisher sind nur triviale (d.h. periodische) oder speziell konstruierte normale Zahlen bekannt.

Wir geben uns nun eine feste Abfolge von Ziffern vor, $\mathbb{k} = (k_1, \dots, k_p)$, $k_i \in \{0, \dots, b-1\}$, $p \in \mathbb{N}$. Auf Grund der Unabhängigkeit der Nachkommastellen $(t_i)_{i\in\mathbb{N}}$ ist die Wahrscheinlichkeit die Abfolge $\mathbb{k}$ an irgendeiner Stelle zu beobachten

$$\mathbb{P}(t_{1+m}, \dots, t_{p+m}) = \mathbb{k}) = \prod_{i=1}^{p} \mathbb{P}(t_{i+m} = k_i) = \frac{1}{b^p}, \quad m \in \mathbb{N}_0.$$

Tatsächlich kommt $\mathbb{k}$ in fast allen b-adischen Entwicklungen unendlich oft vor. Mit dem 3. Blocklemma (Korollar 6.8) sehen wir, dass die ZV

$$X_n := (t_{np+1}, \dots, t_{np+p}), \quad n \in \mathbb{N}$$

unabhängig und identisch verteilt sind. Daher sind die Ereignisse $\{X_n = \mathbb{k}\}$ unabhängig und es gilt

$$\sum_{n=1}^{\infty} \mathbb{P}(X_n = \mathbb{k}) = \sum_{n=1}^{\infty} b^{-p} = \infty.$$

Das Borel-Cantelli-Lemma 10.1.b) zeigt, dass $\mathbb{P}(X_n = \mathbb{k}$ für unendlich viele $n) = 1$. Weil abzählbare Schnitte von Mengen mit Wahrscheinlichkeit 1 wieder Wahrscheinlichkeit 1 besitzen, gilt sogar die stärkere Aussage: *mit Wahrscheinlichkeit 1 können wir jedes fest vorgegebene Muster beliebiger Länge $p \in \mathbb{N}$ in der b-adischen Entwicklung der Zahl $\omega \in [0, 1)$ unendlich oft finden.*[18]

♦Random Walk: Die zufällige Irrfahrt

Random walks sind die einfachsten Beispiele für *stochastische Prozesse*, also Familien von ZV, die von einem (oder mehreren) Parametern abhängen. Üblicherweise werden eindimensionale Parameter als »Zeit« interpretiert, so dass ein stochastischer Prozess die zeitliche Dynamik eines Zufallsexperiments abbildet. In diesem Abschnitt werden wir nur den eindimensionalen Fall betrachten.

10.16 Definition. Eine (*zufällige*) *Irrfahrt* (auch: *random walk*) in $\mathbb{R}$ ist eine Familie von ZV der Gestalt $S_n = X_0 + X_1 + \cdots + X_n$, $n \in \mathbb{N}$, wobei die ZV $X_0, (X_i)_{i\in\mathbb{N}}$ unabhängig und $(X_i)_{i\in\mathbb{N}}$ iid sind; X_0 heißt *Anfangs-* oder *Startposition*, die $(X_i)_{i\in\mathbb{N}}$ bezeichnet man als *Schritte*. Wenn $\mathbb{P}_{X_1} \neq \delta_0$, dann spricht man von einer *nichttrivialen* Irrfahrt.

Eine Irrfahrt heißt *einfach* (*simple*), wenn $\mathbb{P}(X_1 = 1) = p$, $\mathbb{P}(X_1 = -1) = 1 - p = q$ und $X_0 = 0$ gilt; wenn $p = q = \frac{1}{2}$, dann spricht man von einer *einfachen, symmetrischen Irrfahrt*.

Wir interessieren uns für das Verhalten der Irrfahrt S_n für $n \to \infty$. Relativ einfach lässt sich folgende Aussage zeigen:

10.17 Lemma. *Für eine eindimensionale Irrfahrt $(S_n)_{n\in\mathbb{N}_0}$ gilt*

$$\mathbb{E}X_1 > 0 \implies \lim_{n\to\infty} S_n = +\infty \text{ f.s.} \quad \textit{bzw.} \quad \mathbb{E}X_1 < 0 \implies \lim_{n\to\infty} S_n = -\infty \text{ f.s.}$$

Beweis. Wir brauchen für den Beweis das L^1-SLLN (Satz 12.4), bewiesen haben wir bisher die – bis auf die Integrabilitätsbedingung gleichlautende – L^4-Version (Satz 10.3). Da

18 Wenn Sie also auf Ihrem PC lange genug zufällig tippen, dann werden Sie mit Wahrscheinlichkeit 1 auch dieses Buch beliebig oft abschreiben...

unser Argument nicht davon abhängt, nehmen wir im Vorgriff auf Satz 12.4 die Gültigkeit des L^1-SLLN an.

O.E. sei $\mu := \mathbb{E}X_1 > 0$. Dann folgt aus (dem L^1-Analog von) Satz 10.3

$$\lim_{n\to\infty} \frac{S_n}{n} = \mu \text{ fast sicher.}$$

Somit haben wir

$$\exists \Omega_0,\ \mathbb{P}(\Omega_0) = 1 \quad \forall \omega \in \Omega_0 \quad \exists N(\omega) \quad \forall n \geqslant N(\omega) : S_n(\omega) \geqslant \frac{n}{2}\mu$$

und es gilt $\lim_{n\to\infty} S_n(\omega) = +\infty$ fast sicher. □

Der eigentlich interessante Fall ist der folgende

10.18 Satz (Chung-Fuchs 1951). *Für eine nichttriviale reelle Irrfahrt $(S_n)_{n\in\mathbb{N}_0}$ gilt*

a) $\mathbb{E}X_1 > 0 \iff \lim_{n\to\infty} S_n = +\infty$ *f.s.*

b) $\mathbb{E}X_1 < 0 \iff \lim_{n\to\infty} S_n = -\infty$ *f.s.*

c) $\mathbb{E}X_1 = 0 \iff -\infty = \liminf_{n\to\infty} S_n < \limsup_{n\to\infty} S_n = +\infty$ *f.s.*

Wir zeigen dieses Resultat nur für eine einfache Irrfahrt in $\mathbb{R}$.

10.19 Lemma. *Für eine nichttriviale einfache Irrfahrt $(S_n)_{n\in\mathbb{N}}$ gilt:*

a) *Wenn $p \neq \frac{1}{2}$, dann gilt $\mathbb{P}(S_n = 0$ für unendlich viele $n) = 0$.*

b) *Wenn $p = \frac{1}{2}$, dann gilt $\mathbb{P}(S_n = 0$ für unendlich viele $n) = 1$.*

Wir bemerken, dass »$S_n = 0$ für unendlich viele n« äquivalent dazu ist, dass »S_n oszilliert«, d.h., S_n wird für $n \to \infty$ unendlich oft strikt positiv und strikt negativ. Weil zudem $\mathbb{E}X_1 = p - q$ gilt, ergeben Lemma 10.19 und Lemma 10.17 gerade die Aussage von Satz 10.18 für die einfache Irrfahrt.

Beweis von Lemma 10.19. Wir führen einen elementaren Beweis, der nicht das Hewitt-Savage 0-1-Gesetz verwendet. Zunächst ist klar, dass $S_n(\omega) = 0$ nur für gerade $n \in \mathbb{N}$ möglich ist, da wir wegen $X_0 = S_0 = 0$ genauso viele Schritte der Größe +1 wie −1 machen müssen, um wieder zum Ursprung zu gelangen. Da S_{2n} binomialverteilt ist, rechnet man mit der Stirlingschen Formel[19] leicht nach, dass [✍]

$$\mathbb{P}(S_{2n} = 0) = \binom{2n}{n} p^n q^n \approx \frac{(4pq)^n}{\sqrt{\pi n}}.$$

Für $p \neq 1/2$ ist $4pq < 1$ und daher konvergiert die Reihe $\sum_{n=1}^{\infty} \mathbb{P}(S_{2n} = 0) < \infty$. Die einfache Richtung des Borel-Cantelli-Lemmas (Satz 10.1) zeigt dann die Behauptung a).

Nun nehmen wir an, dass $p = q = 1/2$ gilt. Wir zeigen, dass das Ereignis

$$\Omega_1 = \Omega_{11} \cap \Omega_{12} = \left\{ \liminf_{n\to\infty} n^{-1/2} S_n \leqslant -1 \right\} \cap \left\{ \limsup_{n\to\infty} n^{-1/2} S_n \geqslant +1 \right\}$$

19 Zur Erinnerung: $n! \approx (2\pi n)^{-1/2} n^n e^{-n}$

die Wahrscheinlichkeit 1 hat; wegen $\Omega_1 \subset \{S_n = 0 \text{ für unendlich viele } n\}$ folgt daraus dann die Behauptung. Die Ereignisse Ω_{11} und Ω_{12} sind nach Beispiel 10.8.b) terminal und aus Symmetriegründen gilt

$$\mathbb{P}\Big(\liminf_{n\to\infty} n^{-1/2} S_n \leqslant -1\Big) = \mathbb{P}\Big(\limsup_{n\to\infty} n^{-1/2} S_n \geqslant 1\Big) \overset{\text{Fatou}}{\underset{\text{(A.13)}}{\geqslant}} \limsup_{n\to\infty} \mathbb{P}\left(n^{-1/2} S_n \geqslant 1\right).$$

Wenn wir den CLT von DeMoivre-Laplace (Satz 8.8) anwenden, sehen wir

$$\limsup_{n\to\infty} \mathbb{P}\left(n^{-1/2} S_n \geqslant 1\right) = \frac{1}{\sqrt{2\pi}} \int_1^\infty e^{-x^2/2}\,dx > 0,$$

und mit dem Kolmogorovschen 0-1-Gesetz schließen wir, dass $\mathbb{P}(\Omega_1) = 1$ gilt. □

Für allgemeine reelle Irrfahrten wollen wir noch die folgende schwächere Aussage beweisen, auf den Satz von Chung-Fuchs kommen wir im Band *Martingale & Prozesse* [MP, Kapitel 13] zurück, da wir dafür einen anderen Ansatz benötigen.

10.20 Satz. *Es sei $(S_n)_{n\in\mathbb{N}_0}$ eine nichttriviale reelle Irrfahrt. Dann gilt eine der folgenden Alternativen:*

a) $\lim_{n\to\infty} S_n = +\infty$ *f.s.*
b) $\lim_{n\to\infty} S_n = -\infty$ *f.s.*
c) $-\infty = \liminf_{n\to\infty} S_n < \limsup_{n\to\infty} S_n = +\infty$ *f.s.*

Beweis. Wir setzen $A = A(c) = \{\limsup_{n\to\infty} S_n = c\}$ für $c \in \overline{\mathbb{R}}$. Diese Menge ist permutierbar, und daher gilt nach Satz 10.13, dass $\mathbb{P}(A) = 0$ oder $= 1$ ist. Insbesondere gibt es eine Konstante $c^* \in \overline{\mathbb{R}}$ mit $c^* = \limsup_{n\to\infty} S_n$ f.s. Wir setzen

$$X_n' := X_{n+1}, \qquad S_n' := X_1' + \cdots + X_n'.$$

Dann ist $(S_n')_{n\in\mathbb{N}_0}$ wiederum eine Irrfahrt, und es gilt

$$S' := \limsup_{n\to\infty} S_n' = \limsup_{n\to\infty}(S_{n+1} - X_1) = S - X_1.$$

Auf Grund der Unabhängigkeit sehen wir (vgl. Korollar 6.7), dass

$$\mathbb{P}_{(X_n)_n} \overset{\text{unabh.}}{=} \bigotimes_{n=1}^\infty \mathbb{P}_{X_n} \overset{\text{iid}}{=} \bigotimes_{n=1}^\infty \mathbb{P}_{X_1} \overset{\text{iid}}{=} \bigotimes_{n=1}^\infty \mathbb{P}_{X_n'} \overset{\text{unabh.}}{=} \mathbb{P}_{(X_n')_n}$$

gilt, und daher ist $S \sim S'$ und $S = S' = c^*$ f.s. Mithin

$$|c^*| < \infty \implies X_1 \equiv 0 \quad \text{oder} \quad X_1 \not\equiv 0 \implies |c^*| = \infty.$$

Das gleiche Argument mit dem Limes inferior und der Konstante $c_* \in \overline{\mathbb{R}}$ zeigt

$$X_1 \not\equiv 0 \implies \liminf_{n\to\infty} S_n = c_* \text{ f.s.} \quad \text{und} \quad |c_*| = \infty.$$

Da $\liminf_{n\to\infty} S_n(\omega) = \infty$ und $\limsup_{n\to\infty} S_n(\omega) = -\infty$ nicht gleichzeitig eintreten können, ergeben sich aus $c_* = c^* = \pm\infty$ und $c_* < c^*$ die drei Alternativen a)–c). □

Aufgaben

1. Es seien $(A_n)_{n\in\mathbb{N}} \subset \mathscr{A}$ Ereignisse und $(X_n)_{n\in\mathbb{N}}$ reelle ZV. Zeigen Sie:
   (a) $\omega \in \liminf_{n\in\mathbb{N}} A_n \iff \omega$ ist in schließlich allen A_n;
   (b) $\omega \in \limsup_{n\in\mathbb{N}} A_n \iff \omega$ ist in unendlich vielen A_n;
   (c) $\{\mathbb{1}_{\limsup_{n\in\mathbb{N}} A_n} = 1\} = \{\sum_{n\in\mathbb{N}} \mathbb{1}_{A_n} = \infty\}$;
   (d) $\{\limsup_{n\to\infty} |X_n| > \epsilon\} \subset \limsup_{n\to\infty} \{|X_n| > \epsilon\} \subset \{\limsup_{n\to\infty} |X_n| \geqslant \epsilon\}$.

2. Eine Münze mit Erfolgswahrscheinlichkeit $p \in (0,1]$ wird unabhängig hintereinander geworfen. A_k ist das Ereignis, dass unter den Würfen $2^k, 2^k+1, \dots, 2^{k+1}-1$ mindestens k mal »Zahl« erscheint. Zeigen Sie, dass $\mathbb{P}(\limsup_{k\to\infty} A_k) = 1$.

3. Es seien $(X_n)_{n\in\mathbb{N}}$ unabhängige reelle ZV. Zeigen Sie mit Hilfe des Borel-Cantelli-Lemmas, dass
$$\mathbb{P}\left(\sup_{n\in\mathbb{N}} X_n < \infty\right) = 1 \iff \exists C > 0 : \sum_{n=1}^{\infty} \mathbb{P}(X_n > C) < \infty.$$

4. Es seien $(A_n)_{n\in\mathbb{N}} \subset \mathscr{A}$ Ereignisse, die nicht unabhängig sein müssen. Zeigen Sie:
$$\mathbb{P}(A_n \text{ für unendlich viele } n) = 1 \iff \forall B \in \mathscr{A},\ \mathbb{P}(B) > 0 : \sum_{n=1}^{\infty} \mathbb{P}(A_n \cap B) = \infty$$

5. Es sei X eine reelle ZV auf $(\Omega, \mathscr{A}, \mathbb{P})$ und $\mathscr{C}$ eine triviale σ-Algebra (trivial heißt, dass $\mathbb{P}(C) \in \{0,1\}$ für alle $C \in \mathscr{C}$ gilt). Zeigen Sie, dass eine $\mathscr{C}$-messbare ZV f.s. konstant ist. Wenn für eine messbare Funktion $f : \mathbb{R} \to \mathbb{R}$ gilt $f(X) \perp\!\!\!\perp X$, dann ist $f(X)$ f.s. konstant.

6. Es sei $(X_n)_{n\in\mathbb{N}}$ eine Folge von Zufallsvariablen und $S_n = X_1 + \dots + X_n$. Wir setzen $\mathscr{T}_n := \sigma(X_i, i \geqslant n)$ und $\mathscr{T}_\infty := \bigcap_{n\in\mathbb{N}} \mathscr{T}_n$. Welche der folgenden Ereignisse bzw. ZV sind terminal, d.h. $\mathscr{T}_\infty$-messbar?
   $A_1 = \{\limsup_n X_n < \infty\}$; $A_2 = \{\limsup_n S_n/n < \infty\}$; $A_3 = \{\exists c \in \mathbb{R} \mid \lim_n S_n \in (-\infty, c)\}$;
   $A_4 = \{\lim_n S_n \in (-\infty, c)\}$ für ein $c \in \mathbb{R}$; $A_5 = \{\lim_n S_n/n \in \mathbb{R}\}$; $A_6 = \{X_i = 0,\ \forall i \in \mathbb{N}\}$;
   $Y_1 = \limsup_n X_n$ und $Y_2 = \limsup_n S_n$.

7. Es sei $S_n = X_1 + \dots + X_n$ eine einfache zufällige Irrfahrt in $\mathbb{R}$. Bestimmen Sie $\mathbb{P}(S_n = 0)$ und diskutieren Sie das Konvergenzverhalten der Reihe $\sum_{n=1}^{\infty} \mathbb{P}(S_n = 0)$.

8. Eine Funktion $f : \mathbb{R}^{\mathbb{N}} \to \mathbb{R}$ heißt symmetrisch, wenn $f(\pi x) = f(x)$, $x \in \mathbb{R}^{\mathbb{N}}$, für jede endliche Permutation π gilt (Notation wie in Def. 10.11). Zeigen Sie mit Hilfe des 0-1-Gesetzes von Hewitt-Savage, dass für iid ZV $(X_n)_{n\in\mathbb{N}}$ und symmetrisches f die ZV $f(X_1, X_2, \dots)$ f.s. konstant ist.

9. Zeigen Sie folgenden
   Satz. *Es sei S_n eine einfache zufällige Irrfahrt in $\mathbb{R}$ und $T_n := \min\{m > T_{n-1} \mid S_m = 0\}$, $T_0 := 0$, bezeichne die Zeit der n-ten Rückkehr zum Ursprung. Dann sind folgende Aussagen äquivalent:*

   (i) $\mathbb{P}(T_1 < \infty) = 1$; (ii) $\mathbb{P}(S_n = 0$ *für unendlich viele* $n) = 1$; (iii) $\sum_{n=0}^{\infty} \mathbb{P}(S_n = 0) = \infty$.

   Hinweis. Für (i)⇒(ii): Zeigen Sie, dass $\mathbb{P}(S_{k+l} - S_l = n) = \mathbb{P}(S_k = n)$ gilt und folgern Sie daraus $\mathbb{P}(T_n < \infty) = \mathbb{P}(T_1 < \infty)^n$. Für die restlichen Implikationen: Überlegen Sie sich, dass gilt
$$\mathbb{E}\left[\sum_{n=0}^{\infty} \mathbb{1}_{\{S_n=0\}}\right] = \sum_{n=0}^{\infty} \mathbb{P}(S_n = 0) = \sum_{n=0}^{\infty} \mathbb{P}(T_n < \infty) = \frac{1}{1 - \mathbb{P}(T_1 < \infty)}.$$

11 Summen von unabhängigen Zufallsvariablen

Wir wollen nun das Studium der Grenzwerte von Summen unabhängiger ZV fortsetzen. In diesem Kapitel sind $(X_i)_{i\in\mathbb{N}}$ stets reelle ZV, die auf demselben W-Raum $(\Omega, \mathscr{A}, \mathbb{P})$ definiert sind. Wie bisher schreiben wir $S_n = X_1 + \cdots + X_n$ für die Partialsumme der X_i. Wir beginnen mit einem relativ neuen Resultat in diesem an sich klassischen Gebiet.

11.1 Satz (Maximalungleichung; Etemadi 1985). *Es seien $X_1, \dots, X_n$ unabhängige reelle ZV. Dann gilt*

$$\mathbb{P}\left(\max_{1\leqslant k\leqslant n} |S_k| \geqslant 3t\right) \leqslant 3 \max_{1\leqslant k\leqslant n} \mathbb{P}(|S_k| \geqslant t) \qquad \forall t \geqslant 0. \tag{11.1}$$

Beweis. Die Mengen $B_k := \{\omega \mid |S_k(\omega)| \geqslant 3t \;\&\; |S_i(\omega)| < 3t \;\forall i < k\}$ sind eine disjunkte Zerlegung des Ereignisses $\{\max_{1\leqslant k\leqslant n} |S_k| \geqslant 3t\} = \dot{\bigcup}_{k=1}^n B_k$. Daher gilt

$$\begin{aligned}
\mathbb{P}\left(\max_{1\leqslant k\leqslant n} |S_k| \geqslant 3t\right) &= \mathbb{P}\left(\max_{1\leqslant k\leqslant n} |S_k| \geqslant 3t,\ |S_n| \geqslant t\right) + \mathbb{P}\left(\max_{1\leqslant k\leqslant n} |S_k| \geqslant 3t,\ |S_n| < t\right)\\
&\leqslant \mathbb{P}\left(|S_n| \geqslant t\right) + \sum_{k=1}^{n} \mathbb{P}\left(B_k \cap \{|S_n| < t\}\right)\\
&\leqslant \mathbb{P}\left(|S_n| \geqslant t\right) + \sum_{k=1}^{n-1} \mathbb{P}\left(B_k \cap \{|S_n - S_k| > 2t\}\right).
\end{aligned}$$

In der letzten Ungleichung verwenden wir, dass $|S_n - S_k| \geqslant |S_k| - |S_n| > 3t - t$ auf der Menge $B_k \cap \{|S_n| < t\}$, $1 \leqslant k < n$, gilt, sowie $B_n \cap \{|S_n| < t\} = \emptyset$. Die Differenz $S_n - S_k$ ist $\sigma(X_{k+1}, \dots, X_n)$-messbar und daher unabhängig von $B_k \in \sigma(X_1, \dots, X_k)$. Das ergibt

$$\begin{aligned}
\mathbb{P}\left(\max_{1\leqslant k\leqslant n} |S_k| \geqslant 3t\right) &\leqslant \mathbb{P}\left(|S_n| \geqslant t\right) + \sum_{k=1}^{n-1} \mathbb{P}(B_k)\, \mathbb{P}(|S_n - S_k| > 2t)\\
&\leqslant \mathbb{P}\left(|S_n| \geqslant t\right) + \underbrace{\sum_{k=1}^{n-1} \mathbb{P}(B_k)}_{\leqslant 1} \max_{1\leqslant k\leqslant n-1} \mathbb{P}(|S_n - S_k| > 2t)\\
&\leqslant \mathbb{P}\left(|S_n| \geqslant t\right) + \max_{1\leqslant k\leqslant n-1} \mathbb{P}(|S_n - S_k| > 2t)\\
&\overset{(*)}{\leqslant} \mathbb{P}\left(|S_n| \geqslant t\right) + \max_{1\leqslant k\leqslant n-1} \left[\mathbb{P}\left(\{|S_n| > t\} \cup \{|S_k| > t\}\right)\right]\\
&\leqslant \mathbb{P}\left(|S_n| \geqslant t\right) + \mathbb{P}\left(|S_n| > t\right) + \max_{1\leqslant k\leqslant n-1} \mathbb{P}\left(|S_k| > t\right)\\
&\leqslant 3 \max_{1\leqslant k\leqslant n} \mathbb{P}\left(|S_n| \geqslant t\right).
\end{aligned}$$

Bei der mit $(*)$ gekennzeichneten Abschätzung beachten wir, dass auf Grund der Dreiecksungleichung $|S_n| + |S_k| \geqslant |S_n - S_k| > 2t$ wenigstens eine der Ungleichungen $|S_n| > t$ oder $|S_k| > t$ gelten muss. □

https://doi.org/10.1515/9783111342252-011

Wir können Etemadis Ungleichung für folgende erstaunliche Aussage verwenden.

11.2 Satz (Lévy). *Es seien $X_1, \dots, X_n$ unabhängige reelle ZV. Dann gilt*

$$S_n \text{ konvergiert f.s.} \iff S_n \text{ konvergiert in Wahrscheinlichkeit.}$$

Beweis. Weil fast sichere Konvergenz die Konvergenz in Wahrscheinlichkeit impliziert, vgl. Lemma 9.6.c), ist »$\Rightarrow$« klar. Für die umgekehrte Richtung »$\Leftarrow$« benötigen wir die Unabhängigkeit.

Wir definieren $Z := \mathbb{P}\text{-}\lim_{n\to\infty} S_n$. Dann gilt für festes $\epsilon > 0$ und alle $m \in \mathbb{N}$

$$\begin{aligned}
&\mathbb{P}(|S_n - Z| > 6\epsilon \text{ für unendlich viele } n)\\
&\quad \leqslant \mathbb{P}\Big(\sup_{n\geqslant m} |S_n - Z| > 6\epsilon\Big) \leqslant \mathbb{P}(|S_m - Z| > 3\epsilon) + \mathbb{P}\Big(\sup_{n\geqslant m} |S_n - S_m| > 3\epsilon\Big)
\end{aligned}$$

weil $|S_m - Z| + \sup_{n\geqslant m} |S_n - S_m| \geqslant \sup_{n\geqslant m} |S_n - Z| > 6\epsilon$ nur dann gelten kann, wenn wenigstens einer der Terme $|S_m - Z| > 3\epsilon$ oder $\sup_{n\geqslant m} |S_n - S_m| > 3\epsilon$ ist. Offensichtlich gilt

$$\Big\{\sup_{n\geqslant m} |S_n - S_m| > 3\epsilon\Big\} = \bigcup_{N=m}^{\infty} \Big\{\sup_{m\leqslant n\leqslant N} |S_n - S_m| > 3\epsilon\Big\}.$$

Wenn wir nun die Maßstetigkeit verwenden und die Ungleichung von Etemadi auf die Folge $(X_i)_{i>m}$ anwenden, erhalten wir

$$\begin{aligned}
&\mathbb{P}(|S_n - Z| > 6\epsilon \text{ für unendlich viele } n)\\
&\quad \leqslant \mathbb{P}(|S_m - Z| > 3\epsilon) + 3 \sup_{N\geqslant m} \sup_{m\leqslant p\leqslant N} \mathbb{P}(|S_p - S_m| > \epsilon)\\
&\quad \leqslant \mathbb{P}(|S_m - Z| > 3\epsilon) + 3\Big(\sup_{p\geqslant m} \mathbb{P}(|S_p - Z| > \epsilon/2) + \mathbb{P}(|Z - S_m| > \epsilon/2)\Big)\\
&\quad \leqslant 7 \sup_{p\geqslant m} \mathbb{P}(|S_p - Z| > \epsilon/2).
\end{aligned}$$

Nach Definition des Limes superior und wegen $S_n \xrightarrow{\mathbb{P}} Z$ gilt

$$\lim_{m\to\infty} \sup_{p\geqslant m} \mathbb{P}(|S_p - Z| > \epsilon/2) = \limsup_{p\to\infty} \mathbb{P}(|S_p - Z| > \epsilon/2) = 0,$$

und die Behauptung folgt nun aus Satz 9.11. □

11.3 Korollar (Kolmogorov). *Es seien $(X_i)_{i\in\mathbb{N}} \subset L^2(\mathbb{P})$ unabhängige reelle ZV. Dann gilt*

$$\sum_{i=1}^{\infty} \mathbb{V}X_i < \infty \implies \sum_{i=1}^{\infty} (X_i - \mathbb{E}X_i) \quad \text{konvergiert f.s.}$$

Beweis. Für alle Konstanten c_i gilt, dass die Folge $(X_i - c_i)_{i\in\mathbb{N}}$ die Unabhängigkeit der $(X_i)_{i\in\mathbb{N}}$ erbt (3. Blocklemma 6.8) und dass $\mathbb{V}X_i = \mathbb{V}(X_i - c_i)$. Indem wir ggf. $X_i - \mathbb{E}X_i$ betrachten, können wir $\mathbb{E}X_i = 0$ annehmen. Für $m < n$ gilt

$$\mathbb{E}(S_n - S_m)^2 = \mathbb{V}(S_n - S_m) \overset{\text{Bienaymé}}{=} \sum_{i=m+1}^{n} \mathbb{V}(X_i) \xrightarrow[m,n\to\infty]{} 0.$$

Da $L^2(\mathbb{P})$ vollständig ist, existiert der Grenzwert $S_n \to S$ in $L^2(\mathbb{P})$, also auch in Wahrscheinlichkeit (vgl. Lemma 9.6), und nach Satz 11.2 auch fast sicher. □

Wir zeigen jetzt eine (partielle) Umkehrung von Korollar 11.3. Den hier verwendeten Stoppzeiten werden wir wieder beim Studium von Martingalen in [MP] begegnen.

11.4 Satz. *Es seien $(X_i)_{i\in\mathbb{N}}$ unabhängige reelle ZV, die zentriert $\mathbb{E}X_i = 0$ und f.s. beschränkt $\sup_{i\in\mathbb{N}} |X_i| \leqslant c < \infty$ sind. Dann gilt*

$$\sum_{i=1}^{\infty} X_i \text{ konvergiert f.s.} \implies \sum_{i=1}^{\infty} \mathbb{V}X_i < \infty.$$

Beweis. Zunächst bemerken wir, dass wegen $\mathbb{E}X_i = 0$ die Gleichheiten $\mathbb{V}X_i = \mathbb{E}(X_i^2)$ und

$$\mathbb{E}(S_n^2) = \mathbb{V}S_n \overset{\text{Bienaymé}}{=} \sum_{i=1}^{n} \mathbb{V}X_i = \sum_{i=1}^{n} \mathbb{E}(X_i^2)$$

bestehen. Für festes $\lambda > 0$ definieren wir die sog. Stoppzeit

$$\nu(\omega) := \inf\{n \in \mathbb{N} \mid |S_n(\omega)| \geqslant \lambda\}, \quad \inf\emptyset = \infty.$$

Offensichtlich gilt

$$\{\nu = n\} = \{|S_n| \geqslant \lambda\} \cap \{|S_1| < \lambda\} \cap \dots \cap \{|S_{n-1}| < \lambda\} \in \sigma(X_1, \dots, X_n)$$

und

$$\{\nu \leqslant n\} = \bigcup_{k=1}^{n} \{\nu = k\} \in \sigma(X_1, \dots, X_n),$$

d.h. ν ist messbar und damit eine Zufallsvariable. Für $k < n$ haben wir wegen der Unabhängigkeit von $(S_n - S_k) \perp\!\!\!\perp \sigma(X_1, \dots, X_k)$ und $(S_n - S_k) \perp\!\!\!\perp \{\nu = k\}$

$$\begin{aligned}
\int_{\{\nu=k\}} S_n^2 \, d\mathbb{P} &= \int_{\{\nu=k\}} (S_k + S_n - S_k)^2 \, d\mathbb{P} \\
&= \int_{\{\nu=k\}} S_k^2 \, d\mathbb{P} + \int (S_n - S_k)^2 \mathbb{1}_{\{\nu=k\}} \, d\mathbb{P} + 2 \underbrace{\int S_k \mathbb{1}_{\{\nu=k\}} \cdot (S_n - S_k) \, d\mathbb{P}}_{= \mathbb{E}(S_k \mathbb{1}_{\{\nu=k\}}) \cdot \underbrace{\mathbb{E}(S_n - S_k)}_{=0} = 0} \\
&= \int_{\{\nu=k\}} S_k^2 \, d\mathbb{P} + \mathbb{P}(\nu = k) \underbrace{\mathbb{E}\left((S_n - S_k)^2\right)}_{= \mathbb{V}(S_n - S_k)} \\
&= \int_{\{\nu=k\}} S_k^2 \, d\mathbb{P} + \mathbb{P}(\nu = k) \sum_{i=k+1}^{n} \mathbb{E}X_i^2.
\end{aligned}$$

Auf der Menge $\{\nu = k\}$, d.h. für alle ω mit $\nu(\omega) = k$ gilt

$$|S_k(\omega)| = |S_{k-1}(\omega) + X_k(\omega)| \leqslant |S_{k-1}(\omega)| + |X_k(\omega)| \leqslant \lambda + c$$

und daher

$$\int_{\{\nu=k\}} S_n^2 \, d\mathbb{P} \leqslant \int_{\{\nu=k\}} (\lambda + c)^2 \, d\mathbb{P} + \mathbb{P}(\nu = k) \sum_{i=1}^n \mathbb{E}X_i^2 = \left((\lambda + c)^2 + \sum_{i=1}^n \mathbb{E}X_i^2 \right) \mathbb{P}(\nu = k).$$

Indem wir über $k = 1, 2, \ldots, n$ summieren, erhalten wir

$$\int_{\{\nu \leqslant n\}} S_n^2 \, d\mathbb{P} \leqslant \left((\lambda + c)^2 + \sum_{i=1}^n \mathbb{E}X_i^2 \right) \mathbb{P}(\nu \leqslant n).$$

Andererseits folgt aus der Definition von ν, dass

$$\int_{\{\nu > n\}} S_n^2 \, d\mathbb{P} \leqslant \int_{\{\nu > n\}} \lambda^2 \, d\mathbb{P} \leqslant (\lambda + c)^2 \, \mathbb{P}(\nu > n).$$

Wenn wir diese beiden Ungleichungen addieren, folgt

$$\mathbb{E}(S_n^2) \leqslant (\lambda + c)^2 + \mathbb{P}(\nu \leqslant n) \sum_{i=1}^n \mathbb{E}(X_i^2).$$

Diese Ungleichung können wir umformen in

$$\mathbb{P}(\nu > n) \sum_{i=1}^n \mathbb{E}(X_i^2) \leqslant (\lambda + c)^2 \xrightarrow{n\to\infty} \mathbb{P}(\nu = \infty) \sum_{i=1}^\infty \mathbb{E}(X_i^2) \leqslant (\lambda + c)^2.$$

Nach Voraussetzung konvergiert die Reihe $\sum_{i=1}^\infty X_i$ fast sicher, d.h. es gilt

$$\exists \lambda' > 0 : \mathbb{P}\left(\sup_{n\in\mathbb{N}} \left| \sum_{i=1}^n X_i \right| \leqslant \lambda' \right) > 0.$$

Für $\lambda > \lambda'$ haben wir dann $\mathbb{P}(\nu = \infty) > 0$. Daraus folgt wiederum, dass

$$\sum_{i=1}^\infty \mathbb{E}(X_i^2) \leqslant \frac{(\lambda + c)^2}{\mathbb{P}(\nu = \infty)} < \infty. \qquad \square$$

11.5 Korollar. *Es sei $(X_i)_{i\in\mathbb{N}}$ eine Folge unabhängiger reeller ZV, die f.s. beschränkt sind: $\sup_{i\in\mathbb{N}} |X_i| \leqslant c < \infty$. Dann*

$$\sum_{i=1}^\infty X_i \text{ konvergiert f.s.} \implies \sum_{i=1}^\infty \mathbb{E}X_i, \ \sum_{i=1}^\infty \mathbb{V}X_i \text{ konvergieren.}$$

Beweis. Wäre $\mathbb{E}X_i = 0$, dann könnten wir Satz 11.4 anwenden. Durch einen Symmetrisierungstrick können wir uns auf diese Situation zurückziehen.

1° Wir konstruieren zwei identische Kopien $(\Omega, \mathscr{A}, \mathbb{P})$, $(X_i)_{i\in\mathbb{N}}$ und $(\widetilde{\Omega}, \widetilde{\mathscr{A}}, \widetilde{\mathbb{P}})$, $(\widetilde{X}_i)_{i\in\mathbb{N}}$, und definieren auf dem Produktraum $(\Omega \times \widetilde{\Omega}, \mathscr{A} \otimes \widetilde{\mathscr{A}}, \mathbb{P} \otimes \widetilde{\mathbb{P}})$ die Symmetrisierung

$$Z_i(\omega, \widetilde{\omega}) := X_i(\omega) - \widetilde{X}_i(\widetilde{\omega}).$$

2° Sowohl die ZV $(X_i)_{i\in\mathbb{N}}$ als auch die ZV $(\widetilde{X}_i)_{i\in\mathbb{N}}$ sind unabhängig und beide Folgen werden mit Hilfe einer Produktkonstruktion auf einem einzigen W-Raum modelliert, vgl. Kapitel 6 (Problem 2). Daher gilt auch $(X_i)_{i\in\mathbb{N}} \perp\!\!\!\perp (\widetilde{X}_i)_{i\in\mathbb{N}}$, insbesondere sind die ZV Z_i, $i \in \mathbb{N}$ unabhängig [✍] und somit

$$\mathbb{E}Z_i = \mathbb{E}X_i - \mathbb{E}\widetilde{X}_i \quad \text{und} \quad \mathbb{V}Z_i = \mathbb{V}(X_i - \widetilde{X}_i) = \underbrace{\mathbb{V}X_i}_{=:\sigma_i^2} + \mathbb{V}\widetilde{X}_i = 2\sigma_i^2.$$

3° Wir definieren die Mengen

$$G := \Big\{\omega \in \Omega \mid \sum_{i=1}^{\infty} X_i(\omega) \text{ konvergiert}\Big\} \quad \text{und} \quad \widetilde{G} := \Big\{\widetilde{\omega} \in \widetilde{\Omega} \mid \sum_{i=1}^{\infty} \widetilde{X}_i(\widetilde{\omega}) \text{ konvergiert}\Big\}.$$

Dann haben wir

$$G^* := \Big\{(\omega, \widetilde{\omega}) \in \Omega \times \widetilde{\Omega} \mid \sum_{i=1}^{\infty} Z_i(\omega, \widetilde{\omega}) \text{ konvergiert}\Big\} \supset G \times \widetilde{G}$$

und $\mathbb{P} \otimes \widetilde{\mathbb{P}}(G^*) \geqslant \mathbb{P} \otimes \widetilde{\mathbb{P}}(G \times \widetilde{G}) = \mathbb{P}(G) \cdot \widetilde{\mathbb{P}}(\widetilde{G}) = 1$.

4° Satz 11.4 zeigt nun $\sum_{i=1}^{\infty} 2\sigma_i^2 < \infty$, und insbesondere $\sum_{i=1}^{\infty} \mathbb{V}X_i < \infty$.

5° Die ZV $X_i - \mathbb{E}X_i$, $i \in \mathbb{N}$, sind unabhängig, zentriert und $\mathbb{V}(X_i - \mathbb{E}X_i) = \sigma_i^2$. Daher konvergiert nach Korollar 11.3 die Reihe $\sum_{i=1}^{\infty}(X_i - \mathbb{E}X_i)$ f.s. Weil aber nach Voraussetzung $\sum_{i=1}^{\infty} X_i$ f.s. konvergiert, folgt die Konvergenz von $\sum_{i=1}^{\infty} \mathbb{E}X_i$. □

Wir kommen nun zu einem notwendigen und hinreichenden Kriterium für die Konvergenz einer Reihe unabhängiger ZV. Dazu benutzen wir folgenden Stutzungstrick (engl. *truncation argument*), den wir schon im Beweis des WLLN, Satz 8.7, verwendet haben. Für eine ZV Z setzen wir

$$Z^K(\omega) := Z(\omega)\mathbb{1}_{\{|Z|\leqslant K\}}(\omega) = \begin{cases} Z(\omega), & \text{wenn } |Z(\omega)| \leqslant K; \\ 0, & \text{sonst.} \end{cases}$$

11.6 Satz (Drei-Reihen-Satz; Kolmogorov). *Es seien $(X_i)_{i\in\mathbb{N}}$ unabhängige reelle ZV. Die Reihe $\sum_{i=1}^{\infty} X_i$ konvergiert f.s. genau dann, wenn für ein (oder für alle) $K > 0$ die folgenden drei Reihen konvergieren:*

$$\text{a)} \quad \sum_{i=1}^{\infty} \mathbb{P}(|X_i| > K); \qquad \text{b)} \quad \sum_{i=1}^{\infty} \mathbb{E}X_i^K; \qquad \text{c)} \quad \sum_{i=1}^{\infty} \mathbb{V}X_i^K.$$

Beweis. »⇐« Angenommen die Reihen a)–c) konvergieren für ein $K > 0$. Dann gilt

$$\sum_{i=1}^{\infty} \mathbb{P}(X_i \neq X_i^K) = \sum_{i=1}^{\infty} \mathbb{P}(|X_i| > K) < \infty$$

und das Borel-Cantelli-Lemma 10.1.a) zeigt $\mathbb{P}(X_i \neq X_i^K$ für unendlich viele $i) = 0$, d.h.

$$\exists \Omega_0 \subset \Omega,\ \mathbb{P}(\Omega_0) = 1 \quad \forall \omega \in \Omega_0 \quad \exists N = N(\omega) \quad \forall i \geqslant N : X_i(\omega) = X_i^K(\omega).$$

Daher reicht es, für $\mathbb{P}$-fast alle $\omega \in \Omega_0$ die Konvergenz der Reihe $\sum_{i=1}^{\infty} X_i^K(\omega)$ nachzuweisen, da nur $\sum_{N(\omega)}^{\infty} X_i^K(\omega) = \sum_{N(\omega)}^{\infty} X_i(\omega)$ über die Konvergenz bzw. Divergenz der Reihe entscheidet. Die Annahme c) zeigt

$$\underbrace{\sum_{i=1}^{\infty} \mathbb{V}X_i^K < \infty}_{=c)} \overset{11.3}{\Longrightarrow} \sum_{i=1}^{\infty} (X_i^K - \mathbb{E}X_i^K) \text{ konvergiert} \overset{b)}{\Longrightarrow} \sum_{i=1}^{\infty} X_i^K \text{ konvergiert.}$$

»⇒« Nun sei $K > 0$ beliebig und wir nehmen an, dass $\sum_{i=1}^{\infty} X_i$ f.s. konvergiert. Notwendigerweise gilt dann

$$\lim_{i\to\infty} X_i = 0 \quad \text{f.s.}$$

Wäre $\sum_{i=1}^{\infty} \mathbb{P}(|X_i| > K) = \infty$, dann würde mit dem Borel-Cantelli-Lemma 10.1.b)

$$\mathbb{P}(|X_i| > K \text{ für unendlich viele } i) = 1$$

folgen, also $\limsup_{i\to\infty} |X_i| \geqslant K > 0$ f.s., im Widerspruch zu $\lim_{i\to\infty} X_i = 0$ f.s. Somit konvergiert die Reihe a).

Wie im ersten Teil des Beweises folgt nun, dass $X_i(\omega) = X_i^K(\omega)$ für alle $i \geqslant N(\omega)$ und alle $\omega \in \Omega_0$ mit $\mathbb{P}(\Omega_0) = 1$ gilt. Daher konvergiert $\sum_{i=1}^{\infty} X_i^K$ f.s. und die Konvergenz der Reihen b), c) folgt aus Korollar 11.5. □

Aufgaben

1. Es seien $(X_n)_{n\in\mathbb{N}}$ unabhängige reelle ZV, so dass $\mathbb{E}X_n = 0$, $\mathbb{V}X_n < \infty$ und $S_n = X_1 + \cdots + X_n$. Zeigen Sie mit Hilfe von Satz 11.1 die Kolmogorovsche Ungleichung (mit der suboptimalen Konstanten 27)

$$\mathbb{P}\left(\max_{1\leqslant k\leqslant n} |S_k| \geqslant x\right) \leqslant 27\,\frac{\mathbb{V}S_n}{x^2}, \quad x > 0. \tag{11.2}$$

2. Es sei $(Y_n)_{n\in\mathbb{N}_0}$ eine Folge von unabhängigen ZV, so dass $\mathbb{P}(Y_n = 1) = \mathbb{P}(Y_n = -1) = 1/2$. Für $n \in \mathbb{N}$ definieren wir $X_n = \prod_{i=0}^{n} Y_i$, $\mathscr{Y} := \sigma(Y_i, i \in \mathbb{N})$ und $\mathscr{T}_n := \sigma(X_i, i > n)$. Zeigen Sie
   (a) Die ZV $X_1, X_2, \ldots$ sind iid mit $X_1 \sim Y_0$;
   (b) $\sigma(Y_0) \subset \bigcap_{n\in\mathbb{N}} \sigma(\mathscr{Y}, \mathscr{T}_n)$;
   (c) $\sigma(Y_0) \perp\!\!\!\perp \sigma\left(\mathscr{Y}, \bigcap_{n\in\mathbb{N}} \mathscr{T}_n\right)$ und $\bigcap_{n\in\mathbb{N}} \sigma(\mathscr{Y}, \mathscr{T}_n) \neq \sigma\left(\mathscr{Y}, \bigcap_{n\in\mathbb{N}} \mathscr{T}_n\right)$.

Die folgenden Aufgaben zeigen, dass für Summen unabhängiger reeller ZV $(X_n)_{n\in\mathbb{N}}$ die Begriffe von Konvergenz in Wahrscheinlichkeit, Konvergenz in Verteilung und – wegen Satz 11.2 – fast sicherer Konvergenz zusammenfallen. Wegen Aufgabe 15.5 sind diese Begriffe auch äquivalent dazu, dass $\prod_{n=1}^{\infty} \mathbb{E}\, e^{i\xi X_n}$ ein nichttrivialer Grenzwert ist.

3. Es seien $Y_n : \Omega \to \mathbb{R}$ ZV und $\phi_n(\xi) := \mathbb{E}\, e^{i\xi Y_n}$. Dann gilt $Y_n \xrightarrow{d} 0 \iff \forall \xi \in \mathbb{R} : \lim_{n\to\infty} \phi_n(\xi) = 1$.
4. Es seien $X_n : \Omega \to \mathbb{R}$, $n \geqslant 0$, unabhängige ZV. Zeigen Sie: $S_n \xrightarrow{\mathbb{P}} S \iff S_n \xrightarrow{d} S$.
   Anleitung. »⇒« wissen wir bereits. Für die Umkehrung beachte, dass $S_m \perp\!\!\!\perp S_n - S_m$ für $m < n$ und dass $\lim_{m,n\to\infty} \phi_{S_n - S_m} = 1$. Verwende nun Aufgabe 11.3, Lemma 9.12 und die Vollständigkeit der $\mathbb{P}$-Konvergenz, Aufgabe 9.3.

12 Das starke Gesetz der großen Zahlen

Wir kommen nun zu einer Aussage über die fast sichere Konvergenz von Summen unabhängiger ZV: das starke Gesetz der großen Zahlen (SLLN – strong law of large numbers). Eine einfache Version – das L^4-SLLN – haben wir schon in Satz 10.3 kennen gelernt. Wiederum sind $(X_i)_{i\in\mathbb{N}}$ unabhängige reelle ZV auf einem W-Raum $(\Omega, \mathscr{A}, \mathbb{P})$; mit $S_n = X_1 + \cdots + X_n$ bezeichnen wir die Partialsummen.

12.1 Definition. Eine Folge $(X_i)_{i\in\mathbb{N}}$ von reellen ZV *genügt dem SLLN*, wenn es Folgen $(b_n)_{n\in\mathbb{N}}, (s_n)_{n\in\mathbb{N}} \subset \mathbb{R}$ gibt, so dass

$$\lim_{n\to\infty} \frac{S_n - b_n}{s_n} = 0 \text{ f.s.}$$

Wir zeigen in Satz 12.4, dass für eine Folge paarweise unabhängiger, identisch verteilter reeller ZV $(X_i)_{i\in\mathbb{N}} \subset L^1(\mathbb{P})$ das SLLN gilt. In diesem Fall können wir $b_n = \mathbb{E}S_n$ und $s_n = n$ wählen. Unter dieser Normierung ist $X_1 \in L^1(\mathbb{P})$ notwendig und hinreichend für das SLLN, vgl. Korollar 12.6. Ursprünglich geht das starke Gesetz auf Kolmogorov [36] (für iid ZV [37, S. 59]) zurück, der hier gezeigte elementare Beweis von Etemadi [27] gilt sogar für paarweise unabhängige ZV.

Wir benötigen einige Vorbereitungen.

12.2 Lemma (Cesàros Lemma). *Für eine monoton wachsende Folge $(a_i)_{i\in\mathbb{N}_0} \subset (0,\infty)$ mit $a_i \uparrow \infty$ und eine konvergente Folge $(v_i)_{i\in\mathbb{N}} \subset \mathbb{R}$ mit Grenzwert $v_\infty = \lim_{i\to\infty} v_i$ gilt*

$$\lim_{n\to\infty} \frac{1}{a_n} \sum_{i=1}^{n} (a_i - a_{i-1}) v_i = v_\infty.$$

Beweis. Auf Grund der Definition des Grenzwerts $v_\infty = \lim_{i\to\infty} v_i$ gilt

$$\forall \epsilon > 0 \quad \exists N = N_\epsilon \in \mathbb{N} \quad \forall i \geqslant N \ : \ v_\infty - \epsilon \leqslant v_i \leqslant v_\infty + \epsilon.$$

Somit erhalten wir für jede natürliche Zahl $n > N$

$$\begin{aligned} \frac{1}{a_n} \sum_{i=1}^{n} (a_i - a_{i-1}) v_i &\geqslant \frac{1}{a_n} \left(\sum_{i=1}^{N} (a_i - a_{i-1}) v_i + \sum_{i=N+1}^{n} (a_i - a_{i-1})(v_\infty - \epsilon) \right) \\ &= \underbrace{\frac{1}{a_n} \overbrace{\sum_{i=1}^{N} (a_i - a_{i-1}) v_i}^{\text{hängt nicht von } n \text{ ab}}}_{\xrightarrow[n\to\infty]{} 0} + \underbrace{\frac{a_n - a_N}{a_n}}_{\xrightarrow[n\to\infty]{} 1} (v_\infty - \epsilon). \end{aligned}$$

Diese Rechnung zeigt, dass $\liminf_{n\to\infty} a_n^{-1} \sum_{i=1}^{n} (a_i - a_{i-1}) v_i \geqslant v_\infty - \epsilon$ gilt. Mit einer ganz ähnlichen Rechnung erhalten wir $\limsup_{n\to\infty} a_n^{-1} \sum_{i=1}^{n} (a_i - a_{i-1}) v_i \leqslant v_\infty + \epsilon$. Da $\epsilon > 0$ beliebig ist, folgern wir daraus, dass der Grenzwert $n \to \infty$ existiert und v_∞ ist. □

https://doi.org/10.1515/9783111342252-012

12.3 Lemma. *Es seien $(X_i)_{i\in\mathbb{N}}$ paarweise unabhängige, identisch verteilte reelle ZV, so dass $X_i \in L^1(\mathbb{P})$. Dann gilt für die ZV*

$$Y_n := X_n \mathbb{1}_{\{|X_n|\leqslant n\}} \quad \textit{und} \quad T_n := Y_1 + \cdots + Y_n$$

a) $\lim_{n\to\infty} \mathbb{E}Y_n = \mathbb{E}X_1$;

b) $\mathbb{P}(Y_n = X_n \quad \textit{für schließlich alle } n) = 1$;[20]

c) $\sum_{n=1}^{\infty} \frac{\mathbb{V}Y_n}{n^2} \leqslant 2\,\mathbb{E}|X_1|$;

d) $\sum_{n=1}^{\infty} \frac{\mathbb{V}T_{\lfloor a^n\rfloor}}{\lfloor a^n\rfloor^2} \leqslant \frac{2a}{a-1}\mathbb{E}|X_1|$ *für beliebige $a > 1$; $\lfloor x\rfloor = \max\{k \in \mathbb{Z} : k \leqslant x\}$.*

Beweis. a) Da die ZV X_i identisch verteilt sind, gilt für $Z_n := X_1\mathbb{1}_{\{|X_1|\leqslant n\}}$, $n \in \mathbb{N}$,

$$Y_n \overset{\text{def}}{=} X_n\mathbb{1}_{\{|X_n|\leqslant n\}} \sim X_1\mathbb{1}_{\{|X_1|\leqslant n\}} \overset{\text{def}}{=} Z_n.$$

Weil $|Z_n| \leqslant |X_1| \in L^1(\mathbb{P})$ und $\lim_{n\to\infty} Z_n = X_1$ f.s., sehen wir mit dominierter Konvergenz, dass $\lim_{n\to\infty} \mathbb{E}Y_n = \lim_{n\to\infty} \mathbb{E}Z_n = \mathbb{E}X_1$.

b) Weil die X_i die gleiche Verteilung haben, folgt

$$\sum_{n=1}^{\infty} \mathbb{P}(X_n \neq Y_n) = \sum_{n=1}^{\infty} \mathbb{P}(|X_n| > n) \overset{X_n\sim X_1}{=} \sum_{n=1}^{\infty} \mathbb{P}(|X_1| > n) = \sum_{n=1}^{\infty} \mathbb{E}\mathbb{1}_{\{|X_1|>n\}},$$

und mit Beppo Levi erhalten wir

$$\sum_{n=1}^{\infty} \mathbb{P}(X_n \neq Y_n) = \mathbb{E}\left[\sum_{n=1}^{\infty} \mathbb{1}_{\{|X_1|>n\}}\right] = \mathbb{E}\left[\sum_{1\leqslant n<|X_1|} 1\right] \leqslant \mathbb{E}|X_1| < \infty.$$

Wenn wir das Borel-Cantelli-Lemma 10.1.a) anwenden, ergibt sich

$$\mathbb{P}(X_n \neq Y_n \text{ für unendl. viele } n) = 0 \implies \mathbb{P}(X_n \neq Y_n \text{ für höchstens endl. viele } n) = 1.$$

Das heißt, dass es eine Menge $\Omega_0 \subset \Omega$, $\mathbb{P}(\Omega_0) = 1$, gibt, so dass $X_n(\omega) = Y_n(\omega)$ für alle $\omega \in \Omega_0$ und $n \geqslant N(\omega)$, m.a.W.: $\mathbb{P}(X_n = Y_n \text{ für schließlich alle } n) = 1$.

c) Wir beginnen mit einer Vorüberlegung:

$$\sum_{n=1}^{\infty} \frac{1}{n^2}\mathbb{1}_{\{|X|\leqslant n\}} = \sum_{n\geqslant 1, n\geqslant |X|} \frac{1}{n^2} \leqslant \sum_{n\geqslant 1\vee|X|} \frac{2}{n(n+1)} = \underbrace{2\sum_{n\geqslant 1\vee|X|}\left(\frac{1}{n} - \frac{1}{n+1}\right)}_{\text{Teleskopsumme}} = \frac{2}{1\vee|X|}.$$

Es gilt

$$\sum_{n=1}^{\infty} \frac{\mathbb{V}Y_n}{n^2} = \sum_{n=1}^{\infty} \frac{\mathbb{E}(Y_n^2) - (\mathbb{E}Y_n)^2}{n^2} \leqslant \sum_{n=1}^{\infty} \frac{\mathbb{E}(Y_n^2)}{n^2} \overset{X_n\sim X_1}{=} \sum_{n=1}^{\infty} \frac{\mathbb{E}\left(X_1^2\mathbb{1}_{\{|X_1|\leqslant n\}}\right)}{n^2}.$$

20 »Schließlich alle«, d.h. ab einem Index $N = N(\omega)$, der natürlich von ω abhängen darf.

Der Satz von Beppo Levi und unsere Vorüberlegung ergeben

$$\sum_{n=1}^{\infty} \frac{\mathbb{V} Y_n}{n^2} \leqslant \mathbb{E}\left(X_1^2 \sum_{n=1}^{\infty} \frac{1}{n^2} \mathbb{1}_{\{|X_1| \leqslant n\}} \right) \leqslant 2\,\mathbb{E}\left(\frac{X_1^2}{1 \vee |X_1|} \right) \leqslant 2\,\mathbb{E}|X_1|.$$

d) Wir beginnen wieder mit einer Vorüberlegung: Offensichtlich ist $\alpha^n \leqslant 2\lfloor \alpha^n \rfloor \leqslant 2\alpha^n$ (beachte, dass $\alpha^n > 1$) und daher folgt

$$\sum_{n=1}^{\infty} \frac{1}{\lfloor \alpha^n \rfloor} \mathbb{1}_{\{|X| \leqslant \lfloor \alpha^n \rfloor\}} \leqslant 2 \sum_{n=1}^{\infty} \frac{1}{\alpha^n} \mathbb{1}_{\{|X| \leqslant \alpha^n\}} = 2 \sum_{n=n(X)}^{\infty} \left(\frac{1}{\alpha} \right)^n = \frac{2\left(\frac{1}{\alpha}\right)^{n(X)}}{1 - \frac{1}{\alpha}} \leqslant \frac{2\alpha}{\alpha - 1} \frac{1}{|X|};$$

hier bezeichnet $n(X) \in \mathbb{N}$ den kleinsten Index, so dass $\alpha^n \geqslant |X|$ noch erfüllt ist.

Auf Grund der paarweisen Unabhängigkeit der ZV Y_i, $i \in \mathbb{N}$, erhalten wir mit der Identität von Bienaymé

$$\begin{aligned} \mathbb{V} T_{\lfloor \alpha^n \rfloor} = \sum_{i=1}^{\lfloor \alpha^n \rfloor} \mathbb{V} Y_i \leqslant \sum_{i=1}^{\lfloor \alpha^n \rfloor} \mathbb{E}\left(Y_i^2\right) &= \sum_{i=1}^{\lfloor \alpha^n \rfloor} \mathbb{E}\left(X_i^2 \mathbb{1}_{\{|X_i| \leqslant i\}}\right) \\ &\overset{X_i \sim X_n}{=} \sum_{i=1}^{\lfloor \alpha^n \rfloor} \mathbb{E}\left(X_n^2 \mathbb{1}_{\{|X_n| \leqslant i\}}\right) \leqslant \lfloor \alpha^n \rfloor\, \mathbb{E}\left(X_n^2 \mathbb{1}_{\{|X_n| \leqslant \lfloor \alpha^n \rfloor\}}\right). \end{aligned}$$

Weil $X_n \sim X_1$ gilt, sehen wir mit unserer Vorüberlegung analog zum Beweis von c)

$$\sum_{n=1}^{\infty} \frac{\mathbb{V} T_{\lfloor \alpha^n \rfloor}}{\lfloor \alpha^n \rfloor^2} \leqslant \sum_{n=1}^{\infty} \frac{1}{\lfloor \alpha^n \rfloor} \mathbb{E}\left(X_1^2 \mathbb{1}_{\{|X_1| \leqslant \lfloor \alpha^n \rfloor\}}\right) = \mathbb{E}\left(X_1^2 \sum_{n=1}^{\infty} \frac{1}{\lfloor \alpha^n \rfloor} \mathbb{1}_{\{|X_1| \leqslant \lfloor \alpha^n \rfloor\}} \right) \leqslant \frac{2\alpha}{\alpha - 1} \mathbb{E}|X_1|.$$

□

Wir können nun das SLLN beweisen.

12.4 Satz (L^1-SLLN; Kolmogorov 1933; Etemadi 1981). *Es seien $(X_i)_{i \in \mathbb{N}} \subset L^1(\mathbb{P})$ paarweise unabhängige, identisch verteilte reelle ZV. Dann gilt*

$$\lim_{n \to \infty} \frac{X_1 + \cdots + X_n}{n} = \mathbb{E} X_1 \quad \textit{f.s.} \tag{12.1}$$

Beweis. Auf Grund der Linearität der Terme in (12.1) können wir uns auf Positiv- und Negativteile $X_i = X_i^+ - X_i^-$ der ZV zurückziehen. Wir nehmen daher o.E. an, dass alle ZV X_i positiv sind. Wie in Lemma 12.3 bezeichnen wir mit $Y_n = X_n \mathbb{1}_{\{|X_n| \leqslant n\}}$ die gestutzten ZV und mit $T_n = Y_1 + \cdots + Y_n$ ihre Partialsummen.

1^0 Wir zeigen, dass für festes $\alpha > 1$ und die Teilfolge $(\lfloor \alpha^n \rfloor)_{n \in \mathbb{N}}$ der Grenzwert

$$\lim_{n \to \infty} \frac{T_{\lfloor \alpha^n \rfloor}}{\lfloor \alpha^n \rfloor} = \lim_{n \to \infty} \frac{\mathbb{E} T_{\lfloor \alpha^n \rfloor}}{\lfloor \alpha^n \rfloor} \overset{\text{def}}{=} \lim_{n \to \infty} \frac{\mathbb{E} Y_1 + \cdots + \mathbb{E} Y_{\lfloor \alpha^n \rfloor}}{\lfloor \alpha^n \rfloor} = \lim_{n \to \infty} \mathbb{E} Y_{\lfloor \alpha^n \rfloor} = \mathbb{E} X_1$$

fast sicher existiert. Wir schreiben Ω_α für die Menge mit Wahrscheinlichkeit 1, auf der dieser Grenzwert existiert.

Die letzte Gleichheit folgt direkt aus Lemma 12.3.a) und die vorletzte Gleichheit sieht man mit Hilfe von Cesàros Lemma 12.2 (mit $a_i = i$, $v_i = \mathbb{E}Y_i$ und $n \rightsquigarrow \lfloor \alpha^n \rfloor$). Für die erste Gleichheit reicht es – vgl. Satz 9.11 – zu zeigen, dass

$$\forall \epsilon > 0 \ : \ \mathbb{P}\left(\left| \frac{T_{\lfloor \alpha^n \rfloor}}{\lfloor \alpha^n \rfloor} - \frac{\mathbb{E}T_{\lfloor \alpha^n \rfloor}}{\lfloor \alpha^n \rfloor} \right| > \epsilon \text{ für unendlich viele } n \right) = 0.$$

Das folgt mit dem Borel-Cantelli-Lemma 10.1.a). Wegen der Chebyshev-Markov-Ungleichung gilt nämlich

$$\sum_{n=1}^{\infty} \mathbb{P}\left(\left| \frac{T_{\lfloor \alpha^n \rfloor} - \mathbb{E}T_{\lfloor \alpha^n \rfloor}}{\lfloor \alpha^n \rfloor} \right| > \epsilon \right) \leqslant \sum_{n=1}^{\infty} \frac{\mathbb{V}T_{\lfloor \alpha \rfloor^n}}{\epsilon^2 \lfloor \alpha^n \rfloor^2} \overset{\text{Lemma}}{\underset{12.3.\text{d})}{\leqslant}} \frac{2\alpha}{\alpha - 1} \mathbb{E}|X_1| < \infty.$$

2° Da für schließlich alle n – d.h. ab einem Index $N = N(\omega) \in \mathbb{N}$ und für alle $\omega \in \Omega_0$, $\mathbb{P}(\Omega_0) = 1$ – die Gleichheit $X_n(\omega) = Y_n(\omega)$ gilt, vgl. Lemma 12.3.b), sehen wir für $\omega \in \Omega_0$

$$\left| \frac{1}{n} \sum_{i=1}^{n} Y_i(\omega) - \frac{1}{n} \sum_{i=1}^{n} X_i(\omega) \right| \leqslant \underbrace{\frac{1}{n} \sum_{i=1}^{N(\omega)} |X_i(\omega) - Y_i(\omega)|}_{\xrightarrow[\omega, N(\omega) \text{ fest}]{n\to\infty} 0} + \underbrace{\frac{1}{n} \sum_{i=N(\omega)+1}^{n} 0}_{=0};$$

daher gilt auf der Menge $\Omega_0 \cap \Omega_\alpha$ – diese hat Wahrscheinlichkeit 1 –

$$\lim_{n\to\infty} \frac{1}{\lfloor \alpha^n \rfloor} \sum_{i=1}^{\lfloor \alpha^n \rfloor} X_i(\omega) = \mathbb{E}X_1 \quad \text{für alle } \omega \in \Omega_0 \cap \Omega_u.$$

3° Mit einem Sandwiching-Argument befreien wir uns nun von der Teilfolge $\lfloor \alpha^n \rfloor$. Weil die ZV X_i positiv sind, gilt für alle $k \in \mathbb{N}$ mit $\lfloor \alpha^n \rfloor < k \leqslant \lfloor \alpha^{n+1} \rfloor$ und $n \in \mathbb{N}$

$$\underbrace{\frac{\alpha^n - 1}{\alpha^{n+1}}}_{\xrightarrow[n\to\infty]{} \frac{1}{\alpha}} \frac{S_{\lfloor \alpha^n \rfloor}}{\lfloor \alpha^n \rfloor} \leqslant \frac{\lfloor \alpha^n \rfloor}{k} \frac{S_{\lfloor \alpha^n \rfloor}}{\lfloor \alpha^n \rfloor} \leqslant \frac{S_k}{k} \leqslant \frac{\lfloor \alpha^{n+1} \rfloor}{k} \frac{S_{\lfloor \alpha^{n+1} \rfloor}}{\lfloor \alpha^{n+1} \rfloor} \leqslant \frac{\alpha^{n+1}}{\alpha^n} \frac{S_{\lfloor \alpha^{n+1} \rfloor}}{\lfloor \alpha^{n+1} \rfloor} = \alpha \frac{S_{\lfloor \alpha^{n+1} \rfloor}}{\lfloor \alpha^{n+1} \rfloor}.$$

Somit folgt, weil wir aus Schritt 1° und 2° wissen, dass die Teilfolgen f.s. konvergieren,

$$\frac{1}{\alpha} \mathbb{E}X_1 \leqslant \liminf_{k\to\infty} \frac{S_k(\omega)}{k} \leqslant \limsup_{k\to\infty} \frac{S_k(\omega)}{k} \leqslant \alpha \, \mathbb{E}X_1 \quad \text{für alle } \omega \in \Omega_0 \cap \Omega_\alpha.$$

Wenn wir schließlich den Grenzwert $\alpha \downarrow 1$ entlang einer Folge von rationalen Zahlen bilden, erhalten wir $\lim_{k\to\infty} \frac{1}{k} S_k = \mathbb{E}X_1$ auf der Menge $\Omega' = \bigcap_{1<\alpha\in\mathbb{Q}} \Omega_\alpha \cap \Omega_0$. Weil $\mathbb{P}(\Omega') = 1$, folgt die Behauptung. □

12.5 Bemerkung. Wir wollen noch eine Bemerkung zum Beweis von Satz 12.4 machen. Schritt 1° dieses Beweises ist auf den ersten Blick willkürlich. Wenn wir Lemma 12.3.c) mit Kroneckers Lemma 12.7 kombinieren, sehen wir, dass wir das Chebyshevsche WLLN, Satz 8.3, anwenden können. Daher konvergiert $\frac{1}{n} \sum_{i=1}^{n} (Y_i - \mathbb{E}Y_i)$ in Wahrscheinlichkeit gegen 0. Für eine – i.Allg. unbekannte – Teilfolge, vgl. Korollar 9.10, konvergiert dieser Ausdruck fast sicher; hier wird nun gezeigt, dass $\lfloor \alpha^n \rfloor$ eine derartige Teilfolge ist.

Das L^1-SLLN hat eine interessante Umkehrung, die bereits in Satz 10.4 enthalten ist.

12.6 Korollar. *Es seien $(X_i)_{i\in\mathbb{N}}$ paarweise unabhängige, identisch verteilte reelle ZV, für die der Grenzwert*

$$L = \lim_{n\to\infty} \frac{X_1 + \cdots + X_n}{n} \quad \text{f.s.}$$

existiert und endlich ist. Dann ist $X_1 \in L^1(\mathbb{P})$ und $L = \mathbb{E}X_1$ fast sicher.

Beweis. Wir bemerken, dass $L(\omega) = \lim_{n\to\infty} \frac{1}{n}(X_1(\omega) + \cdots + X_n(\omega))$ eine ZV ist. Satz 10.4.b) zeigt, dass dann $\mathbb{E}|X_1| < \infty$ gilt. Nun können wir Satz 12.4 anwenden, der

$$L \overset{\text{def}}{=} \lim_{n\to\infty} \frac{X_1 + \cdots + X_n}{n} \overset{12.4}{=} \mathbb{E}X_1 \quad \text{f.s.}$$

zeigt; insbesondere ist L f.s. eine Konstante. □

♦Kolmogorovs ursprünglicher Beweis des SLLN

Kolmogorov hat 1930/1933 Satz 12.4 »nur« für *unabhängige und identisch verteilte* ZV in $L^1(\mathbb{P})$ gezeigt. Dieser Beweis ist nach wie vor interessant, da er für $L^2(\mathbb{P})$-ZV eine Version des SLLN zeigt, bei der die ZV nicht identisch verteilt sein müssen, vgl. Satz 12.8. Zudem erklären die von Kolmogorov verwendeten Techniken, warum Schritt 1° in Etemadis Beweis von Satz 12.4 sehr natürlich und elegant ist, vgl. Bemerkung 12.5.

Wir verschärfen zunächst die Aussage von Cesàros Lemma 12.2.

12.7 Lemma (Kroneckers Lemma). *Es sei $(a_i)_{i\in\mathbb{N}_0} \subset (0,\infty)$ eine monoton wachsende Folge mit $a_i \uparrow \infty$ und $(x_i)_{i\in\mathbb{N}} \subset \mathbb{R}$ eine beliebige Folge. Dann gilt für die Folge der Partialsummen $s_n := x_1 + x_2 + \cdots + x_n$, $n \in \mathbb{N}$,*

$$\sum_{i=1}^{\infty} \frac{x_i}{a_i} \quad \textit{konvergiert} \quad \Longrightarrow \quad \lim_{n\to\infty} \frac{s_n}{a_n} = 0.$$

Beweis. Setze $u_n := x_1/a_1 + \cdots + x_n/a_n$ und $u_0 := 0$. Nach Voraussetzung existiert dann $u_\infty := \lim_{n\to\infty} u_n$. Da $u_i - u_{i-1} = x_i/a_i$, erhalten wir

$$s_n = \sum_{i=1}^{n} (u_i - u_{i-1}) a_i = a_n u_n - \sum_{i=1}^{n} (a_i - a_{i-1}) u_{i-1}.$$

Um die zweite Gleichheit zu sehen, schreiben wir die Summen auf beiden Seiten einfach aus [✍] – das ist die sogenannte Abel-Summation, d.h. das formale Analogon zur partiellen Integration. Mit Cesàros Lemma 12.2 erhalten wir dann

$$\frac{s_n}{a_n} = u_n - \frac{1}{a_n} \sum_{i=1}^{n} (a_i - a_{i-1}) u_{i-1} \xrightarrow[n\to\infty]{} u_\infty - u_\infty = 0.$$ □

Kroneckers Lemma erlaubt es uns, aus Korollar 11.3 das L^2-SLLN herzuleiten; das Lemma zeigt außerdem, dass (12.2) die aus dem WLLN bekannte Bedingung (8.4) impliziert, d.h. Satz 12.8 ist das »fast sichere« Gegenstück zum WLLN Satz 8.3.

12.8 Satz (L^2-SLLN; Kolmogorov 1930). *Es seien $(Y_i)_{i\in\mathbb{N}} \subset L^2(\mathbb{P})$ unabhängige reelle ZV, so dass*

$$\sum_{i=1}^{\infty} \frac{\mathbb{V}Y_i}{i^2} < \infty. \tag{12.2}$$

Dann gilt

$$\lim_{n\to\infty} \frac{1}{n} \sum_{i=1}^{n} (Y_i - \mathbb{E}Y_i) = 0 \quad \text{f.s.}$$

Beweis. Wenn wir Korollar 11.3 auf die Folge $X_i = Y_i/i$ anwenden, erhalten wir wegen $\mathbb{V}Y_i = \mathbb{V}(Y_i - \mathbb{E}Y_i)$, dass

$$\sum_{i=1}^{\infty} \frac{Y_i - \mathbb{E}Y_i}{i} \quad \text{f.s. konvergiert.}$$

Lemma 12.7 (mit $a_i = i$) zeigt dann $\lim_{n\to\infty} \frac{1}{n} \sum_{i=1}^{n} (Y_i - \mathbb{E}Y_i) = 0$ f.s. □

Um beim SLLN von $L^2(\mathbb{P})$ zu $L^1(\mathbb{P})$ zu kommen, verwenden wir die aus Lemma 12.3 bekannte Stutzungstechnik.

Kolmogorovs Beweis des SLLN für iid ZV $(X_i)_{i\in\mathbb{N}} \subset L^1(\mathbb{P})$. Wir definieren die gestutzten ZV $Y_n = X_n \mathbb{1}_{\{|X_n|\leqslant n\}}$ wie in Lemma 12.3. Da für schließlich alle n – d.h. ab einem Index $N = N(\omega)$ und für alle $\omega \in \Omega_0$, $\mathbb{P}(\Omega_0) = 1$ – die Gleichheit $X_n(\omega) = Y_n(\omega)$ gilt, vgl. Lemma 12.3.b), sehen wir für $\omega \in \Omega_0$

$$\left|\frac{1}{n}\sum_{i=1}^{n} Y_i(\omega) - \frac{1}{n}\sum_{i=1}^{n} X_i(\omega)\right| \leqslant \underbrace{\frac{1}{n}\sum_{i=1}^{N(\omega)} |X_i(\omega) - Y_i(\omega)|}_{\xrightarrow[\omega, N(\omega)\text{ fest}]{n\to\infty} 0} + \underbrace{\frac{1}{n}\sum_{i=N(\omega)+1}^{n} 0}_{=0};$$

also reicht es aus, $\frac{1}{n}\sum_{i=1}^{n} Y_i \xrightarrow[n\to\infty]{} \mathbb{E}X_1$ f.s. zu zeigen. Das folgt bereits aus

$$\frac{1}{n}\sum_{i=1}^{n} Y_i = \frac{1}{n}\sum_{i=1}^{n} \mathbb{E}Y_i + \frac{1}{n}\sum_{i=1}^{n} (Y_i - \mathbb{E}Y_i) \xrightarrow[n\to\infty]{\text{f.s.}} \mathbb{E}X_1 + 0,$$

da die erste Summe auf der rechten Seite wegen Lemma 12.3 (kombiniert mit Cesàros Lemma 12.2) gegen $\mathbb{E}X_1$ konvergiert und die zweite Summe wegen Satz 12.8 f.s. gegen 0 strebt. □

♦Ein direkter Beweis des SLLN

Wie im vorangehenden Abschnitt nehmen wir wieder an, dass die ZV $(X_i)_{i\in\mathbb{N}}$ unabhängig und identisch verteilt sind; es sei $S_n := X_1 + \dots + X_n$ und $S_0 := 0$. Wir erinnern an die σ-Algebren $\mathscr{T}_m = \sigma(X_m, X_{m+1}, \dots)$ und an die terminale σ-Algebra $\mathscr{T}_\infty = \bigcap_{m\in\mathbb{N}} \mathscr{T}_m$; aus dem Kolmogorovschen 0-1-Gesetz (Satz 10.9) wissen wir, dass $\mathscr{T}_\infty$ nur Ereignisse der Wahrscheinlichkeit 0 oder 1 enthält. Den folgenden verdanke ich Le Gall [41], die Beweisidee geht wohl auf Neveu [50] zurück.

Beweis des SLLN für iid ZV $(X_i)_{i\in\mathbb{N}} \subset L^1(\mathbb{P})$. Wir wählen $\lambda > \mathbb{E}X_1$ und definieren eine ZV $M := \sup_{n\geqslant 0}(S_n - n\lambda) \in [0,\infty]$. Angenommen wir wissen bereits, dass $\mathbb{P}(M < \infty) = 1$, dann gilt

$$S_n \leqslant n\lambda + M \text{ f.s.} \implies \limsup_{n\to\infty} \frac{S_n}{n} \leqslant \lambda \text{ f.s.}$$

Für eine Folge $\lambda_n \downarrow \mathbb{E}X_1$ ergibt sich daher $\limsup_{n\to\infty} \frac{S_n}{n} \leqslant \mathbb{E}X_1$ f.s.

Wenn wir X_i durch $-X_i$ ersetzen, folgt dass $\liminf_{n\to\infty} \frac{S_n}{n} \geqslant \mathbb{E}X_1$ f.s., und (12.1) ist gezeigt.

Wir zeigen nun $M < \infty$ f.s. Aus der Gleichheit

$$\{M < \infty\} = \left\{\sup_{n\geqslant m}\left[(X_m + \dots + X_n) - (n-m)\lambda\right] < \infty\right\} \in \mathscr{T}_m \quad \forall m \in \mathbb{N}$$

folgern wir, dass $\{M < \infty\} \in \mathscr{T}_\infty$, d.h. $\mathbb{P}(M < \infty)$ hat den Wert null oder eins, vgl. Satz 10.9. Wir betrachten nun

$$M_n := \sup_{0\leqslant i\leqslant n}(S_i - \lambda i) \quad \text{und} \quad M'_n := \sup_{0\leqslant i\leqslant n}(S_{i+1} - \lambda i - X_1).$$

Weil die ZV X_i, $i \in \mathbb{N}$, iid sind, gilt $M_n \sim M'_n$, und somit

$$M := \sup_{n\geqslant 0} M_n \sim \sup_{n\geqslant 0} M'_n = M'.$$

Es gilt

$$\begin{aligned} M_{n+1} = 0 \vee \sup_{1\leqslant i\leqslant n+1}(S_i - \lambda i) &= 0 \vee (M'_n + X_1 - \lambda) \\ &= M'_n - M'_n \wedge (\lambda - X_1). \end{aligned}$$

In der letzten Gleichheit verwenden wir die Identität $0 \vee (a-b) = a - (a \wedge b)$, die ganz einfach mittels Fallunterscheidung gezeigt werden kann. Aus $M'_n \sim M_n \leqslant M_{n+1}$ folgt

$$0 \leqslant \mathbb{E}M_{n+1} - \mathbb{E}M_n = \mathbb{E}M_{n+1} - \mathbb{E}M'_n = -\mathbb{E}\left[(\lambda - X_1) \wedge M'_n\right].$$

Mit der Majorante $|(\lambda - X_1) \wedge M'_n| \leqslant |\lambda - X_1| \in L^1(\mathbb{P})$ können wie den Satz von der dominieren Konvergenz anwenden und erhalten

$$\mathbb{E}\left[(\lambda - X_1) \wedge M'\right] = \lim_{n\to\infty} \mathbb{E}\left[(\lambda - X_1) \wedge M'_n\right] \leqslant 0.$$

Angenommen $\mathbb{P}(M' = \infty) = 1$, dann hätten wir

$$0 < \lambda - \mathbb{E}X_1 = \mathbb{E}(\lambda - X_1) \overset{M'=\infty \text{ a.s.}}{=} \mathbb{E}[(\lambda - X_1) \wedge M'] \leqslant 0,$$

was unmöglich ist. Also gilt $\mathbb{P}(M = \infty) \overset{M \sim M'}{=} \mathbb{P}(M' = \infty) = 0$. □

Eine Anwendung in der Numerik: Die Monte-Carlo-Methode

Unser Ziel ist die numerische Berechnung von (hochdimensionalen) Integralen der Form $\int_Q f(y)\,dy$, $Q \subset \mathbb{R}^d$. In diesem Abschnitt benötigen wir ausschließlich gleichverteilte ZV, d.h. $X \sim \mathsf{U}[0,1] = \mathbb{1}_{[0,1]}(x)\,dx$. Wir beginnen mit einer sehr einfachen Version.

12.9 Korollar. *Es seien $(X_i)_{i\in\mathbb{N}}$ iid ZV, $X_1 \sim \mathsf{U}[0,1]$ und $f : [0,1] \to \mathbb{R}$ beschränkt und messbar. Dann gilt*

$$\lim_{n\to\infty} \frac{f(X_1) + \cdots + f(X_n)}{n} = \int_0^1 f(x)\,dx. \tag{12.3}$$

Beweis. Die ZV $f(X_n)$ sind wieder iid und es gilt

$$\mathbb{E}f(X_1) = \int f(x)\,\mathbb{P}(X_1 \in dx) = \int f(x)\,\mathbb{1}_{[0,1]}(x)\,dx = \int_0^1 f(x)\,dx < \infty.$$

Daher folgt die Behauptung aus dem SLLN, Satz 12.4. □

Das elementare Resultat aus Korollar 12.9 lässt sich einfach auf praxisrelevante Situationen erweitern.

Erweiterung 1: Allgemeine Integrationsgebiete in $\mathbb{R}$

Es sei $K \subset \mathbb{R}$ eine beliebige messbare Menge und $f : K \to \mathbb{R}$ messbar und beschränkt. Dann gilt

$$\int_K f(x)\,dx = \int_K \frac{f(x)}{p(x)}\,p(x)\,dx = \mathbb{E}\left(\frac{f(Y_1)}{p(Y_1)}\right) = \lim_{n\to\infty} \frac{\frac{f(Y_1)}{p(Y_1)} + \cdots + \frac{f(Y_n)}{p(Y_n)}}{n}.$$

Die ZV sind iid $Y_n \sim p(x)\,dx$ mit der strikt positiven Dichte $p(x)$ auf K (also $\int_K p(x)\,dx = 1$ mit $p(x) > 0$ für fast alle $x \in K$).

Wir können, die Y_n mit Hilfe von $\mathsf{U}[0,1]$-verteilte ZV konstruieren:

$$F(x) = \int_{(-\infty,x]} p(y)\,dy, \quad X_i \sim \mathsf{U}[0,1] \text{ iid} \quad \xRightarrow{\text{Lemma 6.2}} \quad Y_i := F^{-1}(X_i) \sim p(x)\,dx \text{ iid}.$$

Erweiterung 2: Höhere Dimensionen

Nun sei $f : Q \to \mathbb{R}$ und $Q = [-a, a] \times \cdots \times [-a, a] \subset \mathbb{R}^d$. Wir wollen $\int_Q f(y)\,dy$ für eine beschränkte, messbare Funktion $f : Q \to \mathbb{R}$ berechnen.

Wir folgen weiterhin unserer bisherigen Idee: Es seien Y_i iid ZV mit Werten in Q und $Y_i \sim (2a)^{-d}\mathbb{1}_Q(y)\,dy$. Dann zeigt das SLLN, Satz 12.4:

$$\lim_{n\to\infty} \frac{f(Y_1) + \cdots + f(Y_n)}{n} = \mathbb{E}f(Y_1) = \int f(y)\,\mathbb{P}(Y_1 \in dy) = \frac{1}{(2a)^d}\int f(y)\mathbb{1}_Q(y)\,dy.$$

Die Frage ist, *wie* wir die ZV Y_i konstruieren können.

Da wir nur *irgendwelche* iid Y_i brauchen, können wir so vorgehen:

$$Y_i = (Y_{i,1}, \ldots, Y_{i,d}) \quad \text{und} \quad Y_{i,k} \sim \frac{1}{2a}\mathbb{1}_{[-a,a]}(y_k)\,dy_k, \quad k = 1, \ldots, d, \quad \text{iid.}$$

Wegen der Unabhängigkeit, vgl. Satz 5.8, gilt

$$Y_i \sim \prod_{i=1}^{d} \frac{1}{2a}\mathbb{1}_{[-a,a]}(y_i)\,dy_i,$$

d.h. wir müssen »lediglich« $n \cdot d$ iid uniform verteilte ZV konstruieren.

Approximationsgeschwindigkeit

Wir wollen noch kurz auf die Güte der Approximation und die Approximationsgeschwindigkeit eingehen. Hier hilft nun der Zentrale Grenzwertsatz, Satz 8.8.

Wir erinnern uns: X_n iid, $\mathbb{E}X_1 = \mu$, $\mathbb{V}X_1 = \sigma^2$. Dann gilt

$$\mathbb{P}\left(a < \frac{S_n - n\mu}{\sigma\sqrt{n}} \leqslant b\right) \approx \frac{1}{\sqrt{2\pi}}\int_a^b e^{-t^2/2}\,dt = \Phi(b) - \Phi(a), \quad a, b \in \mathbb{R}.$$

In der Situation von Erweiterung 2 haben wir

$$X_i = f(Y_i), \quad \frac{S_n}{n} = \frac{f(Y_1) + \cdots + f(Y_n)}{n}, \quad \mu = \mathbb{E}f(Y_1) = \frac{1}{\lambda^d(Q)}\int_Q f(y)\,dy$$

und wenn wir $a = -b$ wählen und umformen, dann ergibt sich

$$\mathbb{P}\left(\left|\frac{S_n}{n} - \mu\right| < \frac{b\sigma}{\sqrt{n}}\right) = \mathbb{P}\left(\frac{-b\sigma}{\sqrt{n}} < \frac{S_n}{n} - \mu < \frac{b\sigma}{\sqrt{n}}\right) \approx \frac{1}{\sqrt{2\pi}}\int_{-b}^{b} e^{-t^2/2}\,dt = \Phi(b) - \Phi(-b).$$

Wegen der Symmetrie von Φ gilt

$$\mathbb{P}\left(\left|\frac{\lambda^d(Q)S_n}{n} - \int_Q f(x)\,dx\right| > \frac{b\sigma\lambda^d(Q)}{\sqrt{n}}\right) \approx 2(1 - \Phi(b)).$$

wobei $\lambda^d(Q)$ das Lebesguemaß der Menge Q bezeichnet

Das zeigt, dass die Approximationsgeschwindigkeit von der Größenordnung $\sqrt{n}$ und damit *unabhängig von der Raumdimension d* ist. Daher sind Monte-Carlo-Methoden optimal, um Integrale in hochdimensionalen Situationen auszurechnen.

Eine Anwendung in der Statistik: Das Glivenko-Cantelli-Lemma

Es sei $(X_i)_{i\in\mathbb{N}}$ eine Folge reeller iid ZV. Die gemeinsame (rechtsstetige) Verteilungsfunktion bezeichnen wir mit

$$F(x) := \mathbb{P}(X_1 \leqslant x), \qquad x \in \mathbb{R}.$$

In statistischen Fragestellungen beobachtet man konkrete Werte $X_i(\omega) = x_i$ und man kennt deren empirische Häufigkeiten, unbekannt ist jedoch die zu Grunde liegende Verteilungsfunktion $F(x)$. Ein *typisches Problem* ist es, von den *empirischen Beobachtungen*, also den *Stichproben* $X_1(\omega) = x_1, X_2(\omega) = x_2, \dots,$ auf $F(x)$ zu schließen.

Für ein festes n ordnen wir die Stichprobe $(X_1(\omega), \dots, X_n(\omega)) = (x_1, \dots, x_n)$ der Größe nach an:

$$Y_{n1}(\omega) \leqslant Y_{n2}(\omega) \leqslant \dots \leqslant Y_{nn}(\omega)$$

und definieren die *empirische Verteilungsfunktion* (*basierend auf n Beobachtungen*):

$$F_n(x,\omega) := \begin{cases} 0, & \text{für } x < Y_{n1}(\omega), \\ \dfrac{k}{n}, & \text{für } Y_{nk}(\omega) \leqslant x < Y_{n,k+1}(\omega),\ 1 \leqslant k \leqslant n-1, \\ 1 & \text{für } x \geqslant Y_{nn}(\omega). \end{cases}$$

Die empirische Verteilungsfunktion ist eine ZV, die folgende Eigenschaften besitzt:
- $F_n(x,\omega)$ ist eine Verteilungsfunktion;
- für alle x ist $nF_n(x,\omega) = \#\{i \mid X_i(\omega) \leqslant x\}$;
- $F_n(x,\omega)$ ist die relative Häufigkeit der $X_i(\omega) \leqslant x$;
- $F_n(x,\omega) = \frac{1}{n}\sum_{i=1}^n \mathbb{1}_{\{X_i\leqslant x\}}(\omega)$.

Da die X_i unabhängig sind, sind die $\xi_i(x,\cdot) := \mathbb{1}_{\{X_i\leqslant x\}}(\cdot)$ unabhängige Bernoulli-ZV mit $p = F(x)$ und $q = 1 - F(x)$, d.h.

$$\mathbb{E}\xi_i(x) = F(x),$$

und das SLLN (Satz 12.4) besagt, dass

$$F_n(x,\omega) = \frac{1}{n}\sum_{i=1}^n \xi_i(x,\omega) \xrightarrow[n\to\infty]{\text{f.s.}} F(x) = \mathbb{E}\xi_1(x), \qquad x \in \mathbb{R}. \tag{12.4}$$

Allerdings kann (und wird) die in (12.4) auftretende Nullmenge von $x \in \mathbb{R}$ abhängen. Wenn wir uns für die *gesamte Funktion F* und die Güte der empirischen Approximation interessieren, reicht dieses Argument i.Allg. nicht aus, da wir es mit *überabzählbar vielen* Ausnahme-Nullmengen zu tun haben.

12.10 Satz (Glivenko-Cantelli). *Für die empirische Verteilungsfunktion gilt*

$$\lim_{n\to\infty}\sup_{x\in\mathbb{R}} |F_n(x,\omega) - F(x)| = 0 \quad \text{f.s.}$$

Beweis. Wir bezeichnen die Menge der Unstetigkeitsstellen von F mit $\mathbb{J}$. Weil F monoton ist, ist $\mathbb{J}$ höchstens abzählbar, vgl. Lemma 12.12 weiter unten. Wir definieren

$$\forall x \in \mathbb{J} \, : \, \eta_i(x,\omega) := \mathbb{1}_{\{X_i=x\}}(\omega) = \begin{cases} 1, & \text{für } X_i(\omega) = x, \\ 0, & \text{für } X_i(\omega) \neq x. \end{cases}$$

Mit dieser Definition gilt

$$F_n(x+,\omega) - F_n(x-,\omega) = \frac{1}{n}\sum_{i=1}^{n} \eta_i(x,\omega),$$

und wir sehen mit dem SLLN (wie oben), dass für $x \in \mathbb{J}$ eine Menge Ω_x, $\mathbb{P}(\Omega_x) = 1$, existiert, so dass

$$F_n(x+,\omega) - F_n(x-,\omega) \xrightarrow[n\to\infty]{} F(x+) - F(x-) = F(x) - F(x-), \qquad \omega \in \Omega_x, \ x \in \mathbb{J}.$$

Setze $\Omega' := \bigcap_{x\in\mathbb{Q}\cup\mathbb{J}} \Omega_x$. Dann ist $\mathbb{P}(\Omega') = 1$ und

$$\forall \omega \in \Omega' \quad \forall x \in \mathbb{J} \, : \, F_n(x+,\omega) - F_n(x-,\omega) \xrightarrow[n\to\infty]{} F(x) - F(x-),$$
$$\forall \omega \in \Omega' \quad \forall x \in \mathbb{Q} \cup \mathbb{J} \, : \, F_n(x,\omega) \xrightarrow[n\to\infty]{} F(x).$$

Die Behauptung folgt nun aus dem nachfolgenden Lemma 12.11. □

Die nächsten zwei Lemmata sind rein deterministisch.

12.11 Lemma. *Es seien $F_n, F : \mathbb{R} \to [0,1]$ (rechtsstetige) Verteilungsfunktionen und $\mathbb{J}$ bezeichne wie in Satz 12.10 die Unstetigkeitsstellen von F. Wenn*

$$\forall x \in \mathbb{J} \, : \, F_n(x) - F_n(x-) \xrightarrow[n\to\infty]{} F(x) - F(x-),$$
$$\forall x \in \mathbb{Q} \cup \mathbb{J} \, : \, F_n(x) \xrightarrow[n\to\infty]{} F(x),$$

dann gilt bereits $\lim_{n\to\infty} \sup_{x\in\mathbb{R}} |F_n(x) - F(x)| = 0$.

Beweis. Angenommen, die Konvergenz $F_n \to F$ ist nicht gleichmäßig, d.h.

$$\exists \epsilon > 0, \quad \exists (n_i)_{i\in\mathbb{N}} \subset \mathbb{N}, \ n_i \uparrow \infty, \quad \exists (x_i)_{i\in\mathbb{N}} \subset \mathbb{R} \quad \forall i \in \mathbb{N} \, : \, |F_{n_i}(x_i) - F(x_i)| \geqslant \epsilon > 0.$$

Da $\lim_{x\to-\infty} F(x) = \lim_{x\to-\infty} F_n(x) = 0$ und $\lim_{x\to\infty} F(x) = \lim_{x\to\infty} F_n(x) = 1$ gilt und F, F_n monoton wachsen, können wir $x_i \to \pm\infty$ ausschließen. Ohne Einschränkung – sonst betrachten wir eine Teilfolge – dürfen wir annehmen, dass die Folge monoton ist und $\lim_{i\to\infty} x_i = \xi \in \mathbb{R}$.

Weil wir $\pm(F_{n_i}(x_i) - F(x_i)) \geqslant \epsilon$ haben und monoton wachsende bzw. fallende Folgen betrachten müssen, treten vier Fälle auf. Wir nehmen an, dass $i \in \mathbb{N}$ hinreichend groß ist und $q_1 < \xi < q_2$ für $q_1, q_2 \in \mathbb{Q}$ gilt.

1° $x_i \uparrow \xi, x_i < \xi$. Es gilt wegen der Monotonie der Verteilungsfunktionen

$$\epsilon \leqslant F_{n_i}(x_i) - F(x_i) \leqslant F_{n_i}(\xi-) - F(q_1) \leqslant F_{n_i}(\xi-) - F_{n_i}(\xi) + F_{n_i}(q_2) - F(q_1).$$

Wenn ξ eine Sprungstelle ist, d.h. $\xi \in \mathbb{J}$, dann gilt

$$\begin{aligned}\epsilon \leqslant F_{n_i}(\xi-) - F_{n_i}(\xi) + F_{n_i}(q_2) - F(q_1) &\xrightarrow[i\to\infty]{} F(\xi-) - F(\xi) + F(q_2) - F(q_1)\\ &\xrightarrow[q_1\uparrow\xi]{q_2\downarrow\xi} F(\xi-) - F(\xi) + F(\xi) - F(\xi-) = 0,\end{aligned}$$

sonst, d.h. für $\xi \notin \mathbb{J}$, erhalten wir

$$\epsilon \leqslant 0 + F_{n_i}(q_2) - F(q_1) \xrightarrow[i\to\infty]{} F(q_2) - F(q_1) \xrightarrow[q_1\uparrow\xi]{q_2\downarrow\xi} F(\xi) - F(\xi-) = 0.$$

2° $x_i \uparrow \xi,\ x_i < \xi$. Es gilt wegen der Monotonie der Verteilungsfunktionen

$$\epsilon \leqslant F(x_i) - F_{n_i}(x_i) \leqslant F(\xi-) - F_{n_i}(q_1) \xrightarrow[i\to\infty]{} F(\xi-) - F(q_1) \xrightarrow[q_1\uparrow\xi]{} F(\xi-) - F(\xi-) = 0.$$

3° $x_i \downarrow \xi,\ x_i \geqslant \xi$. Es gilt wegen der Monotonie der Verteilungsfunktionen

$$\begin{aligned}\epsilon \leqslant F(x_i) - F_{n_i}(x_i) \leqslant F(q_2) - F_{n_i}(\xi) &\leqslant F(q_2) - F_{n_i}(q_1) + F_{n_i}(\xi-) - F_{n_i}(\xi)\\ &\xrightarrow[i\to\infty]{} F(q_2) - F(q_1) + F(\xi-) - F(\xi)\\ &\xrightarrow[q_1\uparrow\xi]{q_2\downarrow\xi} F(\xi) - F(\xi-) + F(\xi-) - F(\xi) = 0.\end{aligned}$$

4° $x_i \downarrow \xi,\ x_i \geqslant \xi$. Es gilt

$$\epsilon \leqslant F_{n_i}(x_i) - F(x_i) \leqslant F_{n_i}(q_2) - F(\xi) \xrightarrow[i\to\infty]{} F(q_2) - F(\xi) \xrightarrow[q_2\downarrow\xi]{} F(\xi) - F(\xi) = 0.$$

Da alle vier Fälle zum Widerspruch $\epsilon \leqslant 0$ führen, folgt, dass $F_n \to F$ gleichmäßig konvergiert. □

12.12 Lemma. *Es sei $F : \mathbb{R} \to \mathbb{R}$ eine monotone Funktion. Dann ist F Borel-messbar und die Menge der Unstetigkeitsstellen $\mathbb{J} := \{x \in \mathbb{R} \mid F \text{ unstetig in } x\}$ ist abzählbar.*

Beweis. O.E. sei F wachsend. Dann gilt mit $c = \inf\{x \mid F(x) > y\}$

$$F^{-1}(-\infty, y] = \{x \mid -\infty < F(x) \leqslant y\} = (-\infty, c) \text{ oder } (-\infty, c],$$

d.h. F ist Borel-messbar.

Da $F(x\pm)$ für alle $x \in \mathbb{R}$ existieren, treten nur Sprungunstetigkeiten auf. Wir schreiben $\Delta F(x) := F(x+) - F(x-)$ und $\mathbb{J}_n := \{x \in [-n, n] \mid \Delta F(x) \geqslant 1/n\}$. Offenbar ist $\mathbb{J} = \bigcup_{n\in\mathbb{N}} \mathbb{J}_n$.

Es reicht zu zeigen, dass $\#\mathbb{J}_n < \infty$ für alle $n \in \mathbb{N}$. Angenommen, $\#\mathbb{J}_N = \infty$ für ein $N \in \mathbb{N}$, dann hätte F im kompakten Intervall $[-N, N]$ unendlich viele Sprünge der Höhe $\geqslant 1/N$, also wäre wegen der Monotonie $F(N) = +\infty$, was zum Widerspruch führt. □

Aufgaben

1. Es seien $(X_n)_{n\in\mathbb{N}}$ reelle iid ZV, $\mathbb{E}X_1^+ = \infty$ und $\mathbb{E}X_1^- < \infty$. Zeigen Sie, dass $\frac{1}{n}(X_1 + \cdots + X_n) \to \infty$ fast sicher.

2. Es sei $(X_n)_{n\in\mathbb{N}}$ eine Folge von iid ZV und $X_1 \in L^2(\mathbb{P})$. Zeigen Sie, dass $\frac{1}{n}\sum_{i=1}^n X_i \to \mathbb{E}X_1$ fast sicher und in $L^2(\mathbb{P})$.

3. Es seien $(X_n)_{n\geqslant 2}$ ZV, die folgendermaßen verteilt sind:
$$\mathbb{P}(X_n = n) = \mathbb{P}(X_n = -n) = \frac{1}{2n\log n}, \quad \mathbb{P}(X_n = 0) = 1 - \frac{1}{n\log n}.$$
Dann konvergiert $\frac{1}{n}\sum_{i=1}^n X_i$ gegen 0 in Wahrscheinlichkeit, aber nicht fast sicher.

4. Es seien $(X_n)_{n\in\mathbb{N}}$ iid ZV mit Werten in $(0,\infty)$, z.B. können die X_n die Zeit zwischen der Ankunft des Kunden $n-1$ und n in einer Warteschlange sein. Wir setzen $T_n := X_1 + \cdots + X_n$ für die Wartezeit bis der n-te Kunde eintrifft und $N_t := \max\{n \mid T_n \leqslant t\}$ für die Zahl der Ankünfte bis zur Zeit t. Wir nehmen an, dass $\mathbb{E}X_1 = \mu < \infty$. Zeigen Sie, dass $\lim_{t\to\infty} N_t/t = 1/\mu \in (0,\infty]$ gilt (wir verwenden die Konvention, dass $1/0 = \infty$).
Hinweis. N_t ist die verallgemeinerte Inverse von T_n und es gilt $T_{N_t} \leqslant t < T_{N_t+1}$ und $\lim_{t\to\infty} N_t = \infty$ f.s.

5. Es seien $(X_n)_{n\in\mathbb{N}}$ und $(Y_n)_{n\in\mathbb{N}}$ Folgen von iid ZV mit $\mathbb{E}X_1 = \mu$ und $\mathbb{E}Y_1 = \nu \neq 0$. Zeigen Sie:
   (a) $\lim_{n\to\infty} \dfrac{X_1 + X_2 + \cdots + X_n}{Y_1 + Y_2 + \cdots + Y_n} = \dfrac{\mu}{\nu}$ f.s.
   (b) Wenn $\mathbb{V}X_1 = \sigma^2$, dann gilt $\lim_{n\to\infty} \dfrac{1}{n}\sum_{i=1}^n (X_i - \mu)^2 = \sigma^2$ f.s.

6. Es sei $(X_n)_{n\in\mathbb{N}}$ eine Folge von iid ZV mit $\mathbb{E}|X_1| = \infty$. Für $r > 0$ und $n \in \mathbb{N}$ sei $C_n^r := \{|X_n| \geqslant nr\}$. Es gilt
$$\mathbb{P}\left(\limsup_{n\to\infty} C_n^r\right) = 1 \quad \text{und} \quad \limsup_{n\to\infty} \frac{1}{n}\left|\sum_{i=1}^n X_i\right| = \infty \quad \text{f.s.}$$

7. Es sei $(X_n)_{n\in\mathbb{N}}$ eine Folge von iid ZV mit Werten in $\mathbb{R}$ und $\mathbb{E}|X_1| < \infty$. Zeigen Sie, dass fast sicher $\lim_{n\to\infty}(X_1 + \cdots + X_n) = \infty$, wenn $\mathbb{E}X_1 > 0$.

8. Es sei $(X_n)_{n\in\mathbb{N}}$ eine Folge von gleichmäßig beschränkten ZV, d.h. $\sup_{n\in\mathbb{N}} |X_n| \leqslant c < \infty$ f.s. Wir schreiben $S_n = X_1 + \cdots + X_n$ für die Partialsummen.
   (a) Zeigen Sie, dass $n^{-2}S_{n^2} \xrightarrow{\text{f.s.}} 0 \implies n^{-1}S_n \xrightarrow{\text{f.s.}} 0$.
   (b) Wir nehmen nun an, dass die ZV X_n unabhängig und zentriert ($\mathbb{E}X_n = 0$) sind. Zeigen Sie ohne Verwendung des Gesetzes der großen Zahl, dass $n^{-1}S_n \to 0$ f.s.
   Hinweis. Verwenden Sie Teil (a), die Chebyshevsche Ungleichung und das Borel-Cantelli-Lemma.

9. Es sei $(X_n)_{n\in\mathbb{N}}$ eine Folge von iid ZV, $S_n := X_1 + \cdots + X_n$ und es gelte $\mathbb{E}[|X_1|^p] < \infty$ für ein $p > 0$.
   (a) Wenn $p \in (0,1)$, dann gilt $\lim_{n\to\infty} n^{-1/p}S_n = 0$ f.s.
   (b) Wenn $p \in [1,2)$, dann gilt $\lim_{n\to\infty} n^{-1/p}(S_n - n\mathbb{E}X_1) = 0$ f.s.

10. Es seien $(Y_n)_{n\in\mathbb{N}}$ reelle ZV mit $\lim_{n\to\infty} \mathbb{E}Y_n = c \in \mathbb{R}$. Zeigen Sie, dass $\sum_{n=1}^\infty \mathbb{V}Y_n < \infty$ hinreichend für $\lim_{n\to\infty} Y_n = c$ f.s. ist.
Hinweis. Zeigen Sie, dass $\sum_{n=1}^\infty (Y_n - \mathbb{E}Y_n)^2 < \infty$ f.s.

11. (A. Rajchman) Es seien $(X_n)_{n\in\mathbb{N}} \subset L^2(\mathbb{P})$ unabhängige ZV mit $\mathbb{E}X_n = 0$ und $S_n := X_1 + \cdots + X_n$. Zeigen Sie, dass aus $\sup_{n\in\mathbb{N}} \mathbb{V}X_n < \infty$ bereits die Konvergenz $S_n/n \to 0$ f.s. und in L^2 folgt.

13 Der Zentrale Grenzwertsatz

Wir schließen das Studium des Konvergenzverhaltens von (Summen von) unabhängigen ZV mit dem Zentralen Grenzwertsatz (CLT – central limit theorem) ab. In Kapitel 8, Satz 8.8, haben wir bereits eine klassische Version des CLT kennen gelernt. In Vorbereitung auf den allgemeinen Grenzwertsatz von Lindeberg und Feller werden wir nochmals an den CLT von DeMoivre-Laplace erinnern. In diesem Kapitel nehmen wir an, dass $(X_k)_{k\in\mathbb{N}}$ unabhängige reelle ZV sind, die auf einem W-Raum $(\Omega, \mathscr{A}, \mathbb{P})$ definiert sind; mit $S_n := X_1 + \cdots + X_n$ bezeichnen wir die Partialsummen.

13.1 Definition. Eine Folge reeller ZV $(X_k)_{k\in\mathbb{N}}$ *genügt dem CLT*, wenn es Zahlenfolgen $(a_n)_{n\in\mathbb{N}}, (s_n)_{n\in\mathbb{N}} \subset \mathbb{R}$ gibt, so dass

$$\frac{S_n - a_n}{s_n} \xrightarrow{\mathrm{d}} G \sim \mathsf{N}(0,1).$$

Da es sich beim CLT um Verteilungskonvergenz handelt, kann die Gauß-ZV G auf einem anderen W-Raum als die $(X_k)_{k\in\mathbb{N}}$ definiert sein. Der CLT von DeMoivre-Laplace (vgl. Satz 8.8) kann folgendermaßen formuliert werden.

13.2 Satz (CLT; DeMoivre-Laplace). *Es seien $(X_k)_{k\in\mathbb{N}} \subset L^2(\mathbb{P})$ reelle iid ZV, $\mu := \mathbb{E}X_1 = 0$ und $\sigma^2 := \mathbb{V}X_1 > 0$. Dann gilt für die Folge $(X_k)_{k\in\mathbb{N}}$ der CLT, genauer*

$$\frac{1}{\sigma\sqrt{n}}(X_1 + \cdots + X_n) \xrightarrow{\mathrm{d}} G \sim \mathsf{N}(0,1). \tag{13.1}$$

Für einen Beweis verweisen wir auf Kapitel 8.

Es gibt verschiedene Möglichkeiten, den CLT zu verallgemeinern. Zunächst wollen wir aber die Grenzen des CLT ausloten.

13.3 Beispiel. Es seien $(C_k)_{k\in\mathbb{N}}$ iid Cauchy-verteilte reelle ZV, d.h. $C_k \sim \pi^{-1}(1+x^2)^{-1}\,dx$, vgl. Anhang A.7.9. In Beispiel 7.5 haben wir die charakteristische Funktion berechnet

$$\mathbb{E}\,e^{i\xi C_k} = e^{-|\xi|}.$$

Somit finden wir

$$\mathbb{E}\,e^{i\xi(C_1+\cdots+C_n)/n} \stackrel{\text{iid}}{=} \prod_{k=1}^{n} e^{-|\xi|/n} = e^{-|\xi|}$$

d.h. $(C_1 + \cdots + C_n)/n \xrightarrow{\mathrm{d}} C$ für eine Cauchy-verteilte ZV C. Insbesondere kann daher $(C_1+\cdots+C_n-a_n)/s_n$ für keine Wahl von Folgen $(a_n)_{n\in\mathbb{N}}$ und $(s_n)_{n\in\mathbb{N}}$ gegen eine standardnormalverteilte ZV G konvergieren. Das sieht man so:

Angenommen es gäbe Folgen, so dass $(C_1 + \cdots + C_n - a_n)/s_n \xrightarrow{\mathrm{d}} G$. Es gilt

$$\begin{aligned} e^{-|\xi|^2/2} \stackrel{\text{CLT}}{=} \lim_{n\to\infty}\left|\mathbb{E}\,e^{i\xi(C_1+\cdots+C_n-a_n)/s_n}\right| &= \lim_{n\to\infty}\left|\mathbb{E}\,e^{i\xi(C_1+\cdots+C_n)/s_n}\right| \\ &= \lim_{n\to\infty}\left|\mathbb{E}\,e^{i(n/s_n)\xi(C_1+\cdots+C_n)/n}\right| \stackrel{\text{iid}}{=} \lim_{n\to\infty} e^{-(n/s_n)|\xi|}. \end{aligned}$$

https://doi.org/10.1515/9783111342252-013

Diese Gleichheit zeigt, dass der Grenzwert $s = \lim_{n\to\infty} n/s_n$ existiert und $e^{-|\xi|^2/2} = e^{-s|\xi|}$, was offensichtlich nicht möglich ist.

Beachte, dass wegen $\mathbb{E}|C_1| = \infty$ die Voraussetzungen des Satzes von DeMoivre-Laplace verletzt sind.

13.4 Satz (Lindeberg 1922; Lévy 1925 & 1937; Feller 1935). *Es seien $(X_k)_{k\in\mathbb{N}} \subset L^2(\mathbb{P})$ unabhängige reelle ZV,*

$$\mathbb{E}X_k = 0, \quad \mathbb{V}X_k = \sigma_k^2 > 0, \quad X_k \sim \nu_k.$$

Setze $s_n^2 := \sigma_1^2 + \cdots + \sigma_n^2$. Wenn die Lindeberg-Bedingung

$$\forall \epsilon > 0 : \lim_{n\to\infty} \frac{1}{s_n^2} \sum_{k=1}^{n} \int_{|x|>\epsilon s_k} x^2\, \nu_k(dx) = 0 \tag{L}$$

erfüllt ist, dann gilt der CLT

$$\frac{X_1 + \cdots + X_n}{s_n} \xrightarrow{\text{d}} G \sim \mathsf{N}(0,1). \tag{CLT}$$

13.5 Bemerkung. a) Es ist $s_n^2 = \mathbb{V}(X_1 + \cdots + X_n) = \mathbb{V}S_n$ weil die ZV unabhängig sind.

b) Die *klassische Lindeberg-Bedingung* ist

$$\forall \epsilon > 0 : \lim_{n\to\infty} \frac{1}{s_n^2} \sum_{k=1}^{n} \int_{|x|>\epsilon s_n} x^2\, \nu_k(dx) = 0 \tag{L'}$$

(beachte das im Vergleich zu (L) veränderte Integrationsgebiet). Tatsächlich sind (L) und (L′) gleichwertig und wir werden beide Formulierungen simultan verwenden.

(L)⇒(L′): Für $1 \leqslant k \leqslant n$ gilt $s_k^2 \leqslant s_n^2$ und es folgt $\{|x| > \epsilon s_n\} \subset \{|x| > \epsilon s_k\}$, also (L)⇒(L′).

(L′)⇒(L): Umgekehrt gilt für alle $\delta > 0$

$$\begin{aligned}
\frac{1}{s_n^2} \sum_{k=1}^{n} \int_{|x|>\epsilon s_k} x^2\, \nu_k(dx) &= \frac{1}{s_n^2} \sum_{k:s_k\leqslant\delta s_n} \underbrace{\int_{|x|>\epsilon s_k} x^2\, \nu_k(dx)}_{\leqslant \int x^2\, \nu_k(dx) = \sigma_k^2} + \frac{1}{s_n^2} \sum_{k:s_k>\delta s_n} \int_{|x|>\epsilon s_k} x^2\, \nu_k(dx) \\
&\leqslant \frac{1}{s_n^2} \underbrace{\sum_{k:s_k\leqslant\delta s_n} \sigma_k^2}_{\leqslant \delta^2 s_n^2} + \frac{1}{s_n^2} \sum_{k=1}^{n} \int_{|x|>\epsilon\delta s_n} x^2\, \nu_k(dx) \\
&\xrightarrow[n\to\infty]{\text{(L') mit } \epsilon\delta} \delta^2 \xrightarrow[\delta\to 0]{} 0.
\end{aligned}$$

Dies zeigt $\limsup_{n\to\infty} s_n^{-2} \sum_{k=1}^{n} \int_{|x|>\epsilon s_k} x^2\, \nu_k(dx) = 0$, und wegen der Positivität der Folgenglieder gilt $\lim_n = \limsup_n = 0$, also (L′)⇒(L).

13.6 Lemma (Feller 1935). *Die Lindeberg-Bedingung* (L) *ergibt die* Feller-Bedingung

$$\lim_{n\to\infty} \max_{1\leqslant k\leqslant n} \frac{\sigma_k}{s_n} = 0. \tag{F}$$

Beweis. Für $1 \leqslant k \leqslant n$ und $\epsilon > 0$ gilt

$$\sigma_k^2 = \int x^2\,\nu_k(dx) = \int\limits_{|x|<\epsilon s_n} x^2\,\nu_k(dx) + \int\limits_{|x|\geqslant\epsilon s_n} x^2\,\nu_k(dx) \leqslant \epsilon^2 s_n^2 + \int\limits_{|x|\geqslant\epsilon s_n} x^2\,\nu_k(dx)$$

und das zeigt dann, dass

$$\max_{1\leqslant k\leqslant n} \frac{\sigma_k^2}{s_n^2} \leqslant \epsilon^2 + \frac{1}{s_n^2}\sum_{k=1}^n \int\limits_{|x|\geqslant\epsilon s_n} x^2\,\nu_k(dx) \xrightarrow[n\to\infty]{(L')} \epsilon^2 \xrightarrow[\epsilon\to 0]{} 0. \qquad \square$$

Für den Beweis von 13.4 benötigen wir noch die folgenden technischen Hilfsaussagen.

13.7 Lemma. *Für alle komplexen Zahlen $a_1, \dots a_n, b_1, \dots, b_n \in \mathbb{C}$ mit $|a_k|, |b_k| \leqslant 1$ gilt*

$$\left|\prod_{k=1}^n a_k - \prod_{k=1}^n b_k\right| \leqslant \sum_{k=1}^n |a_k - b_k|.$$

Beweis. Die Ungleichung zeigt man mit vollständiger Induktion. Wir geben hier nur den Induktionsschritt $n \rightsquigarrow n+1$ an: Setze $A := \prod_{k=1}^n a_k$ und $B := \prod_{k=1}^n b_k$. Dann gilt

$$\begin{aligned}
|Aa_{n+1} - Bb_{n+1}| &\leqslant |Aa_{n+1} - Ba_{n+1}| + |Ba_{n+1} - Bb_{n+1}| \\
&\leqslant |A - B| \cdot \underbrace{|a_{n+1}|}_{\leqslant 1} + \underbrace{|B|}_{\leqslant 1} \cdot |a_{n+1} - b_{n+1}| \\
&\leqslant \sum_{k=1}^n |a_k - b_k| + |a_{n+1} - b_{n+1}|,
\end{aligned}$$

wobei wir im letzten Schritt die Induktionsannahme verwenden. $\square$

13.8 Lemma. *Es sei $X \in L^2$ eine reelle ZV, $\mathbb{E}X = 0$ und $\mathbb{V}X = \sigma^2 > 0$. Dann gilt*

$$\left|\mathbb{E}\, e^{i\xi X} - 1 - i \cdot 0 \cdot \xi + \tfrac{1}{2}\sigma^2\xi^2\right| \leqslant \xi^2\, \mathbb{E}\left(|X|^2 \wedge \frac{|\xi|\cdot|X|^3}{6}\right).$$

Beweis. Das Lemma ist offenbar eine Restgliedabschätzung für die Taylorreihe. Es gilt (mit der Konvention, dass $\int_0^a = -\int_a^0$)

$$\left|e^{ix} - 1 - ix - \tfrac{1}{2}(ix)^2\right| = \left|\int_0^x\int_0^t (1 - e^{is})\,ds\,dt\right| \leqslant \int_0^{|x|}\int_0^{|t|} |1 - e^{is}|\,ds\,dt.$$

Wir können den Integranden entweder mit 2 oder mit $|1 - e^{is}| = \left|\int_0^s e^{iu}\,du\right| \leqslant |s|$ abschätzen, was dann

$$\left|e^{ix} - 1 - ix - \tfrac{1}{2}(ix)^2\right| \leqslant x^2 \wedge \frac{|x|^3}{6}$$

ergibt. Wenn wir $x = \xi X$ einsetzen, den Erwartungswert bilden und $\mathbb{E}X^2 = \mathbb{V}X = \sigma^2$ (wegen $\mathbb{E}X = 0$) beachten, erhalten wir die behauptete Abschätzung:

$$\left|\mathbb{E}\, e^{i\xi X} - 1 - i\xi\mathbb{E}X + \tfrac{1}{2}\xi^2\mathbb{E}X^2\right| \leqslant \mathbb{E}\left|e^{i\xi X} - 1 - i\xi X - \tfrac{1}{2}(i\xi X)^2\right| \leqslant \mathbb{E}\left((\xi^2 X^2) \wedge \frac{|\xi X|^3}{6}\right). \quad \square$$

Beweis von Satz 13.4. Wir bezeichnen mit $G_k \sim \mathsf{N}(0, \sigma_k^2)$, $1 \leqslant k \leqslant n$, unabhängige Gauß-ZV, die dieselben ersten und zweiten Momente wie die X_k haben.[21]

1° Wenn wir die charakteristischen Funktionen der ZV X_k und G_k am Punkt ξ/s_n in eine Taylorreihe entwickeln, erhalten wir

$$\mathbb{E}\, e^{i\xi X_k/s_n} = 1 - \frac{1}{2}\xi^2 \frac{\sigma_k^2}{s_n^2} + R_1(\xi/s_n),$$
$$\mathbb{E}\, e^{i\xi G_k/s_n} = 1 - \frac{1}{2}\xi^2 \frac{\sigma_k^2}{s_n^2} + R_2(\xi/s_n),$$

mit den Restgliedern R_1, R_2. Mit Hilfe von Lemma 13.8 sehen wir

$$\begin{aligned}\left|\mathbb{E}\, e^{i\xi X_k/s_n} - \mathbb{E}\, e^{i\xi G_k/s_n}\right| &\leqslant |R_1(\xi/s_n)| + |R_2(\xi/s_n)| \\ &\leqslant \frac{\xi^2}{s_n^2}\left[\mathbb{E}\left(|X_k|^2 \wedge \frac{1}{6}\frac{|\xi|}{s_n}|X_k|^3\right) + \mathbb{E}\left(|G_k|^2 \wedge \frac{1}{6}\frac{|\xi|}{s_n}|G_k|^3\right)\right].\end{aligned}$$

Wenn Z entweder X_k oder G_k bedeutet, dann haben wir

$$\begin{aligned}\mathbb{E}\left(|Z|^2 \wedge \frac{1}{6}\frac{|\xi|}{s_n}|Z|^3\right) &= \left\{\int_{|Z|>\epsilon s_n} + \int_{|Z|\leqslant\epsilon s_n}\right\}\left(|Z|^2 \wedge \frac{1}{6}\frac{|\xi|}{s_n}|Z|^3\right) d\mathbb{P} \\ &\leqslant \int_{|Z|>\epsilon s_n} |Z|^2\, d\mathbb{P} + \int_{|Z|\leqslant\epsilon s_n} \frac{1}{6}\frac{|\xi|}{s_n}|Z|^3\, d\mathbb{P} \\ &\leqslant \int_{|Z|>\epsilon s_n} |Z|^2\, d\mathbb{P} + \frac{1}{6}|\xi|\frac{\epsilon s_n}{s_n}\int_{|Z|\leqslant\epsilon s_n} |Z|^2\, d\mathbb{P} \\ &\leqslant \int_{|Z|>\epsilon s_n} |Z|^2\, d\mathbb{P} + \frac{\epsilon}{6}|\xi|\,\mathbb{V}Z.\end{aligned}$$

Daraus folgt die Abschätzung

$$\left|\mathbb{E}\, e^{i\xi X_k/s_n} - \mathbb{E}\, e^{i\xi G_k/s_n}\right| \leqslant \frac{\xi^2}{s_n^2}\int_{|X_k|>\epsilon s_n} |X_k|^2\, d\mathbb{P} + \frac{\xi^2}{s_n^2}\int_{|G_k|>\epsilon s_n} |G_k|^2\, d\mathbb{P} + \frac{\epsilon}{3}|\xi|^3\frac{\sigma_k^2}{s_n^2}. \quad (13.2)$$

2° Weil die ZV $G_1, \dots, G_n$ unabhängig sind, gilt

$$G := G_1 + \cdots + G_n \sim \mathsf{N}(0, \sigma_1^2) * \cdots * \mathsf{N}(0, \sigma_n^2) = \mathsf{N}(0, s_n^2) \implies G/s_n \sim \mathsf{N}(0, 1).$$

---

21 Die ZV G_k müssen nicht auf demselben W-Raum wie die X_k definiert sein.

und die Unabhängigkeit der ZV $X_1, \dots, X_n$ zusammen mit Lemma 13.7 ergibt

$$\left|\mathbb{E}\exp\left[i\xi\frac{X_1+\cdots+X_n}{s_n}\right]-\mathbb{E}\,e^{i\xi G/s_n}\right| = \left|\prod_{k=1}^{n}\mathbb{E}\,e^{i\xi X_k/s_n}-\prod_{k=1}^{n}\mathbb{E}\,e^{i\xi G_k/s_n}\right| \leqslant \sum_{k=1}^{n}\left|\mathbb{E}\,e^{i\xi X_k/s_n}-\mathbb{E}\,e^{i\xi G_k/s_n}\right|.$$

Nun können wir die Abschätzung (13.2) aus dem ersten Schritt des Beweises verwenden

$$\left|\mathbb{E}\exp\left[i\xi\frac{X_1+\cdots+X_n}{s_n}\right]-\mathbb{E}\,e^{i\xi G/s_n}\right| \leqslant \xi^2\Bigg(\underbrace{\frac{1}{s_n^2}\sum_{k=1}^{n}\int_{|X_k|>\epsilon s_n}|X_k|^2\,d\mathbb{P}}_{\to 0 \text{ wg. (L')}}+\underbrace{\frac{1}{s_n^2}\sum_{k=1}^{n}\int_{|G_k|>\epsilon s_n}|G_k|^2\,d\mathbb{P}}_{\to 0 \text{ siehe Schritt } 3^0}+\underbrace{\sum_{k=1}^{n}\frac{\epsilon}{3}|\xi|\frac{\sigma_k^2}{s_n^2}}_{=\epsilon|\xi|/3}\Bigg) \xrightarrow[n\to\infty]{} \frac{1}{3}\epsilon|\xi| \xrightarrow[\epsilon\to 0]{} 0.$$

3^0 Wir müssen noch die Konvergenz des G_k-Ausdrucks erledigen. Weil die G_k normalverteilt sind, gilt

$$\frac{1}{s_n^2}\int_{|G_k|>\epsilon s_n}|G_k|^2\,d\mathbb{P} = \int_{|x|>\epsilon s_n}\left|\frac{x}{s_n}\right|^2 e^{-x^2/2\sigma_k^2}\frac{dx}{\sigma_k\sqrt{2\pi}} = \frac{1}{\sqrt{2\pi}}\int_{|y|>\epsilon s_n/\sigma_k}\frac{\sigma_k^2}{s_n^2}y^2 e^{-y^2/2}\,dy \leqslant \frac{\sigma_k^2}{s_n^2}\frac{1}{\sqrt{2\pi}}\int_{|y|>\epsilon\min\limits_{k\leqslant n}s_n/\sigma_k} y^2 e^{-y^2/2}\,dy.$$

Indem wir über $k = 1, 2, \dots, n$ summieren und $\sum_{k=1}^{n}\sigma_k^2 = s_n^2$ beachten, folgt mit dominierter Konvergenz

$$\frac{1}{s_n^2}\sum_{k=1}^{n}\int_{|G_k|>\epsilon s_n}|G_k|^2\,d\mathbb{P} \leqslant \frac{1}{\sqrt{2\pi}}\int_{|y|>\epsilon\min_{k\leqslant n}s_n/\sigma_k} y^2 e^{-y^2/2}\,dy \xrightarrow[n\to\infty]{\text{dom. Konv.}} 0,$$

denn wir wissen wegen der Feller-Bedingung (F), dass $\min_{1\leqslant k\leqslant n} s_n/\sigma_k \to \infty$ und somit $\{|y| > \epsilon\min_{k\leqslant n} s_n/\sigma_k\} \to \emptyset$ gilt. □

13.9 Korollar (Lyapunov 1901). *Es seien $(X_k)_{k\in\mathbb{N}}$ unabhängige reelle ZV und $\mathbb{E}X_k = 0$, so dass die folgende Lyapunov-Bedingung für ein $\delta > 0$ erfüllt ist:*

$$\lim_{n\to\infty}\frac{1}{s_n^{2+\delta}}\sum_{k=1}^{n}\mathbb{E}\left(|X_k|^{2+\delta}\right) = 0.$$

Dann gilt der zentrale Grenzwertsatz (CLT).

Beweis. Für beliebige $\epsilon > 0$ haben wir

$$\frac{1}{s_n^2}\sum_{k=1}^n \int_{|X_k|\geqslant \epsilon s_n} |X_k|^2\,d\mathbb{P} \leqslant \frac{1}{s_n^2}\sum_{k=1}^n \int_{|X_k|\geqslant \epsilon s_n} |X_k|^2 \left|\frac{X_k}{\epsilon s_n}\right|^\delta d\mathbb{P}$$
$$\leqslant \frac{1}{\epsilon^\delta}\frac{1}{s_n^{2+\delta}}\sum_{k=1}^n \mathbb{E}\left(|X_k|^{2+\delta}\right) \xrightarrow[n\to\infty]{} 0.$$

Daher ist die Bedingung (L′) erfüllt und die Folge von ZV genügt dem CLT. □

13.10 Satz (Feller 1935). *Es seien* $(X_k)_{k\in\mathbb{N}} \subset L^2(\mathbb{P})$ *unabhängige reelle ZV,* $\mathbb{E}X_k = 0$ *und* $\mathbb{V}X_k = \sigma_k^2 > 0$. *Dann gilt* (F) + (CLT) $\iff$ (L).

Beweis. »$\Leftarrow$« folgt aus Satz 13.4 und Lemma 13.6.

»$\Rightarrow$« Wir setzen (F) und (CLT) voraus und zeigen, dass (F) die *asymptotische Vernachlässigbarkeit* impliziert

$$\lim_{n\to\infty}\max_{1\leqslant k\leqslant n}\mathbb{P}(|X_k|\geqslant \epsilon s_n) = 0, \tag{A}$$

und dass (A) und (CLT) die Lindeberg-Bedingung (L) implizieren.

1° Die Bedingung (A) folgt mit der Chebyshev-Markov-Ungleichung

$$\mathbb{P}(|X_k|\geqslant \epsilon s_n) \leqslant \frac{1}{\epsilon^2 s_n^2}\mathbb{E}\left(X_k^2\right) = \frac{1}{\epsilon^2}\frac{\sigma_k^2}{s_n^2} \leqslant \frac{1}{\epsilon^2}\max_{1\leqslant k\leqslant n}\frac{\sigma_k^2}{s_n^2} \xrightarrow[n\to\infty]{\text{(F)}} 0,$$

wobei der Grenzwert gleichmäßig in $1 \leqslant k \leqslant n$ ist.

2° Allein mit Hilfe von (A) sehen wir nun wegen der Stetigkeit der Funktion $z \mapsto e^z - 1$

$$\begin{aligned}\left|\mathbb{E}\left(e^{i\xi X_k/s_n} - 1\right)\right| &\leqslant \int_{|X_k|\leqslant \epsilon s_n} \underbrace{\left|e^{i\xi X_k/s_n} - 1\right|}_{\leqslant \eta} d\mathbb{P} + \int_{|X_k|>\epsilon s_n} \underbrace{\left|e^{i\xi X_k/s_n} - 1\right|}_{\leqslant 2} d\mathbb{P} \\ &\leqslant \eta + 2\,\mathbb{P}\left(|X_k| > \epsilon s_n\right) \xrightarrow[n\to\infty]{} \eta \xrightarrow[\eta\to 0]{} 0\end{aligned} \tag{13.3}$$

und alle Grenzwerte sind gleichmäßig bezüglich $1 \leqslant k \leqslant n$. Weiter gilt wegen Lemma 13.8

$$\left|\mathbb{E}\left(e^{i\xi X_k/s_n} - 1\right)\right| \leqslant \frac{1}{2}\xi^2\frac{1}{s_n^2}\mathbb{E}X_k^2 = \frac{1}{2}\xi^2\frac{\sigma_k^2}{s_n^2}. \tag{13.4}$$

3° Um fortzufahren, benötigen wir eine Abschätzung aus der Funktionentheorie. Es sei $z \in \mathbb{C}$ mit $|z| < \frac{1}{2}$ und mit $\overrightarrow{0z}$ bezeichnen wir einen Weg in $B_{1/2}(0)$, der 0 und z verbindet. Weil für den Hauptzweig des Logarithmus die Funktion $z \mapsto \log(1+z)$ im Kreis $B_1(0)$ holomorph ist, gilt

$$|\log(1+z) - z| = \left|\int_{\overrightarrow{0z}}\left(\frac{1}{\zeta+1} - 1\right)d\zeta\right| \leqslant |z|\max_{\zeta\in\overrightarrow{0z}}\left|\frac{\zeta}{\zeta+1}\right| \leqslant |z|\max_{\zeta\in\overrightarrow{0z}}\frac{|\zeta|}{1-|\zeta|} \leqslant |z|\frac{|z|}{1-\frac{1}{2}}.$$

4° Kombinieren wir die Überlegungen aus 2° und 3°, dann sehen wir, dass wegen (13.3) $z = \mathbb{E}\, e^{i\xi X_k/s_n} - 1$ für große n tatsächlich in $B_{1/2}(0)$ ist. Somit

$$\begin{aligned}
&\sum_{k=1}^{n} \left|\log \mathbb{E}\left(e^{i\xi X_k/s_n} - 1 + 1\right) - \mathbb{E}\left(e^{i\xi X_k/s_n}\right) + 1\right| \\
&\qquad \leqslant 2 \sum_{k=1}^{n} \mathbb{E}\left|e^{i\xi X_k/s_n} - 1\right|^2 \\
&\qquad \leqslant 2 \max_{1\leqslant k\leqslant n} \mathbb{E}\left|e^{i\xi X_k/s_n} - 1\right| \sum_{k=1}^{n} \mathbb{E}\left|e^{i\xi X_k/s_n} - 1\right| \\
&\qquad \overset{(13.3)}{\underset{(13.4)}{\leqslant}} \epsilon_n \sum_{k=1}^{n} \xi^2 \frac{\sigma_k^2}{s_n^2} = \xi^2 \epsilon_n \xrightarrow[n\to\infty]{} 0.
\end{aligned} \tag{13.5}$$

Hier und in der Folge sind ϵ_n, ϵ_n', ϵ_n'' nicht näher bestimmte Fehlerterme, die für $n \to \infty$ gegen Null streben.

5° Wir verwenden nun die Annahme, dass (CLT) gilt. Dies zeigt

$$\prod_{k=1}^{n} \mathbb{E}\, e^{i\xi X_k/s_n} = \mathbb{E}\, e^{i\xi(X_1+\cdots+X_n)/s_n} \xrightarrow[n\to\infty]{} e^{-\xi^2/2}$$

und indem wir auf beiden Seiten logarithmieren, erhalten wir

$$-\frac{1}{2}\xi^2 = \sum_{k=1}^{n} \log \mathbb{E}\, e^{i\xi X_k/s_n} \overset{(13.5)}{=} \sum_{k=1}^{n} \left(\mathbb{E}\, e^{i\xi X_k/s_n} - 1\right) + \epsilon_n'.$$

Diese Gleichheit lässt sich folgendermaßen umschreiben

$$\frac{\xi^2}{2} - \sum_{k=1}^{n} \int_{|X_k|\leqslant\epsilon s_n} \left(1 - e^{i\xi X_k/s_n}\right) d\mathbb{P} = \sum_{k=1}^{n} \int_{|X_k|>\epsilon s_n} \left(1 - e^{i\xi X_k/s_n}\right) d\mathbb{P} + \epsilon_n'$$

und für den Realteil ergibt sich dann

$$\frac{\xi^2}{2} - \sum_{k=1}^{n} \int_{|X_k|\leqslant\epsilon s_n} \left(1 - \cos\frac{\xi X_k}{s_n}\right) d\mathbb{P} = \sum_{k=1}^{n} \int_{|X_k|>\epsilon s_n} \left(1 - \cos\frac{\xi X_k}{s_n}\right) d\mathbb{P} + \epsilon_n''.$$

Wir schätzen auf der rechten Seite $1 - \cos z$ nach oben durch 2 ab und verwenden anschließend die Chebyshev-Markov-Ungleichung

$$\frac{\xi^2}{2} - \sum_{k=1}^{n} \int_{|X_k|\leqslant\epsilon s_n} \left(1 - \cos\frac{\xi X_k}{s_n}\right) d\mathbb{P} \leqslant \sum_{k=1}^{n} \frac{2}{\epsilon^2 s_n^2} \mathbb{E}\left(X_k^2\right) + \epsilon_n'' = \frac{2}{\epsilon^2 s_n^2} \underbrace{\sum_{k=1}^{n} \sigma_k^2}_{=s_n^2} + \epsilon_n'' = \frac{2}{\epsilon^2} + \epsilon_n''.$$

Andererseits ist $1 - \cos t \leqslant \frac{1}{2} t^2$, d.h. auf der linken Seite dieser Abschätzung erhalten wir für $t = \xi X_k/s_n$

$$\frac{1}{2}\xi^2 - \sum_{k=1}^{n} \frac{1}{2} \int_{|X_k|\leqslant\epsilon s_n} \frac{\xi^2 X_k^2}{s_n^2}\, d\mathbb{P} \leqslant \frac{2}{\epsilon^2} + \epsilon_n''.$$

Weil $1 = \frac{s_n^2}{s_n^2} = \sum_{k=1}^n \frac{\mathbb{E}X_k^2}{s_n^2}$ erhalten wir nach Division durch $\xi^2/2$

$$\frac{1}{s_n^2}\sum_{k=1}^n \int_{|X_k|>\epsilon s_n} X_k^2\,d\mathbb{P} = 1 - \frac{1}{s_n^2}\sum_{k=1}^n \int_{|X_k|\leqslant \epsilon s_n} X_k^2\,d\mathbb{P} \leqslant \frac{4}{\xi^2\,\epsilon^2} + \frac{2}{\xi^2}\,\epsilon_n'',$$

und $n \to \infty$ und $|\xi| \to \infty$ ergibt (L′), und damit (L), vgl. Bemerkung 13.5.b). □

13.11 Bemerkung. Insgesamt haben wir sogar gezeigt:

$$(\mathrm{F}) + (\mathrm{CLT}) \overset{13.10}{\Longrightarrow} (\mathrm{A}) + (\mathrm{CLT}) \overset{13.10}{\Longrightarrow} (\mathrm{L}') \overset{13.5}{\Longleftrightarrow} (\mathrm{L}) \begin{cases} \overset{13.4}{\Longrightarrow} (\mathrm{CLT}) \\ \\ \overset{13.6}{\Longrightarrow} (\mathrm{F}) \end{cases}$$

13.12 Bemerkung. Oft wendet man den CLT für sogenannte *Dreieckschemata* (*triangular arrays*) an, d.h. Systeme von reellen ZV $X_{n,k}$, $n \in \mathbb{N}$, $1 \leqslant k \leqslant k(n)$, der Gestalt

$$\begin{array}{l} X_{1,1},\ X_{1,2},\ X_{1,3},\ \dots,\ X_{1,k(1)} \\ X_{2,1},\ X_{2,2},\ X_{2,3},\ \dots\dots\dots,\ X_{2,k(2)} \\ \dots\dots\dots\dots\dots\dots\dots\dots \\ X_{n,1},\ X_{n,2},\ X_{n,3},\ \dots\dots\dots\dots\dots,\ X_{n,k(n)} \\ \dots\dots\dots\dots\dots\dots\dots\dots\dots\dots \end{array}$$

Meist wird angenommen, dass die ZV *in jeder Zeile* unabhängig sind, während die *Zeilen untereinander* nicht unabhängig sein müssen.

Wir haben bisher unabhängige $(X_k)_{k\in\mathbb{N}}$ ZV betrachtet, die folgendermaßen angeordnet waren

$$\begin{array}{l} X_1 \\ X_1,\ X_2 \\ X_1,\ X_2,\ X_3 \\ \dots\dots\dots \end{array}$$

Allerdings haben alle Beweise nur die Unabhängigkeit der ZV in jeder Zeile verwendet.

Wenn wir die »Übersetzungstabelle« Tab. 13.1 verwenden, können wir die Beweise dieses Kapitels ohne große Änderungen auf allgemeine Dreieckschemata übertragen.

Aufgaben

1. Verifizieren Sie mit Hilfe der Inversionsformel für Dichten, Satz 7.10, dass $e^{-|\xi|}$ die charakteristische Funktion einer Cauchy-ZV ist.
2. Es seien $(X_n)_{n\in\mathbb{N}}$ reelle iid ZV und $S_n = (X_1 + \dots + X_n)/\sqrt{n}$. Weiter gelte $S_n \xrightarrow{d} S$ für eine ZV S. Zeigen Sie, dass $\mathbb{E}(X_1^2) < \infty$.
   Hinweis. Nehmen Sie an, dass die ZV symmetrisch sind, und beachten Sie $X_n = X_n \mathbb{1}_{\{|X_n|\leqslant c\}} + X_n \mathbb{1}_{\{|X_n|>c\}}$.

Tab. 13.1: Übertragung der bisherigen Bezeichnungen auf ein allgemeines Dreieckschema mit zeilenweise unabhängigen ZV

Bisher	**Allgemeines Dreieckschema**
$X_k \sim \nu_k$	$X_{n,k} \sim \nu_{n,k}, \quad 1 \leqslant k \leqslant k(n)$
$(X_k)_{k\in\mathbb{N}}$ unabhängig	$\forall n \in \mathbb{N} : (X_{n,k})_{k=1,\dots,k(n)}$ unabhängig
$\sigma_k^2 = \mathbb{V}X_k$	$\sigma_{n,k}^2 = \mathbb{V}X_{n,k}$
$s_n^2 = \sum_{k=1}^{n} \sigma_k^2$	$s_n^2 = \sum_{k=1}^{k(n)} \sigma_{n,k}^2$
$S_n = \sum_{k=1}^{n} X_n$	$S_n = \sum_{k=1}^{k(n)} X_{n,k}$
(L)	$\frac{1}{s_n^2} \sum_{k=1}^{k(n)} \int_{\lvert x\rvert>\epsilon s_k} x^2\, \nu_{n,k}(dx) \xrightarrow[n\to\infty]{} 0$ für beliebige $\epsilon > 0$
(L$'$)	$\frac{1}{s_n^2} \sum_{k=1}^{k(n)} \int_{\lvert x\rvert>\epsilon s_n} x^2\, \nu_{n,k}(dx) \xrightarrow[n\to\infty]{} 0$ für beliebige $\epsilon > 0$
(F)	$\max_{1\leqslant k\leqslant k(n)} \frac{\sigma_{n,k}}{s_n} \xrightarrow[n\to\infty]{} 0$
(A)	$\max_{1\leqslant k\leqslant k(n)} \mathbb{P}\left(\lvert X_{n,k}\rvert > \epsilon s_n\right) \xrightarrow[n\to\infty]{} 0$ für beliebige $\epsilon > 0$
(CLT)	$\frac{S_n - \mathbb{E}S_n}{s_n} \xrightarrow{\mathrm{d}} G \sim \mathsf{N}(0,1)$

3. Es seien $(X_n)_{n\in\mathbb{N}}$ reelle iid ZV, $\mathbb{E}X_1 = 0$, $\mathbb{V}X_1 = \sigma^2 \in (0,\infty)$ und $S_n = X_1 + \dots + X_n$. Weiterhin sei $(N_i)_{i\in\mathbb{N}}$ eine Folge von $\mathbb{N}$-wertigen ZV, die unabhängig von der Folge $(X_n)_{n\in\mathbb{N}}$ ist und für eine deterministische Folge $(n_i)_{i\in\mathbb{N}} \subset \mathbb{N}$, $n_i \to \infty$, der Beziehung $N_i/n_i \xrightarrow{\mathbb{P}} 1$ genügt.
   (a) Wir definieren $Y_k := S_{N_k}/\sigma\sqrt{n_k}$ und $Z_k := S_{n_k}/\sigma\sqrt{n_k}$. Zeigen Sie, dass $Y_k - Z_k \xrightarrow{\mathbb{P}} 0$.
   (b) Überlegen Sie sich, dass die Unabhängigkeit der Folgen $(N_i)_{i\in\mathbb{N}}$ und $(X_n)_{n\in\mathbb{N}}$ nicht benötigt wird.
   (c) Verwenden Sie Teil (a) oder (b), um $S_{N_k}/\sigma\sqrt{n_k} \xrightarrow{\mathrm{d}} G \sim \mathsf{N}(0,1)$ zu zeigen.

   Hinweis. Etemadis Ungleichung (11.1) oder Kolmogorovs Ungleichung (11.2) aus Aufgabe 11.1. Dann CLT und der Satz von Slutsky, Satz 9.21.
4. Es seien $(X_n)_{n\in\mathbb{N}}$ reelle iid ZV, $\mathbb{E}X_1 = 0$, $\mathbb{V}X_1 = \sigma^2 \in (0,\infty)$, und $(N_i)_{i\in\mathbb{N}}$ sei eine von $(X_n)_{n\in\mathbb{N}}$ unabhängige Folge von ZV mit Werten in $\mathbb{N}$ so dass $N_i \to \infty$ f.s. Zeigen Sie, dass die Folge $Z_k := S_{N_k}/\sigma\sqrt{N_k}$ in Verteilung gegen $G \sim \mathsf{N}(0,1)$ konvergiert.

   Hinweis. Betrachten Sie die char. Fn. der Folge Z_k. Hier ist die Unabhängigkeit der beiden Folgen essentiell.
5. (Fortsetzung von Aufgabe 12.4) Es seien $(X_n)_{n\in\mathbb{N}}$ iid Zufallsvariable mit Werten in $(0,\infty)$, $\mathbb{E}X_1 = \mu < \infty$, $\mathbb{V}X_1 = \sigma^2 < \infty$ und $T_n := X_1 + \dots + X_n$. Weiter sei $N_t := \max\{n \mid T_n \leqslant t\}$. Zeigen Sie, dass

$$(\mu N_t - t) \Big/ \sqrt{\sigma^2 t/\mu} \xrightarrow[t\to\infty]{\mathrm{d}} G \sim \mathsf{N}(0,1).$$

   Hinweis. Es gilt $\{N_t \geqslant x\} = \{T_{\lfloor x\rfloor} \leqslant t\}$. Verwenden Sie nun den CLT.

6. (Selbstnormalisierung) Es seien $(X_n)_{n\in\mathbb{N}}$ reelle iid ZV, $\mathbb{E}X_1 = 0$ und $\mathbb{V}X_1 = \sigma^2 \in (0,\infty)$. Zeigen Sie, dass die sog. selbstnormalisierte Summe dem CLT genügt:

$$\sum_{i=1}^{n} X_i \Big/ \left(\sum_{i=1}^{n} X_i^2\right)^{1/2} \xrightarrow[n\to\infty]{\mathrm{d}} G \sim \mathsf{N}(0,1).$$

Hinweis. Überlegen Sie sich, dass $\left(\frac{1}{n}\sum_{i=1}^{n} X_i^2\right)^{1/2} \to \sigma$ in Wahrscheinlichkeit konvergiert und kombinieren Sie dann Slutskys Satz (z.B. in der Form von Aufgabe 9.12) mit dem CLT.

7. Es seien $(X_n)_{n\in\mathbb{N}}$ unabhängige ZV, $S_n = X_1 + \cdots + X_n$ und es gelte

$$X_n \sim \tfrac{1}{2}n^{-2}(\delta_{-n} + \delta_n) + \tfrac{1}{2}(1 - n^{-2})(\delta_{-1} + \delta_1).$$

   (a) Zeigen Sie, dass $\lim_{n\to\infty} n^{-1}\mathbb{V}S_n = 2$ gilt.
   (b) Zeigen Sie, dass $n^{-1/2}S_n \xrightarrow{\mathrm{d}} G \sim \mathsf{N}(0,1)$ gilt.
   (c) Widersprechen die obigen Befunde dem CLT?

8. Es seien $(X_n)_{n\in\mathbb{N}}$ unabhängige ZV, die gleichmäßig beschränkt sind, d.h. $\sup_{n\in\mathbb{N}} |X_n| \leqslant C$ fast sicher, und $S_n = X_1 + \cdots + X_n$. Wenn $\sum_{n=1}^{\infty} \mathbb{V}X_n = \infty$, dann genügt die Folge dem CLT:

$$(S_n - \mathbb{E}S_n) \big/ \sqrt{\mathbb{V}S_n} \xrightarrow{\mathrm{d}} G \sim \mathsf{N}(0,1).$$

9. Es seien $(X_n)_{n\in\mathbb{N}}$ unabhängige ZV mit $X_n \sim \mathsf{N}(0,\sigma_n^2)$ und $\sigma_1^2 = 1$, $\sigma_n^2 = 2^{n-2}$, $n \geqslant 2$. Zeigen Sie, dass weder die Lindeberg-Bedingung noch die Bedingung der asymptotischen Vernachlässigbarkeit erfüllt sind.

14 ♦Bedingte Erwartungen

Bisher galt unser Interesse im Wesentlichen *unabhängigen* Ereignissen und Zufallsvariablen auf einem W-Raum $(\Omega, \mathscr{A}, \mathbb{P})$. In diesem Kapitel wollen wir eine Technik entwickeln, die uns hilft *Abhängigkeit* von Zufallsvariablen zu behandeln. Im Zusammenhang mit Baumdiagrammen (Kapitel 4) haben wir die Kettenformel (4.2) verwendet, mit der wir die Wahrscheinlichkeit für aufeinander folgende, nicht unabhängige Ereignisse berechnen konnten. Die Grundlage für die Kettenformel war die (elementare) *bedingte Wahrscheinlichkeit*

$$\mathbb{P}_F(A) = \mathbb{P}(A \mid F) = \frac{\mathbb{P}(A \cap F)}{\mathbb{P}(F)}, \quad A, F \in \mathscr{A},\ \mathbb{P}(F) > 0. \tag{14.1}$$

Eine mögliche Interpretation für $\mathbb{P}_F$ ist, dass »weitere Erkenntnisse« (nämlich durch die Beobachtung von F) die Wahrscheinlichkeit für A relativieren: Weil F bekannt oder schon eingetreten ist, können wir Rückschlüsse auf noch zu beobachtende Ereignisse A und deren Wahrscheinlichkeit $\mathbb{P}(A \mid F)$ treffen.

Wenn $\mathbb{P}(F) > 0$ ist, dann ist $A \mapsto \mathbb{P}_F(A)$ ein W-Maß und daher können wir das dazugehörige Integral betrachten:

$$\mathbb{E}(X \mid F) = \int X(\omega)\, \mathbb{P}(d\omega \mid F) \overset{(*)}{=} \frac{\mathbb{E}(X \mathbb{1}_F)}{\mathbb{P}(F)}. \tag{14.2}$$

Das ist die *bedingte Erwartung* von $X \in L^1(\mathbb{P})$, gegeben $F \in \mathscr{A}$.

! Die mit (*) gekennzeichnete Stelle folgt aus der Standard-Konstruktion für Integrale (vgl. [MI, Abbildung 9.1]). Ohne Einschränkung sei $\mathbb{P}(F) > 0$. Dann gilt

1° $X = \mathbb{1}_A \implies \mathbb{E}(\mathbb{1}_A \mid F) = \mathbb{P}_F(A) = \dfrac{\mathbb{P}(A \cap F)}{\mathbb{P}(F)} = \dfrac{1}{\mathbb{P}(F)}\mathbb{E}(\mathbb{1}_A \mathbb{1}_F)$;

2° $X = \sum_i a_i \mathbb{1}_{A_i} \implies \mathbb{E}(X \mid F) = \dfrac{1}{\mathbb{P}(F)}\mathbb{E}(X \mathbb{1}_F)$ (Linearität);

3° $X \geqslant 0$, $\mathscr{A}$-messbar $\implies \mathbb{E}(X \mid F) = \dfrac{1}{\mathbb{P}(F)}\mathbb{E}(X \mathbb{1}_F)$ (Sombrero-Lemma, Beppo Levi);

4° $X \in L^1(\mathscr{A}, \mathbb{P}) \implies \mathbb{E}(X \mid F) = \dfrac{1}{\mathbb{P}(F)}\mathbb{E}(X \mathbb{1}_F)$ ($X = X^+ - X^-$, Linearität).

Im Folgenden werden wir diese Begriffe verallgemeinern und $\mathbb{P}(A \mid \mathscr{F})$ und $\mathbb{E}(X \mid \mathscr{F})$ für eine σ-Algebra $\mathscr{F} \subset \mathscr{A}$ definieren. Wie üblich bezeichnen wir mit $\mathscr{L}^{0,+}_{\overline{\mathbb{R}}}(\mathscr{A})$ die Menge der positiven und $\mathscr{A}$-messbaren Zufallsvariablen $X : \Omega \to [0, \infty)$.

14.1 Definition. Es sei $\mathscr{F} \subset \mathscr{A}$ eine σ-Algebra und $X \in L^1(\mathscr{A})$ oder $X \in \mathscr{L}^{0,+}_{\overline{\mathbb{R}}}(\mathscr{A})$. Die *bedingte Erwartung von X bezüglich* $\mathscr{F}$ ist eine $\mathscr{F}$-messbare ZV $X^{\mathscr{F}} \in L^1(\mathscr{F})$ oder $X^{\mathscr{F}} \geqslant 0$ mit der Eigenschaft

$$\forall F \in \mathscr{F} : \int_F X \, d\mathbb{P} = \int_F X^{\mathscr{F}} \, d\mathbb{P}. \tag{14.3}$$

Wir schreiben $\mathbb{E}(X \mid \mathscr{F}) := X^{\mathscr{F}}$; $\mathbb{P}(A \mid \mathscr{F}) := \mathbb{E}(\mathbb{1}_A \mid \mathscr{F})$ heißt *bedingte Wahrscheinlichkeit.*

https://doi.org/10.1515/9783111342252-014

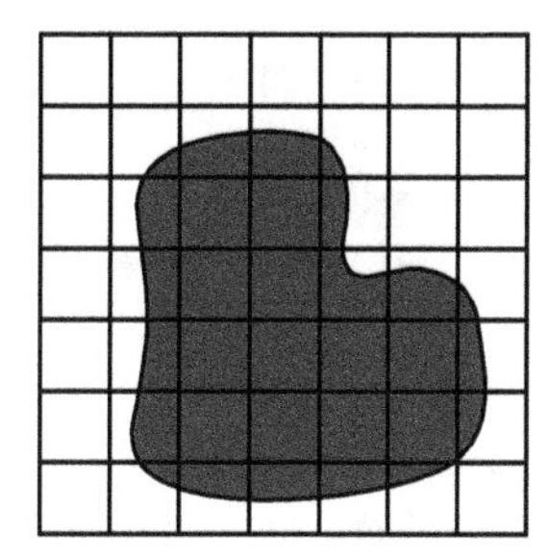

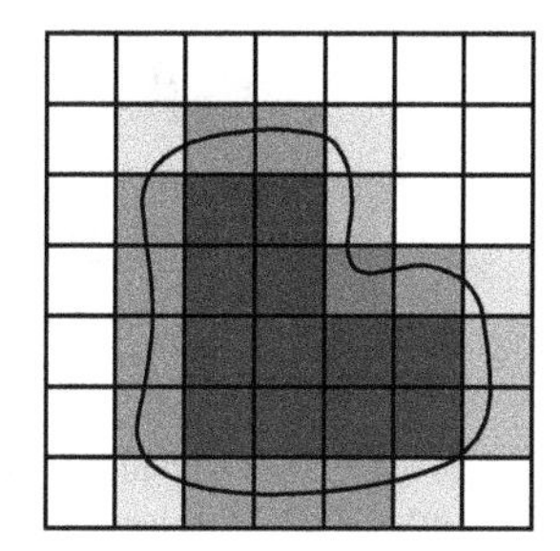

Abb. 14.1: Wenn wir uns A als S/W-Druckgrafik vorstellen (schwarz = 1, weiß = 0) und die Mengen aus $\mathscr{F}$ als Druckraster denken, dann wird das ursprüngliche A zum gerasterten Bild $\mathbb{E}(\mathbb{1}_A \mid \mathscr{F})$ in Graustufen, wobei der Grauton in jedem Rasterquadrat das gewichtete Mittel der S/W-Anteile ist.

Wir können (14.3) in folgender Form äquivalent ausdrücken:

$$\forall F \in \mathscr{F} \ : \ \mathbb{E}(X^{\mathscr{F}} \mathbb{1}_F) = \mathbb{E}(X \mathbb{1}_F). \tag{14.4}$$

Bevor wir die *Existenz* und *Eindeutigkeit* der bedingten Erwartung diskutieren, erklären wir den Zusammenhang zur klassischen Definition (14.1).

14.2 Beispiel. Es seien $A, F \in \mathscr{A}$. Wir definieren $\mathscr{F} := \{\emptyset, F, F^c, \Omega\} \subset \mathscr{A}$ und

$$Z(\omega) := \mathbb{P}(A \mid F)\mathbb{1}_F(\omega) + \mathbb{P}(A \mid F^c)\mathbb{1}_{F^c}(\omega).$$

Dann ist Z eine $\mathscr{F}$-messbare ZV und es gilt

$$\begin{aligned}\int_F Z \, d\mathbb{P} &= \mathbb{P}(A \mid F) \int_F \mathbb{1}_F(\omega)\, \mathbb{P}(d\omega) + \mathbb{P}(A \mid F^c) \int_F \mathbb{1}_{F^c}(\omega)\, \mathbb{P}(d\omega) \\ &= \mathbb{P}(A \mid F) \int_F \mathbb{1}_F(\omega)\, \mathbb{P}(d\omega) = \mathbb{P}(A \mid F) \cdot \mathbb{P}(F) = \mathbb{P}(A \cap F) = \int_F \mathbb{1}_A \, d\mathbb{P}.\end{aligned}$$

Mit einer ähnlichen Rechnung erhalten wir $\int_G Z \, d\mathbb{P} = \int_G \mathbb{1}_A \, d\mathbb{P}$ für $G = F^c$, $G = \Omega$ oder $G = \emptyset$. Das zeigt

$$Z = \mathbb{E}(\mathbb{1}_A \mid \mathscr{F}) \overset{\text{def}}{=} \mathbb{P}(A \mid \mathscr{F}) \quad \text{und} \quad \mathbb{P}(A \mid \mathscr{F}) = \mathbb{P}(A \mid F)\mathbb{1}_F + \mathbb{P}(A \mid F^c)\mathbb{1}_{F^c}. \tag{14.5}$$

14.3 Beispiel. Nun seien $F_1 \uplus \cdots \uplus F_n = \Omega$ ($\uplus$ bedeutet, dass die Mengen disjunkt sind). Dann gilt für $\mathscr{F} := \sigma(F_1, \dots, F_n)$

$$\mathbb{E}(\mathbb{1}_A \mid \mathscr{F}) = \sum_{i=1}^n \mathbb{P}(A \mid F_i)\mathbb{1}_{F_i} = \sum_{i=1}^n \frac{\mathbb{P}(A \cap F_i)}{\mathbb{P}(F_i)} \mathbb{1}_{F_i}, \tag{14.6}$$

d.h. die bedingte Erwartung der $\mathscr{A}$-messbaren Treppenfunktion $\mathbb{1}_A$ ist eine Treppenfunktion mit Treppenstufen aus der σ-Algebra $\mathscr{F}$, vgl. Abb. 14.1. Wenn X eine ZV (»Bild«, Graustufen $\in [0, 1]$, vgl. Abb. 14.2) ist, dann gilt

$$\mathbb{E}(X \mid \mathscr{F}) = \sum_{i=1}^n \mathbb{E}(X \mid F_i)\mathbb{1}_{F_i} = \sum_{i=1}^n \frac{\mathbb{E}(X\mathbb{1}_{F_i})}{\mathbb{P}(F_i)} \mathbb{1}_{F_i}. \tag{14.7}$$

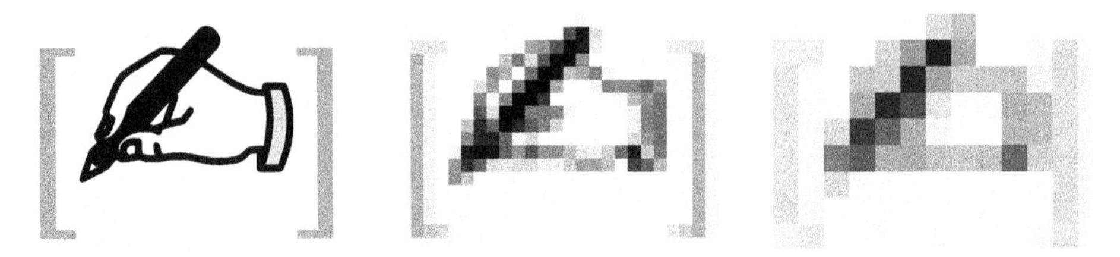

Abb. 14.2: Wenn wir uns A als Bild vorstellen (Graustufen in $[0,1]$) und die Mengen aus $\mathscr{F}$ als Pixel einer S/W-Kamera denken, dann wird das ursprüngliche A zum gepixelten Bild $\mathbb{E}(\mathbb{1}_A \mid \mathscr{F})$ in Graustufen, wobei der Grauton in jedem Pixel das gewichtete Mittel aller dort vorkommenden Schattierungen ist.

Wir zeigen nun die Existenz und Eindeutigkeit von bedingten Erwartungen. Dazu benötigen wir den Satz von Radon-Nikodým [MI, Satz 20.2, Korollar 20.3].

Es sei $\mathbb{P}$ ein W-maß und $\mathbb{Q}$ ein beliebiges Maß auf $(\Omega, \mathscr{A})$; $\mathbb{Q}$ heißt *absolutstetig* bezüglich $\mathbb{P}$, $\mathbb{Q} \ll \mathbb{P}$, wenn $\mathbb{P}(F) = 0 \implies \mathbb{Q}(F) = 0$, d.h. jede $\mathbb{P}$-Nullmenge ist auch eine $\mathbb{Q}$-Nullmenge. Der Satz von Radon-Nikodým besagt

$$\mathbb{Q} \ll \mathbb{P} \iff \exists \xi \in \mathscr{L}^{0,+}_{\overline{\mathbb{R}}}(\mathscr{A}),\ \xi \geqslant 0 \quad \forall A \in \mathscr{A} : \mathbb{Q}(A) = \int_A \xi \, d\mathbb{P}.$$

Das Maß $\mathbb{Q}$ ist genau dann endlich, wenn $\xi \in L^1(\mathscr{A}, \mathbb{P})$.

14.4 Satz. *Es sei $\mathscr{F} \subset \mathscr{A}$ eine σ-Algebra und $X \in L^1(\mathscr{A})$ oder $X \in \mathscr{L}^{0,+}_{\overline{\mathbb{R}}}(\mathscr{A})$.*

a) *Es seien $X^{\mathscr{F}}$, $Y^{\mathscr{F}}$ $\mathscr{F}$-messbare ZV, die* (14.3) *erfüllen. Dann gilt $X^{\mathscr{F}} = Y^{\mathscr{F}}$ f.s.*

b) *$\mathbb{E}(X \mid \mathscr{F})$ existiert.*

Beweis. a) *Eindeutigkeit.* Wir schreiben $F = F_k = \{k \geqslant X^{\mathscr{F}} > Y^{\mathscr{F}} \geqslant -k\}$.[22] Nach Voraussetzung gilt $F \in \mathscr{F}$ und wegen (14.3) haben wir

$$\int_F X^{\mathscr{F}} \, d\mathbb{P} = \int_F X \, d\mathbb{P} = \int_F Y^{\mathscr{F}} \, d\mathbb{P} \implies \int_{\{k \geqslant X^{\mathscr{F}} > Y^{\mathscr{F}} \geqslant -k\}} \left(X^{\mathscr{F}} - Y^{\mathscr{F}}\right) d\mathbb{P} = 0.$$

Aus der letzten Gleichheit folgt $\mathbb{P}\left(k \geqslant X^{\mathscr{F}} > Y^{\mathscr{F}} \geqslant -k\right) = 0$ und für $k \to \infty$ erhalten wir mit der Maßstetigkeit $\mathbb{P}\left(\infty > X^{\mathscr{F}} > Y^{\mathscr{F}} > -\infty\right) = 0$.

Wenn wir in (14.3) die Menge $F = F'_k = \{Y^{\mathscr{F}} = -\infty\} \cap \{X^{\mathscr{F}} \geqslant -k\}$ einsetzen, folgt unmittelbar $\mathbb{P}(F'_k) = 0$, sonst hätten wir den Widerspruch »$-\infty \geqslant -k$«. Wie oben erhalten wir mit der Maßstetigkeit $\mathbb{P}\left(\infty \geqslant X^{\mathscr{F}} > Y^{\mathscr{F}} = -\infty\right) = 0$. Ein ganz ähnliches Argument zeigt $\mathbb{P}\left(\infty = X^{\mathscr{F}} > Y^{\mathscr{F}} \geqslant -\infty\right) = 0$.

Insgesamt folgt $\mathbb{P}\left(Y^{\mathscr{F}} < X^{\mathscr{F}}\right) = 0$. Indem wir $X^{\mathscr{F}}$ und $Y^{\mathscr{F}}$ vertauschen, sehen wir $\mathbb{P}\left(X^{\mathscr{F}} < Y^{\mathscr{F}}\right) = 0$ und wir haben $\mathbb{P}\left(X^{\mathscr{F}} \neq Y^{\mathscr{F}}\right) = 0$ oder $X^{\mathscr{F}} = Y^{\mathscr{F}}$ f.s. gezeigt.

22 Die Schranke k wird nur im Fall $X \geqslant 0$ benötigt, damit alle Integrale endlich sind.

b) *Existenz wenn* $X \geqslant 0$. Wir definieren das Maß

$$F \mapsto \mathbb{Q}(F) := \int_F X \, d\mathbb{P}, \quad F \in \mathscr{F},$$

auf $(\Omega, \mathscr{F})$. Auf diesem Raum betrachten wir auch das Maß $\mathbb{P}|_{\mathscr{F}}$. Nach Definition von $\mathbb{Q}$ ist $\mathbb{Q}(F) = 0$ für alle $F \in \mathscr{F}$ mit $\mathbb{P}(F) = 0$. Dies zeigt $\mathbb{Q} \ll \mathbb{P}|_{\mathscr{F}}$, und nach dem Satz von Radon-Nikodým (RN) erhalten wir

$$\exists \xi \geqslant 0, \ \mathscr{F}\text{-messbar} \quad \forall F \in \mathscr{F} : \mathbb{Q}(F) \overset{\text{RN}}{=} \int_F \xi \, d\mathbb{P}|_{\mathscr{F}} = \int_F \xi \, d\mathbb{P};$$

andererseits ist nach Definition $\int_F X \, d\mathbb{P} = \mathbb{Q}(F) = \int_F \xi \, d\mathbb{P}$, d.h. $\xi = \mathbb{E}(X \mid \mathscr{F})$.

Existenz für beliebige $X \in L^1(\mathscr{A})$. Wir schreiben $X = X^+ - X^-$ und wenden den ersten Teil des Existenzbeweises auf den Positiv- und Negativteil an. Für alle $F \in \mathscr{F}$ gilt daher für $\mathscr{F}$-messbare ZV ξ_1, ξ_2

$$\int_F X \, d\mathbb{P} = \int_F X^+ \, d\mathbb{P} - \int_F X^- \, d\mathbb{P} \overset{\text{Teil 1}}{=} \int_F \xi_1 \, d\mathbb{P} - \int_F \xi_2 \, d\mathbb{P} = \int_F (\xi_1 - \xi_2) \, d\mathbb{P}.$$

Mithin ist $\xi := \xi_1 - \xi_2$ wegen a) der einzig mögliche Kandidat für $\mathbb{E}(X \mid \mathscr{F})$. □

Die bedingte Erwartung $\mathbb{E}(X \mid \mathscr{F})$ ist selbst eine Zufallsvariable (vgl. Beispiel 14.2) und daher nur bis auf $\mathscr{F}$-messbare Nullmengen eindeutig bestimmt. Viele Autoren sprechen daher von »Versionen« der bedingten Erwartung.

In vielen Beweisen werden wir folgenden Schluss verwenden: Wir zeigen, dass $\int_F Y \, d\mathbb{P} = \int_F X \, d\mathbb{P}$ für alle $F \in \mathscr{F}$ und für eine $\mathscr{F}$-messbare ZV Y gilt. Dann ist auf Grund der definitorischen Gleichheit (14.3) die ZV Y ein Kandidat für die bedingte Erwartung $\mathbb{E}(X \mid \mathscr{F})$, und wegen der Eindeutigkeitsaussage von Satz 14.4 ist Y schon »die« bedingte Erwartung.

Aus der Definition sieht man leicht, dass sich die bedingte Erwartung $\mathbb{E}(X \mid \mathscr{F})$ in vielen Aspekten wie ein Integral verhält, also wie die »un-bedingte« Erwartung.

14.5 Lemma (elementare Eigenschaften). *Es seien* $X, Y \in L^1(\mathscr{A})$ *oder* $X, Y \in \mathscr{L}^{0,+}_{\overline{\mathbb{R}}}(\mathscr{A})$, $c \in \mathbb{R}$ *und* $\mathscr{F} \subset \mathscr{A}$ *eine* σ*-Algebra.*

a) $X \geqslant 0 \implies \mathbb{E}(X \mid \mathscr{F}) \geqslant 0$; *(positiv)*
$X \equiv c \implies \mathbb{E}(X \mid \mathscr{F}) \equiv c$; *(konservativ)*

b) $\mathbb{E}(X \mid \{\emptyset, \Omega\}) = \mathbb{E}X$;

c) $\mathbb{E}(\mathbb{E}(X \mid \mathscr{F})) = \mathbb{E}X$;

d) $\mathbb{E}(aX + bY \mid \mathscr{F}) = a\mathbb{E}(X \mid \mathscr{F}) + b\mathbb{E}(Y \mid \mathscr{F})$; *(linear)*
$(a, b \in \mathbb{R}$ *bzw.* $a, b \geqslant 0$ *wenn* $X, Y \geqslant 0)$;

e) $X \geqslant Y \implies \mathbb{E}(X \mid \mathscr{F}) \geqslant \mathbb{E}(Y \mid \mathscr{F})$. *(monoton)*

Beweis. a) Die Positivität folgt direkt aus dem Existenzbeweis von Satz 14.4. Für die Konservativität beachten wir, dass für alle $F \in \mathscr{F}$ gilt

$$\int_F X\,d\mathbb{P} \overset{X\equiv c}{=} \int_F c\,d\mathbb{P},$$

also ist gemäß (14.3) die $\mathscr{F}$-messbare ZV c ein (und somit der einzige) Kandidat für $\mathbb{E}(X \mid \mathscr{F})$.

b) Offensichtlich ist $\mathscr{G} := \{\emptyset, \Omega\}$ eine σ-Algebra. Es gilt

$$\int_G X\,d\mathbb{P} = \begin{Bmatrix} 0, & G = \emptyset \\ \mathbb{E}X, & G = \Omega \end{Bmatrix} = \int_G \mathbb{E}X\,d\mathbb{P},$$

also ist gemäß (14.3) die $\mathscr{F}$-messbare ZV $\mathbb{E}X$ der einzige Kandidat für $\mathbb{E}(X \mid \mathscr{F})$.

c) Es gilt $\mathbb{E}(\mathbb{E}(X \mid \mathscr{F})) = \int_\Omega \mathbb{E}(X \mid \mathscr{F})\,d\mathbb{P} \underset{\Omega\in\mathscr{F}}{\overset{(14.3)}{=}} \int_\Omega X\,d\mathbb{P} = \mathbb{E}X.$

d) Für beliebige $F \in \mathscr{F}$ sehen wir

$$\begin{aligned}\int_F [aX + bY]\,d\mathbb{P} &= a\int_F X\,d\mathbb{P} + b\int_F Y\,d\mathbb{P} = a\int_F \mathbb{E}(X \mid \mathscr{F})\,d\mathbb{P} + b\int_F \mathbb{E}(Y \mid \mathscr{F})\,d\mathbb{P} \\ &= \int_F [a\mathbb{E}(X \mid \mathscr{F}) + b\mathbb{E}(Y \mid \mathscr{F})]\,d\mathbb{P}.\end{aligned}$$

Daher ist die ZV $a\mathbb{E}(X \mid \mathscr{F}) + b\mathbb{E}(Y \mid \mathscr{F})$ ein Kandidat für die bedingte Erwartung von $aX+bY$. Wegen der Eindeutigkeit gilt $\mathbb{E}(aX+bY \mid \mathscr{F}) = a\mathbb{E}(X \mid \mathscr{F})+b\mathbb{E}(Y \mid \mathscr{F})$.

e) Wir haben $X \geqslant Y \implies X - Y \geqslant 0 \overset{a)}{\implies} \mathbb{E}(X - Y \mid \mathscr{F}) \geqslant 0.$ □

Für die bedingte Erwartung gelten Konvergenzsätze, die denen für Integrale entsprechen.

14.6 Satz (Konvergenzsätze). *Es seien X, X_n reelle ZV und $\mathscr{F} \subset \mathscr{A}$ eine σ-Algebra.*

a) *(bed. Beppo Levi) Für $X_n \geqslant 0$, $X_n \uparrow X$ gilt*

$$\mathbb{E}(X_n \mid \mathscr{F}) \uparrow \mathbb{E}(X \mid \mathscr{F}) \quad \textit{fast sicher.}$$

b) *(bed. Fatou) Für $X_n \geqslant 0$ gilt*

$$\mathbb{E}\left(\liminf_{n\to\infty} X_n \mid \mathscr{F}\right) \leqslant \liminf_{n\to\infty} \mathbb{E}\left(X_n \mid \mathscr{F}\right) \quad \textit{fast sicher.}$$

c) *(bed. dom. Konvergenz) Wenn $X_n \xrightarrow{f.s.} X$ und $|X_n| \leqslant Y$ für ein $Y \in L^1(\mathbb{P})$, dann gilt*

$$\lim_{n\to\infty} \mathbb{E}(X_n \mid \mathscr{F}) = \mathbb{E}(\lim_{n\to\infty} X_n \mid \mathscr{F}) = \mathbb{E}(X \mid \mathscr{F}) \quad \textit{fast sicher.}$$

d) *(bed. Jensen) Für $U : \mathbb{R} \to \mathbb{R}$ konvex und $\mathbb{E}|U(X)| < \infty$ gilt*

$$U\left(\mathbb{E}(X \mid \mathscr{F})\right) \leqslant \mathbb{E}\left(U(X) \mid \mathscr{F}\right) \quad \textit{fast sicher.}$$

Insbesondere gilt für $U(x) = x^p$, $1 \leqslant p < \infty$: $\|\mathbb{E}(X \mid \mathscr{F})\|_{L^p} \leqslant \|X\|_{L^p}$.

Beweis. a) Da nach 14.5.e), a) $\mathbb{E}(X_n \mid \mathscr{F})$ für $n \to \infty$ aufsteigt und positiv ist, folgt für alle $F \in \mathscr{F}$

$$\int_F \sup_{n\in\mathbb{N}} \mathbb{E}(X_n \mid \mathscr{F})\, d\mathbb{P} \overset{\text{BL}}{=} \sup_{n\in\mathbb{N}} \int_F \mathbb{E}(X_n \mid \mathscr{F})\, d\mathbb{P} = \sup_{n\in\mathbb{N}} \int_F X_n\, d\mathbb{P} \overset{\text{BL}}{=} \int_F \sup_{n\in\mathbb{N}} X_n\, d\mathbb{P}.$$

Daher ist $\sup_{n\in\mathbb{N}} \mathbb{E}\left(X_n \mid \mathscr{F}\right)$ ein Kandidat für $\mathbb{E}\left(\sup_{n\in\mathbb{N}} X_n \mid \mathscr{F}\right)$.

b), c) [✍] Da sich die bedingte Erwartung $\mathbb{E}(X \mid \mathscr{F})$ wie ein Integral verhält, können wir die bedingten Versionen der Sätze von Fatou und von der dominierten Konvergenz mit Hilfe des bedingten Satzes von Beppo Levi zeigen. Als Blaupause dienen die entsprechenden Beweise aus der Integrationstheorie, vgl. [MI, Satz 8.11] bzw. [MI, Satz 11.3].

d) Auch diese Ungleichung folgt wie im »un-bedingten« Fall: Wir approximieren die konvexe Funktion von unten durch affin-lineare Funktionen und erhalten so die Darstellung $U(x) = \sup\{\ell(x) := ax + b \mid \ell \leqslant U\}$, vgl. [MIMS, Lemma 13.12, S. 125*f.*],

$$\ell(\mathbb{E}(X \mid \mathscr{F})) \overset{\text{linear}}{=} \mathbb{E}(\ell(X) \mid \mathscr{F}) \underset{\ell\leqslant U}{\overset{\text{monoton}}{\leqslant}} \mathbb{E}(U(X) \mid \mathscr{F}).$$

Die Ungleichung folgt, indem wir auf der linken Seite das Supremum über alle affin-linearen $\ell \leqslant U$ bilden. □

Nun kommen noch einige Eigenschaften, die nur für die bedingte Erwartung gelten.

14.7 Satz. *Es sei X eine ZV und Z eine $\mathscr{F}$-messbare ZV, so dass entweder $X, XZ \in L^1(\mathscr{A})$ oder $X, Z \geqslant 0$.*

a) *(pull out)* $\mathbb{E}(ZX \mid \mathscr{F}) = Z\mathbb{E}(X \mid \mathscr{F})$.

b) *(tower property) Wenn $\mathscr{G} \subset \mathscr{F} \subset \mathscr{A}$ σ-Algebren sind, dann ist*

$$\mathbb{E}\Big[\mathbb{E}(X \mid \mathscr{F}) \,\Big|\, \mathscr{G}\Big] = \mathbb{E}(X \mid \mathscr{G}).$$

c) *(Projektion) Für $X \in L^2(\mathscr{A})$ und $Y \in L^2(\mathscr{F})$ gilt*

$$\mathbb{E}\left[(X - \mathbb{E}(X \mid \mathscr{F}))^2\right] \leqslant \mathbb{E}\left[(X - Y)^2\right].$$

! Satz 14.7.c) sagt insbesondere, dass $\mathbb{E}(X \mid \mathscr{F})$ das Funktional $L^2(\mathscr{F}) \ni Y \mapsto \mathbb{E}\left[(X - Y)^2\right]$ minimiert. Weiter werden wir im Beweis dieser Aussage sehen, dass $\mathbb{E}\left[(X - \mathbb{E}(X \mid \mathscr{F}))\,(Y - \mathbb{E}(X \mid \mathscr{F}))\right] = 0$ für alle $Y \in L^2(\mathscr{F})$ gilt. Wenn wir $\langle U, W\rangle := \mathbb{E}(UW)$ als Skalarprodukt auf $L^2(\mathbb{P})$ interpretieren, heißt das gerade, dass die ZV $X - \mathbb{E}(X \mid \mathscr{F})$ und Y orthogonal sind: $X - \mathbb{E}(X \mid \mathscr{F}) \perp Y$.

Insbesondere ist $\sqcap : L^2(\mathscr{A}) \to L^2(\mathscr{F})$, $\sqcap(X) := \mathbb{E}(X \mid \mathscr{F})$ eine *orthogonale Projektion*, d.h.:

$$\sqcap \circ \sqcap = \sqcap, \quad \text{Bild}(\sqcap) = \text{Kern}(\sqcap)^{\perp} \qquad (\iff \sqcap \circ \sqcap = \sqcap, \quad \sqcap \text{ selbstadjungiert}).$$

Beweis von Satz 14.7. a) Zunächst sei $Z = \mathbb{1}_G$ für ein $G \in \mathscr{F}$. Dann gilt für alle $F \in \mathscr{F}$

$$\int_F Z\mathbb{E}(X \mid \mathscr{F})\, d\mathbb{P} = \int_{F\cap G} \mathbb{E}(X \mid \mathscr{F})\, d\mathbb{P} = \int_{F\cap G} X\, d\mathbb{P} = \int_F \mathbb{1}_G X\, d\mathbb{P} = \int_F ZX\, d\mathbb{P}.$$

Mit Hilfe der Linearität der (bedingten) Erwartung erweitern wir diese Gleichheit auf positive $\mathscr{F}$-messbare Treppenfunktionen Z, und mit dem Sombrero-Lemma [MI, Satz 7.11] und dem Satz von Beppo Levi folgt die Behauptung für positive $X, Z \geqslant 0$.

Wenn $X, ZX \in L^1(\mathscr{A})$, dann folgt, dass $\mathbb{E}(Z^\pm X^\pm) \leqslant \mathbb{E}(|Z||X|) = \mathbb{E}(|ZX|) < \infty$. Indem wir $ZX = (Z^+ - Z^-)(X^+ - X^-)$ ausmultiplizieren, erhalten wir vier positive Faktoren, auf die wir den schon gezeigten Teil der Behauptung anwenden können: $\mathbb{E}(Z^\pm X^\pm \mid \mathscr{F}) = Z^\pm \mathbb{E}(X^\pm \mid \mathscr{F})$. Somit

$$\mathbb{E}(ZX \mid \mathscr{F}) = (Z^+ - Z^-)\left(\mathbb{E}(X^+ \mid \mathscr{F}) - \mathbb{E}(X^- \mid \mathscr{F})\right) = Z\mathbb{E}(X \mid \mathscr{F}).$$

b) Für $G \in \mathscr{G} \subset \mathscr{F}$ gilt

$$\int_G \underbrace{\mathbb{E}(X \mid \mathscr{F})}_{\text{originale ZV}}\, d\mathbb{P} \overset{(14.3)}{=} \int_G X\, d\mathbb{P} \overset{(14.3)}{=} \int_G \mathbb{E}(X \mid \mathscr{G})\, d\mathbb{P}.$$

Mithin ist die $\mathscr{G}$-messbare ZV $\mathbb{E}(X \mid \mathscr{G})$ ein Kandidat für die bedingte Erwartung (bezüglich der σ-Algebra $\mathscr{G}$) der ZV $\mathbb{E}(X \mid \mathscr{F})$.

c) Wir schreiben $X' = \mathbb{E}(X \mid \mathscr{F})$. Wegen 14.6.d) wissen wir, dass $X' \in L^2(\mathscr{F})$. Weiterhin gilt für alle $Y \in L^2(\mathscr{F})$

$$\begin{aligned}\mathbb{E}\left[(X - X')(Y - X')\right] &\overset{\text{tower}}{=} \mathbb{E}\left[\mathbb{E}\left\{(X - X')(Y - X') \,\middle|\, \mathscr{F}\right\}\right]\\ &\overset{\text{pull out}}{=} \mathbb{E}\Big[(Y - X')\underbrace{\mathbb{E}\left\{(X - X') \,\middle|\, \mathscr{F}\right\}}_{=\mathbb{E}(X|\mathscr{F}) - \mathbb{E}(X'|\mathscr{F}) = X' - X' = 0}\Big] = 0.\end{aligned}$$

Daher folgt

$$\begin{aligned}\mathbb{E}\left[(X - Y)^2\right] &= \mathbb{E}\left[(\{X - X'\} + \{X' - Y\})^2\right]\\ &= \mathbb{E}\left[\{X - X'\}^2\right] + \underbrace{\mathbb{E}\left[\{X' - Y\}^2\right]}_{\geqslant 0} + \underbrace{2\mathbb{E}\left[\{X - X'\}\{X' - Y\}\right]}_{=0}\\ &\geqslant \mathbb{E}\left[\{X - X'\}^2\right].\end{aligned}$$

□

14.8 Beispiel (Beispiel 14.2 – Reprise). Wir leiten mit unseren Rechenregeln nochmals die Formel (14.5) her. Dazu seien

$$A, F \in \mathscr{A}, \quad \mathscr{F} = \{\emptyset, F, F^c, \Omega\}, \quad \mathbb{P}(A \mid F) \text{ klassische bedingte W-keit.}$$

Es gilt $L^1(\mathscr{F}) = \{a\mathbb{1}_F + b\mathbb{1}_{F^c} \mid a, b \in \mathbb{R}\}$ [✍] und daher ist für $X \in L^1(\mathscr{A})$ mit geeigneten Koeffizienten $\alpha, \beta \in \mathbb{R}$

$$\mathbb{E}(X \mid \mathscr{F}) = \alpha\mathbb{1}_F + \beta\mathbb{1}_{F^c}.$$

Wir wollen α und β bestimmen. Mit der *pull-out* Regel sehen wir

$$\mathbb{E}(\mathbb{1}_F X \mid \mathscr{F}) \overset{\text{pull out}}{=} \mathbb{1}_F\mathbb{E}(X \mid \mathscr{F}) = \mathbb{1}_F \cdot (\alpha\mathbb{1}_F + \beta\mathbb{1}_{F^c}) = \alpha\mathbb{1}_F$$

und wir können den Erwartungswert bilden und die *tower*-Eigenschaft verwenden

$$\mathbb{E}(\mathbb{1}_F X) \overset{\text{tower}}{=} \mathbb{E}\left[\mathbb{E}(\mathbb{1}_F X \mid \mathscr{F})\right] = \mathbb{E}(\alpha \mathbb{1}_F) = \alpha \mathbb{P}(F).$$

Wenn wir nach α auflösen, erhalten wir

$$\alpha = \frac{1}{\mathbb{P}(F)} \mathbb{E}(\mathbb{1}_F X) \overset{(14.2)}{=} \int X \, d\mathbb{P}(\bullet \mid F) \quad \text{und analog auch} \quad \beta = \int X \, d\mathbb{P}(\bullet \mid F^c).$$

Insgesamt haben wir gezeigt, dass

$$\mathbb{E}(X \mid \mathscr{F}) = \alpha \mathbb{1}_F + \beta \mathbb{1}_{F^c} = \mathbb{1}_F \int X \, d\mathbb{P}(\bullet \mid F) + \mathbb{1}_{F^c} \int X \, d\mathbb{P}(\bullet \mid F^c);$$

ist insbesondere $X = \mathbb{1}_A$, dann erhalten wir für $\mathscr{F} = \{\emptyset, F, F^c, \Omega\}$

$$\mathbb{P}(A \mid \mathscr{F}) = \mathbb{P}(A \mid F)\mathbb{1}_F + \mathbb{P}(A \mid F^c)\mathbb{1}_{F^c}.$$

Ein ganz ähnliches Argument zeigt für disjunkte $(F_i)_{i \in \mathbb{N}} \subset \mathscr{A}$ mit $\biguplus_{i=1}^{\infty} F_i = \Omega$ und für $\mathscr{H} = \sigma(F_i,\ i \in \mathbb{N})$:

$$\mathbb{P}(A \mid \mathscr{H}) = \sum_{i=1}^{\infty} \mathbb{P}(A \mid F_i)\mathbb{1}_{F_i} \iff \forall i \in \mathbb{N} : \mathbb{P}(A \mid \mathscr{H}) = \mathbb{P}(A \mid F_i) \quad \mathbb{P}\text{-f.s. auf } F_i.$$

Für das folgende Beispiel benötigen wir die Charakterisierung von $\mathbb{E}(X \mid \mathscr{F})$ durch einen Erzeuger von $\mathscr{F}$.

14.9 Lemma. *Es seien $X, Y \in L^1(\mathscr{A})$ oder $X, Y \in \mathscr{L}^{0,+}_{\overline{\mathbb{R}}}(\mathscr{A})$ und $\mathscr{F} = \sigma(\mathscr{G}) \subset \mathscr{A}$; weiter sei $\mathscr{G}$ $\cap$-stabil und enthalte eine Folge $(G_i)_{i \in \mathbb{N}} \subset \mathscr{G}$, $G_i \uparrow \Omega$, so dass $\int_{G_i} |X| \, d\mathbb{P} < \infty$ und $\int_{G_i} |Y| \, d\mathbb{P} < \infty$ für alle $i \in \mathbb{N}$. Dann sind folgende Aussagen äquivalent:*

a) $\forall F \in \mathscr{F} : \int_F X \, d\mathbb{P} = \int_F Y \, d\mathbb{P}$;

b) $\forall G \in \mathscr{G} : \int_G X \, d\mathbb{P} = \int_G Y \, d\mathbb{P}$.

Insbesondere benötigen wir (14.3) *nur auf einem »gutartigen« Erzeuger.*

Beweis. Wegen $\mathscr{G} \subset \mathscr{F}$ genügt es b)⇒a) zu zeigen. Wir schreiben a) als

$$\mu(F) := \int_F (X^+ + Y^-) \, d\mathbb{P} = \int_F (Y^+ + X^-) \, d\mathbb{P} =: \nu(F).$$

Wenn $X, Y \in L^1(\mathscr{A})$, dann sind μ und ν endliche Maße auf $(\Omega, \mathscr{F})$; wenn $X, Y \geqslant 0$, dann gilt nach Voraussetzung, dass $\nu(G_i) = \mu(G_i) < \infty$ für alle $i \in \mathbb{N}$. In beiden Fällen sind also die Voraussetzungen des Eindeutigkeitssatzes für Maße [MI, Satz 4.5] erfüllt, und wir können von $\mu|\mathscr{G} = \nu|\mathscr{G}$ auf $\mu = \nu$ (auf $\mathscr{F}$) schließen. Damit ist a) gezeigt. □

14.10 Beispiel. Es sei $\mathscr{H} = \sigma(F_1, F_2, F_3, \dots)$ für eine Zerlegung von $\Omega = \biguplus_{i \in \mathbb{N}} F_i$ in disjunkte Mengen mit $\mathbb{P}(F_i) > 0$. Dann gilt für jede ZV $X \in L^1(\mathscr{A})$

$$\mathbb{E}(X \mid \mathscr{H}) = \sum_{i=1}^{\infty} \frac{\mathbb{E}(X \mathbb{1}_{F_i})}{\mathbb{P}(F_i)} \mathbb{1}_{F_i}$$

$$\iff \forall i \in \mathbb{N} : \mathbb{E}(X \mid \mathscr{H})(\omega) = \frac{\mathbb{E}(X \mathbb{1}_{F_i})}{\mathbb{P}(F_i)} \quad \text{für fast alle } \omega \in F_i.$$

Das sieht man folgendermaßen: Offenbar ist für alle $k \in \mathbb{N}$

$$\int_{F_k} \sum_{i=1}^{\infty} \frac{\mathbb{E}(X\mathbb{1}_{F_i})}{\mathbb{P}(F_i)} \mathbb{1}_{F_i}\, d\mathbb{P} = \int \sum_{i=1}^{\infty} \frac{\mathbb{E}(X\mathbb{1}_{F_i})}{\mathbb{P}(F_i)} \underbrace{\mathbb{1}_{F_i}\mathbb{1}_{F_k}}_{=0,\text{ für } i\neq k} d\mathbb{P} = \int \frac{\mathbb{E}(X\mathbb{1}_{F_k})}{\mathbb{P}(F_k)} \mathbb{1}_{F_k}\, d\mathbb{P}$$

$$= \frac{\mathbb{E}(X\mathbb{1}_{F_k})}{\mathbb{P}(F_k)} \int \mathbb{1}_{F_k}\, d\mathbb{P} = \mathbb{E}(X\mathbb{1}_{F_k}) = \int_{F_k} X\, d\mathbb{P}.$$

Dieselbe Formel gilt auch für $F_1 \uplus \cdots \uplus F_k$, und daher greift Lemma 14.9.

14.11 Beispiel. Ein Gerät habe die Lebensdauer $\zeta : \Omega \to [0, \infty)$. Es gelte $\zeta \sim f_\zeta(z)\, dz$. Uns interessiert

$$\mathbb{E}(\zeta - a \mid \zeta \geqslant a) = \text{mittlere Restlaufzeit, wenn das Gerät } a \text{ Jahre alt ist.}$$

Es sei a fest und $\mathbb{P}(\zeta \geqslant a) > 0$. Für $\mathscr{H} = \sigma(\{\zeta \geqslant a\}, \{\zeta < a\})$ gilt dann

$$\mathbb{E}(\zeta - a \mid \zeta \geqslant a) = \frac{\mathbb{E}((\zeta - a)\mathbb{1}_{\{\zeta\geqslant a\}})}{\mathbb{P}(\zeta \geqslant a)} = \frac{\int (\zeta - a)\mathbb{1}_{\{\zeta\geqslant a\}}\, d\mathbb{P}}{\mathbb{P}(\zeta \geqslant a)} = \frac{\int_a^\infty (z-a) f_\zeta(z)\, dz}{\int_a^\infty f_\zeta(z)\, dz}.$$

In Anwendungen wird oft eine *exponentielle Lebensdauer* mit Mittelwert $1/\lambda$ angenommen: $f_\zeta(z) = \lambda \exp(-\lambda z)$, $z \geqslant 0$. Dann erhalten wir

$$\mathbb{E}(\zeta \mid \zeta \geqslant 0) = \frac{1}{\lambda} \quad \text{und} \quad \forall a > 0 : \mathbb{E}(\zeta - a \mid \zeta \geqslant a) = \frac{1}{\lambda}.$$

Das bedeutet, dass die Exponentialverteilung »gedächtnislos« ist, da die mittlere Lebensdauer nicht von der bisherigen Laufzeit abhängt. Man kann darüber hinaus zeigen, dass

$$\mathbb{P}(\zeta - a \leqslant x \mid \zeta \geqslant a) = \frac{\mathbb{P}(a \leqslant \zeta \leqslant a + x)}{\mathbb{P}(\zeta \geqslant a)} = \cdots = 1 - e^{-\lambda x} = \mathbb{P}(\zeta \leqslant x).$$

Diese Eigenschaft *charakterisiert* die Exponentialverteilung.

Bedingte Erwartung und Unabhängigkeit

Wenn die ZV X und die Menge F unabhängig sind, dann gilt für die klassische bedingte Wahrscheinlichkeit

$$\mathbb{P}(X \in B \mid F) = \frac{\mathbb{P}(\{X \in B\} \cap F)}{\mathbb{P}(F)} \overset{X \perp\!\!\!\perp F}{=} \frac{\mathbb{P}(X \in B)\, \mathbb{P}(F)}{\mathbb{P}(F)} = \mathbb{P}(X \in B),$$

d.h. F hat keinen Einfluss auf $\mathbb{P}(X \in B)$. Dies gilt auch für die abstrakte bedingte Erwartung. Wir verwenden folgende allgemein übliche Kurzschreibweisen: $X, \mathscr{G} \perp\!\!\!\perp \mathscr{F}$ bedeutet, dass die von $\sigma(X)$ und $\mathscr{G}$ erzeugte σ-Algebra $\sigma(\sigma(X), \mathscr{G})$ von $\mathscr{F}$ unabhängig ist, und $\mathbb{E}(X \mid \mathscr{G}, \mathscr{F})$ ist kurz für $\mathbb{E}(X \mid \sigma(\mathscr{G}, \mathscr{F}))$.

14.12 Satz. *Es seien X, Y reelle ZV und $\mathscr{F}, \mathscr{G} \subset \mathscr{A}$ σ-Algebren.*

a) *Für $X \in L^1(\mathscr{A})$ oder $X \geqslant 0$ gilt: $X \perp\!\!\!\perp \mathscr{F} \implies \mathbb{E}(X \mid \mathscr{F}) = \mathbb{E}X$.*
b) *Für $X \in L^1(\mathscr{A})$ oder $X \geqslant 0$ gilt: $X, \mathscr{G} \perp\!\!\!\perp \mathscr{F} \implies \mathbb{E}(X \mid \mathscr{G}, \mathscr{F}) = \mathbb{E}(X \mid \mathscr{G})$.*
c) *Wenn $X \perp\!\!\!\perp \mathscr{F}$ und Y $\mathscr{F}$-messbar ist, dann gilt für jede messbare und beschränkte Funktion $g : \mathbb{R} \times \mathbb{R} \to \mathbb{R}$*

$$\mathbb{E}\left[g(X,Y) \mid \mathscr{F}\right](\omega) = \mathbb{E}(g(X,t))\big|_{t=Y(\omega)}.$$

Beweis. a) Die Gleichheit

$$\forall F \in \mathscr{F} : \int_F X \, d\mathbb{P} = \int \mathbb{1}_F X \, d\mathbb{P} \overset{X \perp\!\!\!\perp F}{=} \int \mathbb{1}_F \, d\mathbb{P} \int X \, d\mathbb{P} = \mathbb{P}(F)\, \mathbb{E}X = \int_F \mathbb{E}X \, d\mathbb{P}$$

zeigt, dass $\mathbb{E}X$ ein Kandidat für die bedingte Erwartung $\mathbb{E}(X \mid \mathscr{F})$ ist.

b) Wir zeigen die Aussage nur für $X \in \mathscr{L}^{0,+}_{\overline{\mathbb{R}}}(\mathscr{A})$, der Beweis für $X \in L^1(\mathscr{A})$ verläuft ähnlich, er benötigt kein Approximationsargument. Wir schreiben $X_n := X \wedge n \in L^1(\mathscr{A})$. Die Familie von Mengen der Form $F \cap G$, $F \in \mathscr{F}$ und $G \in \mathscr{G}$, erzeugen $\sigma(\mathscr{F}, \mathscr{G})$. Daher gilt

$$\begin{aligned}
\int \mathbb{1}_F \mathbb{1}_G X_n \, d\mathbb{P} &\overset{\text{unabh.}}{=} \mathbb{P}(F) \int \mathbb{1}_G X_n \, d\mathbb{P} \\
&\overset{\text{tower}}{=} \mathbb{P}(F) \int \mathbb{E}(\mathbb{1}_G X_n \mid \mathscr{G}) \, d\mathbb{P} \\
&\overset{\text{unabh.}}{=} \int \mathbb{1}_F \mathbb{E}(\mathbb{1}_G X_n \mid \mathscr{G}) \, d\mathbb{P} \\
&\overset{\text{pull out}}{=} \int \mathbb{1}_F \mathbb{1}_G \mathbb{E}(X \mid \mathscr{G}) \, d\mathbb{P} = \int_{F \cap G} \mathbb{E}(X_n \mid \mathscr{G}) \, d\mathbb{P},
\end{aligned}$$

und Lemma 14.9 zeigt, dass $\mathbb{E}(X_n \mid \mathscr{G})$ ein Kandidat für die bedingte Erwartung von X_n unter $\sigma(\mathscr{G}, \mathscr{F})$ ist: $\mathbb{E}(X_n \mid \sigma(\mathscr{G}, \mathscr{F})) = \mathbb{E}(X_n \mid \mathscr{G})$. Mit der bedingten Version des Satzes von Beppo Levi können wir den Grenzwert $n \uparrow \infty$ bilden, und die Behauptung folgt.

c) 1^0 Wir zeigen die Formel erst für $g(x,y) = \mathbb{1}_A(x)\mathbb{1}_B(y)$ und $A, B \in \mathscr{B}(\mathbb{R})$. Aus

$$\begin{aligned}
\mathbb{E}\left(g(X,Y) \mid \mathscr{F}\right) = \mathbb{E}\left(\mathbb{1}_A(X)\mathbb{1}_B(Y) \mid \mathscr{F}\right) &\overset{Y\ \mathscr{F}\text{-mb.}}{=} \mathbb{1}_B(Y)\, \mathbb{E}\left(\mathbb{1}_A(X) \mid \mathscr{F}\right) \\
&\overset{X \perp\!\!\!\perp \mathscr{F}}{=} \mathbb{1}_B(Y)\, \mathbb{E}\left(\mathbb{1}_A(X)\right) \\
&= \mathbb{E}\left(\mathbb{1}_A(X)\mathbb{1}_B(t)\right)\big|_{t=Y} \\
&= \mathbb{E}(g(X,t))\big|_{t=Y}
\end{aligned}$$

folgt die Behauptung für solche Funktionen g.

2^0 Nun sei $g(x,y) = \mathbb{1}_C(x,y)$ für $C \in \mathscr{B}(\mathbb{R} \times \mathbb{R})$. Wir definieren die Familie

$$\mathscr{D} := \left\{ C \in \mathscr{B}(\mathbb{R} \times \mathbb{R}) \mid \mathbb{E}(\mathbb{1}_C(X,Y) \mid \mathscr{F})(\omega) = \mathbb{E}(\mathbb{1}_C(X,t))\big|_{t=Y(\omega)} \right\}.$$

Mit den Rechenregeln für bedingte Erwartungen kann man schnell einsehen [✍], dass $\mathscr{D}$ ein Dynkin-System ist; im ersten Schritt haben wir außerdem gesehen, dass

$$\mathscr{B}(\mathbb{R}) \times \mathscr{B}(\mathbb{R}) \subset \mathscr{D} \subset \mathscr{B}(\mathbb{R} \times \mathbb{R}).$$

Weil die Rechtecke $\mathscr{B}(\mathbb{R}) \times \mathscr{B}(\mathbb{R})$ ∩-stabil sind, gilt für das davon erzeugte Dynkin-System[23]

$$\mathscr{B}(\mathbb{R} \times \mathbb{R}) = \sigma(\mathscr{B}(\mathbb{R}) \times \mathscr{B}(\mathbb{R})) \overset{\text{[MI, Satz 4.4]}}{=} \delta(\mathscr{B}(\mathbb{R}) \times \mathscr{B}(\mathbb{R})) \subset \delta(\mathscr{D}).$$

Offensichtlich gilt $\delta(\mathscr{D}) = \mathscr{D} \subset \mathscr{B}(\mathbb{R} \times \mathbb{R})$, woraus unmittelbar $\mathscr{D} = \mathscr{B}(\mathbb{R} \times \mathbb{R})$ folgt.

3° Schritt 2° erlaubt es uns, die Aussage c) für folgende Funktionen zu zeigen:
- positive $\mathscr{B}(\mathbb{R} \times \mathbb{R})$-Treppenfunktionen $g \geqslant 0$ (Linearität der bed. Erwartung),
- positive messbare Funktionen $g : \mathbb{R} \times \mathbb{R} \to [0, \infty)$ (Sombrero-Lemma & (bedingter) Satz von Beppo Levi),
- beschränkte messbare Funktionen $g : \mathbb{R}\times\mathbb{R} \to \mathbb{R}$ (Linearität der bed. Erw.). □

Bedingte Erwartungen wenn $\mathscr{F} = \sigma(Y)$

Eine besonders wichtige Rolle spielen σ-Algebren, die von *einer einzigen* Zufallsvariablen $Y = (Y_1, \dots, Y_d)$ erzeugt werden: $\mathscr{F} = \sigma(Y) = Y^{-1}(\mathscr{B}(\mathbb{R}^d))$. Wir führen folgende Schreibweisen ein:

$$\mathbb{E}(X \mid Y) := \mathbb{E}(X \mid \sigma(Y)) \quad \text{und} \quad \mathbb{E}(X \mid Y_1, Y_2, \dots) := \mathbb{E}(X \mid \sigma(Y_i,\ i \in \mathbb{N})),$$

entsprechend verwenden wir $\mathbb{P}(A \mid Y)$ und $\mathbb{P}(A \mid Y_1, Y_2, \dots)$.

Aus der Maßtheorie kennen wir das folgende Faktorisierungslemma [MI, Lemma 7.17]:

$$\left.\begin{array}{r} Y : (\Omega, \mathscr{A}) \xrightarrow{\text{messbar}} (\mathbb{R}^d, \mathscr{B}(\mathbb{R}^d)) \\ Z : (\Omega, \sigma(Y)) \xrightarrow{\text{messbar}} (\overline{\mathbb{R}}, \mathscr{B}(\overline{\mathbb{R}})) \end{array}\right\} \implies \exists g : \mathbb{R}^d \xrightarrow{\text{messbar}} \overline{\mathbb{R}}, \quad Z = g(Y).$$

14.13 Lemma. *Es seien $Y : \Omega \to \mathbb{R}^d$, $Z : \Omega \to \overline{\mathbb{R}}$ und $g : \mathbb{R}^d \to \overline{\mathbb{R}}$ wie oben.*
a) *Wenn $Z \geqslant 0$ ist, dann ist die Funktion g $\mathbb{P}_Y$-f.s. eindeutig bestimmt und positiv.*
b) *Wenn $\mathbb{E}|Z| < \infty$ ist, dann ist die Funktion g $\mathbb{P}_Y$-f.s. eindeutig bestimmt und endlich.*

Beweis. Angenommen, $f : \mathbb{R}^d \to \overline{\mathbb{R}}$ ist eine weitere messbare Funktion, für die $Z = f(Y)$ gilt. Auf der Menge $B := \{g < f\}$ ist die Differenz $f - g \in \overline{\mathbb{R}}$ wohldefiniert – der Fall

23 $\delta(\mathscr{G})$ ist das kleinste Dynkin-System, das die Familie $\mathscr{G}$ enthält, vgl. [MI, Kapitel 4].

»$\infty - \infty$« kann nicht auftreten – und es gilt

$$0 \leqslant \int_B (f(y) - g(y))\, \mathbb{P}(Y \in dy) = \int_{\{Y \in B\}} (f(Y) - g(Y))\, d\mathbb{P} = \int_{\{Y \in B\}} (Z - Z)\, d\mathbb{P} = 0.$$

Daher ist B eine $\mathbb{P}_Y$-Nullmenge. Indem wir die Rollen von f und g vertauschen, folgt $\mathbb{P}_Y(f \neq g) = 0$.

Wenn Z f.s. endlich ist, gilt $0 = \mathbb{P}(|Z| = \infty) = \mathbb{P}(|g(Y)| = \infty) = \mathbb{P}\left(Y^{-1} \circ g^{-1}(\pm\infty)\right)$, also ist $\{g = \pm\infty\}$ eine $\mathbb{P}_Y$-Nullmenge. Die f.s. Positivität von g folgt ganz ähnlich. □

Wegen Lemma 14.13 ist folgende Definition sinnvoll:

14.14 Definition. Es seien $Y : \Omega \to \mathbb{R}^d$, $X : \Omega \to \mathbb{R}$ ZV und $X \in L^1(\mathscr{A})$ oder $X \geqslant 0$. Dann bezeichnet $\mathbb{E}(X \mid Y = y)$ die Funktion $g : \mathbb{R}^d \to \overline{\mathbb{R}}$, für die $\mathbb{E}(X \mid Y) = g(Y)$ f.s. gilt.

14.15 Beispiel. Wenn $Y : \Omega \to \{y_1, y_2, \dots\}$ eine diskrete ZV ist, dann ist

$$\mathbb{E}(X \mid Y = y) = \mathbb{E}(X \mid \{Y = y\}) = \begin{cases} \dfrac{\mathbb{E}(X \mathbb{1}_{\{y\}}(Y))}{\mathbb{P}(Y = y)}, & \mathbb{P}(Y = y) > 0, \\ 0, & \mathbb{P}(Y = y) = 0, \end{cases}$$

vgl. Beispiel 14.10 mit $\mathscr{H} = \sigma(\{Y = y_i\}, i \in \mathbb{N})$. Allerdings treten Probleme bei nichtdiskreten ZV auf, wenn $\mathbb{P}(Y = y) = 0$ für »zu viele« y gilt.

14.16 Satz. *Es seien $Y : \Omega \to \mathbb{R}^d$, $X : \Omega \to \overline{\mathbb{R}}$ ZV und $X \in L^1(\mathscr{A})$ [bzw. $X \geqslant 0$]. Dann genügt jede messbare Funktion $g : \mathbb{R}^d \to \overline{\mathbb{R}}$ mit $g(Y) = \mathbb{E}(X \mid Y)$ der Beziehung*

$$\int_B g(y)\, \mathbb{P}(Y \in dy) = \int_{\{Y \in B\}} X\, d\mathbb{P}, \quad B \in \mathscr{B}(\mathbb{R}^d), \tag{14.8}$$

und g wird durch (14.8) $\mathbb{P}_Y$-f.s. eindeutig bestimmt. Die Funktion g ist f.s. endlich [bzw. positiv].

Umgekehrt gilt für jedes g, das (14.8) erfüllt, $g(Y) = \mathbb{E}(X \mid Y)$.

Beweis. Zunächst bemerken wir, dass die folgende Gleichheit stets erfüllt ist:

$$\forall B \in \mathscr{B}(\mathbb{R}^d) : \int_B g(y)\, \mathbb{P}(Y \in dy) = \int \mathbb{1}_B(Y) \cdot g(Y)\, d\mathbb{P} = \int_{\{Y \in B\}} g(Y)\, d\mathbb{P}. \tag{14.9}$$

1° Das Faktorisierungslemma garantiert die Existenz einer messbaren Funktion g, für die $\mathbb{E}(X \mid Y) = g(Y)$ gilt. Diese erfüllt

$$\int_B g(y)\, \mathbb{P}(Y \in dy) \overset{(14.9)}{=} \int_{\{Y \in B\}} g(Y)\, d\mathbb{P} = \int_{\{Y \in B\}} \mathbb{E}(X \mid Y)\, d\mathbb{P} = \int_{\{Y \in B\}} X\, d\mathbb{P},$$

und (14.8) folgt.

2° Wenn (14.8) gilt, dann zeigt (14.9) wegen $\sigma(Y) = \{\{Y \in B\} : B \in \mathscr{B}(\mathbb{R}^d)\}$

$$\int_{\{Y\in B\}} g(Y)\,d\mathbb{P} = \int_{\{Y\in B\}} X\,d\mathbb{P}, \quad B \in \mathscr{B}(\mathbb{R}^d) \overset{(14.3)}{\Longrightarrow} g(Y) = \mathbb{E}(X \mid Y).$$

3° Die *Eindeutigkeit* und Endlichkeit [bzw. Positivität] folgen aus Lemma 14.13. □

Bedingte Dichten

Wir betrachten nun ZV $X, Y : \Omega \to \mathbb{R}$ mit gemeinsamer Dichte $f_{X,Y}(x,y)$, d.h.

$$\mathbb{P}(X \leqslant a, Y \leqslant b) = \int_{(-\infty,a]} \int_{(-\infty,b]} f_{X,Y}(x,y)\,dy\,dx, \quad a, b \in \mathbb{R}.$$

Die *Randverteilungen*, z.B. für X, können wir folgendermaßen aus $f_{X,Y}$ bestimmen:

$$\mathbb{P}(X \leqslant a) = \mathbb{P}(X \leqslant a, Y < \infty) = \int_{(-\infty,a]} \int_{\mathbb{R}} f_{X,Y}(x,y)\,dy\,dx,$$

d.h. $X \sim f_X(x)\,dx$ und $Y \sim f_Y(y)\,dy$, wobei

$$f_X(x) = \int_{\mathbb{R}} f_{X,Y}(x,y)\,dy \quad \text{und} \quad f_Y(y) = \int_{\mathbb{R}} f_{X,Y}(x,y)\,dx.$$

14.17 Definition. Es sei $(X, Y) \sim f_{X,Y}(x,y)\,dx\,dy$. Dann heißt

$$f_{X|Y}(x|y) := \begin{cases} \dfrac{f_{X,Y}(x,y)}{f_Y(y)}, & f_Y(y) \neq 0, \\ 0, & \text{sonst}, \end{cases} \tag{14.10}$$

bedingte Dichte von X gegeben Y.

Bedingte Dichten erlauben es uns, bedingte Erwartungen konkret auszurechnen.

14.18 Satz. *Es seien $X, Y : \Omega \to \mathbb{R}$ ZV mit gemeinsamer Dichte $(X, Y) \sim f_{X,Y}(x,y)\,dx\,dy$. Für alle messbaren Funktionen $h : \mathbb{R}^2 \to \mathbb{R}$, für die $\mathbb{E}|h(X,Y)| < \infty$ ist, gilt*

$$\mathbb{E}(h(X,Y) \mid Y = y) = \int_{\mathbb{R}} h(x,y) f_{X|Y}(x|y)\,dx \quad \textit{für } \mathbb{P}_Y\textit{-fast alle } y \in \mathbb{R}.$$

Beweis. Wir müssen zeigen, dass

$$\mathbb{E}(h(X,Y) \mid Y) = g(Y) \quad \text{für} \quad g(y) = \int_{\mathbb{R}} h(x,y) f_{X|Y}(x|y)\,dx. \tag{14.11}$$

Jede Menge $F \in \sigma(Y)$ ist von der Form $F = \{Y \in B\}$ für ein geeignetes $B \in \mathscr{B}(\mathbb{R})$; also ist $\mathbb{1}_F = \mathbb{1}_B \circ Y$ und

$$\begin{aligned}\int_F h(X, Y)\, d\mathbb{P} &= \int \mathbb{1}_B(Y) h(X, Y)\, d\mathbb{P} \\ &= \int \mathbb{1}_B(y) h(x, y)\, \mathbb{P}(X \in dx, Y \in dy) \\ &= \iint \mathbb{1}_B(y) h(x, y) f_{X,Y}(x, y)\, dx\, dy.\end{aligned}$$

Andererseits gilt auch

$$\begin{aligned}\int_F g(Y)\, d\mathbb{P} &= \int \mathbb{1}_B(Y) g(Y)\, d\mathbb{P} \\ &= \int \mathbb{1}_B(Y) \int h(x, Y) f_{X|Y}(x|Y)\, dx\, d\mathbb{P} \\ &= \int \mathbb{1}_B(y) \int h(x, y) f_{X|Y}(x|y)\, dx\, \mathbb{P}(Y \in dy) \\ &= \int \mathbb{1}_B(y) \int h(x, y) \underbrace{f_{X|Y}(x|y) f_Y(y)}_{= f_{X,Y}(x,y)}\, dx\, dy \\ &= \iint \mathbb{1}_B(y) h(x, y) f_{X,Y}(x, y)\, dx\, dy.\end{aligned}$$

Wenn wir die letzten beiden Rechnungen vergleichen, folgt (14.11) auf Grund der Definition der bedingten Erwartung. □

Wenn wir in Satz 14.18 $h(X, Y) = \mathbb{1}_B(X) = \mathbb{1}_{\{X \in B\}}$ wählen und beachten, dass $\{X \in B\}$ ein generisches Element von $\sigma(X)$ ist, erhalten wir das folgende Korollar.

14.19 Korollar. *Es sei $(X, Y) \sim f_{X,Y}(x, y)\, dx\, dy$ und $B \in \mathscr{B}(\mathbb{R})$. Dann gilt*

$$\mathbb{P}(X \in B \mid Y)(\omega) = \int_B f_{X|Y}(x|Y(\omega))\, dx.$$

Bedingte Verteilungen

Wir wollen die Aussage von Satz 14.18 verallgemeinern und auf die Existenz einer gemeinsamen Dichte verzichten. Dazu benötigen wir einen weiteren Begriff.

14.20 Definition. Die Abbildung $N : \mathbb{R}^d \times \mathscr{B}(\mathbb{R}^n) \to [0, 1]$ heißt *Markov-Kern*, wenn

a) $\forall B \in \mathscr{B}(\mathbb{R}^n) : y \mapsto N(y, B)$ ist $\mathscr{B}(\mathbb{R}^d)$-messbar;

b) $\forall y \in \mathbb{R}^d : B \mapsto N(y, B)$ ist W-maß auf $(\mathbb{R}^n, \mathscr{B}(\mathbb{R}^n))$.

Das folgende Beispiel verdeutlicht die hinter der Definition eines Markov-Kerns stehende Idee: Markov-Kerne sind W-Maße, die messbar von einem Parameter abhängen.

14.21 Beispiel. Es seien $f : \mathbb{R}^n \times \mathbb{R}^d \to [0, \infty)$ eine messbare Funktion, $\mu(dx)$ ein Maß auf $\mathbb{R}^n$ und $\int_{\mathbb{R}^n} f(x, y)\,\mu(dx) = 1$. Dann ist

$$N(y, B) := \int_B f(x, y)\,\mu(dx), \quad y \in \mathbb{R}^d,\ B \in \mathscr{B}(\mathbb{R}^n),$$

ein Markov-Kern.

Der folgende Satz ist nicht ganz elementar.

14.22 Satz. *Es seien $X : \Omega \to \mathbb{R}^n$, $Y : \Omega \to \mathbb{R}^d$ ZV. Dann existiert ein Markov-Kern N auf $\mathbb{R}^d \times \mathscr{B}(\mathbb{R}^n)$, so dass für beliebige beschränkte, messbare Funktionen $u : \mathbb{R}^n \to \mathbb{R}$ gilt*

$$\mathbb{E}(u(X) \mid Y) = \int u(x)\, N(Y, dx); \tag{14.12}$$

$N(y, dx)$ heißt eine (Version der) bedingte Verteilung *von X unter $Y = y$.*

Beweis. Wir beweisen hier nur den Fall $n = 1$, für $n > 1$ verweisen wir auf die Diskussion in Bemerkung 14.23.b).

1° *Eigenschaft 14.20.*b) (*Existenz*). Es sei $r \in \mathbb{Q}$. Wir wählen eine $\mathbb{P}_Y$-f.s. bestimmte, geeignete Version

$$F_y(-\infty, r] := \mathbb{E}(\mathbb{1}_{(-\infty,r]}(X) \mid Y = y), \quad \mathbb{P}_Y\text{-f.s.}$$

Offensichtlich gilt

a) $F_y(-\infty, r] = \mathbb{E}(\mathbb{1}_{(-\infty,r]}(X) \mid Y = y) \overset{\mathbb{P}_Y\text{-f.s.}}{\leqslant} \mathbb{E}(\mathbb{1}_{(-\infty,r']}(X) \mid Y = y) = F_y(-\infty, r']$ für alle $r, r' \in \mathbb{Q}$ mit $r < r'$;

b) $F_y\left(-\infty, r + \frac{1}{n}\right] = \mathbb{E}\left(\mathbb{1}_{(-\infty,r+1/n]}(X) \mid Y = y\right) \xrightarrow[n\to\infty]{\mathbb{P}_Y\text{-f.s.}} \mathbb{E}\left(\mathbb{1}_{(-\infty,r]}(X) \mid Y = y\right);$

c) $\lim_{n\to-\infty} F_y(-\infty, n] = 0$ und $\lim_{n\to\infty} F_y(-\infty, n] = 1$.

In der Definition der Funktionen $F_y(-\infty, r]$, $r \in \mathbb{Q}$, und in den Beziehungen a)–c) treten insgesamt höchstens abzählbar viele $\mathbb{P}_Y$-Nullmengen auf. Wir schreiben für deren Vereinigung N. Weil $\mathbb{P}_Y(N) = 0$ ist, gilt

$$\forall y \in N^c : \mathbb{Q} \ni r \mapsto F_y(-\infty, r] \text{ ist rechtsstetige Verteilungsfunktion}$$

(wegen der Monotonie von F_y müssen wir in b) für jedes $r \in \mathbb{Q}$ nur *eine* Folge betrachten, sonst hätten wir ein Nullmengenproblem: Es gibt überabzählbar viele Folgen in $\mathbb{Q}$ mit $r_n \downarrow r$). Durch

$$\forall y \in N^c,\ \forall x \in \mathbb{R} : F_y(-\infty, x] := \inf_{r>x} F_y(-\infty, r]$$

können wir F_y eindeutig zu einer rechtsstetigen Verteilungsfunktion fortsetzen, und diese induziert ein W-Maß $N(y, dx)$ auf $N^c \times \mathscr{B}(\mathbb{R})$; für $y \in N$ definieren wir $N(y, \cdot) \equiv 0$.

2^0 *Eigenschaft 14.20.a) (Messbarkeit).* Es sei $\mathscr{J} := \{(-\infty, r] \mid r \in \mathbb{Q}\}$. Wir definieren

$$\mathscr{D} := \{B \in \mathscr{B}(\mathbb{R}) \mid y \mapsto N(y, B) \text{ messbar und } N(y, B) = \mathbb{E}(\mathbb{1}_B(X) \mid Y = y) \ \mathbb{P}_Y\text{-f.s.}\}.$$

Mit Hilfe der Linearität der bedingten Erwartung und der bedingten Version des Satzes von Beppo Levi sehen wir leicht, dass $\mathscr{D}$ ein Dynkin-System ist. Weil $\mathscr{J}$ ein $\cap$-stabiler Erzeuger der Borelmengen ist, gilt

$$\mathscr{D} \overset{\text{def}}{\subset} \mathscr{B}(\mathbb{R}) = \sigma(\mathscr{J}) \overset{[\text{MI, Satz 4.4}]}{=} \delta(\mathscr{J}) \subset \mathscr{D},$$

also ist $\mathscr{D} = \mathscr{B}(\mathbb{R})$, und die Eigenschaft 14.20.a) folgt.

3^0 *Formel* (14.12). Die Schritte 1^0 und 2^0 zeigen, dass $N(Y(\omega), dx)$ ein wohldefiniertes Maß ist. Daher folgt die Formel mit der üblichen Technik, mit der man Integrale konstruiert (vgl. [MI, Abbildung 9.1]): Man betrachtet erst einstufige Treppenfunktionen, dann positive Treppenfunktionen, überträgt die Formel mit dem Sombrero-Lemma und dem Satz von Beppo Levi auf positive messbare Funktionen und verwendet schließlich die Linearität des Integrals, um allgemeine integrierbare Funktionen zu integrieren. □

14.23 Bemerkung. a) Die Gleichheit (14.12) ist wegen $\sigma(Y) = Y^{-1}(\mathscr{B}(\mathbb{R}^d))$ äquivalent zu

$$\int_{\{Y \in B\}} u(X) \, d\mathbb{P} = \iint_{\{Y \in B\} \times \mathbb{R}^n} u(x) \, N(Y, dx) \, d\mathbb{P}, \quad B \in \mathscr{B}(\mathbb{R}^d). \tag{14.13}$$

b) Der Beweis von 14.22 lässt sich relativ einfach auf $\mathbb{R}^n$-wertige ZV X übertragen, da $\mathscr{B}(\mathbb{R}^n)$ durch abzählbar viele Mengen erzeugt wird (z.B. die halboffenen Rechtecke mit rationalen Ecken). Etwas schwieriger als für $n = 1$ ist es, das Maß $N(y, dx)$ aus der n-dimensionalen Verteilungsfunktion $F_y(I_r)$ mit $I_r = \times_{i=1}^{n} (-\infty, r_i]$, $r = (r_1, \dots, r_n) \in \mathbb{Q}^n$, zu konstruieren.

Im Wesentlichen besteht die Lücke in der Charakterisierung von W-Verteilungen in $\mathbb{R}^n$ durch multivariate Verteilungsfunktionen, vgl. hierzu die Diskussion im Anhang A.4. Ein alternativer elementarer Beweis findet sich in [DC, §35].

14.24 Satz. *Es seien $X : \Omega \to \mathbb{R}^n$, $Y : \Omega \to \mathbb{R}^d$ ZV. Genau dann ist $N(y, dx)$ eine bedingte Verteilung von X (gegeben Y), wenn für alle messbaren beschränkten $h : \mathbb{R}^n \times \mathbb{R}^d \to \mathbb{R}$ gilt*

$$\mathbb{E}h(X, Y) = \iint_{\mathbb{R}^d \times \mathbb{R}^n} h(x, y) \, N(y, dx) \, \mathbb{P}(Y \in dy) = \mathbb{E} \int_{\mathbb{R}^n} h(x, Y) \, N(Y, dx). \tag{14.14}$$

In diesem Fall ist dann

$$\mathbb{E}(h(X, Y) \mid Y = y) = \int_{\mathbb{R}^n} h(x, \eta) \, N(y, dx) \quad \mathbb{P}(Y \in dy)\text{-f.s.} \tag{14.15}$$

Beweis. Die Implikation (14.14)⇒(14.15) gilt immer, es handelt sich lediglich um die Definition. Wir zeigen die Äquivalenz von (14.14) und (14.13)/(14.12).

»⇐« Es gelte (14.14). Wir wählen $h(x,y) = u(x)\mathbb{1}_B(y)$ mit einer beschränkten messbaren Funktion $u : \mathbb{R}^n \to \mathbb{R}$ und $B \in \mathscr{B}(\mathbb{R}^d)$. Dann folgen (14.13) und (14.12).

»⇒« Es sei $N(y, dx)$ eine bedingte Verteilung. Dann gilt für $h(x,y) = \mathbb{1}_A(x)\mathbb{1}_B(y)$ mit $A \in \mathscr{B}(\mathbb{R}^n)$ und $B \in \mathscr{B}(\mathbb{R}^d)$

$$\mathbb{E}h(X,Y) = \mathbb{E}(\mathbb{1}_A(X)\mathbb{1}_B(Y)) = \int_{\{Y\in B\}} \mathbb{1}_A(X)\,d\mathbb{P} \overset{(14.13)}{\underset{u=\mathbb{1}_A}{=}} \int_{\{Y\in B\}} \int \mathbb{1}_A(x)\,N(Y,dx)\,d\mathbb{P}.$$

Dieses Integral können wir folgendermaßen umschreiben

$$\mathbb{E}h(X,Y) = \iint \mathbb{1}_B(y)\mathbb{1}_A(x)\,N(y,dx)\,\mathbb{P}(Y \in dy) = \iint h(x,y)\,N(y,dx)\,\mathbb{P}(Y \in dy).$$

Um die Formel (14.14) für $h(x,y) = \mathbb{1}_C(x,y)$, $C \in \mathscr{B}(\mathbb{R}^n \times \mathbb{R}^d)$ zu zeigen, definieren wir

$$\mathscr{D} := \left\{ C \in \mathscr{B}(\mathbb{R}^n \times \mathbb{R}^d) \mid \mathbb{E}\mathbb{1}_C(X,Y) = \iint \mathbb{1}_C(x,y)\,N(y,dx)\,\mathbb{P}(Y \in dy) \right\}.$$

Wir rechnen schnell nach [✍], dass $\mathscr{D}$ ein Dynkin-System ist, und der erste Schritt unseres Beweises zeigt

$$\mathscr{B}(\mathbb{R}^n) \times \mathscr{B}(\mathbb{R}^d) \subset \mathscr{D} \subset \mathscr{B}(\mathbb{R}^n \times \mathbb{R}^d).$$

Da $\mathscr{B}(\mathbb{R}^n) \times \mathscr{B}(\mathbb{R}^d)$ $\cap$-stabil ist, folgt

$$\mathscr{B}(\mathbb{R}^n \times \mathbb{R}^d) = \sigma(\mathscr{B}(\mathbb{R}^n) \times \mathscr{B}(\mathbb{R}^d)) \overset{\text{[MI, Satz 4.4]}}{=} \delta(\mathscr{B}(\mathbb{R}^n) \times \mathscr{B}(\mathbb{R}^d)) \subset \delta(\mathscr{D}) = \mathscr{D},$$

und somit $\mathscr{D} = \mathscr{B}(\mathbb{R}^n \times \mathbb{R}^d)$.

Weil (14.14) für $h(x,y) = \mathbb{1}_C(x,y)$ gilt, können wir die Ausdrücke auf beiden Seiten als Maße in $C \in \mathscr{B}(\mathbb{R}^n \times \mathbb{R}^d)$ lesen; da gleiche Maße zu gleichen Integralen führen, folgt (14.14) für alle integrierbaren $h(x,y)$, also insbesondere für alle beschränkten und messbaren $h(x,y)$. □

Für ZV mit gemeinsamer Dichte vereinfacht sich Satz 14.18.

14.25 Korollar. *Es seien $X : \Omega \to \mathbb{R}^n$, $Y : \Omega \to \mathbb{R}^d$ ZV mit $(X,Y) \sim f_{X,Y}(x,y)\,dx\,dy$. Dann gilt*

$$N(y,A) = \frac{\int_A f_{X,Y}(x,y)\,dx}{\int_{\mathbb{R}^n} f_{X,Y}(x,y)\,dx} = \int_A \frac{f_{X,Y}(x,y)}{\int_{\mathbb{R}^n} f_{X,Y}(x,y)\,dx}\,dx = \int_A f_{X|Y}(x|y)\,dx.$$

Reguläre bedingte Wahrscheinlichkeiten

Die Mengenfunktion $A \mapsto \mathbb{P}(X \in A \mid \mathscr{F})$, $A \in \mathscr{A}$, ist eine Zufallsvariable, d.h. sie ist nur modulo $\mathbb{P}$-Nullmengen eindeutig, und alle Nullmengen dürfen von A abhängen. Das bedeutet, dass die Mengenfunktion nicht σ-additiv ist, wenn es überabzählbar viele Möglichkeiten gibt, eine Menge A als disjunkte Vereinigung zu schreiben. Andererseits haben wir gesehen, dass wir eine Version von $A \mapsto \mathbb{P}(X \in A \mid \mathscr{F})$ wählen können, die ein Maß ist:

a) X ist $\mathscr{F}$-messbar $\implies \mathbb{P}(X \in A \mid \mathscr{F}) = \mathbb{1}_A(X) = \delta_{\{X\}}(A)$;
b) $X \perp\!\!\!\perp \mathscr{F} \implies \mathbb{P}(X \in A \mid \mathscr{F}) = \mathbb{P}(X \in A)$.

Korollar 14.19, Korollar 14.25 und Satz 14.22 enthalten weitere Beispiele:
c) $(X, Y) \sim f_{X,Y}(x, y)\,dx\,dy \implies \mathbb{P}(X \in A \mid Y) = \int_A f_{X|Y}(x, Y)\,dx$;
d) $\mathscr{F} = \sigma(Y) \implies \mathbb{P}(X \in A \mid Y) = N(Y, A)$.

Satz 14.22 reicht für viele Anwendungen aus, doch bisweilen benötigt man eine unendlich-dimensionale Variante. Das führt zu folgender Definition.

14.26 Definition. Es sei $\mathscr{F} \subset \mathscr{A}$ eine σ-Algebra und $X : \Omega \to E$ eine ZV mit Werten in einem beliebigen Messraum $(E, \mathscr{E})$. Eine *reguläre bedingte Wahrscheinlichkeit* ist ein Markov-Kern P auf $\Omega \times \mathscr{E}$, d.h.
a) $\omega \mapsto P(\omega, A)$ ist messbar,
b) $A \mapsto P(\omega, A)$ ist ($\mathbb{P}$-f.s.) ein W-Maß in $(E, \mathscr{E})$,
und es gilt, dass $P(\omega, A)$ eine Version von $\mathbb{P}(X \in A \mid \mathscr{F})$ ist.

Die folgende Verallgemeinerung von Satz 14.22 ist tief – und nicht ganz einfach zu beweisen; einen Beweis findet man z.B. in Bauer [3, Satz 44.3] oder Parthasarathy [52, Theorem 8.1].

14.27 Satz. *Wenn X eine ZV mit Werten in einem polnischen Raum*[24] $(E, \mathscr{E})$, $\mathscr{E} = \mathscr{B}(E)$, *ist, dann existiert stets eine reguläre bedingte Wahrscheinlichkeit.*

Aufgaben

1. Es seien $F_1, \dots, F_n \in \mathscr{A}$ disjunkte Ereignisse und $F_1 \cup \dots \cup F_n = \Omega$. Zeigen Sie, dass jede $\sigma(F_1, \dots, F_n)$-messbare ZV von der Form $\sum_{i=1}^n c_i \mathbb{1}_{F_i}$ ist. Folgern Sie, dass die r.S. von (14.7) tatsächlich $\mathbb{E}(X \mid \mathscr{F})$ ist.
2. Zeigen Sie die Aussage von Beispiel 14.10 ohne Lemma 14.9 zu verwenden.
3. Es seien $F_i \in \mathscr{A}$, $i \in \mathbb{N}$, disjunkte Ereignisse. Zeigen Sie: $\sigma(F_i,\ i \geqslant 1) = \sigma(F_1 \cup \dots \cup F_n,\ n \geqslant 1)$.
4. Wir betrachten auf dem Wahrscheinlichkeitsraum $((0, 1], \mathscr{B}(0, 1], \lambda)$, λ ist das Lebesguemaß, die σ-Algebren $\mathscr{F}_n := \sigma\left(\left(\frac{i-1}{2^n}, \frac{i}{2^n}\right],\ i = 1, \dots, 2^n\right)$. Finden Sie $\mathbb{E}(X \mid \mathscr{F}_n)$ für eine reelle ZV X.
5. Zeigen Sie die Aussagen von Satz 14.6.b), c).
   Hinweis. Sie können wir bei »un-bedingten« Erwartungswerten bzw. Integralen argumentieren.
6. Es seien $X, Y \in L^1(\mathbb{P})$ reelle ZV mit gemeinsamer Dichte
   $$f_{X,Y}(x, y) = \frac{1}{2\pi} e^{-[(x-m)^2+(y-m)^2]/2}.$$
   Berechnen Sie $f_{X|Y}(x)$, zeigen Sie dass $\mathbb{E}(X \mid Y) = a + bY$ gilt, und bestimmen Sie a und b.
7. Drücken Sie $f_{Y|X}$ mit Hilfe von $f_{X|Y}$ und f_Y aus. Vergleichen Sie das Ergebnis mit der Bayesschen Formel aus Kapitel 4.

---

24 Das ist ein vollständig metrisierbarer Raum, der eine abzählbare dichte Teilmenge enthält.

8. Es seien $X_1, \dots, X_n \in L^1(\mathbb{P})$ unabhängige reelle ZV und $h : \mathbb{R}^n \to \mathbb{R}$ eine beschränkte messbare Funktion. Zeigen Sie:
$$y^h(x_1) := \mathbb{E}h(x_1, X_2, \dots, X_n) \implies y^h(X_1) = \mathbb{E}(h(X_1, X_2, \dots, X_n) \mid X_1).$$
Hinweis. Betrachten Sie zunächst $h = \mathbb{1}_{B_1 \times \dots \times B_n}$.
9. Es seien $X, Y \in L^1(\mathbb{P})$ iid ZV. Zeigen Sie, dass $\mathbb{E}(X \mid X+Y) = \mathbb{E}(Y \mid X+Y) = \frac{1}{2}(X+Y)$ gilt.
10. Es seien $X \in L^p(\mathbb{P})$, $p \in [1, \infty)$, und $Y \in L^1(\mathbb{P})$, $\mathbb{E}Y = 0$ unabhängige ZV. Zeigen Sie, dass $\mathbb{E}(|X+Y|^p) \geqslant \mathbb{E}(|X|^p)$.
Hinweis. Überlegen Sie sich, dass $\mathbb{E}(X+Y \mid Y) = X$ gilt.
11. Es seien X, Y unabhängige ZV, so dass $\mathbb{E}(|X+Y|^p) < \infty$, $1 \leqslant p < \infty$. Zeigen Sie, dass $X, Y \in L^p(\mathbb{P})$.
Hinweis. Fubini.
12. Es seien X, Y ZV und $Y \in L^2(\mathbb{P})$. Dann gilt: $\mathbb{E}(Y^2 \mid X) = X^2$ & $\mathbb{E}(Y \mid X) = X \implies X = Y$ f.s.
13. Für eine ZV $X \in L^1(\mathscr{A})$ gelte $\mathbb{E}(X \mid \mathscr{F}) \sim X$. Zeigen Sie, dass $X = \mathbb{E}(X \mid \mathscr{F})$ f.s. gilt.
14. Es seien $X, Y \in L^1(\mathbb{P})$. Dann gilt: $\mathbb{E}(X \mid Y) = Y$ & $\mathbb{E}(Y \mid X) = X \implies X = Y$ f.s.
Hinweis. Zeigen Sie $\mathbb{E}\left[(X-Y)(\mathbb{1}_{\{X>c\}\cap\{Y\leqslant c\}} + \mathbb{1}_{\{X\leqslant c\}\cap\{Y>c\}})\right] = 0$ und beachten Sie die Gleichheit $\{X > Y\} = \bigcup_{q\in\mathbb{Q}}\{Y \leqslant q\} \cap \{X > q\}$.
15. Wir betrachten auf dem W-Raum $((0,1], \mathscr{B}(0,1], \lambda)$, λ ist das Lebesguemaß, die Zufallsvariablen $X_1 := 0$ und $X_n := n\mathbb{1}_{(0,\frac{1}{n}]} - (n-1)\mathbb{1}_{(0,\frac{1}{n-1}]}$, $n = 2, 3, \dots$. Bestimmen Sie $\mathbb{E}(X_n \mid \sigma(X_1, \dots, X_{n-1}))$.
16. Wir betrachten auf dem W-Raum $((0,1], \mathscr{B}(0,1], \lambda)$ die σ-Algebra
$$\mathscr{F} := \{A \subset (0,1] \mid A \text{ oder } A^c \text{ ist abzählbar}\}.$$
Bestimmen Sie $\mathbb{E}(\mathrm{id} \mid \mathscr{F})$.
17. Es sei X eine ZV auf $(\Omega, \mathscr{A}, \mathbb{P})$ und $\mathbb{E}(X^2) < \infty$. Dann gilt
$$\mathbb{P}(|X| \geqslant a \mid \mathscr{F}) \leqslant \frac{1}{a^2}\,\mathbb{E}(X^2 \mid \mathscr{F})$$
für jede Unter-σ-Algebra $\mathscr{F} \subset \mathscr{A}$.
18. Es seien $X_i \sim \mathsf{N}(\mu_i, \sigma_i^2)$, $i = 1, 2$, unabhängige ZV. Dann ist $\mathbb{P}(X_1 \in dy \mid X_1 + X_2 = x)$ eine Normalverteilung $\mathsf{N}(\mu_x, \sigma_x^2)$ mit den Parametern
$$\mu_x = \mu_1 + \frac{\sigma_1^2}{\sigma_1^2 + \sigma_2^2}(x - \mu_1 - \mu_2) \quad \text{und} \quad \sigma_x^2 = \frac{\sigma_1^2\sigma_2^2}{\sigma_1^2 + \sigma_2^2}.$$
19. Auf dem W-Raum $(\Omega, \mathscr{A}, \mathbb{P})$ seien X, V, W reelle ZV. Zeigen Sie:
$$(V, X) \sim (W, X) \iff \forall B \in \mathscr{B}(\mathbb{R}) : \mathbb{P}(V \in B \mid X) = \mathbb{P}(W \in B \mid X).$$
20. Wir betrachten den Markov-Kern $K : (0,\infty) \times \mathscr{B}(0,\infty) \to [0,1]$, der durch $K(x, A) := \int_A xe^{-xt}\,dt$, $x \in (0,\infty)$, $A \in \mathscr{B}(0,\infty)$ definiert ist. Weiter sei P_1 ein W-Maß auf $((0,\infty), \mathscr{B}(0,\infty))$. Zeigen Sie
    (a) $P(A \times B) := P_1 \odot K(A \times B) := \int_A K(x, B)\,P_1(dx)$ definiert ein W-Maß auf dem Produktraum $((0,\infty) \times (0,\infty), \mathscr{B}(0,\infty) \otimes \mathscr{B}(0,\infty))$.
    (b) Für die Koordinatenprojektionen $X_i : (x_1, x_2) \mapsto x_i$, $i = 1, 2$, gilt $P(X_1 \cdot X_2 \in A) = \int_A e^{-t}\,dt$.
21. Es seien $X : \Omega \to \mathbb{R}$, $Y : \Omega \to \mathbb{R}^d$ ZV und $h : \mathbb{R} \times \mathbb{R}^d \to \mathbb{R}$ messbar mit $\mathbb{E}|h(X,Y)| < \infty$. Wenn X und Y unabhängig sind, dann gilt $\mathbb{E}(h(X,Y) \mid Y = b) = \mathbb{E}h(X, b)$.
Hinweis. Entweder Proposition 14.12.c) oder Satz 14.24.

22. (Bedingte Erwartungen unter Maßwechsel) Es sei $\mathbb{Q}$ ein weiteres W-Maß auf dem W-Raum $(\Omega, \mathscr{A}, \mathbb{P})$. Wir schreiben $\mathbb{E} = \mathbb{E}_{\mathbb{P}}$ bzw. $\mathbb{E}_{\mathbb{Q}}$ für die von $\mathbb{P}$ bzw. $\mathbb{Q}$ induzierten (bedingten) Erwartungswerte. Wir nehmen an, dass $\mathbb{Q}$ von der Form $\mathbb{Q} = \beta \cdot \mathbb{P}$ ist, d.h. $\mathbb{Q}(A) = \int_A \beta(\omega)\, \mathbb{P}(d\omega)$, $A \in \mathscr{A}$, für eine integrierbare Dichte $\beta \geqslant 0$ mit $\mathbb{E}\beta = 1$. Zeigen Sie folgende Formel für positive ZV $X : \Omega \to [0, \infty]$:

$$\mathbb{E}_{\mathbb{Q}}(X \mid \mathscr{F}) = \frac{\mathbb{E}(X\beta \mid \mathscr{F})}{\mathbb{E}(\beta \mid \mathscr{F})}.$$

Hinweis. Überlegen Sie sich, dass Sie $\mathbb{E}_{\mathbb{Q}}(X\mathbb{1}_F) = \mathbb{E}_{\mathbb{Q}}(R\mathbb{1}_F)$ zeigen müssen, wobei $R = \dfrac{\mathbb{E}(X\beta \mid \mathscr{F})}{\mathbb{E}(\beta \mid \mathscr{F})}$.

15 ♦Charakteristische Funktionen – Anwendungen

In diesem Kapitel wollen wir die Theorie der charakteristischen Funktionen weiterentwickeln und als Anwendung einige Struktureigenschaften von ZV untersuchen.

Der Stetigkeitssatz von Lévy

Wir benötigen die bereits in Kapitel 9 erwähnte Verschärfung von Satz 9.18. Dort haben wir angenommen, dass der Grenzwert der Folge von charakteristischen Funktionen ϕ_{X_n} einen Grenzwert ϕ hat, der selbst eine charakteristische Funktion ist. Diese Eigenschaft wollen wir nun nicht mehr als bekannt voraussetzen. Konkret heißt das, dass wir für die Folge der ZV $(X_n)_{n\in\mathbb{N}}$ die Existenz des Grenzwerts X bzw. der Grenzverteilung $\mu = \mathbb{P}_X$ nachweisen müssen. Das erfordert eine Kompaktheitsaussage aus der Maßtheorie, die wir hier nur zitieren werden, für einen Beweis verweisen wir auf [MI, Korollar 27.12 und Satz 27.9].

15.1 Satz. *Es sei $(\mu_n)_{n\in\mathbb{N}}$ eine Familie von W-Maßen auf $(\mathbb{R}^d, \mathscr{B}(\mathbb{R}^d))$, die straff ist, d.h.*

$$\forall\epsilon > 0 \quad \exists K = K_\epsilon \subset \mathbb{R}^d \text{ kompakt } : \sup_{n\in\mathbb{N}} \mu_n(K^c) \leqslant \epsilon.$$

Dann existiert eine Teilfolge $(\mu_{n(k)})_{k\in\mathbb{N}} \subset (\mu_n)_{n\in\mathbb{N}}$ und ein W-Maß μ, so dass $(\mu_{n(k)})_{k\in\mathbb{N}}$ schwach gegen μ konvergiert, d.h. für alle $f \in C_b(\mathbb{R}^d)$ gilt $\lim_{k\to\infty} \int f\, d\mu_{n(k)} = \int f\, d\mu$.

Wenn wir eine Folge von ZV $X_n \sim \mu_n$ betrachten, bedeutet Straffheit

$$\forall\epsilon > 0 \quad \exists R = R_\epsilon \, : \, \sup_{n\in\mathbb{N}} \mathbb{P}(|X_n| > R) \leqslant \epsilon,$$

und die schwache Konvergenz der Verteilungen μ_n entspricht der Konvergenz in Verteilung der ZV, vgl. Definition 9.3.

15.2 Satz (Stetigkeitssatz; P. Lévy). *Es seien $(X_n)_{n\in\mathbb{N}}$ eine Folge von d-dimensionalen ZV (die nicht auf demselben W-Raum definiert sein müssen) und $\phi_{X_n}(\xi) := \mathbb{E}\, e^{i\langle\xi, X_n\rangle}$ deren charakteristische Funktionen.*

a) *Wenn $X_n \xrightarrow{\text{d}} X$ in Verteilung gegen eine ZV X konvergiert, dann konvergieren die charakteristischen Funktionen $\phi_{X_n}(\xi)$ lokal gleichmäßig gegen die charakteristische Funktion $\phi_X(\xi) := \mathbb{E}\, e^{i\langle\xi, X\rangle}$.*
b) *Wenn die charakteristischen Funktionen $\phi_{X_n}(\xi)$ punktweise gegen eine Funktion $\phi(\xi) := \lim_{n\to\infty} \phi_{X_n}(\xi)$ konvergieren, die an der Stelle $\xi = 0$ stetig ist, dann existiert eine ZV X, so dass $\phi(\xi) = \phi_X(\xi) = \mathbb{E}\, e^{i\langle\xi, X\rangle}$ deren charakteristische Funktion ist, und die Folge $(X_n)_{n\in\mathbb{N}}$ konvergiert in Verteilung gegen X. Insbesondere ist der Limes $\phi_{X_n} \to \phi$ lokal gleichmäßig.*

Beweis. Teil a) des Satzes folgt bereits aus Satz 9.18. Für die Aussage b) verwenden wir Satz 15.1 für die W-Maße $\mu_n = \mathbb{P}_{X_n}$. Weil der Grenzwert ϕ bei $\xi = 0$ stetig ist, folgt die

https://doi.org/10.1515/9783111342252-015

Straffheit der Folge $(\mu_n)_{n\in\mathbb{N}}$ aus Lemma 9.17, das im Wesentlichen auf Lévys *truncation inequality* (Satz 7.11) beruht.

Satz 15.1 besagt, dass eine Teilfolge $(X_{n(k)})_{k\in\mathbb{N}} \subset (X_n)_{n\in\mathbb{N}}$ und eine ZV X existieren, so dass $X_{n(k)} \xrightarrow{\text{d}} X$. Es folgt, dass

$$\phi(\xi) = \lim_{n\to\infty} \mathbb{E}\, e^{i\langle\xi, X_n\rangle} = \lim_{k\to\infty} \mathbb{E}\, e^{i\langle\xi, X_{n(k)}\rangle} = \mathbb{E}\, e^{i\langle\xi, X\rangle}$$

gilt, d.h. $\phi(\xi)$ ist tatsächlich eine charakteristische Funktion.

Nun können wir uns auf Satz 9.18 zurückziehen und die Konvergenz der Gesamtfolge $X_n \xrightarrow{\text{d}} X$ folgern. Der schon bewiesene Teil a) zeigt dann noch die behauptete lokale Gleichmäßigkeit der Konvergenz der charakteristischen Funktionen. □

Die Struktur von Zufallsvariablen

Mit Hilfe der charakteristischen Funktion können wir auf gewisse Struktureigenschaften von ZV schließen.

15.3 Satz. *Es sei $X : \Omega \to \mathbb{R}^d$ eine ZV mit $\phi_X(\xi) = \mathbb{E}\, e^{i\langle\xi, X\rangle}$ und $|\phi_X| \equiv 1$. Dann gilt fast sicher $X \equiv c$.*

Beweis. Der Beweis verwendet die folgende *Symmetrisierungstechnik*: Wir konstruieren auf Ω eine unabhängige Kopie von X, d.h. eine weitere ZV $\widetilde{X}$, die von X unabhängig ist und dieselbe Verteilung hat $\widetilde{X} \sim X$. Die sog. *Symmetrisierung* $X - \widetilde{X}$ von X hat folgende charakteristische Funktion:

$$\begin{aligned}\mathbb{E}\, e^{i\langle\xi, X-\widetilde{X}\rangle} = \mathbb{E}\, e^{i\langle\xi, X\rangle}\,\mathbb{E}\, e^{-i\langle\xi, \widetilde{X}\rangle} &= \mathbb{E}\, e^{i\langle\xi, X\rangle}\,\mathbb{E}\, e^{-i\langle\xi, X\rangle}\\ &= \mathbb{E}\, e^{i\langle\xi, X\rangle}\,\overline{\mathbb{E}\, e^{i\langle\xi, X\rangle)}} = \left|\mathbb{E}\, e^{i\langle\xi, X\rangle}\right|^2 \equiv 1.\end{aligned}$$

Dies zeigt, dass $X - \widetilde{X} \sim \delta_0$, d.h. $\widetilde{X} = X$ f.s. Daher gilt für alle $B \in \mathscr{B}(\mathbb{R}^d)$

$$\mathbb{P}(X \in B) \overset{X=\widetilde{X}}{=} \mathbb{P}(X \in B, \widetilde{X} \in B) \overset{X \perp\!\!\!\perp \widetilde{X}}{=} \mathbb{P}(X \in B)\,\mathbb{P}(\widetilde{X} \in B) \overset{X\sim\widetilde{X}}{=} \mathbb{P}(X \in B)\,\mathbb{P}(X \in B),$$

insbesondere ist $\mathbb{P}(X_i \leqslant y_i) \in \{0, 1\}$ für jede Koordinate von $X = (X_1, \dots, X_d)$ und $y_i \in \mathbb{R}$. Wegen der Rechtsstetigkeit der Verteilungsfunktion gibt es ein c_i mit $\mathbb{P}(X_i = c_i) = 1$, also $X = (c_1, \dots, c_d)^\top$ f.s. □

In Dimension $d = 1$ können wir die Aussage von Satz 15.3 verbessern. Wenn wir nur wissen, dass die charakteristische Funktion bei $\xi = 0$ und $\xi = \xi_0 \neq 0$ den Betrag 1 hat, dann ist die zugehörige ZV X *gitterförmig* (engl. *lattice type*), d.h. X nimmt nur Werte im Gitter $a + \mathbb{Z} \cdot h = \{a + kh \mid k \in \mathbb{Z}\}$ an; h heißt *Schrittweite* (engl. *span*) der ZV.

15.4 Satz. *Es sei $X : \Omega \to \mathbb{R}$ eine reelle ZV mit charakteristischer Funktion ϕ_X. Die folgenden Eigenschaften sind äquivalent:*

a) *Es ist* $|\phi_X(\xi_0)| = 1$ *für (mindestens) ein* $\xi_0 \neq 0$.
b) *Die ZV ist gitterförmig, d.h.* $X(\Omega) \subset a + \mathbb{Z} \cdot h$ *für geeignete* $a \in \mathbb{R}$, $h \geqslant 0$.

Beweis. b)⇒a): Eine gitterförmige ZV ist notwendigerweise diskret und die W-Verteilung wird durch $p_k = \mathbb{P}(X = a + kh) \in [0, 1]$, $k \in \mathbb{Z}$, und $\sum_{k\in\mathbb{Z}} p_k = 1$, bestimmt. Daher erhalten wir

$$\mathbb{E}\, e^{i\xi X} = \sum_{k\in\mathbb{Z}} e^{i\xi a} e^{ik\xi h}\, p_k.$$

Wenn wir den Wert $\xi_0 = 2\pi/h$ einsetzen, sehen wir

$$\phi_X\left(\tfrac{2\pi}{h}\right) = \sum_{k\in\mathbb{Z}} e^{i2\pi a/h} \underbrace{e^{i2\pi k}}_{=1}\, p_k = e^{i2\pi a/h} \underbrace{\sum_{k\in\mathbb{Z}} p_k}_{=1} = e^{i2\pi a/h}.$$

Offensichtlich gilt $|\phi_X(\xi_0)| = 1$.

a)⇒b): Wenn $\left|\mathbb{E}\, e^{i\xi_0 X}\right| = 1$ für $\xi_0 \neq 0$ gilt, dann gibt es ein $z_0 \in \mathbb{R}$, so dass $\mathbb{E}\, e^{i\xi_0 X} = e^{i\xi_0 z_0}$ ist. Wir können diese Gleichheit folgendermaßen umschreiben:

$$\mathbb{E}\, e^{i\xi_0(X-z_0)} = 1 \implies \mathbb{E}\left(1 - e^{i\xi_0(X-z_0)}\right) = 0$$
$$\overset{\text{Realteil}}{\implies} \int_{\mathbb{R}} \underbrace{(1 - \cos[\xi_0(x - z_0)])}_{\geqslant 0}\, \mathbb{P}(X \in dx) = 0.$$

Weil der Integrand stetig und positiv ist, muss das Maß $\mathbb{P}_X$ auf den Nullstellen des Integranden konzentriert sein, also

$$\operatorname{supp} \mathbb{P}_X \subset \{y \mid 1 - \cos[\xi_0(y - z_0)] = 0\} = z_0 + \mathbb{Z} \cdot \frac{2\pi}{\xi_0}.$$ □

15.5 Korollar. *Es sei* $X : \Omega \to \mathbb{R}$ *eine reelle ZV mit charakteristischer Funktion* ϕ_X. *Wenn* $|\phi_X(\xi_0)| = |\phi_X(\xi_1)| = 1$ *für zwei Werte* $\xi_0, \xi_1 \in \mathbb{R} \setminus \{0\}$ *mit* $\xi_0/\xi_1 \notin \mathbb{Q}$ *gilt, dann ist* $|\phi_X| \equiv 1$ *und X ist f.s. konstant.*

Beweis. Satz 15.4 zeigt für geeignete $a_0, a_1 \in \mathbb{R}$

$$X(\Omega) \subset \left(a_0 + \mathbb{Z}\frac{2\pi}{\xi_0}\right) \cap \left(a_1 + \mathbb{Z}\frac{2\pi}{\xi_1}\right).$$

Weil $\xi_0/\xi_1 \notin \mathbb{Q}$ ist, enthält die Menge auf der rechten Seite höchstens ein (und daher genau ein) Element. Angenommen es gäbe zwei verschiedene Punkte p, p', dann haben diese für $n, n', m, m' \in \mathbb{Z}$ die Darstellungen

$$p = a_0 + n\frac{2\pi}{\xi_0} = a_1 + m\frac{2\pi}{\xi_1} \quad \text{und} \quad p' = a_0 + n'\frac{2\pi}{\xi_0} = a_1 + m'\frac{2\pi}{\xi_1}.$$

Wir bilden die Differenz $p - p'$ und erhalten

$$\frac{2\pi}{\xi_0}(n - n') = \frac{2\pi}{\xi_1}(m - m'),$$

was $n = n'$ und $m = m'$ impliziert, da ξ_0/ξ_1 nicht rational ist; mithin ist $p = p'$. □

15.6 Korollar. *Es sei $X : \Omega \to \mathbb{R}$ eine reelle ZV mit charakteristischer Funktion ϕ_X. Für $\xi_0 \neq 0$ sind die folgenden Eigenschaften äquivalent:*

a) *ϕ_X ist periodisch mit Periode ξ_0;*

b) *$\phi_X(\xi_0) = 1$;*

c) *$X(\Omega) \subset \mathbb{Z} \cdot \frac{2\pi}{\xi_0}$.*

Beweis. Die Äquivalenz von b) und c) folgt sofort aus (dem Beweis von) Satz 15.4, wenn wir die ZV $X - a$ betrachten. Um die Äquivalenz von a) und b) zu zeigen, benötigen wir die folgende Ungleichung, die wir im nachfolgenden Lemma 15.7 zeigen:

$$|\phi_X(\xi + \eta) - \phi_X(\xi)\phi_X(\eta)|^2 \leqslant \left(1 - |\phi_X(\xi)|^2\right)\left(1 - |\phi_X(\eta)|^2\right), \quad \xi, \eta \in \mathbb{R}. \tag{15.1}$$

Die Ungleichung (15.1) zeigt sofort, dass $G = \{\xi \in \mathbb{R} \mid |\phi_X(\xi)| = 1\}$ eine Untergruppe von $(\mathbb{R}, +)$ ist: $0 \in G$ ist offensichtlich, und für $\xi, \eta \in G$ folgt aus (15.1), dass $\xi + \eta \in G$ ist. Schließlich hat wegen $|\phi_X(\xi)| = |\overline{\phi_X(-\xi)}| = |\phi_X(-\xi)|$ auch jedes $\xi \in G$ das inverse Element $-\xi \in G$. Weiterhin haben wir

$$\phi_X(\xi + \eta) = \phi_X(\xi)\phi_X(\eta) \quad \text{für alle } \xi \in G, \ \eta \in \mathbb{R}.$$

Daher ist ϕ_X genau dann periodisch mit Periode ξ_0, wenn $\phi_X(\xi_0) = 1$ für ein $\xi_0 \neq 0$ gilt. □

15.7 Lemma. *Es sei $X : \Omega \to \mathbb{R}^d$ eine ZV. Für die charakteristische Funktion ϕ_X gilt folgende Ungleichung*

$$|\phi_X(\xi + \eta) - \phi_X(\xi)\phi_X(\eta)|^2 \leqslant \left(1 - |\phi_X(\xi)|^2\right)\left(1 - |\phi_X(\eta)|^2\right), \quad \xi, \eta \in \mathbb{R}^d. \tag{15.2}$$

Beweis. Wir verwenden wieder die Symmetrisierungstechnik, die wir aus Satz 15.3 kennen: $\widetilde{X}$ sei eine unabhängige Kopie von X. Dann gilt

$$\phi_X(\xi + \eta) - \phi_X(\xi)\phi_X(\eta) = \mathbb{E}\, e^{i\langle \xi+\eta, X\rangle} - \mathbb{E}\, e^{i\langle \xi, X\rangle}\mathbb{E}\, e^{i\langle \eta, \widetilde{X}\rangle} = \mathbb{E}\left[e^{i\langle \xi+\eta, X\rangle} - e^{i\langle \xi, X\rangle}e^{i\langle \eta, \widetilde{X}\rangle}\right].$$

Weil wir X und $\widetilde{X}$ vertauschen dürfen, erhalten wir

$$\begin{aligned}
\phi_X(\xi + \eta) - \phi_X(\xi)\phi_X(\eta) &= \mathbb{E}\left[e^{i\langle \xi, X\rangle}\left(e^{i\langle \eta, X\rangle} - e^{i\langle \eta, \widetilde{X}\rangle}\right)\right] \\
&= \mathbb{E}\left[e^{i\langle \xi, \widetilde{X}\rangle}\left(e^{i\langle \eta, \widetilde{X}\rangle} - e^{i\langle \eta, X\rangle}\right)\right] \\
&= \frac{1}{2}\mathbb{E}\left[\left(e^{i\langle \xi, X\rangle} - e^{i\langle \xi, \widetilde{X}\rangle}\right)\left(e^{i\langle \eta, X\rangle} - e^{i\langle \eta, \widetilde{X}\rangle}\right)\right].
\end{aligned}$$

Wir rechnen leicht nach, dass $|e^{ia} - e^{ib}|^2 = 2 - 2\cos(b - a)$ gilt. Mit dieser Gleichheit und der Cauchy-Schwarz Ungleichung erhalten wir

$$\begin{aligned}
|\phi_X(\xi + \eta) - \phi_X(\xi)\phi_X(\eta)| &\leqslant \frac{1}{2}\mathbb{E}\left|\left(e^{i\langle \xi, X\rangle} - e^{i\langle \xi, \widetilde{X}\rangle}\right)\left(e^{i\langle \eta, X\rangle} - e^{i\langle \eta, \widetilde{X}\rangle}\right)\right| \\
&= \mathbb{E}\left[\sqrt{1 - \cos\langle \xi, X - \widetilde{X}\rangle}\sqrt{1 - \cos\langle \eta, X - \widetilde{X}\rangle}\right] \\
&\leqslant \sqrt{\mathbb{E}\left[1 - \cos\langle \xi, X - \widetilde{X}\rangle\right]}\sqrt{\mathbb{E}\left[1 - \cos\langle \eta, X - \widetilde{X}\rangle\right]}.
\end{aligned}$$

Wenn wir noch

$$\mathbb{E}\left[1-\cos\langle\xi, X-\widetilde{X}\rangle\right] = 1-\mathbb{E}\cos\langle\xi, X-\widetilde{X}\rangle \overset{7.6.d)}{=} 1-\operatorname{Re}\phi_{X-\widetilde{X}}(\xi) \overset{7.6.e)}{=} 1-|\phi_X(\xi)|^2$$

beachten, folgt die Behauptung. □

Eine ZV X heißt diskret, wenn der Wertebereich $X(\Omega)$ eine (endliche oder unendliche) abzählbare Menge ist; eine ZV heißt absolutstetig, wenn die Verteilung von X eine W-Dichte bezüglich des Lebesguemaßes besitzt.

15.8 Satz. *Es sei $X : \Omega \to \mathbb{R}^d$ eine ZV und ϕ_X die charakteristische Funktion.*

a) *Wenn X eine absolutstetige ZV ist, dann gilt* $\lim_{|\xi|\to\infty} |\phi_X(\xi)| = 0$.

b) *Wenn X eine diskrete ZV ist, dann gilt* $\limsup_{|\xi|\to\infty} |\phi_X(\xi)| = 1$.

! Die Aussage a) ist eine Spezialfall des Riemann-Lebesgue-Lemmas [MI, Satz 23.13], wir geben hier aber einen alternativen Beweis an. Eine einfache Variation des Beweises von Aussage b) zeigt, dass die trigonometrischen Polynome der Art $\sum_{k=-N}^{N} p_k e^{i\xi x_k}$, $\xi, x_k \in \mathbb{R}$, $p_k \geqslant 0$, $\sum_k p_k = 1$, und deren gleichmäßige Limiten $\sum_{k=-\infty}^{\infty} p_k e^{i\xi x_k}$, fast-periodische Funktionen sind, vgl. Maak [47].

Beweis. a) Wir beziehen uns auf [MI, Satz 19.9], der zeigt, dass für jede integrierbare Funktion $u \in L^1(\mathbb{R}^d, dx)$ die Funktion $\xi \mapsto \int_{\mathbb{R}^d} |u(x+\xi)-u(x)|\,dx$ stetig ist.[25]

Weil X absolutstetig ist, gilt $X \sim p(x)\,dx$ mit einer W-Dichte p. Definitionsgemäß ist $p \in L^1(dx)$ und es gilt

$$\begin{aligned}\mathbb{E}\,e^{i\langle\xi,X\rangle} = \int_{\mathbb{R}^d} p(x)e^{i\langle\xi,x\rangle}\,dx &\overset{e^{-i\pi}=-1}{=} -\int_{\mathbb{R}^d} p(x)e^{i\langle\xi,\, x-\pi\xi/|\xi|^2\rangle}\,dx \\ &= -\int_{\mathbb{R}^d} p(x+\pi\xi/|\xi|^2)e^{i\langle\xi,x\rangle}\,dx.\end{aligned}$$

Mit dem oben erwähnten Resultat [MI, Satz 19.9] erhalten wir daher

$$\begin{aligned}2\left|\mathbb{E}\,e^{i\langle\xi,X\rangle}\right| &= \left|\int_{\mathbb{R}^d} \left(p(x)-p(x+\pi\xi/|\xi|^2)\right)e^{i\langle\xi,x\rangle}\,dx\right| \\ &\leqslant \int_{\mathbb{R}^d} \left|p(x)-p(x+\pi\xi/|\xi|^2)\right|\,dx \\ &\xrightarrow[|\xi|\to\infty]{} 0.\end{aligned}$$

b) Wir betrachten erst den Fall $d = 1$. Weil X diskret ist, gilt $X \sim \sum_{k=1}^{\infty} p_k\delta_{x_k}$ für geeignete

---

25 Der Beweis beruht im Wesentlichen auf der Dichtheit der Funktionen $C_c(\mathbb{R}^d)$ in $L^1(\mathbb{R}^d, dx)$ und dem Satz von der dominierten Konvergenz.

$x_k \in \mathbb{R}$ und $p_k \in [0,1]$, $\sum_{k=1}^{\infty} p_k = 1$. Wir müssen zeigen, dass

$$\limsup_{|\xi|\to\infty} |\phi_X(\xi)| = \limsup_{|\xi|\to\infty} \left| \sum_{k=1}^{\infty} p_k e^{i\xi x_k} \right| = 1.$$

Wegen $\left|\sum_{k=1}^{\infty} p_k e^{i\xi x_k}\right| \leqslant \sum_{k=1}^{\infty} p_k = 1$ reicht es aus, $\limsup_{|\xi|\to\infty} \operatorname{Re}\phi_X(\xi) = 1$ zu zeigen.

Wir wählen $\epsilon > 0$ und $N = N(\epsilon) \in \mathbb{N}$, so dass $\sum_{k=N+1}^{\infty} p_k < \epsilon$ und $\sum_{k=1}^{N} p_k > 1 - \epsilon$ gilt. Die Funktionen $\xi \mapsto \cos(\xi x_k)$ sind stetig und $\ell_k = 2\pi/|x_k|$-periodisch. Wir definieren für jedes $k = 1, \dots, N$ die Mengen

$$B_k^{m(k)} = \bigcup_{n\in\mathbb{Z}} \left[n\ell_k + \tfrac{m(k)-1}{M}\ell_k + \left[0, \tfrac{\ell_k}{M}\right)\right], \quad m(k) = 1, \dots, M.$$

Diese Mengen überdecken $\mathbb{R}$. Weil $\cos(\xi x_k)$ periodisch ist, können wir $M = M(\epsilon, N)$ so groß wählen, dass

$$\left|1 - \cos((\xi - \eta)x_k)\right| \leqslant \frac{\epsilon}{N} \quad \text{für beliebige } \xi, \eta \in B_k^{m(k)}, \ m(k) = 1, \dots, M.$$

Auch die Familie $\mathscr{F} := \left\{B_1^{m(1)} \cap \dots \cap B_N^{m(N)} \mid m(1), \dots, m(N) \in \{1, \dots, M\}\right\}$ überdeckt $\mathbb{R}$, und es gilt

$$\left|1 - \cos((\xi - \eta)x_k)\right| \leqslant \epsilon \quad \text{für beliebige } \xi, \eta \in F, \quad F \in \mathscr{F}.$$

Insbesondere ist mindestens ein $F \in \mathscr{F}$ unbeschränkt und wir sehen für $\zeta := \xi - \eta$, $\xi, \eta \in F$,

$$\begin{aligned}\sum_{k=1}^{\infty} p_k \cos(\zeta x_k) &\geqslant \sum_{k=1}^{N} p_k \cos(\zeta x_k) - \sum_{k=N+1}^{\infty} p_k \left|\cos \zeta x_k\right| \\ &\geqslant \sum_{k=1}^{N} p_k(1-\epsilon) - \sum_{k=N+1}^{\infty} p_k \geqslant (1-\epsilon)^2 - \epsilon.\end{aligned}$$

Weil $\epsilon > 0$ beliebig gewählt ist, folgt $\limsup_{|\zeta|\to\infty} \sum_{k=1}^{\infty} p_k \cos(\zeta x_k) = 1$, und die Behauptung ist für reelle ZV gezeigt.

Wenn X eine $\mathbb{R}^d$-wertige diskrete ZV ist, dann ist $Y := \langle \xi, X\rangle$ eine eindimensionale diskrete ZV und die Behauptung folgt wegen $\phi_X(\theta\xi) = \phi_{\langle\xi,X\rangle}(\theta) = \phi_Y(\theta)$, $\theta \in \mathbb{R}$, $\xi \in \mathbb{R}^d$, aus dem bisher Gezeigten. □

Der Satz von der Typerhaltung bei Konvergenz in Verteilung

Zwei ZV X, Y mit Werten in $\mathbb{R}^d$ sind vom *gleichen Typ*, wenn es eine invertierbare Matrix $A \in \mathbb{R}^{d\times d}$ und einen Vektor $b \in \mathbb{R}^d$ gibt, so dass $X \sim AY + b$. Offensichtlich ist die Typeigenschaft symmetrisch und transitiv, d.h. wir können damit alle ZV in Klassen einteilen. Es stellt sich die Frage, ob der Typ unter Konvergenz erhalten bleibt. Der folgende Satz von Khintchin beantwortet diese Frage für reelle ZV.

15.9 Satz (Typenkonvergenz; Khintchin 1937). *Es seien $X_n, X : \Omega \to \mathbb{R}$ reelle ZV und $(a_n)_{n\in\mathbb{N}} \subset (0,\infty)$, $(b_n)_{n\in\mathbb{N}} \subset \mathbb{R}$ Folgen. Weiter gelte*

$$X_n \xrightarrow{d} X \quad \textit{und} \quad X_n' := a_n X_n + b_n \xrightarrow{d} X'.$$

Wenn X, X' nicht ausgeartet (d.h. fast sicher konstant) sind, dann existieren die Grenzwerte $a = \lim_{n\to\infty} a_n > 0$, $b = \lim_{n\to\infty} b_n \in \mathbb{R}$ und es gilt $X' = aX + b$.

! Fisz [31] und Billingsley [8] haben unabhängig voneinander die d-dimensionale Version dieses Resultats bewiesen: $a_n, a \in \mathbb{R}^{d\times d}$ sind dann invertierbare Matrizen, $b_n, b \in \mathbb{R}^d$ Vektoren, und eine ZV ist nicht ausgeartet, wenn ihre Verteilung nicht in einer Hyperebene konzentriert ist. Eine moderne Darstellung findet man in Meerschaert & Scheffler [48], einen kurzen elementaren Beweis in Neuenschwander [49].

Beweis. Aus Lévys Stetigkeitssatz (Satz 9.18 oder Satz 15.2) folgern wir

$$X_n \xrightarrow{d} X \implies \forall \xi \in \mathbb{R} : \lim_{n\to\infty} \phi_{X_n}(\xi) = \phi_X(\xi), \tag{15.3}$$

$$a_n X_n + b_n \xrightarrow{d} X' \implies \forall \xi \in \mathbb{R} : \lim_{n\to\infty} \phi_{a_n X_n + b_n}(\xi) = \lim_{n\to\infty} \phi_{X_n}(a_n \xi) e^{i\xi b_n} = \phi_{X'}(\xi), \tag{15.4}$$

wobei die Grenzwerte lokal gleichmäßig sind. Da $(a_n)_{n\in\mathbb{N}} \subset [0,\infty]$, enthält jede Teilfolge eine weitere Teilfolge $(a_{n(k)})_{k\in\mathbb{N}}$, für die $\lim_{k\to\infty} a_{n(k)} = a \in [0,\infty]$ gilt. Um die Konvergenz von $(a_n)_{n\in\mathbb{N}}$ zu zeigen, verwenden wir das Teilfolgenprinzip: Alle konvergenten Teil-Teilfolgen müssen denselben endlichen Grenzwert besitzen.[✍]

1° *Es gilt $a > 0$.* Angenommen es ist $a = 0$, dann haben wir wegen der lokal gleichmäßigen Konvergenz

$$\left|\phi_{a_{n(k)}X_{n(k)}+b_{n(k)}}(\xi)\right| = \left|\phi_{X_{n(k)}}(a_{n(k)}\xi)\right| \xrightarrow[k\to\infty]{} |\phi_X(0)| = 1.$$

Also ist $|\phi_{X'}| \equiv 1$ und X' ist konstant (Satz 15.3) im Widerspruch zur Annahme.

2° *Es gilt $a < \infty$.* Weil $X_n = a_n^{-1}X_n' - a_n^{-1}b_n$ gilt, können wir das Argument 1° verwenden und erhalten

$$\lim_{n\to\infty} \frac{1}{a_n} = \frac{1}{a} > 0 \implies a < \infty.$$

3° *Der Grenzwert $\lim_{n\to\infty} a_n$ existiert.* Angenommen, es gäbe zwei verschiedene Teilfolgen $(a_{n(k)})_{k\in\mathbb{N}} \subset (a_n)_{n\in\mathbb{N}}$ und $(a_{m(k)})_{k\in\mathbb{N}} \subset (a_n)_{n\in\mathbb{N}}$, so dass

$$\lim_{k\to\infty} a_{n(k)} = a \neq a' = \lim_{k\to\infty} a_{m(k)}$$

für $a, a' \in (0,\infty)$ gilt. Ohne Einschränkung können wir $a' < a$ annehmen. Weil der Grenzwert in (15.3) lokal gleichmäßig ist, gilt auch

$$\left|\phi_{a_{n(k)}X_{n(k)}+b_{n(k)}}(\xi)\right| = \left|\phi_{X_{n(k)}}(a_{n(k)}\xi)\right| \xrightarrow[k\to\infty]{} \left|\phi_X(a\xi)\right|$$

$$\left|\phi_{a_{m(k)}X_{m(k)}+b_{m(k)}}(\xi)\right| = \left|\phi_{X_{m(k)}}(a_{m(k)}\xi)\right| \xrightarrow[k\to\infty]{} \left|\phi_X(a'\xi)\right|.$$

Die rechten Seiten müssen wegen (15.4) übereinstimmen, also folgt

$$\forall\xi \in \mathbb{R} : |\phi_X(a\xi)| = |\phi_X(a'\xi)| \implies \forall\eta \in \mathbb{R} : |\phi_X(\eta)| = \left|\phi_X(\tfrac{a'}{a}\eta)\right|$$

und indem wir die letzte Gleichheit iterieren, erhalten wir für $\eta \in \mathbb{R}$ und $N \in \mathbb{N}$

$$|\phi_X(\eta)| = \left|\phi_X\left(\left(\tfrac{a'}{a}\right)^N \eta\right)\right| \xrightarrow[N\to\infty]{a'<a} |\phi_X(0)| = 1.$$

Satz 15.3 zeigt, dass X konstant ist, was wir ausgeschlossen hatten. Daher gilt $a' \geqslant a$; indem wir die Rollen von a und a' vertauschen, erhalten wir $a = a'$. Weil alle Teilfolgengrenzwerte endlich sind und übereinstimmen, sehen wir, dass $\lim_{n\to\infty} a_n = a \in (0, \infty)$ existiert.

4^0 *Der Grenzwert* $\lim_{n\to\infty} b_n$ *existiert.* Es gilt

$$e^{i\xi b_n} = \frac{\phi_{a_nX_n+b_n}(\xi)}{\phi_{a_nX_n}(\xi)} = \frac{\phi_{a_nX_n+b_n}(\xi)}{\phi_{X_n}(a_n\xi)} \xrightarrow[n\to\infty]{} \frac{\phi_{X'}(\xi)}{\phi_X(a\xi)}.$$

Weil ϕ_X stetig ist und $\phi_X(0) = 1$, konvergiert $e^{i\xi b_n}$ für alle $|\xi| < \delta$ und hinreichend kleine $\delta > 0$. Mit dominierter Konvergenz folgt

$$0 < \left|\int_0^\delta \frac{\phi_{X'}(\xi)}{\phi_X(a\xi)}\,d\xi\right| = \left|\lim_{n\to\infty}\int_0^\delta e^{i\xi b_n}\,d\xi\right| = \left|\lim_{n\to\infty}\frac{e^{i\delta b_n}-1}{ib_n}\right| \leqslant \liminf_{n\to\infty}\frac{2}{|b_n|},$$

d.h. $(b_n)_{n\in\mathbb{N}}$ ist eine beschränkte Folge. Weil aber $\lim_{n\to\infty} e^{i\xi b_n}$ für alle $\xi \in \mathbb{R}$ existiert, müssen alle Teilfolgen von $(b_n)_{n\in\mathbb{N}}$ denselben Grenzwert haben,[26] also existiert der Grenzwert $\lim_{n\to\infty} b_n$. □

Der Wertebereich der charakteristischen Funktionen - Der Satz von Bochner

In diesem Abschnitt bestimmen wir die Klasse von Funktionen, die charakteristische Funktion einer ZV sein können.

15.10 Definition. Eine Funktion $\phi : \mathbb{R}^d \to \mathbb{C}$ heißt *positiv definit*, wenn gilt

$$\forall n \in \mathbb{N},\ c_k \in \mathbb{C},\ \xi_k \in \mathbb{R}^d,\ k = 1, \dots, n : \sum_{k,l=1}^n \phi(\xi_k - \xi_l)c_k\bar{c}_l \geqslant 0. \tag{15.5}$$

Die Bedingung (15.5) bedeutet, dass die Matrix $(\phi(\xi_k - \xi_l))_{k,l=1,\dots,n}$ für beliebige $\xi_1, \dots, \xi_n \in \mathbb{R}^d$ hermitesch ist und positive Eigenwerte hat, d.h. »positiv hermitesch« ist. **!**

Das folgende Lemma zeigt einige grundlegende Eigenschaften von positiv definiten Funktionen.

26 Beachte: $\forall\xi \in \mathbb{R} : e^{i\xi b} = e^{i\xi b'} \implies ib = \frac{d}{d\xi} e^{i\xi b}\Big|_{\xi=0} = \frac{d}{d\xi} e^{i\xi b'}\Big|_{\xi=0} = ib'$.

15.11 Lemma. *Es sei $\phi : \mathbb{R}^d \to \mathbb{C}$ eine stetige positiv definite Funktion. Dann gilt*

a) $\phi(0) \geqslant 0$;

b) $\phi(-\xi) = \overline{\phi(\xi)}$ *für alle* $\xi \in \mathbb{R}^d$;

c) $|\phi(\xi)| \leqslant \phi(0)$ *für alle* $\xi \in \mathbb{R}^d$;

d) $\int_{\mathbb{R}^d}\int_{\mathbb{R}^d} \phi(\xi-\eta)u(\xi)\overline{u(\eta)}\,d\xi\,d\eta \geqslant 0$ *für alle* $u : \mathbb{R}^d \to \mathbb{C}$, $u \in C_b(\mathbb{R}^d) \cap L^1(dx)$.

Beweis. Wir wählen in (15.5) $n = 2$, $\xi_1 = 0$, $\xi_2 = \xi$ und $c_1 = 1$, $c_2 = c$. Dann gilt

$$\phi(0)(1+|c|^2) + \phi(\xi)c + \phi(-\xi)\overline{c} \geqslant 0, \qquad \xi \in \mathbb{R}^d,\ c \in \mathbb{C}.$$

Wenn wir $c = 0$ setzen, folgt $\phi(0) \geqslant 0$, für $c = 1$ erhalten wir $\operatorname{Im}\phi(-\xi) = -\operatorname{Im}\phi(\xi)$ und für $c = i$ folgt $\operatorname{Re}\phi(-\xi) = \operatorname{Re}(\phi(\xi))$, d.h. $\phi(-\xi) = \overline{\phi(\xi)}$; wenn $\phi(0) = 0$, dann ist $\operatorname{Re}(\phi(\xi)c) \geqslant 0$ für alle $c \in \mathbb{C}$, was nur für $\phi \equiv 0$ möglich ist. Ist $\phi(0) \neq 0$, dann können wir $c = -\overline{\phi(\xi)}/\phi(0)$ einsetzen und nach einer einfachen Umformung folgt $|\phi(\xi)|^2 \leqslant \phi(0)^2$.

Teil c) besagt insbesondere, dass eine positiv definite Funktion beschränkt ist, d.h. das Doppelintegral in d) existiert. Wir wählen eine Abschneidefunktion $\chi_r \in C_c(\mathbb{R}^d)$, $\mathbb{1}_{B_r(0)} \leqslant \chi_r \leqslant \mathbb{1}_{B_{r+1}(0)}$, und bemerken, dass die (stetige, integrierbare) Funktion $u_r := u{\cdot}\chi_r$ Riemann integrierbar ist, vgl. [MI, Kapitel 13]. Weil auch ϕ stetig ist, können wir das Integral in d) durch Riemannsche Summen mit geeigneten Stützstellen $\xi_k^{(i)}, \eta_k^{(i)} \in \mathbb{R}^d$ und Gewichten $c_k^{(i)} \in \mathbb{C}$ approximieren:

$$\int_{\mathbb{R}^d}\int_{\mathbb{R}^d} \phi(\xi-\eta)\,u_r(\xi)\,\overline{u_r(\eta)}\,d\xi\,d\eta = \lim_{i\to\infty} \underbrace{\sum_{k=1}^{n(i)}\sum_{l=1}^{n(i)} \phi(\xi_k^{(i)} - \xi_l^{(i)})\,u_r(\xi_k^{(i)})c_k^{(i)}\,\overline{u_r(\xi_l^{(i)})c_l^{(i)}}}_{\geqslant 0 \text{ wegen (15.5)}} \geqslant 0.$$

Mit Hilfe des Satzes von der dominierten Konvergenz können wir nun den Grenzübergang $r \to \infty$ durchführen und erhalten d). □

Wir können jetzt das Hauptresultat dieses Abschnitts zeigen.

15.12 Satz (Bochner). *Die folgenden Aussagen sind für $\phi : \mathbb{R}^d \to \mathbb{C}$ äquivalent.*

a) ϕ *ist positiv definit, stetig und es gilt* $\phi(0) = 1$.

b) $\phi = \phi_X$ *ist die charakteristische Funktion einer* $\mathbb{R}^d$*-wertigen ZV* X.

Beweis. Die Richtung b)⇒a) kann man direkt nachrechnen: Es sei $\phi(\xi) = \mathbb{E}\,e^{i\langle\xi,X\rangle}$ und wir wählen beliebige $n \in \mathbb{N}$, $c_1,\dots,c_n \in \mathbb{C}$ und $\xi_1,\dots,\xi_n \in \mathbb{R}^d$. Dann gilt

$$\begin{aligned}\sum_{k-1}^{n}\sum_{l-1}^{n} \mathbb{E}\,e^{i\langle\xi_k-\xi_l,X\rangle}c_k\overline{c}_l &= \mathbb{E}\left(\sum_{k=1}^{n}\sum_{l=1}^{n} e^{i\langle\xi_k-\xi_l,X\rangle}c_k\overline{c}_l\right)\\ &= \mathbb{E}\left(\sum_{k=1}^{n}\sum_{l=1}^{n} e^{i\langle\xi_k,X\rangle}c_k\cdot\overline{e^{i\langle\xi_l,X\rangle}c_l}\right)\\ &= \mathbb{E}\left(\left|\sum_{k=1}^{n} e^{i\langle\xi_k,X\rangle}c_k\right|^2\right) \geqslant 0.\end{aligned}$$

Die Stetigkeit von $\mathbb{E}\, e^{i\langle\xi,X\rangle}$ haben wir bereits in Satz 7.6 nachgewiesen und $\phi(0) = 1$ ist offensichtlich.

Für die Umkehrung a)⇒b) benötigen wir Lévys Stetigkeitssatz, Satz 15.2. Es sei $\phi(\xi)$ stetig, positiv definit und $\phi(0) = 1$. Wir werden zeigen, dass für jedes $\epsilon > 0$

$$\phi_\epsilon(\xi) := e^{-\epsilon|\xi|^2/2}\phi(\xi) \quad \text{die charakteristische Funktion } \mathbb{E}\, e^{i\langle\xi,X_\epsilon\rangle} \text{ einer ZV } X_\epsilon \text{ ist.} \tag{15.6}$$

Weil offenbar $\lim_{\epsilon\to0}\phi_\epsilon(\xi) = \phi(\xi)$ gilt und ϕ die Voraussetzungen von Satz 15.2.b) erfüllt, ist auch ϕ die charakteristische Funktion einer ZV X, und die Behauptung des Satzes folgt.

Die Definition von ϕ_ϵ zeigt, dass die ZV X_ϵ verteilt ist wie $X + G_\epsilon$, wobei $X \perp\!\!\!\perp G_\epsilon$ und $G_\epsilon \sim \sqrt{\epsilon}G \sim \mathsf{N}(0, \epsilon\mathrm{E}_d)$, vgl. Korollar 7.4 und 7.9. Aus $X_\epsilon \sim X + G_\epsilon$ und den Eigenschaften der Faltung – Bemerkung 5.18 – folgt auch, dass die ZV X_ϵ eine W-Dichte hat. **!**

Wir zeigen nun (15.6). Wegen Lemma 15.11.d) wissen wir

$$\begin{aligned}
0 &\leqslant \iint \phi(\xi-\eta)\left(e^{-i\langle\xi,x\rangle}e^{-\epsilon|\xi|^2}\right)\overline{\left(e^{-i\langle\eta,x\rangle}e^{-\epsilon|\eta|^2}\right)}\,d\xi\,d\eta \\
&= \iint \phi(\xi-\eta)\,e^{-i\langle\xi-\eta,x\rangle}\,e^{-\epsilon(|\xi|^2+|\eta|^2)}\,d\xi\,d\eta \\
&= \iint \phi(\xi-\eta)\,e^{-i\langle\xi-\eta,x\rangle}\,e^{-\epsilon(|\xi-\eta|^2+|\xi+\eta|^2)/2}\,d\xi\,d\eta \\
&= 2^{-d}\iint \phi(\tau)\,e^{-i\langle\tau,x\rangle}\,e^{-\epsilon(|\tau|^2+|\sigma|^2)/2}\,d\tau\,d\sigma.
\end{aligned}$$

Im letzten Schritt verwenden wir folgenden Koordinatenwechsel

$$\begin{pmatrix}\tau\\ \sigma\end{pmatrix} = \begin{pmatrix}\xi-\eta\\ \xi+\eta\end{pmatrix} = \begin{pmatrix}\mathrm{E}_d & -\mathrm{E}_d\\ \mathrm{E}_d & \mathrm{E}_d\end{pmatrix}\begin{pmatrix}\xi\\ \eta\end{pmatrix} \implies d\tau\,d\sigma = 2^d\,d\xi\,d\eta.$$

Um die Determinante zu berechnen, subtrahieren wir in der Matrix den ersten Zeilenblock vom zweiten, d.h.

$$\det\begin{pmatrix}\mathrm{E}_d & -\mathrm{E}_d\\ \mathrm{E}_d & \mathrm{E}_d\end{pmatrix} = \det\begin{pmatrix}\mathrm{E}_d & -\mathrm{E}_d\\ 0 & 2\mathrm{E}_d\end{pmatrix} = 2^d.$$

Weiterhin gilt

$$\begin{aligned}
0 &\leqslant 2^{-d}\int \phi(\tau)\,e^{-\epsilon|\tau|^2/2}\,e^{-i\langle\tau,x\rangle}\overbrace{\left(\int e^{-\epsilon|\sigma|^2/2}\,d\sigma\right)}^{=(2\pi/\epsilon)^{d/2},\ \text{vgl. (7.6)}}d\tau \\
&= \left(\frac{2\pi^3}{\epsilon}\right)^{d/2}\underbrace{(2\pi)^{-d}\int \phi_\epsilon(\tau)\,e^{-i\langle\tau,x\rangle}\,d\tau}_{=:p_\epsilon(x)}.
\end{aligned}$$

Satz 7.10 legt nahe, dass $p_\epsilon(x)$ ein Kandidat für eine W-Dichte ist.[27] Unsere Rechnung zeigt, dass $p_\epsilon(x) \geqslant 0$ gilt. Außerdem haben wir

$$\begin{aligned}\int p_\epsilon(x)e^{-t|x|^2/2}\,dx &\overset{\text{Fubini}}{=} (2\pi)^{-d}\int \phi_\epsilon(\tau)\int e^{-i\langle\tau,x\rangle}\,e^{-t|x|^2/2}\,dx\,d\tau\\ &\overset{(7.6)}{=} (2\pi)^{-d}\left(\frac{2\pi}{t}\right)^{d/2}\int \phi_\epsilon(\tau)\,e^{-|\tau|^2/2t}\,d\tau\\ &\overset{\tau=\sqrt{t}\xi}{=} (2\pi)^{-d/2}\int \phi_\epsilon(\sqrt{t}\xi)\,e^{-|\xi|^2/2}\,d\xi\\ &\xrightarrow[t\to 0]{\text{dom. Konv.}} (2\pi)^{-d/2}\phi_\epsilon(0)\int e^{-|\xi|^2/2}\,d\xi = 1.\end{aligned}$$

Wenn wir auf der linken Seite für den Grenzwert $t \to 0$ Beppo Levi anwenden, sehen wir $\int p_\epsilon(x) = 1$, d.h. $p_\epsilon(x)$ ist in der Tat die W-Dichte einer ZV X_ϵ. Mit Hilfe von Satz 7.10 und der Eindeutigkeit der charakteristischen Funktion, schließen wir daraus, dass ϕ_ϵ die charakteristische Funktion von X_ϵ ist. □

Aufgaben

1. Es sei $\phi = \phi_X$ die charakteristische Funktion einer d-dimensionalen ZV. Zeigen Sie folgende Ungleichungen
   (a) $1 - \operatorname{Re}\phi(2\xi) \leqslant 4\,(1 - \operatorname{Re}\phi(\xi))$ für alle $\xi \in \mathbb{R}^d$;
   (b) $1 - |\phi(2\xi)|^2 \leqslant 4\,(1 - |\phi(\xi)|^2)$ für alle $\xi \in \mathbb{R}^d$.
2. Es sei $\phi = \phi_X$ die charakteristische Funktion einer reellen ZV. Zeigen Sie, dass $\xi \mapsto \xi^{-1}\int_0^\xi \phi(\eta)\,d\eta$ auch eine charakteristische Funktion ist.
3. Es sei X eine reelle ZV, deren charakteristische Funktion ϕ_X von der Form $\phi(\xi) = e^{f(\xi)}$ ist. Zeigen Sie, dass X genau dann f.s. konstant ist, wenn f'' an der Stelle $\xi = 0$ existiert und $f''(0) = 0$ ist.
   Folgern Sie, dass $\exp\left[-|\xi|^p\right]$ für kein $p > 2$ die charakteristische Funktion einer ZV sein kann.
4. Es seien $Y_n : \Omega \to \mathbb{R}$, $n \in \mathbb{N}$, ZV und $\phi_n(\xi) := \phi_{Y_n}(\xi) = \mathbb{E}\,e^{i\xi Y_n}$. Dann gilt
   $$Y_n \xrightarrow{\text{d}} 0 \iff \lim_{n\to\infty}\phi_n(\xi) = 1 \text{ in einer Umgebung } U \text{ von } \xi = 0.$$
   Bemerkung. Vergleiche Aufgabe 11.3.
5. Es seien $X_n : \Omega \to \mathbb{R}$, $n \geqslant 0$, unabhängige ZV, $\phi_n(\xi) = \mathbb{E}\,e^{i\xi X_n}$ und $S_n = X_1 + \cdots + X_n$. Zeigen Sie, dass S_n genau dann in Wahrscheinlichkeit konvergiert, wenn das unendliche Produkt $\prod_{n=1}^\infty \phi_n(\xi)$ in einer Umgebung U von $\xi = 0$ gegen $h(\xi)$ konvergiert und $|h(\xi)| > 0$ für alle $\xi \in U$ ist.
   Anleitung. $S_n \xrightarrow{\mathbb{P}} S$ gibt sofort die Konvergenz des Produkts. Umgekehrt, betrachte die ZV $S_n - S_m$, $m < n$. Deren charakteristische Funktion ist $\prod_{m+1}^n \phi_k$ und diese konvergiert in U gegen 1.
   Bemerkung. Vergleiche Aufgabe 11.4.
6. Es sei $X \sim \mathsf{Poi}(\lambda)$ eine Poisson-verteilte ZV. Zeigen Sie, dass $(X-\lambda)/\sqrt{\lambda} \xrightarrow[\lambda\to\infty]{\text{d}} G \sim \mathsf{N}(0,1)$.

27 Wenn wir den Satz über die Umkehrung der Fouriertransformation [MI, Korollar 23.9] als bekannt voraussetzen, können wir das Argument abkürzen: $p_\epsilon(x)$ ist die Fouriertransformation der L^1-Funktion ϕ_ϵ, daher gilt $\check{p}_\epsilon = \phi_\epsilon$ und $\int p_\epsilon(x)\,dx = \phi_\epsilon(0) = 1$.

7. Es seien X und Y zwei unabhängige diskrete ZV mit Verteilungsfunktionen F und G. Zeigen Sie, dass die ZV $X + Y$ diskret ist, die Verteilungsfunktion $F * G$ hat und dass die Unstetigkeitsstellen von $F * G$ von der Form $\Delta F * G(z) = \sum_{x+y=z} \Delta F(x)\Delta G(y)$ sind. ($\Delta H(x) := H(x) - H(x-)$)
Hinweis. Betrachten Sie die charakteristischen Funktionen.

8. Es sei $\phi = \phi_X$ die charakteristische Funktion einer reellen ZV X, deren Verteilungsfunktion wir mit $F(x) = \mathbb{P}(X \leqslant x)$ bezeichnen. Wir schreiben D für die höchstens abzählbare Menge der Unstetigkeitsstellen der monotonen Funktion F sowie $\Delta F(x) := F(x) - F(x-)$.
   (a) (Bochner 1932, S. 79) Für alle $x \in \mathbb{R}$ gilt $\displaystyle\lim_{T\to\infty} \frac{1}{2T} \int_{-T}^{T} e^{-ix\xi}\, \phi(\xi)\, d\xi = \Delta F(x).$
   Hinweis. Fubini, dominierte Konvergenz und $\lim_{T\to\infty}[T(x-y)]^{-1} \sin[T(x-y)] = 0$ für $x \neq y$. Vergleiche auch Aufgabe 7.15.
   (b) (Lévy 1925, S. 171) Es gilt $\displaystyle\lim_{T\to\infty} \frac{1}{2T} \int_{-T}^{T} |\phi(\xi)|^2\, d\xi = \sum_{x\in D} (\Delta F(x))^2.$
   Hinweis. Verwenden Sie Teil (a) und Aufgabe 15.7 für $Y = -\widetilde{X}$, wobei $\widetilde{X}$ eine iid Kopie von X ist, und überlegen Sie sich, welchen Sprung die Verteilungsfunktion von $X + Y$ bei 0 hat.
   (c) F ist genau dann stetig, wenn $\displaystyle\lim_{T\to\infty} \frac{1}{2T} \int_{-T}^{T} |\phi(\xi)|\, d\xi = 0.$
   Hinweis. Verwenden Sie für »$\Rightarrow$« Teil (b), und für »$\Leftarrow$« Teil (a).
   (d) (Lorch & Newman 1961) Es gilt $\displaystyle\lim_{T\to\infty} \frac{1}{2T} \int_{-T}^{T} |\phi(\xi)|\, d\xi = \lim_{T\to\infty} \frac{1}{2T} \int_{-T}^{T} \Big|\sum_{x\in D} e^{ix\xi} \Delta F(x)\Big|\, d\xi.$
   Hinweis. Teile (a) & (c). Verwenden Sie die Lebesgue-Stieltjes Notation $\phi(\xi) = \int e^{i\xi x}\, dF(x)$ und zerlegen Sie $F(x)$ in einen Sprunganteil $F^d(x) = \sum_{D\ni t\leqslant x} \Delta F(t)$ und einen stetigen Anteil $F^c(x)$. Überlegen Sie sich, wie man $\int u(x)\, dF^d(x)$ alternativ schreiben könnte.
   (e) Zeigen Sie, dass Teile (c) und (d) auch für $\displaystyle\frac{1}{2T} \int_{-T}^{T} |\phi(\xi)|^p\, d\xi$ mit $p \in (1, \infty)$ gelten.

9. Es sei $\phi = \phi_X$ die charakteristische Funktion einer reellen ZV X. Zeigen Sie:
   (a) $\limsup_{|\xi|\to\infty} |\phi(\xi)| = 1 \implies X$ hat eine Verteilung, die singulär zum Lebesguemaß ist, d.h. es gibt eine Menge $S \in \mathscr{B}(\mathbb{R})$, so dass $\lambda(S) = 0$ und $\mathbb{P}(X \in S) = 1$.
   (b) $\limsup_{|\xi|\to\infty} |\phi(\xi)| = 0 \implies X$ hat eine stetige Verteilung.
   Hinweis. Aufgabe 3.19 und Aufgabe 15.8(c).

10. Die folgende Aufgabe enthält ein wichtiges Gegenbeispiel: Es seien ϕ_1, ϕ_2, ϕ_3 charakteristische Funktionen von reellen ZV. Dann folgt aus $\phi_1\phi_2 = \phi_1\phi_3$ *nicht*, dass $\phi_2 = \phi_3$ gilt. ↯
   (a) Berechnen Sie die charakteristischen Funktionen der reellen ZV, die folgende Dichtefunktionen haben ($x \in \mathbb{R}$, $a > 0$):
   $$p(x) = \frac{a - |x|}{a^2} \mathbb{1}_{[-a,a]}(x) \quad \text{(Dreieckverteilung)} \quad \text{und} \quad q(x) = \frac{2\sin^2 \frac{ax}{2}}{\pi a x^2}.$$
   (b) Zeigen Sie, dass die Funktion $f\colon \mathbb{R} \to \mathbb{R}$, die durch die Beziehungen
   $$f(\xi) = f(-\xi), \quad f(\xi + 2a) = f(\xi) \quad \text{und} \quad f(\xi) = \frac{a - \xi}{a} \quad \text{für } 0 \leqslant \xi \leqslant a$$
   definiert wird, die charakteristische Funktion einer Zufallsvariablen ist.
   (c) Die charakteristischen Funktionen f und die der ZV mit Dichte q stimmen auf $[-a, a]$ überein. Finden Sie eine charakteristische Funktion, die auf $[-a, a]$ getragen ist, um das oben erwähnte Gegenbeispiel zu konstruieren.

16 ⧫Die multivariate Normalverteilung

Wir sind bereits mehrfach, etwa im Zusammenhang mit Grenzverteilungen (Satz 8.8, Satz 13.4) oder charakteristischen Funktionen (Satz 7.3), normalverteilten Zufallsvariablen begegnet. Eine reelle ZV G heißt (nicht-ausgeartet) normalverteilt mit Mittelwert $\mu \in \mathbb{R}$ und Varianz $\sigma^2 > 0$, wenn

$$G \sim \frac{1}{\sigma\sqrt{2\pi}}\, e^{-(x-\mu)^2/2\sigma^2}\, dx.$$

Normalverteilte ZV heißen auch Gauß-ZV und wir schreiben $G \sim \mathsf{N}(\mu, \sigma^2)$. Man rechnet schnell nach, dass

$$\mu = \mathbb{E}G = \frac{1}{\sigma\sqrt{2\pi}} \int_{\mathbb{R}} x e^{-(x-\mu)^2/2\sigma^2}\, dx \quad \text{und} \quad \sigma^2 = \mathbb{V}G = \frac{1}{\sigma\sqrt{2\pi}} \int_{\mathbb{R}} (x-\mu)^2 e^{-(x-\mu)^2/2\sigma^2}\, dx.$$

Wenn $G_k \sim \mathsf{N}(\mu_k, \sigma_k^2)$, $k = 1, \ldots, d$, unabhängige normalverteilte ZV sind, dann gilt

$$G := G_1 + \cdots + G_d \overset{\text{Satz 5.17}}{\sim} \mathop{\LARGE *}_{k=1}^{d} \mathsf{N}(\mu_k, \sigma_k^2) = \mathsf{N}(\mu, \sigma^2)$$

mit $\mu = \mu_1 + \cdots + \mu_d$ und $\sigma^2 = \sigma_1^2 + \cdots + \sigma_d^2$. Die Formeln für Erwartungswert und Varianz folgen wegen der Linearität des Erwartungswerts bzw. Bienaymés Identität, Satz 5.22; weniger offensichtlich ist die Tatsache, dass die Summe unabhängiger normalverteilter ZV wieder eine normalverteilte ZV ergibt. Dies sehen wir am einfachsten mit Hilfe der charakteristischen Funktionen, die bekanntlich (Satz 7.8) die Verteilung eindeutig bestimmen:

$$\phi_G(\xi) \overset{\text{Kor. 7.9}}{=} \prod_{k=1}^{d} \phi_{G_k}(\xi) \overset{(7.3)}{=} \prod_{k=1}^{d} e^{i\mu_k\xi - \sigma_k^2\xi^2/2} = e^{i\mu\xi - \sigma^2\xi^2/2}.$$

Für $\ell_k \in \mathbb{R}$ sind die ZV $\ell_k G_k$ $\mathsf{N}(\ell_k\mu_k, (\ell_k\sigma_k)^2)$-verteilt und nach wie vor unabhängig, also ist $\langle(\ell_1, \ldots, \ell_d)^\top, (G_1, \ldots, G_d)^\top\rangle$ normalverteilt. Diese Beobachtung können wir als Definition von multivariaten Gauß-ZV verwenden.

16.1 Definition. Eine ZV $G : \Omega \to \mathbb{R}^d$ heißt (nicht-ausgeartet) *Gauß-* oder *normalverteilt*, wenn $\langle \ell, G\rangle$ für alle $\ell \in \mathbb{R}^d \setminus \{0\}$ eine (nicht-ausgeartete) eindimensionale normal-verteilte ZV ist.

! Definition 16.1 kann auch auf allgemeine lineare Räume E übertragen werden: eine ZV mit Werten in E ist Gaußisch, wenn $\Lambda(G)$ für jede stetige Linearform $\Lambda \in E^*$ eine reelle Gauß-ZV ist. Beachte, dass wir den Dualraum von $\mathbb{R}^d$ mit $\mathbb{R}^d$ identifizieren können, d.h. alle (stetigen) Linearformen auf $\mathbb{R}^d$ sind von der Form $\Lambda(x) = \langle \ell, x\rangle$, $\ell \in \mathbb{R}^d$.

Der folgende Satz beschreibt die Dichte und charakteristische Funktion einer multivariaten Normalverteilung.

https://doi.org/10.1515/9783111342252-016

16.2 Satz. *Die folgenden Aussagen sind äquivalent:*

a) $G : \Omega \to \mathbb{R}^d$ *ist eine nicht-ausgeartete Gauß-ZV.*

b) *Es existieren* $m \in \mathbb{R}^d$ *und eine symmetrische, strikt positiv definite Matrix* $C \in \mathbb{R}^{d\times d}$, *so dass*

$$\mathbb{E}\, e^{i\langle \xi,\, G\rangle} = \exp\left(i\langle m,\, \xi\rangle - \tfrac{1}{2}\langle \xi,\, C\xi\rangle\right), \quad \xi \in \mathbb{R}^d. \tag{16.1}$$

c) *Es existieren* $m \in \mathbb{R}^d$ *und eine symmetrische, strikt positiv definite Matrix* $C \in \mathbb{R}^{d\times d}$, *so dass* $G \sim g(x)\,dx$ *und*

$$g(x) = \frac{1}{(2\pi)^{d/2}} \frac{1}{\sqrt{\det C}} \exp\left(-\tfrac{1}{2}\langle (x-m),\, C^{-1}(x-m)\rangle\right), \quad x \in \mathbb{R}^d. \tag{16.2}$$

Zusatz: *Für die Gauß-ZV G gilt* $m = \mathbb{E}G$ *und* $C = (\mathrm{Cov}(G_k, G_l))_{k,l=1,\dots,d}$.

Insbesondere besagt Satz 16.2, dass eine multivariate Normalverteilung eindeutig durch den Mittelwertvektor $m \in \mathbb{R}^d$ und die Kovarianzmatrix $C \in \mathbb{R}^{d\times d}$ charakterisiert ist. Umgekehrt bestimmen jede Wahl von $m \in \mathbb{R}^d$ und einer symmetrischen, strikt positiv definiten Matrix $C \in \mathbb{R}^{d\times d}$ eine Gauß-ZV. Daher ist folgende Definition sinnvoll.

16.3 Definition. Wenn G eine d-dimensionale Gauß-ZV mit Mittelwertvektor $m \in \mathbb{R}^d$ und Kovarianzmatrix $C \in \mathbb{R}^{d\times d}$ ist, dann schreiben wir $G \sim \mathsf{N}(m, C)$.

Beweis von Satz 16.2. Wie üblich schreiben wir $G = (G_1, \dots, G_d)^\top$ und definieren den Erwartungswert eines Vektors koordinatenweise, d.h. $\mathbb{E}G := (\mathbb{E}G_1, \dots, \mathbb{E}G_d)^\top$.

a)⇒b): Auf Grund der Definition ist $\langle \xi, G\rangle$ für alle $\xi \in \mathbb{R}^d$ eine Gauß-ZV, d.h.

$$\mathbb{E}\, e^{it\langle \xi,\, G\rangle} = e^{it\mu(\xi) - \frac{1}{2}t^2\sigma^2(\xi)}, \quad t \in \mathbb{R}.$$

Weil $\mu(\xi)$ und $\sigma^2(\xi)$ Mittelwert und Varianz von $\langle \xi, G\rangle$ sind, gilt wegen der Linearität des Erwartungswerts und den Rechenregeln für die (Co-)Varianz, vgl. Lemma 5.21 und Satz 5.22,

$$\begin{aligned}
\mu(\xi) &= \mathbb{E}\langle \xi,\, G\rangle = \langle \xi,\, \mathbb{E}G\rangle = \langle \xi,\, m\rangle, \\
\sigma^2(\xi) = \mathbb{V}\langle \xi,\, G\rangle &= \mathbb{V}\left(\sum_{k=1}^d \xi_k G_k\right) = \sum_{k,l=1}^d \mathrm{Cov}\,(\xi_k G_k, \xi_l G_l) \\
&= \sum_{k,l=1}^d \xi_k \xi_l \,\mathrm{Cov}\,(G_k, G_l) = \langle \xi,\, C\xi\rangle,
\end{aligned}$$

wobei wir $m := \mathbb{E}G \in \mathbb{R}$ und $C := (\mathrm{Cov}(G_k, G_l))_{k,l=1,\dots,d}$ setzen. Offensichtlich ist C symmetrisch und die Rechnung zeigt insbesondere, dass C strikt positiv definit ist, da $\langle \xi, C\xi\rangle = \sigma^2(\xi) > 0$ für alle $\xi \in \mathbb{R}^d$ gilt.

b)⇒c): Da die charakteristische Funktion die Verteilung einer ZV eindeutig bestimmt, vgl. Satz 7.8, reicht es aus, $\int g(x) e^{i\langle \xi,\, x\rangle}\,dx = e^{i\langle m,\, \xi\rangle - \frac{1}{2}\langle \xi,\, C\xi\rangle}$ für die Dichte $g(x)$ aus (16.2) zu zeigen. Das sehen wir folgendermaßen: Die positiv definite Matrix C hat eine eindeutig bestimmte, symmetrische, positiv definite Wurzel $\sqrt{C}$, also eine $d \times d$ Matrix, für die

$\sqrt{C}\sqrt{C} = C$ bzw. $|\sqrt{C}\xi|^2 = \langle\xi, C\xi\rangle$ für alle $\xi \in \mathbb{R}^d$ gilt. Außerdem ist auch C^{-1} strikt positiv definit und es gilt $\sqrt{C^{-1}} = \sqrt{C}^{-1}$. Daher erhalten wir mit dem Variablenwechsel $\sqrt{C}z = x - m$ bzw. $dz = (\det\sqrt{C})^{-1}\,dx$ im zweiten Rechenschritt, dass

$$
\begin{aligned}
\int g(x)e^{i\langle\xi,x\rangle}\,dx &= \int e^{i\langle\xi,x\rangle}\frac{1}{\sqrt{\det C}}\frac{1}{(2\pi)^{d/2}}e^{-\langle(x-m),\,C^{-1}(x-m)\rangle/2}\,dx \\
&= e^{i\langle\xi,m\rangle}\int e^{i\langle\xi,\,\sqrt{C}z\rangle}\frac{1}{(2\pi)^{d/2}}e^{-\langle\sqrt{C}z,\,\sqrt{C}^{-1}z\rangle/2}\,dz \\
&= e^{i\langle\xi,m\rangle}\int e^{i\langle z,\,\sqrt{C}\xi\rangle}\frac{1}{(2\pi)^{d/2}}e^{-|z|^2/2}\,dz \\
&\overset{(7.5)}{=} e^{i\langle\xi,m\rangle}e^{-|\sqrt{C}\xi|^2/2} = e^{i\langle\xi,m\rangle}e^{-\langle\xi,C\xi\rangle/2}.
\end{aligned}
$$

c)⇒a): Es sei $\ell \in \mathbb{R}^d\setminus\{0\}$ fest gewählt und $G \sim g(x)\,dx$ mit der Dichte g aus (16.2). Dann gilt für alle $t \in \mathbb{R}$

$$
\begin{aligned}
\mathbb{P}(\langle\ell, G\rangle \leqslant t) &= \int\limits_{\langle\ell,x\rangle\leqslant t}\frac{1}{(2\pi)^{d/2}\sqrt{\det C}}e^{-\langle(x-m),\,C^{-1}(x-m)\rangle/2}\,dx \\
&= \int\limits_{\langle\ell,\,\sqrt{C}y\rangle\leqslant t-\langle\ell,m\rangle}\frac{1}{(2\pi)^{d/2}}e^{-|y|^2/2}\,dy.
\end{aligned}
$$

Im letzten Schritt haben wir die Substitution $\sqrt{C}y = x - m$ bzw. $dy = dx/\det\sqrt{C} = dx/\sqrt{\det C}$ verwendet. Wegen der Symmetrie der Matrix $\sqrt{C}$ ist $\left\langle\ell,\,\sqrt{C}y\right\rangle = \left\langle\sqrt{C}\ell,\,y\right\rangle$. Wir betrachten nun eine Rotation $U \in \mathbb{R}^{d\times d}$, so dass

$$
U\sqrt{C}\ell = \left|\sqrt{C}\ell\right|\vec{e_1},\quad \vec{e_1} = (1,0,\dots,0)^\top,
$$

gilt und führen den Variablenwechsel $y = U^\top z$, $dy = dz$, $|y| = |z|$ aus. Das zeigt

$$
\begin{aligned}
\mathbb{P}(\langle\ell, G\rangle \leqslant t) &= \int\limits_{\langle\sqrt{C}\ell,\,U^\top z\rangle\leqslant t-\langle\ell,m\rangle}\frac{1}{(2\pi)^{d/2}}e^{-|z|^2/2}\,dz \\
&= \int\limits_{\mathbb{R}^{d-1}}\int\limits_{-\infty}^{(t-\mu)/\sigma}e^{-z_1^2/2}\frac{dz_1}{(2\pi)^{1/2}}e^{-(z_2^2+\dots+z_d^2)/2}\frac{d(z_2,\dots,z_d)}{(2\pi)^{(d-1)/2}} \\
&= \int\limits_{-\infty}^{t}\exp\left[-\tfrac{1}{2}\left(\tfrac{s-\mu}{\sigma}\right)^2\right]\frac{ds}{(2\pi)^{1/2}\sigma}\underbrace{\int\limits_{\mathbb{R}^{d-1}}e^{-(z_2^2+\dots+z_d^2)/2}\frac{d(z_2,\dots,z_d)}{(2\pi)^{(d-1)/2}}}_{=1},
\end{aligned}
$$

d.h. $\langle\ell, G\rangle$ ist eine Gauß-ZV mit Mittelwert $\mu = \langle\ell, m\rangle$ und Varianz $\sigma^2 = \left|\sqrt{C}\ell\right|^2$. □

16.4 Bemerkung. Die Äquivalenz a)⇔b) bleibt auch für ausgeartete d-dimensionale Gauß-ZV G bestehen: In diesem Fall ist die Kovarianzmatrix positiv semidefinit mit Rang

$r < d$. Ohne Einschränkung können wir annehmen, dass $C = \begin{pmatrix} C' & 0 \\ 0 & 0 \end{pmatrix}$ für eine symmetrische, strikt positiv definite Matrix $C' \in \mathbb{R}^{r\times r}$ gilt – sonst würden wir C mittels einer orthogonalen Transformation $U^\top CU$ auf diese Form bringen. Das zeigt, dass $G = (G', G'')^\top$ in eine nicht-ausgeartete r-dimensionale Gauß-ZV $G' \sim \mathsf{N}(m', C')$ und eine ausgeartete Gauß-ZV $G'' \equiv m'' \sim \delta_{m''}$ zerfällt (wir verwenden die offensichtliche Zerlegung $m = (m', m'')^\top$ für den Mittelwertvektor).

Multivariate normalverteilte ZV haben viele besondere Eigenschaften. Z.B. fallen die Begriffe »unabhängig« und »unkorreliert« zusammen.

16.5 Korollar. *Es sei $G = (G_1, \dots, G_d)^\top$ eine d-dimensionale Gauß-ZV. Dann gilt*

$$G_1, \dots, G_d \text{ unabhängig} \iff (\operatorname{Cov}(G_k, G_l))_{k,l=1}^d = \begin{pmatrix} c_1 & 0 & \dots & 0 \\ 0 & c_2 & \dots & 0 \\ & & \ddots & \\ 0 & 0 & \dots & c_d \end{pmatrix}$$

$$\iff G_1, \dots, G_d \text{ unkorreliert.}$$

In Korollar 16.5 ist die Voraussetzung unabdingbar, dass $(G_1, \dots, G_d)^\top$ ein normalverteilter Vektor ist. Um das einzusehen, betrachten wir die zweidimensionale ZV $(U, V)^\top$ mit der gemeinsamen Dichte $f(u, v) = g(u)g(v)\left(1 + uv\left(u^2 - v^2\right) e^{-\frac{1}{2}(u^2+v^2+200)}\right)$, $u, v \in \mathbb{R}$, g ist die eindimensionale Standard-Normalverteilung. Dann sind $U, V \sim \mathsf{N}(0, 1)$ unkorreliert aber nicht unabhängig, vgl. Stoyanov [61, S. 94].

Beweis. Mit Hilfe von Korollar 7.9 sehen wir, dass die ZV $G_1, \dots, G_d$ genau dann unabhängig sind, wenn

$$\mathbb{E}\, e^{i\langle \xi, G\rangle} = \prod_{k=1}^d \mathbb{E}\, e^{i\xi_k G_k}, \quad \xi = (\xi_1, \dots, \xi_d) \in \mathbb{R}^d.$$

Wegen $G \sim \mathsf{N}(m, C)$ ist das genau dann erfüllt, wenn C eine Diagonalmatrix ist. □

Der multivariate Zentrale Grenzwertsatz

Mit Hilfe von Satz 16.2 können wir sehr einfach eine d-dimensionale Version des Zentralen Grenzwertsatzes von DeMoivre-Laplace angeben. Als Vorbereitung erinnern wir daran, dass der Erwartungswert einer vektor- oder matrixwertigen ZV koordinatenweise definiert ist; wegen der elementaren Abschätzung

$$\max_{1\leqslant k\leqslant d} |X^{(k)}| \leqslant |X| = \left(\sum_{k=1}^d \left(X^{(k)}\right)^2\right)^{1/2} \leqslant \sum_{k=1}^d |X^{(k)}|$$

ist $X = (X^{(1)}, \dots, X^{(d)}) \in L^1(\mathbb{P})$ genau dann, wenn $X^{(k)} \in L^1(\mathbb{P})$ für alle $1 \leqslant k \leqslant d$ gilt.

16.6 Satz (DeMoivre-Laplace). *Es seien* $(X_n)_{n\in\mathbb{N}} \subset L^2(\mathbb{P})$ $\mathbb{R}^d$*-wertige iid ZV,* $m := \mathbb{E}X_1$ *und* $C := \mathbb{E}[(X_1 - m)(X_1 - m)^\top]$. *Dann gilt für die Folge* $(X_n)_{n\in\mathbb{N}}$ *der CLT, d.h.*

$$\frac{X_1 + \cdots + X_n - m}{\sqrt{n}} \xrightarrow{\mathrm{d}} G \sim \mathsf{N}(0, C). \tag{16.3}$$

Beweis. Wir wählen ein $\xi \in \mathbb{R}^d$ und bemerken, dass die ZV $\langle \xi, X_k \rangle$, $k \in \mathbb{N}$, iid sind. Der Erwartungswert ist $\mu_\xi = \mathbb{E}\langle \xi, X_1 \rangle = \langle \xi, m \rangle$ und die Varianz ist

$$\begin{aligned}\mathbb{V}\langle \xi, X_1 \rangle = \mathbb{E}\left[\langle \xi, X_1 - m \rangle^2\right] &= \mathbb{E}\left[\sum_{k,l=1}^d \xi^{(k)}(X_1^{(k)} - m^{(k)}) \cdot \xi^{(l)}(X_1^{(l)} - m^{(l)})\right] \\ &= \sum_{k,l=1}^d \xi^{(k)}\xi^{(l)}\mathbb{E}\left[(X_1^{(k)} - m^{(k)})(X_1^{(l)} - m^{(l)})\right] = \langle \xi, C\xi \rangle.\end{aligned}$$

Wenn wir den eindimensionalen CLT (Satz 13.2) anwenden, erhalten wir

$$\frac{\langle \xi, X_1 \rangle + \cdots + \langle \xi, X_n \rangle - \langle \xi, m \rangle}{\sqrt{n}} \xrightarrow{\mathrm{d}} G_\xi \sim \mathsf{N}(0, \langle \xi, C\xi \rangle).$$

Es sei $G \sim \mathsf{N}(0, C)$ eine d-dimensionale ZV; wie oben sehen wir, dass $\mathbb{V}\langle \xi, G \rangle = \langle \xi, C\xi \rangle$ gilt. Weil der Mittelwert und die Varianz eine Gauß-ZV eindeutig bestimmen, erhalten wir, dass $G_\xi \sim \langle \xi, G \rangle$ gilt, und mit dem Cramér-Wold Trick (Korollar 9.19) folgt die behauptete Konvergenz (16.3). □

Faktorisierung von Gauß-Zufallsvariablen

Wir haben zu Beginn dieses Kapitels gesehen, dass die Summe von zwei unabhängigen normalverteilten ZV X_1, X_2 wieder normalverteilt ist, z.B. gilt für unabhängige reelle ZV

$$X_1 \sim \mathsf{N}(\mu_1, \sigma_1^2), \quad X_2 \sim \mathsf{N}(\mu_2, \sigma_2^2) \implies X_1 + X_2 \sim \mathsf{N}(\mu_1 + \mu_2, \sigma_1^2 + \sigma_2^2) \tag{16.4}$$

und eine entsprechende Beziehung gilt für d-dimensionale ZV. In diesem Abschnitt werden wir die einigermaßen erstaunliche Umkehrung von (16.4) zeigen, die auf Cramér zurückgeht. Dazu benötigen wir einige Vorbereitungen.

Die charakteristische Funktion einer reellen ZV $X \sim \mathsf{N}(\mu, \sigma^2)$ ist $\phi_X(\xi) = e^{i\xi\mu}e^{-\sigma^2\xi^2/2}$, vgl. Satz 7.3. Weil ϕ_X beliebig oft differenzierbar ist, wissen wir wegen Satz 7.6.h), dass X Momente beliebiger Ordnung besitzt. Tatsächlich hat X sogar exponentielle Momente. Um den Beweis zu vereinfachen, verwenden wir wie in Satz 7.3, dass $X \sim \mu + \sigma G$ für $G \sim \mathsf{N}(0, 1)$. Daher gilt für alle $\eta \in \mathbb{R}$

$$\begin{aligned}\mathbb{E}\, e^{-\eta X} = e^{-\eta\mu}\mathbb{E}\, e^{-(\sigma\eta)G} &= e^{-\eta\mu}\frac{1}{\sqrt{2\pi}}\int e^{-\sigma\eta x}e^{-x^2/2}\,dx \\ &= e^{-\eta\mu}e^{\sigma^2\eta^2/2}\frac{1}{\sqrt{2\pi}}\underbrace{\int e^{-(x+\sigma\eta)^2/2}\,dx}_{=\int e^{-y^2/2}\,dy = \sqrt{2\pi}} = e^{-\eta\mu}e^{\sigma^2\eta^2/2}.\end{aligned}$$

Diese Rechnung zeigt insbesondere, dass die Integralformel für die charakteristische Funktion auch auf der imaginären Achse gilt. Für $\zeta \in \mathbb{C}$ haben wir

$$\left|\mathbb{E}\, e^{i\zeta X}\right| = \left|\mathbb{E}\left[e^{i\xi X} e^{-\eta X}\right]\right| \leqslant \mathbb{E}\, e^{-\eta X}, \quad \zeta = \xi + i\eta,$$

weshalb ϕ_X auf ganz $\mathbb{C}$ fortgesetzt werden kann. Offensichtlich ist diese Fortsetzung $\phi_X(\zeta) = e^{i\zeta\mu} e^{-\sigma^2\zeta^2/2}$, $\zeta \in \mathbb{C}$, auf ganz $\mathbb{C}$ holomorph.

Auf ganz $\mathbb{C}$ holomorphe Funktionen nennt man *ganz-analytisch*, sie besitzen besondere Eigenschaften, z.B. haben sie eine auf ganz $\mathbb{C}$ absolut konvergente Potenzreihendarstellung $\sum_{k=0}^{\infty} c_k \zeta^k$, vgl. Anhang A.5.

16.7 Satz. *Es sei $X \sim \nu$ eine reelle ZV, deren charakteristische Funktion $\phi : \mathbb{R} \to \mathbb{C}$ zu einer ganz-analytischen Funktion $f : \mathbb{C} \to \mathbb{C}$ fortgesetzt werden kann. Dann gilt*

$$f(\zeta) = \mathbb{E}\, e^{i\zeta X} = \int e^{i\zeta x}\, \nu(dx), \quad \zeta \in \mathbb{C}.$$

Insbesondere hat X exponentielle Momente, d.h.

$$\mathbb{E}\, e^{-\eta X} = \int e^{-\eta x}\, \nu(dx) < \infty, \quad \eta \in \mathbb{R},$$

und es gilt die folgende Ungleichung

$$|f(\zeta)| \leqslant f(i\eta), \quad \zeta = \xi + i\eta \in \mathbb{C}. \tag{16.5}$$

Beweis. Nach Voraussetzung können wir ϕ beliebig oft differenzieren. Nach Satz 7.6.h) hat X endliche absolute Momente beliebiger Ordnung und es gilt für $-\infty < a < b < \infty$ und $\eta \in \mathbb{R}$

$$\int_a^b e^{-\eta x}\, \nu(dx) = \sum_{k=0}^{\infty} \frac{(-\eta)^k}{k!} \int_a^b x^k\, \nu(dx) \leqslant \sum_{k=0}^{\infty} \frac{|\eta|^k}{k!} \int_a^b |x|^k\, \nu(dx) \leqslant \sum_{k=0}^{\infty} \frac{|\eta|^k}{k!} \mathbb{E}\left[|X|^k\right] \leqslant \infty.$$

Weil die Funktion f ganz-analytisch ist, besitzt sie eine überall absolut konvergente Potenzreihe

$$f(\zeta) = \sum_{k=0}^{\infty} f^{(k)}(0)\, \frac{\zeta^k}{k!} = \sum_{k=0}^{\infty} \phi^{(k)}(0)\, \frac{\zeta^k}{k!} \overset{7.6.g)}{=} \sum_{k=0}^{\infty} \mathbb{E}\left[X^k\right] \frac{(i\zeta)^k}{k!}.$$

Aus $|x| \leqslant x^2 + 1$ folgern wir $|x|^{2k+1} \leqslant x^{2k+2} + x^{2k}$ und $\mathbb{E}\left[|X|^{2k+1}\right] \leqslant \mathbb{E}\left[X^{2k+2}\right] + \mathbb{E}\left[X^{2k}\right]$. Damit erhalten wir

$$\begin{aligned}\sum_{k=0}^{\infty} \frac{|\eta|^k}{k!} \mathbb{E}\left[|X|^k\right] &\leqslant \sum_{k=0}^{\infty} \frac{\mathbb{E}\left[X^{2k}\right]}{(2k)!} \eta^{2k} + \sum_{k=0}^{\infty} \frac{\mathbb{E}\left[X^{2k}\right]}{(2k+1)!} |\eta|^{2k+1} + \sum_{k=0}^{\infty} \frac{\mathbb{E}\left[X^{2k+2}\right]}{(2k+1)!} |\eta|^{2k+1} \\ &\leqslant (1 + |\eta|) \sum_{k=0}^{\infty} \frac{\mathbb{E}\left[X^{2k}\right]}{(2k)!} \eta^{2k} + \frac{1}{|\eta|} \sum_{k=0}^{\infty} \frac{(2k+2)\mathbb{E}\left[X^{2k+2}\right]}{(2k+2)!} \eta^{2k+2}.\end{aligned}$$

Die Formel von Cauchy-Hadamard für den Konvergenzradius von Potenzreihen zeigt nun für $a_{2k} := \mathbb{E}\left[X^{2k}\right]/(2k)!$

$$\rho = \left(\limsup_{k\to\infty} \sqrt[k]{(2k+2)a_{2k+2}}\right)^{-1} = \left(\limsup_{k\to\infty} \sqrt[k]{a_{2k}}\right)^{-1} = \infty,$$

da die Potenzreihe von $f(\zeta)$ überall absolut konvergiert. Daher gilt die Abschätzung

$$\int_a^b e^{-\eta x}\,\nu(dx) \leqslant \sum_{k=0}^{\infty} \frac{|\eta|^k}{k!}\mathbb{E}\left[|X|^k\right] < \infty$$

für alle $a < b$, und es ergibt sich für $\zeta = \xi + i\eta \in \mathbb{C}$

$$\int |e^{i\zeta x}|\,\nu(dx) = \int e^{-\eta x}\,\nu(dx) < \infty.$$

Dies zeigt wiederum, dass $\zeta \mapsto \mathbb{E}\,e^{i\zeta X}$ eine ganz-analytische Funktion ist, die ϕ fortsetzt. Die Behauptung des Satzes folgt aus der Eindeutigkeit der ganz-analytische Fortsetzung. Die Abschätzung (16.5) sieht man ganz einfach aus der Integraldarstellung von $f(\zeta)$. □

16.8 Lemma. *Es sei f eine ganz-analytische Funktion, die keine Nullstellen besitzt.*

a) *Es existiert eine ganz-analytische Funktion g, so dass $f = f(0)e^g$.*

b) *Wenn $f|_{\mathbb{R}}$ die charakteristische Funktion einer reellen ZV X ist, dann ist $\eta \mapsto g(i\eta)$ auf $\mathbb{R}$ konvex und es gilt $g(i\eta) \geqslant ig'(0)\eta$.*

Beweis. a) Weil f keine Nullstellen hat, ist $h := f'/f$ wieder eine ganz-analytische Funktion und die Stammfunktion

$$g(z) - g(0) = \int_{\overrightarrow{0z}} h(\zeta)\,d\zeta, \qquad z \in \mathbb{C},$$

ist wohldefiniert (d.h. unabhängig von der Integrationskontur) und ganz-analytisch.[28] Weil $g' = h = f'/f$ gilt, sehen wir

$$(fe^{-g})' = (f' - fg')e^{-g} = (f' - ff'/f)e^{-g} \equiv 0 \implies f = f(0)e^g.$$

b) Wir nehmen an, dass f die Fortsetzung einer charakteristischen Funktion ist und wählen $g(0) = 0$, so dass $g(i\eta) \in \mathbb{R}$. Wegen Satz 16.7 gilt für $t \in (0,1)$ und $\eta, \eta' \in \mathbb{R}$

$$\begin{aligned}
\exp\left[g(i(t\eta + (1-t)\eta'))\right] &\leqslant \mathbb{E}\exp\left[-(t\eta + (1-t)\eta')X\right] \\
&\underset{\text{Schwarz}}{\overset{\text{Cauchy-}}{\leqslant}} \left(\mathbb{E}\exp\left[-\eta X\right]\right)^t \left(\mathbb{E}\exp\left[-\eta' X\right]\right)^{1-t} \\
&\leqslant \exp\left[tg(i\eta)\right]\exp\left[(1-t)g(i\eta')\right],
\end{aligned}$$

28 $\int_\gamma f(\zeta)\,d\zeta := \int_0^1 f(\gamma(t))\gamma'(t)\,dt$ wenn $\gamma(t)$, $t \in [0,1]$, eine Parametrisierung der Kurve γ ist.

was die Konvexität von $\eta \mapsto g(i\eta)$ beweist. Insbesondere liegt wegen der Konvexität der Graph von $\eta \mapsto g(i\eta)$ oberhalb der Tangente an der Stelle $\eta = 0$, die durch die Geradengleichung $T(\eta) = g(0) + \frac{d}{d\eta}g(i\eta)\big|_{\eta=0}\eta = ig'(0)\eta$ gegeben ist. □

Wir kommen nun zur angekündigten Umkehrung der Beziehung (16.4).

16.9 Satz (Cramér 1936). *Es seien X_1, X_2 zwei d-dimensionale, unabhängige ZV. Wenn für die Summe $G := X_1 + X_2 \sim \mathsf{N}(m, C)$ gilt, dann ist $X_k \sim \mathsf{N}(m_k, C_k)$, $k = 1, 2$.*

Beweis. Wir betrachten erst den eindimensionalen Fall und schreiben ν_k für die Verteilung von X_k. O.E. sei $G \sim \mathsf{N}(0, 1)$, also $\mathbb{E}\, e^{i\xi G} = e^{-\xi^2/2}$. Weil für alle $a, b > 0$ und $\zeta = \xi + i\eta \in \mathbb{C}$ die folgende Abschätzung gilt,

$$\left|\int_{-a}^{a} e^{i\zeta x}\, \nu_1(dx)\right| \cdot \left|\int_{-b}^{b} e^{i\zeta y}\, \nu_2(dy)\right| \leqslant \int_{-a}^{a} e^{-\eta x}\, \nu_1(dx) \cdot \int_{-b}^{b} e^{-\eta y}\, \nu_2(dy)$$
$$\leqslant \int_{-\infty}^{\infty}\int_{-\infty}^{\infty} e^{-\eta(x+y)}\, \nu_1(dx)\, \nu_2(dy) = \int_{-\infty}^{\infty} e^{-\eta v}\, \nu_1 * \nu_2(dv),$$

sehen wir, dass $\int_{-\infty}^{\infty} e^{-\eta x}\, \nu_k(dx) < \infty$ für $k = 1, 2$ und alle $\eta \in \mathbb{R}$ gilt. Daher haben die charakteristischen Funktionen ϕ_{X_1}, ϕ_{X_2} ganz-analytische Fortsetzungen, die der Beziehung

$$\phi_{X_1}(\zeta)\phi_{X_2}(\zeta) = e^{-\zeta^2/2}, \quad \zeta \in \mathbb{C},$$

genügen. Also haben die Faktoren ϕ_{X_k} keine Nullstellen, d.h. es gilt $\phi_{X_k}(\zeta) = e^{g_k(\zeta)}$ mit ganz-analytischen Funktionen $g_1(\zeta) = \sum_{k=0}^{\infty} c_k \zeta^k$ und $g_2(\zeta) = -\zeta^2/2 - g_1(\zeta)$, vgl. Lemma 16.8.

Wegen $g_1(0) = 0$ ist $c_0 = 0$; ohne Beschränkung der Allgemeinheit können wir annehmen, dass $c_1 \overset{7.6.g)}{=} im_1 = i\mathbb{E}X_1 = 0$ gilt, sonst würden wir $X_1 - m_1$ und $X_2 + m_1$ an Stelle von X_1 und X_2 betrachten. Offensichtlich ist dann wegen $\mathbb{E}G = 0$ auch $\mathbb{E}X_2 = 0$. Mit Hilfe von Satz 7.6.g) erhalten wir $g_1'(0) = g_2'(0) = 0$.

Lemma 16.8.b) angewendet auf $g_1(\zeta)$ und $g_2(\zeta) = -\frac{1}{2}\zeta^2 - g_1(\zeta)$ zeigt

$$g_1(i\eta) \geqslant 0, \quad \frac{1}{2}\eta^2 - g_1(i\eta) \geqslant 0 \quad \text{und} \quad g_1(i\eta) + g_2(i\eta) = \frac{1}{2}\eta^2.$$

Die Ungleichung (16.5) ergibt für e^{g_k} und $\zeta = \xi + i\eta \in \mathbb{C}$

$$e^{\operatorname{Re} g_k(\zeta)} = \left|e^{g_k(\zeta)}\right| \leqslant e^{g_k(i\eta)} \implies \begin{cases} \operatorname{Re} g_1(\zeta) \leqslant g_1(i\eta) \leqslant \frac{1}{2}\eta^2 \leqslant \frac{1}{2}|\zeta|^2; \\ \operatorname{Re} \frac{1}{2}\zeta^2 - \operatorname{Re} g_1(\zeta) \leqslant -\frac{1}{2}\eta^2 - \operatorname{Re} g_1(i\eta) \leqslant 0. \end{cases}$$

Insgesamt folgt $|\operatorname{Re} g_1(\zeta)| \leqslant \frac{1}{2}|\zeta|^2$ und daher auch $|\operatorname{Re} g_2(\zeta)| \leqslant c\,|\zeta|^2$. Mit Hilfe von Hadamards Verallgemeinerung des Satzes von Liouville aus der Funktionentheorie (Satz A.11 im Anhang A.5) sehen wir, dass die Funktionen $g_k(\zeta)$ Polynome höchstens vom Grad 2 sein können. Schließlich gilt wegen der Beschränktheit von $\phi_{X_1}|_{\mathbb{R}}$ und $\phi_{X_1}(-\xi) = \overline{\phi_{X_1}(\xi)}$, dass $c_2 \leqslant 0$ ist, also $X_1 \sim \mathsf{N}(0, -2c_2)$ und $X_2 \sim \mathsf{N}(0, 1 + 2c_2)$. Damit ist der Beweis für den Fall $d = 1$ abgeschlossen.

Um d-dimensionale Zufallsvariable zu behandeln, reicht die Bemerkung aus, dass für jedes $\xi \in \mathbb{R}^d$ die ZV $\langle \xi, X_1 \rangle, \langle \xi, X_2 \rangle \in \mathbb{R}$ unabhängig sind und $\langle \xi, X_1 + X_2 \rangle$ Gaußisch ist. Daher zeigt der erste Teil des Beweises, dass $\langle \xi, X_1 \rangle, \langle \xi, X_2 \rangle$ normalverteilt sind, also sind X_1, X_2 d-dimensionale normalverteilte ZV. □

Mit den hier entwickelten funktionentheoretischen Methoden können wir eine weitere Charakterisierung der Normalverteilung beweisen, die zudem tiefere Einblicke in die Struktur einer charakteristischen Funktion erlaubt.

16.10 Satz (Marcinkiewicz 1938). *Es sei $P : \mathbb{R}^d \to \mathbb{C}$ ein Polynom mit komplexen Koeffizienten und $P(0) = 0$. Die Funktion $\phi(\xi) := e^{P(\xi)}$ ist genau dann die charakteristische Funktion einer d-dimensionalen ZV X, wenn P höchstens vom Grad 2 ist.*

In diesem Fall ist $X \sim \mathsf{N}(m, C)$ und $P(\xi) = i\langle \xi, m \rangle - \frac{1}{2}\langle \xi, C\xi \rangle$ für $m \in \mathbb{R}^d$ und eine symmetrische, positiv semidefinite Matrix $C \in \mathbb{R}^{d \times d}$.

Beweis. Die Notwendigkeit der Behauptung folgt unmittelbar aus Satz 16.2.

Für die Umkehrung betrachten wir erst den Fall $d = 1$. Wir nehmen an, dass $e^{P(\xi)}$ die charakteristische Funktion einer reellen ZV X ist. Weil $P(0) = 0$ gelten muss, hat P die Darstellung $P(\xi) = \sum_{k=1}^n c_k \xi^k$ mit geeigneten Koeffizienten $c_1, \dots, c_n \in \mathbb{C}$. Wenn wir die Ungleichung (16.5) auf $f(\zeta) = e^{P(\zeta)}$ anwenden, erhalten wir

$$e^{\operatorname{Re} P(\zeta)} = \left| e^{P(\zeta)} \right| \leqslant e^{P(i \operatorname{Im} \zeta)} \implies \operatorname{Re} \sum_{k=1}^n c_k \zeta^k = \operatorname{Re} P(\zeta) \leqslant P(i \operatorname{Im} \zeta) = \sum_{k=1}^n c_k (i \operatorname{Im} \zeta)^k.$$

Weil Ungleichungen zwischen Polynomen insbesondere für die höchsten Potenzen gelten müssen – das sieht man z.B. indem man $\zeta \rightsquigarrow t\zeta$ substituiert, durch t^n dividiert und den Limes $t \to \infty$ bildet – folgt

$$\operatorname{Re}(c_n \zeta^n) \leqslant c_n (i \operatorname{Im} \zeta)^n, \quad \zeta \in \mathbb{C}.$$

In diese Ungleichung setzen wir nacheinander die Lösungen $\zeta_1, \zeta_2, \dots, \zeta_n$ der Gleichung $\zeta^n = |c_n|/c_n = e^{i\theta_n}$, $\theta_n = \arg(|c_n|/c_n) \in [0, 2\pi)$, ein:

$$|c_n| \leqslant c_n (i \operatorname{Im} \zeta_k)^n \implies |\operatorname{Im} \zeta_k| \geqslant 1 \implies \sin\left(\tfrac{1}{n}(\theta_n + 2\pi k)\right) = \pm 1.$$

Die letzte Gleichung ist nur für $n = 1$ (und $\theta_1 \in \{\pi/2, 3\pi/2\}$) und $n = 2$ (und $\theta_2 = \pi/2$) lösbar, d.h. das Polynom $P(\xi)$ ist höchstens vom Grad 2.

Weil $\phi(\xi) = e^{c_1 \xi + c_2 \xi^2}$ die charakteristische Funktion der ZV X ist, können wir die Koeffizienten c_1, c_2 mit Hilfe der Momente von X (vgl. Satz 7.6.g) bestimmen. Wir haben

$$c_1 = \phi'(0) = i\mathbb{E}X \quad \text{und} \quad 2c_2 + c_1^2 = \phi''(0) = -\mathbb{E}(X^2),$$

mithin $c_1 = i\mathbb{E}X$ und $c_2 = -\frac{1}{2}\mathbb{V}X$.

Den Fall $d > 1$ können wir auf die eindimensionale Situation zurückführen. Dazu bemerken wir, dass

$$e^{P(t\xi)} = \mathbb{E}\, e^{i\langle t\xi, X\rangle} = \mathbb{E}\, e^{it\langle \xi, X\rangle}, \quad t \in \mathbb{C},\ \xi \in \mathbb{R}^d,$$

die charakteristische Funktion der eindimensionalen ZV $\langle \xi, X\rangle$ ist und dass wegen $P(t\xi) = \sum_{|\alpha|\leqslant n} c_\alpha \xi^\alpha t^{|\alpha|}$ (Multiindexkonvention, vgl. die Fußnote auf S. 74) die Polynome $\xi \mapsto P(\xi)$ und $t \mapsto P(t\xi)$ vom gleichen Grad sind. Für die Koeffizienten ergibt sich dann

$$c_1(\xi) = i\langle \xi, \mathbb{E}X\rangle \quad \text{und} \quad c_2(\xi) = -\frac{1}{2}\mathbb{V}\langle \xi, X\rangle = -\frac{1}{2}\langle \xi, C\xi\rangle.$$

Die Matrix C berechnet man wie im Beweis von Satz 16.6: $C = \mathbb{E}\left[(X - \mathbb{E}X)(X - \mathbb{E}X)^\top\right]$, was zugleich die positive Semidefinitheit von C zeigt. □

Bedingte Erwartungen und Gauß-Zufallsvariable

Es seien $X : \Omega \to \mathbb{R}$ und $Y : \Omega \to \mathbb{R}^d$ ZV. Wir wissen aus Satz 14.7.c), dass $\mathbb{E}(X \mid Y)$ im Quadratmittel die beste Approximation der ZV X durch Y-messbare Funktionen ist. Wir zeigen, dass für eine Gauß-ZV (X, Y) die Approximation eine affin-lineare Funktion

$$E(X \mid Y) = a + \langle b, Y\rangle$$

mit geeigneten $a \in \mathbb{R}$, $b \in \mathbb{R}^d$ ist. Diese Aussage ist die Grundlage für die sog. *linearen Modelle* in der Statistik.

16.11 Satz. *Es seien $X : \Omega \to \mathbb{R}$ und $Y = (Y_1, \dots, Y_d)^\top : \Omega \to \mathbb{R}^d$ ZV, so dass $(X, Y)^\top$ eine $(d+1)$-dimensionale Gauß-ZV ist. Dann gibt es Koeffizienten $a \in \mathbb{R}$ und $b \in \mathbb{R}^d$, so dass*

a) $\mathbb{E}(X \mid Y) = a + \langle b, Y\rangle$;

b) $X = a + \langle b, Y\rangle + Z$ *für ein* $Z \sim \mathsf{N}(0, \sigma^2)$;

c) $\mathbb{P}(X \in dx \mid Y = y) = \mathsf{N}\left(a + \langle b, y\rangle, \sigma^2\right)$, $y \in \mathbb{R}^d$.

Beweis. a) & b) Der lineare Unterraum

$$\mathcal{H} := \left\{a + \langle \beta, Y\rangle \mid a \in \mathbb{R},\ \beta \in \mathbb{R}^d\right\} \subset L^2(\mathscr{A})$$

ist endlich-dimensional ($\simeq \mathbb{R}^{d+1}$) und daher abgeschlossen. Für die orthogonale Projektion $P_{\mathcal{H}} : L^2(\mathscr{A}) \to \mathcal{H}$ gilt

$$P_{\mathcal{H}}X \in \mathcal{H} \implies P_{\mathcal{H}}X = a + \langle b, Y\rangle \quad (a, b \text{ geeignet})$$

$$Z := X - P_{\mathcal{H}}X \perp \mathcal{H} \implies \begin{cases} Z \perp 1 & \implies \mathbb{E}Z = \mathbb{E}(Z1) = 0, \\ Z \perp Y_k \ (\forall k) & \implies \mathbb{E}(ZY_k) = 0 \ (\forall k). \end{cases}$$

Nach Voraussetzung ist $(Z, Y)^\top$ eine Gauß-ZV [✍] in $\mathbb{R}^{d+1}$, und $\operatorname{Cov}(Z, Y_k) = 0$ zeigt, dass Z und Y unabhängig sind – das folgt mit einer einfachen Variante von Korollar 16.5. Mithin ist $\mathbb{E}(Z \mid Y) = \mathbb{E}Z = 0$ und daher

$$\mathbb{E}(X \mid Y) = \mathbb{E}\,(a + \langle b, Y\rangle + Z \mid Y) = a + \langle b, Y\rangle + \mathbb{E}(Z \mid Y) = a + \langle b, Y\rangle.$$

c) Es sei $g : \mathbb{R}^d \to \mathbb{R}$ beschränkt und Borel-messbar. Für alle $\xi \in \mathbb{R}$ gilt

$$\begin{aligned}\mathbb{E}\left(e^{i\xi X} g(Y)\right) &\overset{\text{tower}}{=} \mathbb{E}\left(\mathbb{E}\left(e^{i\xi X} g(Y) \,\middle|\, Y\right)\right)\\ &\overset{\text{pull out}}{=} \mathbb{E}\left(g(Y)\mathbb{E}\left(e^{i\xi X} \,\middle|\, Y\right)\right)\\ &= \mathbb{E}\left(g(Y)\int e^{i\xi x}\, \mathbb{P}(X \in dx \mid Y)\right).\end{aligned}$$

Andererseits haben wir

$$\begin{aligned}\mathbb{E}\left(e^{i\xi X} g(Y)\right) &= \mathbb{E}\left(g(Y) e^{i\xi(a+\langle b,\, Y\rangle+Z)}\right)\\ &\overset{Z \perp\!\!\!\perp Y}{=} \int \left(g(y)\mathbb{E}\left(e^{i\xi(a+\langle b, y\rangle+Z)}\right)\right) \mathbb{P}(Y \in dy)\end{aligned}$$

und weil g beliebig ist, folgt für alle $y \in \mathbb{R}^d$

$$\int e^{i\xi x}\, \mathbb{P}(X \in dx \mid Y = y) = \mathbb{E}\left(e^{i\xi(a+\langle b, y\rangle+Z)}\right) = e^{i\xi(a+\langle b, y\rangle)} e^{-\sigma^2\xi^2/2}.$$

□

Aufgaben

1. Es seien X, Y unabhängige d-dimensionale Gauß-ZV. Zeigen Sie, dass $X + Y \in \mathbb{R}^d$ und $(X, Y)^\top \in \mathbb{R}^{2d}$ wiederum Gaußisch sind und bestimmen Sie die charakteristischen Funktionen und die Dichten.

2. Es sei $(X_1, \dots, X_m, Y_1, \dots, Y_n)$ eine $m + n$-dimensionale Gauß-ZV. Zeigen Sie, dass $X = (X_1, \dots, X_m)$ und $Y = (Y_1, \dots, Y_n)$ genau dann unabhängig sind, wenn $\operatorname{Cov}(X_i, Y_k) = 0$ für alle $1 \leqslant i \leqslant m$ und $1 \leqslant k \leqslant n$ gilt.

3. Es sei $(X_n)_{n\in\mathbb{N}}$ eine Folge d-dimensionaler Gauß-ZV, die im $L^2(\mathbb{P})$-Sinn gegen eine ZV X konvergiert, d.h. $\lim_{n\to\infty} \mathbb{E}(|X_n - X|^2) = 0$. Zeigen Sie, dass X wieder eine Gauß-ZV ist und bestimmen Sie deren Mittelwert und Kovarianzmatrix.

4. Zeigen Sie, dass im Beweis von Satz 16.11 die ZV Z und Y unabhängig sind.

5. Es seien $X, Z \sim \mathsf{N}(0, 1)$ unabhängige ZV und $Y := \rho X + \sqrt{1 - \rho^2}Z$, $\rho \in [-1, 1]$. Bestimmen Sie die gemeinsame Verteilung $f_{X,Y}$ von (X, Y), sowie die bedingte Verteilungen von Y bzw. X, wenn $X = x$ bzw. $Y = y$ gegeben sind.
   Folgerung. Im Allgemeinen ist es besser, die bivariate Normalverteilung (X, Y) nicht direkt mit der gemeinsamen Dichte, sondern mit Hilfe der unabhängigen ZV X, Z auszurechnen.

6. Es sei $(X, Y)^\top \in \mathbb{R}^2$ eine nicht-degenerierte Gauß-ZV mit Korrelation $\rho = \operatorname{Cov}(X, Y)/\sqrt{\mathbb{V}X\mathbb{V}Y}$ und $\mathbb{V}X = \mathbb{V}Y = \sigma^2$. Zeigen Sie, dass $X \perp\!\!\!\perp (Y - \rho X)$ gilt.

7. Es sei $(X_1, X_2)^\top \in \mathbb{R}^2$ eine Gauß-ZV mit Mittelwert $\mu_i = 0$, Varianzen $\sigma_i^2 \in (0, \infty)$, und Korrelation $\rho = \operatorname{Cov}(X_1, X_2)/\sqrt{\mathbb{V}X_1\mathbb{V}X_2}$.Zeigen Sie, dass $X_1/X_2 \sim \mathsf{C}(\lambda, \alpha)$ eine Cauchy-ZV ist, mit den Parametern $\lambda^2 = (1 - \rho^2)\sigma_1^2/\sigma_2^2$ und $\alpha = \rho\sigma_1/\sigma_2$.

8. Es seien $G_i \sim \mathsf{N}(\mu_i, \sigma_i^2)$, $i = 1, \dots, n$ unabhängige ZV und $U := \sum_{i=1}^n a_i G_i$ und $V := \sum_{i=1}^n b_i G_i$. Zeigen Sie:
   (a) $(U, V)^\top$ ist eine normale ZV.
   (b) $U \perp\!\!\!\perp V$ gilt genau dann, wenn $\sum_{i=1}^n a_i b_i \sigma_i^2 = 0$. Was bedeutet die letzte Gleichheit?

9. Es sei $X \sim \mathrm{N}(0,1)$ und wir definieren $Y = (X, X)^\top$, $Z = (X, -X)^\top$ und $P := \frac{1}{2}(\mathbb{P}_Y + \mathbb{P}_Z)$.
   (a) Zeigen Sie, dass die Randverteilungen des W-Maßes P Standard-Normalverteilungen sind.
   (b) Zeigen Sie, dass P keine Normalverteilung ist.

10. Zeigen Sie Satz 16.11.c) mit Hilfe von Satz 14.12 und den bereits gezeigten Aussagen a) & b).

11. Es seien X, Y reelle iid ZV mit Mittelwert μ und Varianz $\sigma^2 \in (0, \infty)$. Wir schreiben $\phi = \phi_X$ für die charakteristische Funktion von X. Weiterhin seien $a, b \in \mathbb{R}$, $ab \neq 0$ und $a^2 + b^2 = 1$. Zeigen Sie:

$$aX + bY \sim X \iff X, Y \sim \mathrm{N}(0, \sigma^2).$$

Anleitung für die Richtung »$\Rightarrow$«:
   (a) Zeigen Sie, dass $\mathbb{E}X = 0$ und $\phi(a\xi)\phi(b\xi) = \phi(\xi)$ gilt.
   (b) Schließen Sie aus (a), dass $\phi(\xi) \neq 0$ für alle ξ gilt.
   Hinweis. Betrachte $|\xi_0| = \inf\{|\xi| : \phi(\xi) = 0\}$.
   (c) Zeigen Sie, dass es eine *stetige* Funktion ψ gibt, so dass

$$e^{-\psi(\xi)} = \phi(\xi), \quad \psi(0) = 0 \quad \text{und} \quad \psi(\xi) = \sum_{i=0}^{n} \binom{n}{i} \psi(a^i b^{n-i} \xi).$$

   (d) Verwenden Sie eine Taylorentwicklung der Ordnung 2 von ψ um $\xi = 0$.

Bemerkung. Üblicherweise wird der Fall $a = b = 1/\sqrt{2}$ betrachtet.

12. (Bernstein) Es seien X, Y reelle iid ZV mit Mittelwert $\mu = 0$ und Varianz $\sigma^2 \in (0, \infty)$. Wir schreiben $\phi = \phi_X$ für die charakteristische Funktion von X. Zeigen Sie: $X - Y \perp\!\!\!\perp X + Y \iff X, Y \sim \mathrm{N}(0, \sigma^2)$.
Anleitung für die Richtung »$\Rightarrow$«:
   (a) Zeigen Sie, dass $\phi(2\xi) = \phi(\xi)^3 \phi(-\xi)$ gilt. **Hinweis.** $2X = (X - Y) + (X + Y)$.
   (b) Folgern Sie aus (a), dass $\phi(\xi) \neq 0$. **Hinweis.** $\phi(\xi_0) = 0 \implies \phi(\xi_0/2) = 0$ usw.
   (c) $\psi(\xi) := \phi(\xi)/\phi(-\xi)$ genügt der Beziehung $\psi(2\xi) = \psi(\xi)^2$. Iterieren Sie diese Beziehung, um $\psi \equiv 1$ zu zeigen.
   (d) Folgern Sie, dass $\phi(2\xi) = \phi(\xi)^4$ gilt, iterieren Sie diese Gleichheit und verwenden Sie eine Taylorentwicklung von ϕ um $\xi = 0$.

Bemerkung. Die Aussage bleibt auch dann bestehen, wenn wir keine Existenz von Momenten fordern, vgl. Feller [30, S. 77 *ff.*, S. 526 *f.*].

13. Es sei $G \sim \mathrm{N}(0,1)$. Zeigen Sie folgende Abschätzung für die Ausläufer der Verteilung

$$\frac{1}{\sqrt{2\pi}} \frac{x}{x^2 + 1} e^{-x^2/2} \leqslant \mathbb{P}(G > x) = \frac{1}{\sqrt{2\pi}} \int_x^\infty e^{-y^2/2}\, dy \leqslant \frac{1}{\sqrt{2\pi}} \frac{1}{x} e^{-x^2/2}, \quad x > 0. \tag{16.6}$$

Hinweis. Obere Schranke: unter dem Integral gilt $x/x \leqslant y/x$. Untere Schranke: unter dem Integral gilt $x^{-2} \geqslant y^{-2}$ & partielle Integration.

17 ⧫Unbegrenzt teilbare Verteilungen

In Kapitel 13 haben wir Bedingungen gefunden, unter denen die Normalverteilung als Grenzverteilung von (gewichteten) Summen unabhängiger ZV $(S_n - a_n)/s_n$ auftritt. Beispiel 13.3 zeigt allerdings, dass es weitere nicht-triviale Grenzverteilungen gibt. In diesem Kapitel werden wir alle möglichen Grenzverteilungen von Summen unabhängiger ZV charakterisieren. Wie schon im Kapitel 13 spielen die charakteristischen Funktionen eine zentrale Rolle. Wir werden an einigen Stellen die Notation $\check{\mu}(\xi) = \mathbb{E}\, e^{i\langle \xi, X\rangle}$ verwenden, die betont, dass die charakteristische Funktion der ZV $X \sim \mu$ die inverse Fouriertransformation der Verteilung μ ist.

17.1 Definition. Eine ZV $X : \Omega \to \mathbb{R}^d$ heißt *unbegrenzt teilbar* (englisch *infinitely divisible*, kurz ID), wenn gilt

$$\forall n \in \mathbb{N} \quad \exists X_1, \dots, X_n \text{ iid } : X \sim X_1 + \dots + X_n.$$

Die zu einer unbegrenzt teilbaren ZV X gehörende Verteilung und charakteristische Funktion heißen ebenfalls *unbegrenzt teilbar.*

! Einige Autoren verwenden auch die Bezeichnungen *unbeschränkt teilbar* oder *unendlich teilbar.*

Es ist nicht schwer zu zeigen, [✍] dass die in Definition 17.1 auftretenden ZV $X_1, \dots, X_n$ selbst wieder unbegrenzt teilbar sind. Wir beginnen mit einer Charakterisierung der unbegrenzten Teilbarkeit.

17.2 Lemma. *Es sei X eine d-dimensionale ZV mit Verteilung μ und charakteristischer Funktion $\chi = \phi_X$. Die folgenden Aussagen sind äquivalent:*

a) *X ist unbegrenzt teilbar.*
b) *Für jedes $n \in \mathbb{N}$ gibt es ein W-Maß μ_n, so dass $\mu = \overbrace{\mu_n * \dots * \mu_n}^{n \text{ Faktoren}} = \mu_n^{*n}$.*
c) *Für jedes $n \in \mathbb{N}$ gibt es eine charakteristische Funktion χ_n, so dass $\chi = (\chi_n)^n$.*

Beweis. a)⇒b): Es sei $X \sim X_1 + \dots + X_n$ mit iid Summanden X_k. Wir schreiben μ_n für die gemeinsame Verteilung der X_k, $1 \leqslant k \leqslant n$. Auf Grund der Unabhängigkeit gilt nach Satz 5.17

$$X \sim \mu := \mu_n * \mu_n * \dots * \mu_n = \mu_n^{*n}.$$

b)⇒c): Wir schreiben $\check{\mu}$ und $\check{\mu}_n$ für inversen Fouriertransformationen der W-Maße μ und μ_n – das sind bekanntlich die charakteristischen Funktionen der ZV $X \sim \mu$ und $X_1, \dots, X_n \sim \mu_n$. Aus Satz 5.8 (oder Korollar 7.9) folgern wir, dass

$$\check{\mu} = \widecheck{\mathop{\Large *}_{k=1}^{n} \mu_n} = \prod_{k=1}^{n} \check{\mu}_n = (\check{\mu}_n)^n.$$

Weil $\check{\mu} = \chi$ und $\check{\mu}_n = \chi_n$ charakteristische Funktionen sind, folgt die Behauptung.

https://doi.org/10.1515/9783111342252-017

c)⟹a) Da χ_n die charakteristische Funktion einer ZV Y ist, können wir auf demselben W-Raum unabhängige Kopien $X_1, \dots, X_n$ von Y konstruieren. Dann gilt

$$\mathbb{E}\, e^{i\langle \xi, X\rangle} = \chi(\xi) = \chi_n^n(\xi) = \left(\mathbb{E}\, e^{i\langle \xi, X_1\rangle}\right)^n = \mathbb{E}\, e^{i\langle \xi, X_1+\dots+X_n\rangle},$$

und es folgt $X \sim X_1 + \dots + X_n$. □

17.3 Beispiel. Die folgenden Verteilungen sind unbegrenzt teilbar. Wir verwenden folgende Notation:

$$p(dx) = \mathbb{P}(X \in dx), \quad \chi(\xi) = \phi_X(\xi) = \mathbb{E}\, e^{i\xi X} \quad \text{und} \quad \chi_n(\xi)^n = \chi(\xi).$$

a) **Degenerierte Verteilung.** Für $p(dx) = \delta_c(dx)$, $c \in \mathbb{R}$, gilt

$$\chi(\xi) = \exp(ic\xi) \quad \text{und} \quad \chi_n(\xi) = \exp\left(i\tfrac{c}{n}\,\xi\right).$$

b) **Poissonverteilung.** Für $p(dx) = \sum\limits_{k=0}^{\infty} e^{-\lambda} \frac{\lambda^k}{k!}\, \delta_k(dx)$, $\lambda > 0$, gilt

$$\chi(\xi) = \exp\left[-\lambda\left(1 - e^{i\xi}\right)\right] \quad \text{und} \quad \chi_n(\xi) = \exp\left[-\tfrac{\lambda}{n}\left(1 - e^{i\xi}\right)\right].$$

c) **Negative Binomialverteilung.** Für $p(dx) = \sum\limits_{k=0}^{\infty} \binom{r+k-1}{k} p^r q^k\, \delta_k(dx)$, $p, q, r > 0$ und $p + q = 1$, gilt

$$\chi(\xi) = \left[p\left(1 - qe^{i\xi}\right)^{-1}\right]^r \quad \text{und} \quad \chi_n(\xi) = \left[p\left(1 - qe^{i\xi}\right)^{-1}\right]^{r/n}.$$

d) **Normalverteilung in $\mathbb{R}$.** Für $p(x) = (2\pi\sigma^2)^{-1/2} \exp\left[-(x-\mu)^2/2\sigma^2\right]$, $\mu \in \mathbb{R}$, $\sigma > 0$, gilt

$$\chi(\xi) = \exp\left[i\mu\xi - \tfrac{\sigma^2}{2}\,\xi^2\right] \quad \text{und} \quad \chi_n(\xi) = \exp\left[i\tfrac{\mu}{n}\,\xi - \tfrac{\sigma^2}{2n}\,\xi^2\right].$$

e) **Normalverteilung in $\mathbb{R}^d$.** Für $p(x) = ((2\pi)^d \det C)^{-\frac{1}{2}} \exp\left[-\frac{1}{2}\langle x - m, C^{-1}(x-m)\rangle\right]$, $m \in \mathbb{R}^d$ und $C \in \mathbb{R}^{d\times d}$ strikt positiv definit, gilt

$$\chi(\xi) = \exp\left[i\langle m, \xi\rangle - \tfrac{1}{2}\langle \xi, C\xi\rangle\right] \quad \text{und} \quad \chi_n(\xi) = \exp\left[i\tfrac{1}{n}\langle m, \xi\rangle - \tfrac{1}{2n}\langle \xi, C\xi\rangle\right].$$

f) **Cauchy-Verteilung in $\mathbb{R}$.** Für $p(x) = \pi^{-1}\lambda\left[\lambda^2 + (x-a)^2\right]^{-1}$, $a \in \mathbb{R}$, $\lambda > 0$, gilt

$$\chi(\xi) = \exp\left[ia\xi - \lambda|\xi|\right] \quad \text{und} \quad \chi_n(\xi) = \exp\left[i\tfrac{a}{n}\,\xi - \tfrac{\lambda}{n}\,|\xi|\right].$$

g) **Cauchy-Verteilung in $\mathbb{R}^d$.** Für $p(x) = \Gamma\left(\frac{d+1}{2}\right)\pi^{-\frac{d+1}{2}}\, t\left[t^2 + |x-a|^2\right]^{-\frac{d+1}{2}}$, $a \in \mathbb{R}^d$, $t > 0$, gilt

$$\chi(\xi) = \exp\left[i\langle a, \xi\rangle - t|\xi|\right] \quad \text{und} \quad \chi_n(\xi) = \exp\left[i\tfrac{1}{n}\langle a, \xi\rangle - \tfrac{t}{n}\,|\xi|\right].$$

h) **Gamma-Verteilung.** Für $p(x) = \Gamma(\alpha)^{-1}\beta^{-\alpha}\, x^{\alpha-1}\, e^{-x/\beta}$, $x, \beta, \alpha > 0$, gilt

$$\chi(\xi) = [1 - i\xi\beta]^{-\alpha} \quad \text{und} \quad \chi_n(\xi) = [1 - i\xi\beta]^{-\alpha/n}.$$

Die folgenden zwei Hilfssätze sind einfache Übungsaufgaben [✍].

17.4 Lemma. *Es seien $X \sim \mu$ und $Y \sim \nu$ unabhängige unbegrenzt teilbare ZV mit Werten in $\mathbb{R}^d$. Dann ist auch $X + Y \sim \mu * \nu$ unbegrenzt teilbar.*

17.5 Lemma. *Es sei $X \sim \mu$ eine ZV mit Werten in $\mathbb{R}^d$ und $X' \sim \mu$ eine unabhängige Kopie. Dann gilt*

$$\mathbb{E}\, e^{i\langle \xi, X-X'\rangle} = \left|\mathbb{E}\, e^{i\langle \xi, X\rangle}\right|^2 \geqslant 0.$$

17.6 Satz. *Es sei $X \sim \mu$ eine unbegrenzt teilbare ZV mit Werten in $\mathbb{R}^d$. Dann hat die charakteristische Funktion keine Nullstellen: $\mathbb{E}\, e^{i\langle \xi, X\rangle} \neq 0$ für alle $\xi \in \mathbb{R}^d$.*

Beweis. Wir schreiben $\chi(\xi) := \mathbb{E}\, e^{i\langle \xi, X\rangle}$. Die Lemmas 17.4 und 17.5 zeigen, dass $|\chi|^2$ die charakteristische Funktion der unbegrenzt teilbaren ZV $X - X'$ ist (X' ist eine unabhängige Kopie von X).

Da $|\chi| \geqslant 0$ ist, können wir Wurzeln ziehen: Für alle $n \in \mathbb{N}$ gibt es wegen der unbegrenzten Teilbarkeit von χ eine geeignete charakteristische Funktion χ_n, so dass

$$|\chi(\xi)|^2 = |\chi_n(\xi)|^{2n} \implies |\chi_n(\xi)|^2 = |\chi(\xi)|^{2/n} \xrightarrow[n\to\infty]{} g(\xi) = \begin{cases} 0, & \text{wenn } \chi(\xi) = 0, \\ 1, & \text{wenn } \chi(\xi) \neq 0. \end{cases}$$

Weil χ stetig und $\chi(0) = 1$ ist, folgt für ein hinreichend kleines $\epsilon > 0$

$$\chi|_{B_\epsilon(0)} \neq 0 \implies g|_{B_\epsilon(0)} \equiv 1;$$

insbesondere ist g stetig bei $\xi = 0$. Wir können nun Lévys Stetigkeitssatz 15.2 anwenden: g ist der punktweise Grenzwert eine Folge von charakteristischen Funktionen und stetig bei $\xi = 0$; daher ist g die charakteristische Funktion einer ZV Y. Weil $g = 1$ in einer Umgebung des Ursprungs ist, gilt $Y \equiv 0$ (Korollar 15.5) und daher ist $g \equiv 1$. Dies zeigt wiederum, dass $\chi(\xi) \neq 0$ für alle $\xi \in \mathbb{R}^d$ gilt. □

Im Beweis von Satz 17.6 haben wir gesehen, dass eine *positive* charakteristische Funktion χ eine n-te Wurzel besitzt,

$$\chi = \chi_n^n \implies \chi_n = \chi^{1/n} = e^{\frac{1}{n}\log \chi},$$

da auf $\mathbb{R}^+$ ein eindeutig bestimmter Logarithmus existiert. Auf $\mathbb{C}$ ist der Logarithmus jedoch mehrdeutig:

$$\log z = \log|z| + i \arg z + 2k\pi i, \quad k \in \mathbb{Z},\ z \in \mathbb{C},$$

und es ist nicht klar, ob eine charakteristische Funktion eine eindeutig bestimmte n-te Wurzel hat; für eine unbegrenzt teilbare charakteristische Funktion χ wissen wir also *a priori* nicht, ob die Zerlegung $\chi = \chi_n^n$ eindeutig ist.

17.7 Lemma. *Eine unbegrenzt teilbare charakteristische Funktion χ hat eine eindeutig bestimmte stetige n-te Wurzel χ_n; diese ist selbst eine charakteristische Funktion.*

Beweis. Nach Definition gilt $\chi = \chi_n^n$ für alle $n \in \mathbb{N}$ mit einer charakteristischen Funktion χ_n; insbesondere ist χ_n stetig. Wir nehmen an, dass es eine weitere stetige Funktion ϕ_n gibt, für die $\chi = \phi_n^n$ gilt. Aus Satz 17.6 wissen wir, dass $\chi_n \neq 0$ ist, also gilt

$$\left(\frac{\phi_n}{\chi_n}\right)^n \equiv 1 \quad \text{und} \quad \phi_n(0) = \chi_n(0) = 1.$$

Mithin ist ϕ_n/χ_n eine komplexe n-te Einheitswurzel, d.h.

$$\frac{\phi_n}{\chi_n} : \mathbb{R}^d \to \left\{\exp\left(2\pi i \tfrac{k}{n}\right) \mid k = 0, 1, \dots, n-1\right\}.$$

Andererseits ist ϕ_n/χ_n stetig und $\phi_n(0) = \chi_n(0) = 1$, was nur für $\phi_n/\chi_n \equiv 1$ möglich ist. □

Lemma 17.7 zeigt, dass auch im Komplexen $\chi_n(\xi) = \exp\left[\frac{1}{n}\log\chi(\xi)\right]$ gilt, allerdings darf man $\log\chi$ *auf keinen Fall* als Komposition der charakteristischen Funktion χ mit einem festen Zweig des komplexen Logarithmus $z \mapsto \log z$ verstehen, vgl. Beispiel 17.8.

17.8 Beispiel. Wir betrachten die degenerierte Verteilung aus Beispiel 17.3.a): $X \equiv 1$, $\mathbb{P}(X \in dx) = \delta_1(dx)$ und $\chi(\xi) = e^{i\xi}$. Offensichtlich gilt $X = 1 = \frac{1}{n} + \frac{1}{n} + \dots + \frac{1}{n}$, d.h. $X_1 = X_2 = \dots = X_n = \frac{1}{n}$ und $\chi_n(\xi) = e^{i\frac{1}{n}\xi}$. Aber $\log\chi(\xi) = i\xi$ kann für *keinen festen Zweig* von $\log z$ gelten! Die Wahl des Zweiges hängt davon ab, in welchem der folgenden Intervalle sich $\xi \in \mathbb{R}$ befindet:

$$\overbrace{\dots(-5\pi, -3\pi],\ (-3\pi, -\pi]}^{\text{Nebenzweige}},\ \underbrace{(-\pi, \pi]}_{\text{Hauptzweig}},\ \overbrace{(\pi, 3\pi],\ (3\pi, 5\pi],\ \dots}^{\text{Nebenzweige}}$$

Diese Situation ist in Abb. 17.1 grafisch dargestellt.

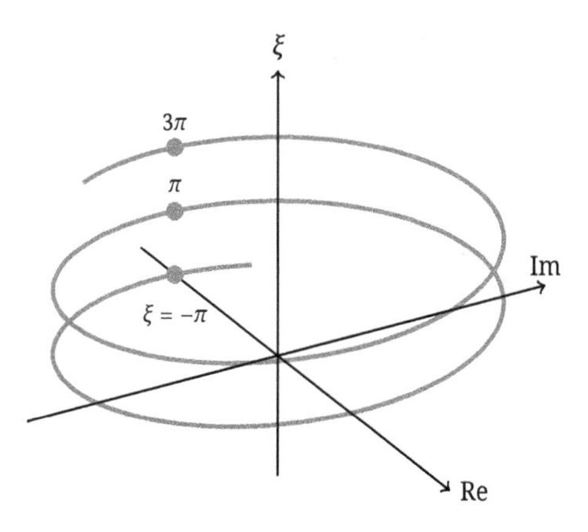

Abb. 17.1: Darstellung von $\xi \mapsto e^{i\xi}$ als Schraubenlinie. An den Stellen $\xi = -\pi, \pi, 3\pi$ wechselt jeweils der benötigte Zweig des komplexen Logarithmus, so dass $\log e^{i\xi} = i\xi$ überhaupt gelten kann. Der Koordinatenkreuz ist in der Abbildung an der Stelle $(0, 0, -\pi)$ zentriert.

Das Beispiel zeigt jedoch, dass wir *lokal* einen festen Zweig des Logarithmus verwenden können. Wir schreiben $\mathbb{D}_r(z_0) = \{z \in \mathbb{C} \mid |z - z_0| < r\}$ für die offene Kreisscheibe in $\mathbb{C}$ mir Radius $r > 0$ und Zentrum z_0. Ab sofort bezeichnet $\log z$ den Hauptzweig des komplexen Logarithmus, der auf $\mathbb{D}_1(1)$ durch eine konvergente Potenzreihe gegeben ist

$$\log z = \sum_{k=1}^{\infty} \frac{(-1)^{k-1}}{k}(z-1)^k, \quad z \in \mathbb{D}_1(1). \tag{17.1}$$

Die Darstellung (17.1) zeigt insbesondere, dass der Hauptzweig es Logarithmus auf $\mathbb{D}_1(1)$ stetig ist.

17.9 Lemma. *Es sei $\chi(\xi)$ eine charakteristische Funktion, die keine Nullstellen hat. Für jedes $r > 0$ existiert eine stetige Funktion Θ_r auf $B_r(0) = \left\{\xi \in \mathbb{R}^d \mid |\xi| < r\right\}$, so dass $\Theta_r(0) = 0$ und $\chi(\xi) = \exp\left[\Theta_r(\xi)\right]$ für alle $\xi \in B_r(0)$.*

Beweis. Wir wählen ein festes $r > 0$ und definieren $K_r(0) := \overline{B_r(0)} = \left\{\xi \in \mathbb{R}^d \mid |\xi| \leqslant r\right\}$. Da χ stetig ist und keine Nullstellen besitzt, gilt

$$\kappa := \kappa(r) := \inf_{\xi \in K_r(0)} |\chi(\xi)| > 0.$$

Auf der kompakten Menge $K_r(0)$ ist χ gleichmäßig stetig und daher gilt

$$\exists h = h(\kappa) \quad \forall \xi, \eta \in K_r(0), \ |\xi - \eta| < h \ : \ |\chi(\xi) - \chi(\eta)| \leqslant \frac{\kappa}{8}. \tag{17.2}$$

Wir wählen eine Partition $0 = t_0 < t_1 < \cdots < t_n = 1$ mit Feinheit $\max\limits_{1 \leqslant k \leqslant n}(t_k - t_{k-1}) \leqslant \frac{h}{r}$. Dann haben wir

$$\forall \xi \in K_r(0) \quad \forall 1 \leqslant k \leqslant n \ : \ |t_k \xi - t_{k-1}\xi| < \frac{h}{r}|\xi| \leqslant h.$$

Insbesondere ist für beliebiges $\xi \in K_r(0)$

$$\left|\frac{\chi(t_k\xi)}{\chi(t_{k-1}\xi)} - 1\right| = \frac{1}{|\chi(t_{k-1}\xi)|}\left|\chi(t_k\xi) - \chi(t_{k-1}\xi)\right| < \frac{1}{\kappa} \cdot \frac{\kappa}{8} = \frac{1}{8}. \tag{17.3}$$

Wir können daher den Hauptzweig des Logarithmus verwenden, um Θ_r auf $B_r(0)$ zu konstruieren. Für $\xi \in B_r(0)$ sei

$$\Theta_r(\xi) := \sum_{k=1}^{n} \log \frac{\chi(t_k\xi)}{\chi(t_{k-1}\xi)}, \quad \text{da} \quad \frac{\chi(t_k\xi)}{\chi(t_{k-1}\xi)} \in \mathbb{D}_{1/8}(1) \subset \mathbb{D}_1(1). \tag{17.4}$$

Auf Grund der Konstruktion gilt $\Theta_r(0) = 0$, und für $\xi \in B_r(0)$ ist

$$\exp\left[\Theta_r(\xi)\right] = \prod_{k=1}^{n} \exp\left[\log \frac{\chi(t_k\xi)}{\chi(t_{k-1}\xi)}\right] = \prod_{k=1}^{n} \frac{\chi(t_k\xi)}{\chi(t_{k-1}\xi)} = \chi(\xi).$$

Die Stetigkeit von Θ_r auf $B_r(0)$ folgt unmittelbar aus der Darstellung (17.4), da der Hauptzweig des Logarithmus stetig und die Summe endlich ist. □

Der in Lemma 17.9 konstruierte Exponent Θ_r ist sogar eindeutig. Das erlaubt es uns, durch »Stückeln« einen eindeutigen Exponenten auf ganz $\mathbb{R}^d$ zu definieren.[29]

17.10 Satz. *Es sei $\chi(\xi)$ eine charakteristische Funktion, die keine Nullstellen hat. Dann gibt es genau eine stetige Funktion $\Theta : \mathbb{R}^d \to \mathbb{C}$, so dass $\Theta(0) = 0$ und $\chi(\xi) = \exp[\Theta(\xi)]$ für alle $\xi \in \mathbb{R}^d$. Man nennt Θ auch den* charakteristischen Exponent *von χ.*

- Wir können Korollar 17.9 und Satz 17.10 insbesondere auf unbegrenzt teilbare charakteristische Funktionen anwenden, die nach Satz 17.6 nullstellenfrei sind.
- Der in Satz 17.10 definierte charakteristische Exponent wird in der englischsprachigen Literatur oft als *distinguished logarithm* bezeichnet.

!

Beweis von Satz 17.10. Wir wählen ein festes $r > 0$. Es seien Θ und Ψ zwei stetige Funktionen auf $B_r(0)$, so dass $\Theta(0) = 0 = \Psi(0)$ und $\exp[\Theta(\xi)] = \exp[\Psi(\xi)]$, $\xi \in B_r(0)$. Mithin gilt

$$\exp[\Theta(\xi) - \Psi(\xi)] = 1 \implies \Theta(\xi) - \Psi(\xi) = 2\pi i n_\xi, \quad n_\xi \in \mathbb{Z}.$$

Wegen $\Theta(0) = \Psi(0) = 0$ folgt aus der Stetigkeit von Θ und Ψ, dass $n_\xi = 0$, d.h. $\Theta \equiv \Psi$ auf $B_r(\xi)$.

Insbesondere folgt, dass die in Lemma 17.9 konstruierte Funktion Θ_r auf $B_r(0)$ die einzige stetige Funktion mit $\Theta_r(0) = 0$ und $\chi = \exp \Theta_r$ ist. Insbesondere ist für beliebiges $R > r$ auch $\Theta_R|_{B_r(0)} \equiv \Theta_r$. Daher wird durch

$$\Theta(\xi) := \Theta_r(\xi), \quad \xi \in B_r(0), \; r > 0,$$

auf $\mathbb{R}^d$ eine stetige Funktion definiert, die durch $\Theta(0) = 0$ und $\exp\Theta = \chi$ eindeutig bestimmt ist. □

Wir notieren noch eine unmittelbare Konsequenz aus der Konstruktion des charakteristischen Exponenten Θ:

17.11 Korollar. *Es sei $\chi^{(\nu)}$, $\nu \in \mathbb{N}$, eine Folge von unbegrenzt teilbaren charakteristischen Funktionen, die für $\nu \to \infty$ lokal gleichmäßig gegen eine Funktion ϕ konvergieren. Dann konvergieren die charakteristischen Exponenten $\Theta^{(\nu)}$ lokal gleichmäßig gegen eine Funktion Θ, und es gilt $\phi = e^{\Theta}$.*

Beweis. Es genügt, für ein festes (aber beliebiges) $r > 0$ die lokal gleichmäßige Konvergenz in $B_r(0)$ zu betrachten. In diesem Fall können wir den Exponenten Θ aus Satz 17.10 durch die Darstellung (17.4) konkret angeben. Aufgrund der lokal gleichmäßigen Konvergenz von $\chi^{(\nu)} \to \phi$ gelten die Ungleichungen (17.2), (17.3) für beliebige $\chi = \chi^{(\nu)}$ mit

---

29 Vergleichen Sie den folgenden Satz 17.10 mit der Aussage von Lemma 16.8 für *ganz-analytische* charakteristische Funktionen.

$\nu \gg 1$ und $\frac{1}{4}$ (statt $\frac{1}{8}$). Da der charakteristische Exponent $\Theta^{(\nu)}$ von $\chi^{(\nu)}$ durch (17.4) gegeben ist, vererbt sich die lokal gleichmäßige Konvergenz der Folge $\chi^{(\nu)}$ auf die Folge $\Theta^{(\nu)}$, und es folgt, dass $\lim_{\nu\to\infty}\Theta^{(\nu)} = \Theta$ für eine stetige Funktion Θ mit $\Theta(0) = 0$ gilt. Insbesondere ist dann $\phi = \exp\Theta$. □

Mit Hilfe von Satz 17.10 und Korollar 17.11 können wir das folgende Stabilitätsresultat für unbegrenzt teilbare ZV relativ einfach zeigen.

17.12 Satz. *Es sei $(\chi^{(\nu)})_{\nu\in\mathbb{N}}$ eine Folge von unbegrenzt teilbaren charakteristischen Funktionen, so dass der Grenzwert $\chi(\xi) = \lim_{\nu\to\infty}\chi^{(\nu)}(\xi)$ für alle ξ existiert und an der Stelle $\xi = 0$ stetig ist. Dann ist der Grenzwert lokal gleichmäßig und χ ist eine unbegrenzt teilbare charakteristische Funktion.*

! Wegen Satz 9.18 (oder Satz 15.2) entspricht die Verteilungskonvergenz von ZV der punktweisen Konvergenz der charakteristischen Funktionen. Daher können wir Satz 17.12 auch folgendermaßen lesen: *Es sei $(X^{(\nu)})_{\nu\in\mathbb{N}}$ eine Folge von unbegrenzt teilbaren ZV, die in Verteilung gegen eine ZV X konvergiert. Dann ist auch X unbegrenzt teilbar.*

Beweis von Satz 17.12. Mit Hilfe des der Stetigkeitssatzes von Lévy (Satz 15.2) sehen wir, dass der punktweise Limes χ eine charakteristische Funktion ist und dass daher die Konvergenz $\lim_{\nu\to\infty}\chi^{(\nu)} = \chi$ sogar lokal gleichmäßig ist.

Korollar 17.11 lehrt nun, dass die charakteristischen Exponenten $\Theta^{(\nu)}$ der $\chi^{(\nu)}$ lokal gleichmäßig gegen eine Funktion Θ konvergieren, für die $\chi = \exp\Theta$ gilt. Aufgrund der gleichmäßigen Konvergenz erbt Θ die Stetigkeit der $\Theta^{(\nu)}$ und es gilt $\Theta(0) = 0$.

Wir müssen noch zeigen, dass χ unbegrenzt teilbar ist. Auf Grund der unbegrenzten Teilbarkeit der $\chi^{(\nu)}$ ist $\left(\chi^{(\nu)}\right)^{1/n} = \exp\left[\frac{1}{n}\Theta^{(\nu)}\right]$ für jedes $n \in \mathbb{N}$ eine charakteristische Funktion. Wir wissen außerdem, dass $\lim_{\nu\to\infty}\exp\left[\frac{1}{n}\Theta^{(\nu)}\right] = \exp\left[\frac{1}{n}\Theta\right]$. Daher ist nach Lévys Stetigkeitssatz der Grenzwert wieder eine charakteristische Funktion, und wegen $\left(\exp\left[\frac{1}{n}\Theta\right]\right)^n = \exp\Theta = \chi$ folgt auch die unbegrenzte Teilbarkeit von χ. □

17.13 Korollar. *χ ist genau dann eine unbegrenzt teilbare charakteristische Funktion, wenn χ^t für beliebige $t > 0$ eine unbegrenzt teilbare charakteristische Funktion ist.*

Korollar 17.13 erlaubt es uns, »gebrochene« Faltungen μ^{*t} einer unbegrenzt teilbaren Verteilung μ zu definieren: Wenn $\widetilde{\mu} = \chi$ die charakteristische Funktion von μ ist, dann definiert die inverse Fouriertransformation $\widetilde{\nu} := \chi^t$ ein eindeutig bestimmtes W-Maß ν, das wir mit μ^{*t} bezeichnen.

Beweis. Die Richtung »$\Leftarrow$« folgt mit $t = 1$.

Umgekehrt sei χ eine unbegrenzt teilbare charakteristische Funktion. Für $t = \frac{1}{N}$, $N \in \mathbb{N}$, folgt die Behauptung direkt aus Definition 17.1: Ist $n \in \mathbb{N}$, dann haben wir

$$\chi^{\frac{1}{N}} = \left(\chi^{\frac{1}{N}\frac{1}{n}}\right)^n = \left(\chi^{\frac{1}{Nn}}\right)^n.$$

Da $\chi^{\frac{1}{Nn}}$ eine charakteristische Funktion ist, sehen wir, dass $\chi^{\frac{1}{N}}$ unbegrenzt teilbar ist.

Den Fall $t = K \in \mathbb{N}$ erledigen wir mit Lemma 17.4, und die bisherige Diskussion zeigt die Behauptung für alle $t = K/N \in \mathbb{Q}^+$. Schließlich sei $t > 0$ beliebig. Wir approximieren nun t mit einer Folge $q_n \in \mathbb{Q}^+$. Aus Satz 17.10 folgt, dass $\chi^{q_n} = \exp[q_n\Theta]$ und $\chi = \exp[\Theta]$ gilt. Daher folgt aus Satz 17.12, dass

$$e^{t\Theta} = \lim_{n\to\infty} e^{q_n\Theta} = \lim_{n\to\infty} \chi^{q_n}$$

als (an der Stelle $\xi = 0$ stetiger!) Grenzwert einer Folge von unbegrenzt teilbaren Funktionen selbst unbegrenzt teilbar ist. Weil $\exp[t\Theta] = \chi^t$ gilt, folgt die Behauptung. □

Wir wollen nun zwei Konstruktionsverfahren für unbegrenzt teilbare charakteristische Funktionen besprechen; diese erlauben auch interessante Rückschlüsse auf deren allgemeine Struktur.

17.14 Lemma. *Es sei ϕ_X die charakteristische Funktion einer beliebigen ZV $X : \Omega \to \mathbb{R}^d$. Für alle $t > 0$ ist*

$$\chi(\xi) := \exp\left[-t(1 - \phi_X(\xi))\right] \tag{17.5}$$

eine unbegrenzt teilbare charakteristische Funktion.

Beweis. Es sei $n \in \mathbb{N}$ und $n > t$. Dann ist

$$\chi_n(\xi) := \left[(1 - \tfrac{t}{n}) + \tfrac{t}{n}\phi_X(\xi)\right]^n = \left[1 - \tfrac{t}{n}(1 - \phi_X(\xi))\right]^n$$

die charakteristische Funktion der ZV $\sum_{k=1}^n B_k X_k$. Die in dieser Summe auftretenden ZV $B_1, \dots, B_n, X_1, \dots, X_n$ sind unabhängig, die B_k sind iid Bernoulli $\mathsf{B}\left(\frac{t}{n}\right)$-verteilt und die X_k sind iid Kopien von X. Wegen Lévys Stetigkeitssatz 15.2 ist

$$\chi(\xi) = \lim_{n\to\infty} \chi_n(\xi) = \exp\left[-t(1 - \phi_X(\xi))\right]$$

auch eine charakteristische Funktion, die wegen $\chi(\xi) = \left(\exp\left[-\frac{t}{n}(1 - \phi_X(\xi))\right]\right)^n$ offenkundig unbegrenzt teilbar ist. □

Es gilt auch folgende Umkehrung von Lemma 17.14.

17.15 Lemma (de Finetti). *Eine charakteristische Funktion $\chi : \mathbb{R}^d \to \mathbb{C}$ ist genau dann unbegrenzt teilbar, wenn*

$$\chi(\xi) = \lim_{n\to\infty} \exp\left[-t_n(1 - \phi_n(\xi))\right] \tag{17.6}$$

für eine Folge $t_n > 0$ und eine Folge charakteristischer Funktionen $\phi_n : \mathbb{R}^d \to \mathbb{C}$ gilt. Die Konvergenz der charakteristischen Funktionen ist lokal gleichmäßig.
Zusatz: *Man kann stets $t_n = n$ und $\phi_n = \chi^{1/n}$ wählen.*

Beweis. »⇒«: Wenn χ unbegrenzt teilbar ist, dann gilt nach Satz 17.10, dass $\chi = \exp[\Theta]$. Insbesondere ist dann

$$\frac{-\left(1 - \exp\left[\frac{1}{n}\Theta\right]\right)}{1/n} \xrightarrow[n\to\infty]{} \Theta.$$

Weil χ unbegrenzt teilbar ist, ist $\phi_n := \exp\left[\frac{1}{n}\Theta\right] = \chi^{1/n}$ eine charakteristische Funktion, und wir erhalten (17.6) mit $t_n = \frac{1}{n}$.

»$\Leftarrow$«: Nun gelte (17.6). Lemma 17.14 zeigt, dass $\exp\left[-t_n\left(1-\phi_n\right)\right]$ unbegrenzt teilbar ist und nach Satz 17.12 ist dann der (nach Voraussetzung stetige) Grenzwert χ wieder unbegrenzt teilbar. Satz 17.12 zeigt auch, dass der Grenzwert lokal gleichmäßig ist. □

Wir können die zur Approximation von Lemma 17.15 gehörenden ZV konkret angeben.

17.16 Bemerkung. Es sei $P \sim \mathrm{Poi}(t)$ eine Poisson-Zufallsvariable mit Parameter $t > 0$, d.h. $\mathbb{P}(P = k) = e^{-t}t^k/k!$ für $k \in \mathbb{N}_0$. Weiter seien $X_1, X_2, \dots$ d-dimensionale iid ZV, deren charakteristische Funktion wir mit $\phi_X(\xi)$ bezeichnen. Wir nehmen auch an, dass die Folge $(X_n)_{n\in\mathbb{N}}$ und die Poisson-ZV P unabhängig sind. Die Partialsumme

$$S_0(\omega) := 0 \quad \text{und} \quad S_P(\omega) := S_{P(\omega)}(\omega) = X_1(\omega) + X_2(\omega) + \cdots + X_{P(\omega)}(\omega),$$

heißt *zusammengesetzte Poissonverteilung* (engl. *compound Poisson distribution*). Da die ZV unabhängig sind, können wir die charakteristische Funktion von S_P relativ einfach ausrechnen:

$$\begin{aligned}\mathbb{E}\, e^{i\langle\xi,\, S_P\rangle} = \mathbb{E}\left[\sum_{k=0}^{\infty} e^{i\langle\xi,\, S_k\rangle}\mathbb{1}_{\{P=k\}}\right] &\overset{\mathbb{X}\perp\!\!\!\perp P}{=} \sum_{k=0}^{\infty}\mathbb{E}\left[e^{i\langle\xi,\, S_k\rangle}\right]\mathbb{P}(P=k)\\ &= e^{-t} + \sum_{k=1}^{\infty}\mathbb{E}\left[e^{i\langle\xi,\, X_1+\cdots+X_k\rangle}\right]e^{-t}\frac{t^k}{k!}.\end{aligned}$$

Weil die X_n, $n \in \mathbb{N}$, iid sind, gilt

$$\mathbb{E}\, e^{i\langle\xi,\, S_P\rangle} = e^{-t} + \sum_{k=1}^{\infty}\left(\mathbb{E}\left[e^{i\langle\xi,\, X_1\rangle}\right]\right)^k e^{-t}\frac{t^k}{k!} = e^{-t}\sum_{k=0}^{\infty}\phi_X^k(\xi)\frac{t^k}{k!} = \exp\left[-t\left(1-\phi_X(\xi)\right)\right].$$

Das zeigt, dass wir de Finettis Satz (Lemma 17.15) auch so formulieren könnten: *Jede unbegrenzt teilbare ZV ist in Verteilung der Grenzwert einer Folge von zusammengesetzten Poisson-verteilten ZV.*

Die Lévy-Khintchin-Formel

Wir werden nun alle unbegrenzt teilbaren charakteristischen Funktionen beschreiben. Dazu reicht es aus, eine eindeutige Darstellung für den charakteristischen Exponenten (vgl. Satz 17.10) anzugeben.

17.17 Satz (Lévy; Khintchin). *Es sei $X : \Omega \to \mathbb{R}^d$ eine unbegrenzt teilbare ZV. Dann hat die charakteristische Funktion χ die Form $\chi = \exp(-\psi)$ mit dem charakteristischen Exponent $\psi : \mathbb{R}^d \to \mathbb{C}$, der durch die Lévy-Khintchin-Darstellung gegeben ist:*

$$\psi(\xi) = -i\langle\ell,\, \xi\rangle + \frac{1}{2}\langle\xi,\, Q\xi\rangle + \int\limits_{y\neq 0}\left(1 - e^{i\langle y,\, \xi\rangle} + \frac{i\langle y,\, \xi\rangle}{1+|y|^2}\right)\nu(dy). \tag{17.7}$$

Das Tripel (ℓ, Q, ν), bestehend aus einem Vektor $\ell \in \mathbb{R}^d$, einer symmetrischen positiv semidefiniten Matrix $Q \in \mathbb{R}^{d\times d}$ und einem Maß ν auf $\mathbb{R}^d \setminus \{0\}$, so dass $\int_{y\neq 0} \frac{|y|^2}{1+|y|^2}\,\nu(dy) < \infty$, wird durch die Formel (17.7) *eindeutig bestimmt.*

17.18 Definition. Die Formel (17.7) heißt *Lévy-Khintchin-Formel*, das Tripel (ℓ, Q, ν) mit den in Satz 17.7 angegebenen Eigenschaften heißt *Lévy-Tripel* und das Maß ν nennt man *Lévy-Maß*.

!

- Die Darstellung (17.7) zeigt insbesondere, dass ψ stetig ist.
- Mit Hilfe der Ungleichung $\frac{t^2}{1+t^2} \leqslant t^2 \wedge 1 \leqslant \frac{2t^2}{1+t^2}$ sehen wir, dass die Integrabilitätsbedingung für das Lévy-Maß ν auch durch $\nu(\mathbb{R}^d \setminus B_\epsilon(0)) < \infty$ und $\int_{0<|y|<\epsilon} |y|^2\,\nu(dy) < \infty$ für ein (äquivalent: für alle) $\epsilon > 0$ ausgedrückt werden kann.

Der Beweis von Satz 17.17 beruht auf der folgenden nicht-trivialen Kompaktheitsaussage aus der Maßtheorie, die wir hier nicht beweisen werden. Wir verweisen dafür auf [MI, Korollar 27.12 und Satz 27.9].

17.19 Satz. *Es sei $(\rho_n)_{n\in\mathbb{N}}$ eine Familie von Maßen auf $\big(\mathbb{R}^d, \mathscr{B}(\mathbb{R}^d)\big)$, die*

a) *straff ist: $\forall \epsilon > 0\ \exists K = K_\epsilon$ kompakt : $\sup_{n\in\mathbb{N}} \rho_n(K^c) \leqslant \epsilon$,*

b) *gleichmäßig beschränkt ist: $\exists c < \infty$: $\sup_{n\in\mathbb{N}} \rho_n(\mathbb{R}^d) \leqslant c$.*

Dann existieren eine Teilfolge $(\rho_{n(k)})_{k\in\mathbb{N}} \subset (\rho_n)_{n\in\mathbb{N}}$ und ein endliches Maß ρ, so dass $(\rho_{n(k)})_{k\in\mathbb{N}}$ schwach gegen ρ konvergiert, d.h. es gilt $\lim_{k\to\infty} \int f\,d\rho_{n(k)} = \int f\,d\rho$ für alle $f \in C_b(\mathbb{R}^d)$.

Für die weiteren Überlegungen benötigen wir noch zwei elementare Hilfsresultate.

17.20 Lemma. a) $1 - \dfrac{\sin t}{t} \geqslant \dfrac{1}{2}$ *für alle* $|t| \geqslant 2$;

b) $1 - \dfrac{\sin t}{t} \geqslant \dfrac{1}{14}\,\dfrac{t^2}{1+t^2}$ *für alle* $t \in \mathbb{R}$.

Beweis. Da $(\sin t)/t$ eine gerade Funktion ist, reicht es aus, $t \geqslant 0$ zu betrachten. Die Ungleichung in a) folgt aus

$$1 - \frac{\sin t}{t} \geqslant 1 - \frac{1}{t} \geqslant 1 - \frac{1}{2} = \frac{1}{2}, \qquad t \geqslant 2.$$

Um b) zu zeigen, beachten wir, dass für $t \geqslant 2$

$$1 - \frac{\sin t}{t} \overset{\text{a)}}{\geqslant} \frac{1}{2} \geqslant \frac{1}{14} \geqslant \frac{1}{14}\,\frac{t^2}{1+t^2}$$

gilt, d.h. es genügt, $0 \leqslant t \leqslant 2$ zu untersuchen. Weil der Sinus auf $[0, \pi]$ konkav ist, erhalten wir (ähnlich wie in Abbildung 7.1) $\sin u \geqslant \frac{1}{2}\sin 2 \cdot u$ wenn $u \in [0, 2]$. Das zeigt dann für $t \in [0, 2]$

$$1 - \frac{\sin t}{t} = \frac{1}{t}\int_0^t\int_0^s \sin u\,du\,ds \geqslant \frac{\sin 2}{2}\,\frac{1}{t}\int_0^t\int_0^s u\,du\,ds = \frac{\sin 2}{12}\,t^2 \geqslant \frac{1}{14}\,\frac{t^2}{1+t^2}. \qquad \square$$

17.21 Lemma. *Es gilt*

$$\left|1 - e^{i\langle y,\xi\rangle} + \frac{i\langle y,\xi\rangle}{1+|y|^2}\right| \leqslant 2\frac{|y|^2}{1+|y|^2}(1+|\xi|^2), \quad y,\xi \in \mathbb{R}^d.$$

Beweis. Für $t \geqslant 0$ gilt

$$\left|1 - e^{it} + it\right| = \left|\int_0^t \left(1 - e^{is}\right) ds\right| \leqslant \int_0^t s \wedge 2\, ds \leqslant \int_0^t s\, ds = \tfrac{1}{2}t^2.$$

Diese Abschätzung können wir für $t = |\langle y,\xi\rangle| \leqslant |y| \cdot |\xi|$ in der folgenden Rechnung verwenden.

$$\begin{aligned}\left|(1+|y|^2) - (1+|y|^2)e^{i\langle y,\xi\rangle} + i\langle y,\xi\rangle\right| &= \left|\left(1 - e^{i\langle y,\xi\rangle} + i\langle y,\xi\rangle\right) + |y|^2\left(1 - e^{i\langle y,\xi\rangle}\right)\right| \\ &\leqslant \left|1 - e^{i\langle y,\xi\rangle} + i\langle y,\xi\rangle\right| + |y|^2\left|1 - e^{i\langle y,\xi\rangle}\right| \\ &\leqslant \tfrac{1}{2}|y|^2 \cdot |\xi|^2 + 2|y|^2 \\ &\leqslant 2|y|^2(1+|\xi|)^2.\end{aligned}$$

Indem wir durch $1 + |y|^2$ dividieren, folgt die Behauptung. □

Beweis von Satz 17.17. Lemma 17.21 zeigt, dass das Integral in (17.7) konvergiert.

Gemäß de Finettis Satz, Lemma 17.15, gibt es eine Familie $(\mu_n)_{n\in\mathbb{N}}$ von W-Maßen auf $\mathbb{R}^d$, so dass

$$\psi(\xi) = \lim_{n\to\infty} \frac{1-\phi_n(\xi)}{1/n} = \lim_{n\to\infty} \int_{\mathbb{R}^d} \left(1 - e^{i\langle y,\xi\rangle}\right) n\mu_n(dy) \tag{17.8}$$

lokal gleichmäßig für alle $\xi \in \mathbb{R}^d$ gilt. Integrieren wir diesen Ausdruck auf beiden Seiten, dann erhalten wir wegen der lokal gleichmäßigen Konvergenz und mit dem Satz von Fubini

$$\frac{1}{2h}\int_{-h}^{h} \psi(t\xi)\, dt = \lim_{n\to\infty} \int_{\mathbb{R}^d} \left(1 - \frac{\sin h\langle y,\xi\rangle}{h\langle y,\xi\rangle}\right) n\mu_n(dy). \tag{17.9}$$

Wir zeigen nun, dass die Familie $(\rho_n)_{n\in\mathbb{N}}$, $\rho_n(dy) = |y|^2(1+|y|^2)^{-1} n\mu_n(dy)$, die Voraussetzungen von Satz 17.19 erfüllt.

1^0 *Straffheit.* Für $h \to 0$ konvergiert der Ausdruck auf der linken Seite von (17.9) gegen $\psi(0) = 0$, d.h. für alle $\epsilon > 0$, hinreichend kleine $h \leqslant h(\epsilon)$ und $\langle y,\xi\rangle \geqslant 2/h$ können wir Lemma 17.20 anwenden:

$$\begin{aligned}\frac{\epsilon}{d^2} \geqslant \lim_{n\to\infty} \int_{\mathbb{R}^d} \left(1 - \frac{\sin h\langle y,\xi\rangle}{h\langle y,\xi\rangle}\right) n\mu_n(dy) &\geqslant \limsup_{n\to\infty} \int_{|\langle y,\xi\rangle| \geqslant \frac{2}{h}} \left(1 - \frac{\sin h\langle y,\xi\rangle}{h\langle y,\xi\rangle}\right) n\mu_n(dy) \\ &\geqslant \limsup_{n\to\infty} \int_{|\langle y,\xi\rangle| \geqslant \frac{2}{h}} \frac{1}{2}\frac{\langle y,\xi\rangle^2}{1+\langle y,\xi\rangle^2}\, n\mu_n(dy).\end{aligned}$$

Wir setzen nun $\xi = e_k$, $k = 1, \dots, d$, und bemerken, dass der Integrand nach unten durch $\frac{1}{2}y_k^2/(1+|y|^2)$, abgeschätzt werden kann. Wenn wir die elementare Ungleichung

$$\frac{1}{d}|y|^2 \mathbb{1}_{\{|y|\geqslant 2d/h\}} \leqslant \max_{1\leqslant k\leqslant d} y_k^2 \mathbb{1}_{\{\max_{1\leqslant k\leqslant d}|y_k|\geqslant 2/h\}} \leqslant \sum_{k=1}^{d} y_k^2 \mathbb{1}_{\{|y_k|\geqslant 2/h\}}$$

beachten, ergibt sich

$$\exists N_\epsilon \in \mathbb{N} \quad \forall n \geqslant N_\epsilon \quad \forall h \leqslant h(\epsilon) \; : \; \rho_n\left(\left\{|y| \geqslant \tfrac{2d}{h}\right\}\right) \stackrel{\text{def}}{=} \int\limits_{|y|\geqslant\frac{2d}{h}} \frac{|y|^2}{1+|y|^2}\, n\mu_n(dy) \leqslant 3\epsilon.$$

Weil wir $h(\epsilon)$ verkleinern dürfen, können wir mit Hilfe der Maßstetigkeit erreichen, dass die selbe Abschätzung auch für die Maße $\rho_1, \dots, \rho_{N_\epsilon - 1}$ gilt, d.h. die Familie $(\rho_n)_{n\in\mathbb{N}}$ ist straff.

2^0 *Beschränktheit.* Wir wählen in (17.9) $h = 1$. Dann folgt aus Lemma 17.20

$$\begin{aligned}\frac{1}{2}\int_{-1}^{1} \psi(t\xi)\,dt &= \lim_{n\to\infty} \int\limits_{\mathbb{R}^d} \left(1 - \frac{\sin\langle y,\,\xi\rangle}{\langle y,\,\xi\rangle}\right) n\mu_n(dy) \\ &\geqslant \limsup_{n\to\infty} \frac{1}{14} \int\limits_{\mathbb{R}^d} \frac{\langle y,\,\xi\rangle^2}{1+\langle y,\,\xi\rangle^2}\, n\mu_n(dy).\end{aligned}$$

Wie im Schritt 1^0 setzen wir $\xi = e_k$, beachten, dass $y_k^2(1+y_k^2)^{-1} \geqslant y_k^2(1+|y|^2)^{-1}$ gilt, und summieren über $k = 1, \dots, d$. Daraus ergibt sich

$$\limsup_{n\to\infty} \int \frac{|y|^2}{1+|y|^2}\, n\mu_n(dy) \leqslant 7 \sum_{k=1}^{d} \int_{-1}^{1} \psi(te_k)\,dt < \infty,$$

und die gleichmäßige Beschränktheit ist gezeigt.

3^0 *Herleitung der Integraldarstellung.* Nun können wir Satz 17.19 anwenden und finden eine Teilfolge $(n(k))_{k\in\mathbb{N}}$, so dass

$$\rho_{n(k)}(dy) = \frac{|y|^2}{1+|y|^2}\, n(k)\mu_{n(k)}(dy) \xrightarrow[k\to\infty]{\text{schwach}} \rho(dy)$$

für ein endliches Maß ρ gilt. Ohne Beschränkung der Allgemeinheit bezeichnen wir diese Teilfolge wiederum mit $(\rho_n)_{n\in\mathbb{N}}$.

Es sei χ_r eine stetige Funktion auf $\mathbb{R}^d$, die $\mathbb{1}_{B_r(0)} \leqslant \chi_r \leqslant \mathbb{1}_{B_{2r}(0)}$ erfüllt. Weiterhin verwenden wir die Gleichheit

$$1 - e^{i\langle y,\,\xi\rangle} + i\langle y,\,\xi\rangle = \frac{1}{2}\langle y,\,\xi\rangle^2 e^{i\theta\langle y,\,\xi\rangle}, \quad \theta = \theta(y,\xi) \in (0,1),\; y, \xi \in \mathbb{R}^d,$$

die man mit Hilfe der Taylorreihe erhält; diese Identität zeigt insbesondere, dass der Parameter $\theta = \theta(y, \xi)$ stetig von y und ξ abhängt. Es gilt

$$
\begin{aligned}
\psi(\xi) &= \lim_{n\to\infty} \int_{\mathbb{R}^d} \left(1 - e^{i\langle y,\xi\rangle}\right) n\mu_n(dy) \\
&= \lim_{n\to\infty} \left[-\int_{\mathbb{R}^d} \frac{i\langle y,\xi\rangle}{1+|y|^2}\, n\mu_n(dy) + \int_{\mathbb{R}^d} \left(1 - e^{i\langle y,\xi\rangle} + \frac{i\langle y,\xi\rangle}{1+|y|^2}\right) n\mu_n(dy) \right] \\
&= \lim_{n\to\infty} \left[-\int_{\mathbb{R}^d} \frac{i\langle y,\xi\rangle}{1+|y|^2}\, n\mu_n(dy) + \int_{\mathbb{R}^d} \chi_r(y) \left(1 - e^{i\langle y,\xi\rangle} + \frac{i\langle y,\xi\rangle}{1+|y|^2}\right) n\mu_n(dy) \right. \\
&\qquad \left. + \int_{\mathbb{R}^d} (1-\chi_r(y)) \left(1 - e^{i\langle y,\xi\rangle} + \frac{i\langle y,\xi\rangle}{1+|y|^2}\right) \frac{1+|y|^2}{|y|^2} \cdot \frac{|y|^2}{1+|y|^2}\, n\mu_n(dy) \right] \\
&= \lim_{n\to\infty} \left[-\int_{\mathbb{R}^d} \frac{i\langle y,\xi\rangle}{1+|y|^2}\, n\mu_n(dy) + \frac{1}{2} \int_{\mathbb{R}^d} \chi_r(y) \langle y,\xi\rangle^2 e^{i\theta\langle y,\xi\rangle} \frac{1+|y|^2}{|y|^2} \cdot \frac{|y|^2}{1+|y|^2}\, n\mu_n(dy) \right. \\
&\qquad \left. + \int_{\mathbb{R}^d} (1-\chi_r(y)) \left(1 - e^{i\langle y,\xi\rangle} + \frac{i\langle y,\xi\rangle}{1+|y|^2}\right) \frac{1+|y|^2}{|y|^2} \cdot \frac{|y|^2}{1+|y|^2}\, n\mu_n(dy) \right].
\end{aligned}
$$

Die beiden letzten Integralausdrücke konvergieren, da die Integranden C_b-Funktionen sind. Daher muss auch der erste Integralausdruck einen endlichen Grenzwert haben, also

$$
\lim_{n\to\infty} \int_{\mathbb{R}^d} \frac{\langle y,\xi\rangle}{1+|y|^2}\, n\mu_n(dy) = \langle \ell, \xi\rangle.
$$

Wir wollen noch die anderen Grenzwerte näher bestimmen. Für den dritten Integralausdruck gilt wegen Lemma 17.21

$$
\begin{aligned}
&\lim_{n\to\infty} \int_{\mathbb{R}^d} (1-\chi_r(y)) \left(1 - e^{i\langle y,\xi\rangle} + \frac{i\langle y,\xi\rangle}{1+|y|^2}\right) \frac{1+|y|^2}{|y|^2} \cdot \frac{|y|^2}{1+|y|^2}\, n\mu_n(dy) \\
&\quad = \int_{\mathbb{R}^d} (1-\chi_r(y)) \left(1 - e^{i\langle y,\xi\rangle} + \frac{i\langle y,\xi\rangle}{1+|y|^2}\right) \frac{1+|y|^2}{|y|^2}\, \rho(dy) \\
&\quad \xrightarrow[r\to 0]{\text{dom. Konv.}} \int_{|y|>0} \left(1 - e^{i\langle y,\xi\rangle} + \frac{i\langle y,\xi\rangle}{1+|y|^2}\right) \frac{1+|y|^2}{|y|^2}\, \rho(dy).
\end{aligned}
$$

Für den zweiten Integralausdruck erhalten wir

$$\lim_{n\to\infty}\frac{1}{2}\int_{\mathbb{R}^d}\chi_r(y)\langle y,\xi\rangle^2 e^{i\theta\langle y,\xi\rangle}\,n\mu_n(dy)$$

$$=\lim_{n\to\infty}\frac{1}{2}\left[\int_{\mathbb{R}^d}\chi_r(y)\langle y,\xi\rangle^2\left(e^{i\theta\langle y,\xi\rangle}-1\right)n\mu_n(dy)+\int_{\mathbb{R}^d}\chi_r(y)\langle y,\xi\rangle^2\,n\mu_n(dy)\right].$$

Das erste Integral konvergiert gegen Null,

$$\left|\lim_{n\to\infty}\int_{\mathbb{R}^d}\chi_r(y)\langle y,\xi\rangle^2\underbrace{(e^{i\theta\langle y,\xi\rangle}-1)}_{|\dots|\leqslant|\langle y,\xi\rangle|}n\mu_n(dy)\right|\leqslant 2r\,|\xi|^3\liminf_{n\to\infty}\int_{|y|\leqslant 2r}|y|^2\,n\mu_n(dy)\xrightarrow[r\to 0]{}0,$$

während der zweite Ausdruck für $r\to 0$ monoton fallend ist. Mithin

$$\lim_{r\to 0}\lim_{n\to\infty}\int_{\mathbb{R}^d}\chi_r(y)\langle y,\xi\rangle^2 e^{i\theta\langle y,\xi\rangle}\,n\mu_n(dy)=\inf_{r>0}\lim_{n\to\infty}\int_{\mathbb{R}^d}\chi_r(y)\langle y,\xi\rangle^2\,n\mu_n(dy)=q(\xi);$$

$q(\xi)$ ist offenbar eine positiv semidefinite quadratische Form, d.h. $q(\xi)=\langle\xi,Q\xi\rangle$ für eine symmetrische, positiv semidefinite Matrix $Q\in\mathbb{R}^{d\times d}$.

Wenn wir noch $\nu(dy):=\mathbb{1}_{\{|y|>0\}}\frac{1+|y|^2}{|y|^2}\,\rho(dy)$ setzen, haben wir (17.7) gezeigt.

4° *Eindeutigkeit.* Wir müssen die Eindeutigkeit des Lévy-Tripels (ℓ,Q,ν) aus der Darstellung (17.7) herleiten. Die Abschätzung aus Lemma 17.21 zusammen mit dem Satz von der dominierten Konvergenz zeigen

$$\frac{\psi(n\xi)}{n^2}=-\frac{i\langle\ell,\xi\rangle}{n}+\frac{1}{2}\langle\xi,Q\xi\rangle+\int_{y\neq 0}\frac{1}{n^2}\left(1-e^{in\langle y,\xi\rangle}+\frac{in\langle y,\xi\rangle}{1+|y|^2}\right)\nu(dy)\xrightarrow[n\to\infty]{}\frac{1}{2}\langle\xi,Q\xi\rangle,$$

d.h. Q wird eindeutig durch ψ bestimmt.

Leicht rechnen wir mit (17.7) nach, dass für $\xi,\eta\in\mathbb{R}^d$

$$\psi(\xi+\eta)+\psi(\xi-\eta)-2\psi(\xi)=\langle\eta,Q\eta\rangle+2\int_{y\neq 0}e^{i\langle y,\xi\rangle}\,(1-\cos\langle y,\eta\rangle)\,\nu(dy).$$

Das zeigt, dass ψ die inverse Fourier-Transformation des Maßes

$$R_\eta(dy):=\mathbb{1}_{\{|y|>0\}}\,(1-\cos\langle y,\eta\rangle)\,\nu(dy)$$

eindeutig festgelegt und somit auch das Maß R_η. Da die Dichte von R_η Nullstellen hat, müssen wir etwas vorsichtiger argumentieren, um auf die Eindeutigkeit von ν zu schließen.

Es sei $r:=|\eta|^{-1}$ und $K\subset B_r(0)\setminus\{0\}$ eine kompakte Menge. Auf Grund der Kompaktheit existiert ein $\epsilon>0$, so dass $K\subset B_r(0)\setminus B_\epsilon(0)$. Daher gilt $1-\cos\langle y,\eta\rangle>0$ für alle $y\in K$ und

$$\nu(K)=\int_K\nu(dy)=\int_K\frac{1}{1-\cos\langle y,\eta\rangle}\,R_\eta(dy).$$

Weil $\eta \in \mathbb{R}^d$ beliebig ist, ist ν auf allen kompakten Mengen von $\mathbb{R}^d \setminus \{0\}$ eindeutig durch die Familie $\{R_\eta(dy)\}_{\eta\in\mathbb{R}^d}$ bestimmt, d.h. ν ist nach dem Eindeutigkeitssatz für Maße [MI, Satz 4.5] eindeutig.

Die Eindeutigkeit von ℓ folgt nun ohne weitere Rechnung. □

17.22 Korollar. *Jedes ψ mit einer Lévy-Khintchin-Darstellung* (17.7) *definiert eine unbegrenzt teilbare charakteristische Funktion $\chi = e^{-\psi} : \mathbb{R}^d \to \mathbb{C}$ (und damit eine unbegrenzt teilbare ZV mit Werten in $\mathbb{R}^d$).*

Beweis. Es sei (ℓ, Q, ν) das Lévy-Tripel von ψ. Wir setzen $A_n := \left\{y \mid |y| > \frac{1}{n}\right\}$ und

$$\psi_n(\xi) := \frac{1}{2}\langle\xi, Q\xi\rangle + \nu(A_n)\int_{A_n}\left(1 - e^{i\langle y, \xi\rangle}\right)\frac{\nu(dy)}{\nu(A_n)} + \int_{A_n}\frac{i\langle y, \xi\rangle}{1+y^2}\,\nu(dy) - i\langle\ell, \xi\rangle.$$

Offensichtlich gilt $\lim_{n\to\infty}\psi_n(\xi) = \psi(\xi)$ und $\psi(\xi)$ ist stetig. Lemma 17.14 und Satz 17.12 zeigen, dass

$$e^{-\psi_n(\xi)} = e^{-\frac{1}{2}\langle\xi, Q\xi\rangle}e^{-c_n(1-\phi_n(\xi))}e^{-i\langle\ell_n, \xi\rangle} \xrightarrow[n\to\infty]{} e^{-\psi(\xi)}$$

eine unbegrenzt teilbare charakteristische Funktion definiert. □

Aufgaben

1. Zeigen Sie Lemmas 17.4 und 17.5.
2. Es seien $X_0 = 0$ und $X_1, X_2, \dots$ reelle iid ZV und $\phi(\xi) = \mathbb{E}\, e^{i\xi X_1}$. Weiter sei $N(t) \sim \mathrm{Poi}(t)$ und $N(t) \perp\!\!\!\perp (X_n)_n$. Zeigen Sie, dass $S(N(t)) = \sum_{n=0}^{N(t)} X_n$ unbegrenzt teilbar ist.
   Hinweis. Berechne $\mathbb{E}\, e^{i\xi S(N(t))}$. Beachte, dass $\mathbb{P}(S(N(t)) \in B) = \sum_{n=0}^{\infty}\mathbb{P}(S(N(t)) \in B; N(t) = n)$.
3. Zeigen Sie, dass $\phi(\xi) := (p-1)/(p-e^{i\xi})$, $p > 1$, $\xi \in \mathbb{R}$, eine unbegrenzt teilbare charakteristische Funktion ist.
   Hinweis. Schreibe ϕ als geometrische Reihe und zeige, dass ϕ die charakteristische Funktion der geometrischen Verteilung (vgl. A.6.8) ist. Betrachte $\log\phi$ und drücke ϕ durch ein unendliches Produkt von Poisson-artigen charakteristischen Funktionen aus; beachte Lemma 17.15.
4. Es sei X eine diskrete ZV, die die Werte $-1, 0, 1$ mit Wahrscheinlichkeit $\frac{1}{8}$, $\frac{3}{4}$ und $\frac{1}{8}$ annimmt.
   (a) Zeigen Sie, dass $\mathbb{E}\, e^{i\xi X}$ nirgends verschwindet.
   (b) Zeigen Sie, dass $X \sim Y + Y'$ mit Y, Y' iid nicht möglich ist.
   Hinweis. Y kann nur zwei Werte a_1, a_2 mit Wahrscheinlichkeit p bzw. q annehmen. Finde die Verteilung von $Y + Y'$ und vergleiche diese mit der von X. Das führt zu einem nicht-lösbaren Gleichungssystem.
5. Es sei $\zeta(z) = \sum_{n=1}^{\infty} n^{-z}$, $z \in \mathbb{C}$ mit $\operatorname{Re} z > 1$, die Riemannsche Zeta-Funktion. Bekanntlich ist $\zeta(z) = \prod_p (1-p^{-z})^{-1}$, wobei das Produkt über alle Primzahlen p genommen wird. Zeigen Sie, dass die Funktion $y \mapsto \zeta(x+iy)/\zeta(x)$, $x > 1$, eine unbegrenzt teilbare charakteristische Funktion ist
   Hinweis. Der log kann als Grenzwert von Poisson-artigen charakteristischen Funktionen geschrieben werden.

6. (Zerlegungen von charakteristischen Funktionen sind nicht eindeutig.) Betrachten Sie auf $\mathbb{R}$

$$f_1(\xi) = \frac{1}{3}\left(1 + e^{2i\xi} + e^{4i\xi}\right), \quad f_2(\xi) = \frac{1}{2}\left(1 + e^{i\xi}\right)$$

und

$$g_1(\xi) = \frac{1}{3}\left(1 + e^{i\xi} + e^{2i\xi}\right), \quad g_2(\xi) = \frac{1}{2}\left(1 + e^{3i\xi}\right).$$

Dann sind f_1, f_2, g_1, g_2 charakteristische Funktionen (für welche Verteilungen?) und es gilt $f_1 f_2 = g_1 g_2$.

7. Es sei ν ein Lévy-Maß in $\mathbb{R}^d \setminus \{0\}$, d.h. ein Maß, das in der Lévy-Khintchin-Formel vorkommen darf. Zeigen Sie, dass gilt

$$\int_{y \neq 0} \frac{|y|^2}{1 + |y|^2}\, \nu(dy) < \infty \iff \int_{y \neq 0} \left(1 \wedge |y|^2\right) \nu(dy) < \infty.$$

8. Der Term $i\langle y,\ \xi\rangle/(1 + |y|^2)$ wurde in die Lévy-Khintchin-Formel eingefügt, um das Integral konvergent zu machen. Welche Bedingungen muss man an eine Funktion $\chi(y)$ stellen, damit für ein Lévy-Maß

$$\int_{y \neq 0} \left(1 - e^{iy\xi} + i\xi\chi(y)\right) \nu(dy)$$

konvergiert? Vergleichen Sie die Lévy-Khintchin-Formeln eines charakteristischen Exponenten $\psi(\xi)$, wenn $\chi(y) = y/(1 + |y|^2)$ bzw. $\phi(y) = y\mathbb{1}_{(0,1)}(|y|)$ ist. Ist das ein Widerspruch zur Eindeutigkeit des Lévy-Tripels?

9. Zeigen Sie, dass für jeden charakteristischen Exponenten $\psi(\xi)$ gilt:

$$\sqrt{|\psi(\xi + \eta)|} \leqslant \sqrt{|\psi(\xi)|} + \sqrt{|\psi(\eta)|} \quad \text{und} \quad |\psi(\xi)| \leqslant c_\psi \left(1 + |\xi|^2\right), \quad \forall \xi, \eta \in \mathbb{R}^d.$$

Zeigen Sie, dass man $c_\psi = 2 \sup_{|\xi| \leqslant 1} |\psi(\xi)|$ wählen kann.

10. Es seien $(X_n)_{n \in \mathbb{N}}$ reelle iid ZV mit $X_1 \sim \frac{1}{2} e^{-|x|}\, dx$, $x \in \mathbb{R}$, und $U := \sum_{n=1}^{\infty} X_n/n$. Zeigen Sie, dass U unbegrenzt teilbar ist und dass das Lévy-Maß die Dichte $e^{-|y|}/\left(|y| - |y|e^{-|y|}\right)$ hat.

11. Zeigen Sie, dass für $\xi \in \mathbb{R}^d$ und $\alpha \in (0, 2)$ folgende Formel gilt:

$$|\xi|^\alpha = \frac{\alpha 2^{\alpha - 1} \Gamma\left(\frac{\alpha + d}{2}\right)}{\pi^{d/2} \Gamma\left(1 - \frac{\alpha}{2}\right)} \int_{y \neq 0} (1 - \cos\langle y,\ \xi\rangle) \frac{dy}{|y|^{d+\alpha}}.$$

Folgern Sie, dass $e^{-|\xi|^\alpha}$ eine unbegrenzt teilbare charakteristische Funktion ist.
Hinweis. Zeige erst $t^\gamma = \frac{\gamma}{\Gamma(1-\gamma)} \int_0^\infty (1 - e^{-ts}) s^{-\gamma - 1}\, ds$, $t \geqslant 0$, $\gamma \in (0, 1)$, und dann $|\xi|^\alpha = t^{\alpha/2}$, $t = |\xi|^2$.
Bemerkung. Die zugehörige ZV X ist eine sog. (rotations)symmetrische α-stabile ZV.

18 ♦Cramérs Theorie der großen Abweichungen

In diesem Kapitel wollen wir nochmals auf das Konvergenzverhalten von reellen iid ZV $X_i : \Omega \to \mathbb{R}$, $i \in \mathbb{N}$, auf einem W-Raum $(\Omega, \mathscr{A}, \mathbb{P})$ zurückkommen. Wenn der Mittelwert $\mathbb{E}X_1 = \mu$ und die Varianz $\mathbb{V}X_1 = \sigma^2 \in (0, \infty)$ existieren, dann besagt das (starke) Gesetz der großen Zahlen, vgl. Satz 8.7 oder Satz 12.4, dass die arithmetischen Mittel gegen den Erwartungswert konvergieren

$$\frac{S_n}{n} := \frac{X_1 + \cdots + X_n}{n} \xrightarrow[n\to\infty]{\mathbb{P}\text{ bzw. f.s.}} \mu. \tag{18.1}$$

Darüber hinaus gibt der Zentrale Grenzwertsatz – Satz 8.8 oder Satz 13.2 – eine Abschätzung für die Konvergenzgeschwindigkeit. Wegen

$$\mathbb{P}\left(\frac{S_n}{n} - \mu > \frac{x\sigma}{\sqrt{n}}\right) = \mathbb{P}\left(\frac{S_n - n\mu}{\sigma\sqrt{n}} > x\right) \approx \frac{1}{\sqrt{2\pi}} \int_x^\infty e^{-y^2/2}\,dy, \quad x \in \mathbb{R}, \tag{18.2}$$

gilt auch

$$\lim_{n\to\infty} \frac{\mathbb{P}\left(n^{-1}S_n - \mu > n^{-1/2}x\sigma\right)}{(2\pi)^{-1/2}\int_x^\infty e^{-y^2/2}\,dy} = 1, \quad x \in \mathbb{R}, \tag{18.3}$$

für alle festen $x \in \mathbb{R}$. Heuristisch ist klar, dass (18.3) für $x = x_n$ nur dann gelten kann, wenn $x = x_n = \epsilon_n\sqrt{n}$ für eine Nullfolge $\epsilon_n \to 0$ ist, d.h. wenn $x \ll \sqrt{n}$. Für $x = c\sqrt{n}$ hätten wir nämlich $n^{-1}S_n - \mu > c\sigma$; weil die linke Seite für $n \to \infty$ nach dem (schwachen oder starken) Gesetz der großen Zahlen gegen Null strebt, würde der Zähler in (18.3) Null werden. In diesem Sinne ist eine *Abweichung* der Größenordnung $x \approx \sqrt{n}$ oder $x \gg \sqrt{n}$ vom Mittelwert $n\mu = \mathbb{E}S_n$ »groß«, was den Namen »große Abweichungen« erklärt.

Um die Grenzen von (18.3) auszutesten, betrachten wir iid Zufallsvariable $(X_i)_{i\in\mathbb{N}}$ mit $X_1 \sim \mathsf{B}(p)$, $\mathbb{E}X_1 = \mu = p$ und $x = x_n > \sqrt{n}(1-p)/\sigma$. Weil die ZV X_i durch 1 beschränkt sind, ist der Zähler von (18.3) immer 0, während der Nenner strikt positiv ist, d.h. der Grenzwert (18.3) ist 0 und wir erhalten keine Information über die Konvergenzgeschwindigkeit.

Um herauszufinden was wir erwarten können, betrachten wir ZV, für die wir den Ausdruck $\mathbb{P}\left(n^{-1}S_n - \mu > n^{-1/2}x\sigma\right)$ exakt berechnen können; das ist z.B. der Fall, wenn die ZV X_i iid $\mathsf{N}(\mu, \sigma^2)$-verteilt sind:

$$\frac{S_n}{n} - \mu = \frac{\sigma}{\sqrt{n}} \underbrace{\frac{(X_1 - \mu) + \cdots + (X_n - \mu)}{\sigma\sqrt{n}}}_{= G \sim \mathsf{N}(0,1)} = \frac{\sigma}{\sqrt{n}} G \sim \mathsf{N}\left(0, \sigma^2/n\right)$$

und, im Hinblick auf die Abschätzung der Ausläufer der Normalverteilung (Lemma 8.9 oder Aufgabe 16.13),

$$\mathbb{P}\left(\frac{S_n}{n} - \mu > \frac{x\sigma}{\sqrt{n}}\right) = \mathbb{P}(G > x) \approx \frac{1}{x} e^{-x^2/2}, \quad \text{für } x \to \infty.$$

https://doi.org/10.1515/9783111342252-018

Wenn $x = x_n$, dann erhalten wir aus dieser Beziehung

$$\frac{1}{n}\log\mathbb{P}\left(\frac{S_n}{n} - \mu > \frac{x_n\sigma}{\sqrt{n}}\right) \approx -\frac{1}{n}\log x_n - \frac{x_n^2}{2n},$$

d.h. unter der Bedingung $\lim_{n\to\infty} x_n^2/n = x^2$ gilt

$$\lim_{n\to\infty}\frac{1}{n}\log\mathbb{P}\left(S_n - n\mu > n\left(x + o\left(\sqrt{n}\right)\right)\sigma\right) = -\frac{x^2}{2};$$

wir verwenden das Landau-Symbol $\epsilon_n = o\left(\sqrt{n}\right)$ für eine nicht näher bestimmte Größe, die $\lim_{n\to\infty}\epsilon_n/\sqrt{n} = 0$ erfüllt.

Wenn die ZV X_n nicht normalverteilt sind, müssen wir vorsichtiger argumentieren. Einen ersten Anhaltspunkt finden wir im Beweis des WLLN (Satz 8.3), wo die Chebyshevsche Ungleichung eine obere Schranke für die Abweichung vom Mittelwert liefert. Allerdings reichen uns jetzt zweite Momente nicht aus, wir benötigen exponentielle Momente.

18.1 Definition. Es sei X eine reelle ZV. Die Funktionen

$$M(\xi) = M_X(\xi) = \mathbb{E}\,e^{\xi X} \in (0,\infty] \quad \text{und} \quad L(\xi) = L_X(\xi) = \log\mathbb{E}\,e^{\xi X} \in (-\infty,\infty]$$

heißen *momentenerzeugende Funktion* (MGF) und *log-MGF* der ZV X. Wir schreiben

$$I(a) = I_X(a) := \sup_{\xi\in\mathbb{R}}\left(a\xi - L(\xi)\right), \quad a \in \mathbb{R},$$

für die *Legendre-Transformation* von L (auch: *Cramér-Transformation* der ZV X).

! Die log-MGF L ist eine konvexe Funktion, vgl. Lemma 18.5.a) weiter unten. Man kann die Legendre-Transformation $I(a) = I_\psi(a) = \sup_{\xi\in\mathbb{R}}(a\xi - \psi(\xi))$ für beliebige konvexe Funktionen ψ betrachten. Sie ist ein wichtiges Hilfsmittel der konvexen Analysis, das an vielen Stellen der Mathematik und Physik in natürlicher Weise auftritt; man nennt die Legendre-Transformation auch zu ψ *konjugierte Funktion*. Bemerkenswert ist die Tatsache, dass I_ψ selbst konvex ist und dass unter sehr schwachen Regularitätsannahmen (im Wesentlichen Unterhalbstetigkeit von ψ) $I_{I_\psi} = \psi$ gilt. Eine gute Referenz sind die Monographien von Borwein & Vanderwerff [13] und Arnold [2].

Offensichtlich gilt $M_X(0) = 1$, aber an allen anderen Werten kann M_X den Wert $+\infty$ annehmen. Wenn M für alle $\xi \neq 0$ divergiert, ist $I \equiv 0$. Wir betrachten ein Beispiel, um M_X besser zu verstehen.

18.2 Beispiel. Die ZV $X \sim \mathsf{N}(\mu,\sigma^2)$ hat eine für alle $\xi \in \mathbb{R}$ konvergente MGF. Um dies zu sehen, schreiben wir $X = \sigma G + \mu$ für eine ZV $G \sim \mathsf{N}(0,1)$ und erhalten

$$\begin{aligned} M(\xi) = e^{\mu\xi}\mathbb{E}\,e^{\sigma\xi G} &= e^{\mu\xi}\frac{1}{\sqrt{2\pi}}\int_{\mathbb{R}} e^{\sigma\xi y}e^{-y^2/2}\,dy \\ &= e^{\mu\xi}e^{\sigma^2\xi^2/2}\underbrace{\frac{1}{\sqrt{2\pi}}\int_{\mathbb{R}} e^{-(y-\sigma\xi)^2/2}\,dy}_{=(2\pi)^{-1/2}\int e^{-z^2/2}\,dz=1} = e^{\mu\xi+\sigma^2\xi^2/2}. \end{aligned}$$

Daher gilt $L(\xi) = \mu\xi + \frac{1}{2}\sigma^2\xi^2$ und wir können die Funktion $I(a)$ ausrechnen, indem wir $f(\xi) = a\xi - \mu\xi - \frac{1}{2}\sigma^2\xi^2$ ableiten und Null setzen:

$$f'(\xi_0) = 0 \iff \xi_0 = \frac{a-\mu}{\sigma^2} \implies I(a) = f(\xi_0) = \frac{1}{2\sigma^2}(a-\mu)^2.$$

Wir diskutieren nun die großen Abweichungen an einem einfachen nicht-trivialen Beispiel.

18.3 Beispiel. Es seien X_i, $i \in \mathbb{N}$, iid $\mathsf{B}(p)$-verteilte ZV und $p \in (0,1)$. Bekanntlich gilt $\mathbb{E}X_1 = p$ und $\mathbb{V}X_1 = p(1-p)$. Die Funktion $M = M_{X_1}$ lässt sich elementar berechnen. Für $I = I_{X_1}$ müssen wir das Maximum der Funktion $f(\xi) = a\xi - L(\xi)$ bestimmen und wir bemerken zunächst, dass für $a \geqslant 1$ und $a \leqslant 0$ wegen $\lim_{\xi\to\pm\infty} f(\xi) = \infty$ kein endliches Supremum existiert. Für $a \in (0,1)$ können wir die Maximalstelle durch Ableiten und Nullsetzen, $f'(\xi_0) = 0$, bestimmen:[30]

$$M(\xi) = (1-p) + pe^{\xi} \quad \text{bzw.} \quad I(a) = \begin{cases} a\log\frac{a}{p} + (1-a)\log\frac{1-a}{1-p}, & a \in (0,1), \\ +\infty, & \text{sonst.} \end{cases}$$

Die obere Schranke folgt aus einer direkten Anwendung der Chebyshev-Markov-Ungleichung. Für $x > 0$ (und $\xi > 0$) haben wir

$$\begin{aligned} \mathbb{P}(S_n - np > x) = \mathbb{P}\left(e^{\xi S_n} > e^{(np+x)\xi}\right) &\leqslant e^{-x\xi}e^{-np\xi}\mathbb{E}\, e^{\xi S_n} \\ &\overset{\text{iid}}{=} e^{-x\xi}e^{-np\xi}M^n(\xi) \\ &= \exp\left[-n\left\{\left(p + \tfrac{x}{n}\right)\xi - \log M(\xi)\right\}\right] \end{aligned}$$

und entsprechend sehen wir für $x < 0$ (und damit $\xi < 0$)

$$\mathbb{P}(S_n - np < x) \leqslant \exp\left[-n\left\{\left(p + \tfrac{x}{n}\right)\xi - \log M(\xi)\right\}\right].$$

Wenn wir über $\xi > 0$ bzw. $\xi < 0$ minimieren, erhalten wir

$$\mathbb{P}(S_n > x + np) \leqslant e^{-nI(p+x/n)} \quad (x > 0) \quad \text{und} \quad \mathbb{P}(S_n < x + np) \leqslant e^{-nI(p+x/n)} \quad (x < 0).$$

Weil $S_n \sim \mathsf{B}(n,p)$ gilt, erhalten wir eine untere Schranke mit Hilfe der Stirlingschen Formel. Für große n, $k^* := \lfloor n(x+p)\rfloor + 1$ und $0 < p + x < 1$ gilt

$$\mathbb{P}\left(S_n > n(x+p)\right) = \sum_{i=k^*}^{n}\binom{n}{i}p^i q^{n-i} \geqslant \binom{n}{k^*}p^{k^*}q^{n-k^*} = \frac{n!}{k^*!\,(n-k^*)!}p^{k^*}q^{n-k^*}.$$

Wir ersetzen nun alle Fakultäten durch die Stirlingsche Formel $k! \approx k^k e^{-k}\sqrt{2\pi k}$ und verwenden $k^* \approx n(x+p)$. Nach kurzer Rechnung und mit der Abschätzung $t(1-t) \leqslant 1/4$

30 Die kritische Stelle genügt der Gleichung $e^{\xi_0} = a(1-p)/p(1-a)$. Man sieht leicht, dass $\xi_0 > 0$ für $a > p$ und $\xi_0 < 0$ für $a < p$ gilt, d.h. es reicht über die positive bzw. negative Halbachse zu optimieren.

für $t \in [0,1]$ folgt

$$
\begin{aligned}
\mathbb{P}(S_n > n(x+p)) &\gtrapprox \left(\frac{p}{p+x}\right)^{n(x+p)} \left(\frac{1-p}{1-p-x}\right)^{n(1-p-x)} \frac{1}{\sqrt{2\pi n}\sqrt{p+x}\sqrt{1-p-x}} \\
&\geqslant \left(\frac{p}{p+x}\right)^{n(x+p)} \left(\frac{1-p}{1-p-x}\right)^{n(1-p-x)} \frac{2}{\sqrt{2\pi n}} \\
&= \sqrt{\frac{2}{\pi n}} \exp\left[-n\left\{(p+x)\log\frac{p+x}{p} + (1-p-x)\log\frac{1-p-x}{1-p}\right\}\right] \\
&= \sqrt{\frac{2}{\pi n}} \exp\left[-nI(p+x)\right].
\end{aligned}
$$

Für $\mathbb{P}(S_n - np < nx)$ und $x < 0$ gilt eine entsprechende Ungleichung.

Wenn wir den Logarithmus bilden und durch n dividieren, sind die »normalen« Abweichungen bis zur Größenordnung $\sqrt{n}$ im Grenzwert $n \to \infty$ vernachlässigbar und wir erhalten

$$
\liminf_{n\to\infty} \frac{1}{n} \log \mathbb{P}(S_n > n(x+p)) \geqslant -I(p+x).
$$

Wir wollen noch eine Abschätzung für den Exponenten $I(p + x/n)$ herleiten. Dazu verwenden wir eine Taylorentwicklung:

$$
I'(a) = \log\frac{a}{p} - \log\frac{1-a}{1-p}, \quad I''(a) = \frac{1}{a} + \frac{1}{1-a},
$$

und wegen $I(p) = I'(p) = 0$ sehen wir

$$
\begin{aligned}
I(p + x/n) &= I(p) + I'(p)\frac{x}{n} + \frac{1}{2}I''(p)\left(\frac{x}{n}\right)^2 + o\left(\frac{1}{n^2}\right) \\
&= \frac{1}{2}\left(\frac{1}{p} + \frac{1}{1-p}\right)\left(\frac{x}{n}\right)^2 + o\left(\frac{1}{n^2}\right).
\end{aligned}
$$

Die Argumente für den Beweis der oberen Schranke in Beispiel 18.3 kann man wörtlich auf die allgemeine Situation übertragen.

18.4 Satz (Cramér 1938, Chernoff 1952). *Es seien $(X_i)_{i\in\mathbb{N}}$ iid ZV, so dass $\mu = \mathbb{E}X_1$ existiert. Dann gilt*

$$
\begin{aligned}
\mathbb{P}(S_n \geqslant na) &\leqslant e^{-nI(a)}, \quad a \geqslant \mu, \\
\mathbb{P}(S_n \leqslant na) &\leqslant e^{-nI(a)}, \quad a \leqslant \mu.
\end{aligned}
\tag{18.4}
$$

Insbesondere ist

$$
\begin{aligned}
\limsup_{n\to\infty} \frac{1}{n} \log \mathbb{P}(S_n \geqslant na) &\leqslant -I(a), \quad a \geqslant \mu, \\
\limsup_{n\to\infty} \frac{1}{n} \log \mathbb{P}(S_n \leqslant na) &\leqslant -I(a), \quad a \leqslant \mu.
\end{aligned}
\tag{18.5}
$$

Satz 18.4 benötigt formal keine Endlichkeitsannahme für $M(\xi)$, allerdings sind die Abschätzungen nur dann nicht-trivial, wenn $M(\xi)$ für ein $\xi > 0$ (im Fall $a \geqslant \mu$) bzw. $\xi < 0$ (im Fall $a \leqslant \mu$) konvergiert.

Wir interessieren uns nun dafür, ob die Abschätzungen wie im Fall von normal- und binomialverteilten ZV scharf sind, d.h. wir benötigen eine untere Schranke mit demselben Exponent. Dazu brauchen wir einige allgemeine Eigenschaften der in Definition 18.1 eingeführten Funktionen.

Wir schreiben $\operatorname{ess\,sup} X := \inf\{c \mid \mathbb{P}(X \geqslant c) = 0\}$ und $\operatorname{ess\,inf} X := -\operatorname{ess\,sup}(-X)$, insbesondere gilt also $\ell \leqslant X \leqslant r$ f.s. für $\ell = \operatorname{ess\,inf} X$ und $r = \operatorname{ess\,sup} X$.

18.5 Lemma (Eigenschaften der Legendre-Transformation). *Es sei X eine reelle ZV und $M = M_X$, $L = L_X$ und $I = I_X$ wie in Definition 18.1. Weiterhin sei X nicht degeneriert und der Erwartungswert $\mu = \mathbb{E}X$ existiere.*

a) *Die log-MGF $L(\xi)$ ist konvex.*

b) *I ist konvex, unterhalbstetig und es gilt $I(\mu) = 0$ und $I(0) \geqslant 0$.*

c) *Es sei $r := \operatorname{ess\,sup} X$ und $\ell := \operatorname{ess\,inf} X$. Dann ist*
   - *$I|_{(\ell,r)}$ endlich;*
   - *$I|_{\mathbb{R}\setminus[\ell,r]} \equiv +\infty$;*
   - *wenn $r < \infty$, dann $\log \mathbb{P}(X = r) \geqslant -I(r)$;*
   - *wenn $r < \infty$, dann $I(r) \geqslant 0$ und es ist $\mathbb{P}(X = r) = 0 \iff I(r) = \infty$.*

d) *Es gilt $I(a) = \sup_{\xi \in J}(a\xi - L(\xi))$ mit $J = (0,\infty)$, wenn $a > \mu$, bzw. $J = (-\infty, 0)$, wenn $a < \mu$.*

Für die folgenden Aussagen nehmen wir zusätzlich an, dass $M(\pm\xi_0) < \infty$ für ein $\xi_0 \neq 0$.

e) *Die ZV X hat absolute Momente beliebiger Ordnung.*

f) *Auf dem Intervall $(-\xi_0, \xi_0)$ gilt*

$$L'(\xi) = \mathbb{E}\left[X \frac{e^{\xi X}}{\mathbb{E}\, e^{\xi X}}\right] \quad \text{und} \quad L''(\xi) = \mathbb{E}\left[X^2 \frac{e^{\xi X}}{\mathbb{E}\, e^{\xi X}}\right] - \left(\mathbb{E}\left[X \frac{e^{\xi X}}{\mathbb{E}\, e^{\xi X}}\right]\right)^2 \geqslant 0;$$

insbesondere ist L genau dann strikt konvex, wenn $X \neq const$ $\mathbb{P}$-f.s.

g) *Wenn $M(\xi) < \infty$ für alle $\xi \in \mathbb{R}$ gilt, dann hat die Funktion $f_a(\xi) = a\xi - L(\xi)$ für $a \in (\operatorname{ess\,inf} X, \operatorname{ess\,sup} X)$ ein eindeutig bestimmtes Maximum $\xi_a \in \mathbb{R}$.*

Beweis. a) Für $t \in (0,1)$ und $\xi, \eta \in \mathbb{R}$ gilt wegen der Hölderschen Ungleichung

$$M(t\xi + (1-t)\eta) = \mathbb{E}\left(e^{t\xi X} e^{(1-t)\eta X}\right) \leqslant \left(\mathbb{E}\, e^{\xi X}\right)^t \left(\mathbb{E}\, e^{\eta X}\right)^{1-t} = M^t(\xi) M^{1-t}(\eta),$$

was die log-Konvexität von M und die Konvexität von $L = \log M$ beweist.

b) Weil $L(0) = 0$ ist, folgt sofort $I(0) \geqslant 0$. Als obere Einhüllende von stetigen (affinlinearen) Funktionen ist $I(a)$ unterhalbstetig (vgl. Anhang A.2) und konvex: Für beliebiges $t \in (0,1)$ und $a, b \in \mathbb{R}$ haben wir wegen der Subadditivität des Supremums

$$\begin{aligned} I(ta + (1-t)b) &= \sup_{\xi \in \mathbb{R}} \left[ta\xi + (1-t)b\xi - L(\xi) \right] \\ &= \sup_{\xi \in \mathbb{R}} \left[t(a\xi - L(\xi)) + (1-t)(b\xi - L(\xi)) \right] \\ &\leqslant \sup_{\xi \in \mathbb{R}} \left[t(a\xi - L(\xi)) \right] + \sup_{\xi \in \mathbb{R}} \left[(1-t)(b\xi - L(\xi)) \right] \\ &= tI(a) + (1-t)I(b). \end{aligned}$$

Mit der Jensenschen Ungleichung für konkave Funktionen folgt $I(\mu) = 0$, da

$$0 \leqslant I(\mu) = \sup_{\xi \in \mathbb{R}} \left(\mu\xi - \log \mathbb{E}\, e^{\xi X} \right) \leqslant \sup_{\xi \in \mathbb{R}} \left(\mu\xi - \mathbb{E} \log e^{\xi X} \right) = \sup_{\xi \in \mathbb{R}} \left(\mu\xi - \mathbb{E}(\xi X) \right) = 0.$$

c) Es sei $r := \operatorname{ess\,sup} X \leqslant \infty$ und $\ell := \operatorname{ess\,inf} X \geqslant -\infty$. Weil X nicht degeneriert ist, gilt $\ell < \mu < r$. Für $\mu \leqslant a < r$ zeigt Satz 18.4 (angewendet auf iid Kopien $X_1, \dots, X_n$ von X), dass

$$0 < \mathbb{P}(X \geqslant a)^n \overset{\text{iid}}{\underset{X_i \sim X}{=}} \mathbb{P}(X_1 \geqslant a, \dots, X_n \geqslant a) \leqslant \mathbb{P}(S_n \geqslant na) \leqslant e^{-nI(a)} \tag{18.6}$$

gilt, d.h. $I|_{[\mu,r)} < \infty$. Ganz ähnlich folgt auch $I|_{(\ell,\mu]} < \infty$.

Nun sei $a > r$. Für alle $\xi > 0$ gilt

$$x\xi - L(\xi) = x\xi - \log \mathbb{E}\, e^{\xi X} = x\xi - \log\left[e^{\xi r}\, \mathbb{E}\, e^{\xi(X-r)} \right] = x\xi - r\xi - \overbrace{\log\Big[\underbrace{\mathbb{E}\, e^{\xi(X-r)}}_{\leqslant 1} \Big]}^{\leqslant \log 1 = 0}.$$

Also ist $I(a) = \sup_{\xi \in \mathbb{R}}(a\xi - L(\xi)) \geqslant \lim_{\xi \to \infty}(a\xi - L(\xi)) = \infty$. Entsprechend kann man $I(a) = \infty$ für $a < \ell$ zeigen.

Wenn wir für $x = r$ den Grenzwert mit dem Satz von der monotonen Konvergenz ausführen, erhalten wir $I(r) \geqslant -\log \mathbb{E}\mathbb{1}_{\{X=r\}}$, d.h. $-I(r) \leqslant \log \mathbb{P}(X = r)$.

Weil $\mathbb{P}(X = r) \leqslant 1$, folgt $I(r) \geqslant 0$ und es ist $I(r) = \infty$ für $\mathbb{P}(X = r) = 0$. Wenn $I(r) = \infty$, dann zeigt die Rechnung (18.6) für $a = r$, dass $\mathbb{P}(X \geqslant r) = 0$; auf Grund der Definition von r ist daher $\mathbb{P}(X = r) = 0$.

d) Auf Grund der Jensenschen Ungleichung für konkave Funktionen haben wir

$$L(\xi) \geqslant \mathbb{E} \log e^{\xi X} = \xi \mathbb{E} X = \xi\mu,$$

d.h. $a\xi - L(\xi) \leqslant \xi(a - \mu)$. Insbesondere sehen wir wegen $L(0) = 0$, dass für $a > \mu$ $\lim_{\xi \to -\infty} (a\xi - L(\xi)) = -\infty$ gilt, d.h. das Supremum kann nur für $\xi > 0$ erreicht werden. Analog sieht man, dass für $a < \mu$ das Supremum nur für $\xi < 0$ erreicht werden kann.

e) Aus der elementaren Abschätzung $e^{-\xi_0 X} + e^{\xi_0 X} \geqslant e^{|\xi_0||X|} \geqslant |X|^m |\xi_0|^m / m!$ folgt, dass $\mathbb{E}\left[|X|^m\right] < \infty$.

f) Weil $M(\pm\xi_0) < \infty$, können wir den Satz von der Differentiation parameterabhängiger Integrale anwenden und erhalten für $|\xi| < |\xi_0|$, dass $\frac{d^i}{d\xi^i} M(\xi) = \mathbb{E}(X^i e^{\xi X})$, $i = 1, 2$, gilt.

Daher ist

$$L'(\xi) = \frac{M'(\xi)}{M(\xi)} = \mathbb{E}\left[X \frac{e^{\xi X}}{M(\xi)}\right]$$

und

$$L''(\xi) = \frac{M''(\xi)}{M(\xi)} - \left(\frac{M'(\xi)}{M(\xi)}\right)^2 = \mathbb{E}\left[X^2 \frac{e^{\xi X}}{M(\xi)}\right] - \left(\mathbb{E}\left[X \frac{e^{\xi X}}{M(\xi)}\right]\right)^2.$$

Wenn wir das W-Maß $d\mathbb{Q}_\xi := M^{-1}(\xi)e^{\xi X}d\mathbb{P}$ betrachten,[31] besagen diese Identitäten, dass die ZV X unter $\mathbb{Q}_\xi$ den Erwartungswert $\mathbb{E}_{\mathbb{Q}_\xi}X = L'(\xi)$ und die Varianz $\mathbb{V}_{\mathbb{Q}_\xi}X = L''(\xi)$ hat. Insbesondere ist $L''(\xi) > 0$ genau dann, wenn X f.s. (bezüglich $\mathbb{Q}_\xi$, und damit f.s. bezüglich $\mathbb{P}$ [✍]) nicht konstant ist. Das zeigt die strikte Konvexität von L.

g) Nach Voraussetzung ist die Funktion $f_a(\xi) := a\xi - L(\xi)$ konkav, es gilt $f_a(0) = 0$, und wir haben

$$f_a(\xi) = \xi a - \log \mathbb{E}\, e^{\xi X} = -\log \mathbb{E}\, e^{\xi(X-a)} \xrightarrow[|\xi|\to\infty]{} -\infty$$

wobei wir für den Limes $\xi \to \pm\infty$ jeweils beachten, dass $\mathbb{P}(\pm(a-X) < 0) > 0$ gilt. Somit muss f_a mindestens eine (und wegen der strikten Konvexität genau eine) Maximalstelle $\xi_a \in \mathbb{R}$ haben.

Für ξ_a gilt $f_a'(\xi_a) = 0 \iff a = L'(\xi_a)$ und weil $a = \mathbb{E}_{\mathbb{Q}_\xi}X$ gilt (vgl. f)) und X nicht degeneriert ist, haben wir $a \in (\operatorname{ess\,inf} X,\ \operatorname{ess\,sup} X)$. □

Wir können nun die Existenz der unteren Schranke unter der Annahme beweisen, dass $M(\xi) < \infty$ für alle $\xi \in \mathbb{R}$ gilt.

18.6 Satz (Cramér 1938). *Es seien $(X_i)_{i\in\mathbb{N}}$ iid ZV, so dass $M_{X_1}(\xi)$ für alle $\xi \in \mathbb{R}$ endlich ist. Dann gilt*

$$\liminf_{n\to\infty} \frac{1}{n} \log \mathbb{P}\left(|S_n - na| < n\delta\right) \geqslant -I(a), \qquad \delta > 0,\ a \in \mathbb{R}. \tag{18.7}$$

Aus Monotoniegründen sehen wir z.B. dass

$$\liminf_{n\to\infty} \frac{1}{n} \log \mathbb{P}\left(S_n \leqslant n(a+\delta)\right) \geqslant \liminf_{n\to\infty} \frac{1}{n} \log \mathbb{P}\left(|S_n - na| < n\delta\right) \geqslant -I(a)$$

gilt, d.h. (18.7) ist »bis auf $\pm\delta$« die (18.5) entsprechende untere Abschätzung.

Beweis von Satz 18.6. Wenn X_1 degeneriert ist, d.h. $X_1 = \mu = \mathbb{E}X_1$, dann ist $I(a) = \infty$ für $a \neq \mu$ und $I(\mu) = 0$ [✍]. Daher ist in diesem Fall die Aussage des Satzes trivial und wir können annehmen, dass X_1 nicht konstant ist.

31 Diese Transformation wird in der Finanz- und Versicherungsmathematik *Esscher-Transformation* oder *exponential tilting* genannt, vgl. Gerber & Shiu [32] und Esscher [25].

Lemma 18.5.g) zeigt,

$$\exists \xi_0 = \xi_0(a) \in \mathbb{R} \; : \; I(a) = (\xi_0 a - L(\xi_0)) = \sup_{\xi \in \mathbb{R}} (\xi a - L(\xi)) .$$

Wie im Beweis von Lemma 18.5.f) betrachten wir ein neues W-Maß

$$d\mathbb{Q} = M(\xi_0)^{-n} e^{\xi_0 S_n} \, d\mathbb{P}$$

und schreiben $\mathbb{E}_{\mathbb{Q}}$ für den Erwartungswert bezüglich $\mathbb{Q}$. Unter $\mathbb{Q}$ sind die ZV $X_1, \ldots, X_n$ identisch verteilt, mit Erwartungswert $a = L'(\xi_0)$ und Varianz $\sigma^2 = L''(\xi_0)$.

Mit Hilfe des Satzes von Kac (Korollar 7.9) sehen wir, dass die ZV $X_1, \ldots, X_n$ auch unter $\mathbb{Q}$ unabhängig sind; für $\xi_1, \ldots, \xi_n \in \mathbb{R}$ haben wir einerseits

$$\mathbb{E}_{\mathbb{Q}} \, e^{i \sum_{k=1}^n \xi_k X_k} = M(\xi_0)^{-n} \mathbb{E} \, e^{i \sum_{k=1}^n (\xi_k - i\xi_0) X_k} = M(\xi_0)^{-n} \prod_{k=1}^n \mathbb{E} \, e^{i(\xi_k - i\xi_0) X_k}$$

und andererseits

$$\begin{aligned}
\prod_{k=1}^n \mathbb{E}_{\mathbb{Q}} \, e^{i\xi_k X_k} &\overset{\text{iid}}{=} \prod_{k=1}^n M(\xi_0)^{-n} \mathbb{E} \left[e^{i\xi_k X_k} e^{\xi_0 S_n} \right] \\
&\overset{\text{iid}}{=} \prod_{k=1}^n M(\xi_0)^{-n} \mathbb{E} \left[e^{i\xi_k X_k} e^{\xi_0 X_k} \right] \left[\mathbb{E} \, e^{\xi_0 X_1} \right]^{n-1} \\
&\overset{\text{iid}}{=} \prod_{k=1}^n M(\xi_0)^{-1} \mathbb{E} \left[e^{i\xi_k X_k} e^{\xi_0 X_k} \right] \\
&\overset{\text{iid}}{=} M(\xi_0)^{-n} \prod_{k=1}^n \mathbb{E} \, e^{i(\xi_k - i\xi_0) X_k} .
\end{aligned}$$

Daher gilt für alle $0 < \epsilon < \delta$ und $\xi_0 > 0$ – den Fall $\xi_0 < 0$ erledigt man ganz ähnlich –

$$\begin{aligned}
\mathbb{P}(|S_n - na| < n\delta) \geqslant \mathbb{P}(|S_n - na| < n\epsilon) &= \int_\Omega M(\xi_0)^n e^{-\xi_0 S_n} \mathbb{1}_{(-n\epsilon, n\epsilon)}(S_n - na) \, d\mathbb{Q} \\
&\geqslant M(\xi_0)^n e^{-n\xi_0(a+\epsilon)} \mathbb{Q}(|S_n - na| < n\epsilon) .
\end{aligned}$$

Nun können wir den CLT für die ZV X_n unter $\mathbb{Q}$ anwenden – hier verwenden wir die Dreiecksform (Bemerkung 13.12), da wir für die Zeile $X_1, \ldots, X_n$ das W-Maß $\mathbb{Q} = \mathbb{Q}_n$ betrachten! – und erhalten für alle $R > 0$

$$\liminf_{n \to \infty} \mathbb{Q} \left(\left| \frac{S_n - na}{\sigma \sqrt{n}} \right| < \frac{\epsilon \sqrt{n}}{\sigma} \right) \geqslant \lim_{n \to \infty} \mathbb{Q} \left(\left| \frac{S_n - na}{\sigma \sqrt{n}} \right| < R \right) = \frac{1}{\sqrt{2\pi}} \int_{-R}^{R} e^{-y^2/2} \, dy.$$

Für $R \to \infty$ konvergiert die rechte Seite gegen 1; mithin gilt

$$\liminf_{n \to \infty} \frac{1}{n} \log \mathbb{P}(|S_n - na| < n\delta) \geqslant -(a + \epsilon)\xi_0 + L(\xi_0) = -I(a) - \epsilon \xi_0 .$$

Die Behauptung folgt, weil wir $\epsilon > 0$ beliebig klein wählen können. □

Wir wollen nun die Einschränkung $M(\xi) = M_X(\xi) < \infty$, $\xi \in \mathbb{R}$, beseitigen. Für $|X| \leqslant R$ haben wir offensichtlich $M(\xi) \leqslant e^{R|\xi|}$ und daher ist es naheliegend, für ein allgemeines X die bedingte Erwartung $\mathbb{P}_{(R)}(\Gamma) := \mathbb{P}(\Gamma \mid |X| \leqslant R) = \mathbb{E}\left[\mathbb{1}_\Gamma \mathbb{1}_{\{|X|\leqslant R\}}\right] / \mathbb{P}(|X| \leqslant R)$ zu betrachten; für die »bedingte« log-MGF gilt dann

$$\log M_{(R)}(\xi) := \log \frac{\mathbb{E}\left[e^{\xi X} \mathbb{1}_{\{|X|\leqslant R\}}\right]}{\mathbb{P}(|X| \leqslant R)} = \log \underbrace{\mathbb{E}\left[e^{\xi X} \mathbb{1}_{\{|X|\leqslant R\}}\right]}_{=: \widetilde{M}_{(R)}(\xi)} - \log \mathbb{P}(|X| \leqslant R)$$

und

$$I_{(R)}(a) = \sup_{\xi \in \mathbb{R}} \left(a\xi - \log M_{(R)}(\xi)\right) = \sup_{\xi \in \mathbb{R}} \left(a\xi - \log \widetilde{M}_{(R)}(\xi)\right) + \log \mathbb{P}(|X| \leqslant R).$$

18.7 Korollar. *Es seien $(X_i)_{i \in \mathbb{N}}$ iid ZV, $X_i \sim X$ und X sei nicht degeneriert. Dann gilt*

$$\liminf_{n\to\infty} \frac{1}{n} \log \mathbb{P}\left(|S_n - na| < n\delta\right) \geqslant -I(a), \qquad \delta > 0, \ a \in \mathbb{R}. \tag{18.8}$$

Beweis. *Fall 1.* Wenn $\mathbb{P}(X > a) = 0$ gilt, dann haben wir $S_n - na \leqslant 0$ f.s., also

$$\mathbb{P}(|S_n - na| < n\delta) \geqslant \mathbb{P}(S_n \geqslant na) \geqslant \mathbb{P}(X_1 = a, \dots, X_n = a) \overset{\text{iid}}{=} \mathbb{P}(X = a)^n,$$

was wegen Lemma 18.5.c) $\frac{1}{n} \log \mathbb{P}(|S_n - na| < n\delta) \geqslant \log \mathbb{P}(X = a) \geqslant -I(a)$ ergibt.

Fall 2. Wenn $\mathbb{P}(X < a) = 0$, dann betrachten wir $X \rightsquigarrow -X$ und sind wieder im ersten Fall.

Fall 3. Es gelte $\mathbb{P}(X > a) \cdot \mathbb{P}(X < a) > 0$. Auf dem W-Raum $(\Omega, \mathscr{A}, \mathbb{P}_{(n,R)})$ mit dem W-Maß $\mathbb{P}_{(n,R)}(\Gamma) := \mathbb{P}(\Gamma \mid |X_i| \leqslant R \ \forall i = 1, \dots, n)$ gilt für die iid ZV $X_1, \dots, X_n, X_1 \sim X$,

$$\begin{aligned}
\mathbb{P}\left(|S_n - na| < n\delta\right) &\geqslant \mathbb{P}\left(|S_n - na| < n\delta, |X_1| \leqslant R, \dots, |X_n| \leqslant R\right) \\
&= \mathbb{P}\left(|X_1| \leqslant R, \dots, |X_n| \leqslant R\right) \cdot \mathbb{P}\left(|S_n - na| < n\delta \mid |X_1| \leqslant R, \dots, |X_n| \leqslant R\right) \\
&\underset{X_i \sim X}{\overset{\text{iid}}{=}} \mathbb{P}\left(|X| \leqslant R\right)^n \cdot \mathbb{P}_{(n,R)}\left(|S_n - na| < n\delta\right),
\end{aligned}$$

und wir können nun den Beweis von Satz 18.6 auf diese Situation übertragen:

$$\begin{aligned}
\liminf_{n\to\infty} \frac{1}{n} \log \mathbb{P}\left(|S_n - na| < n\delta\right) &\geqslant \log \mathbb{P}\left(|X| \leqslant R\right) + \liminf_{n\to\infty} \frac{1}{n} \log \mathbb{P}_{(n,R)}\left(|S_n - na| < n\delta\right) \\
&\geqslant \log \mathbb{P}\left(|X| \leqslant R\right) - I_{(R)}(a) \\
&= -\sup_{\xi \in \mathbb{R}} \left(a\xi - \log \widetilde{M}_{(R)}(\xi)\right).
\end{aligned}$$

Da die linke Seite nicht von R abhängt, können wir auf der rechten Seite das Supremum über $R > 0$ bilden, und erhalten wegen $\inf(-f) = -\sup f$

$$\liminf_{n\to\infty} \frac{1}{n} \log \mathbb{P}\left(|S_n - na| < n\delta\right) \geqslant \sup_{R>0} \inf_{\xi \in \mathbb{R}} \left(\log \widetilde{M}_{(R)}(\xi) - a\xi\right);$$

Lemma 18.5 besagt, dass die Funktion $f_R(\xi) = \log \widetilde{M}_{(R)}(\xi) - a\xi$ den Bedingungen des nachfolgenden Minimax-Lemmas 18.8 genügt, und wir erhalten daher mit dem Satz von Beppo Levi

$$\begin{aligned}\liminf_{n\to\infty} \frac{1}{n} \log \mathbb{P}\left(|S_n - na| < n\delta\right) &\geqslant \sup_{R>0} \inf_{\xi\in\mathbb{R}} \left(\log \widetilde{M}_{(R)}(\xi) - a\xi\right)\\ &\overset{\text{L.18.8}}{=} \inf_{\xi\in\mathbb{R}} \sup_{R>0} \left(\log \widetilde{M}_{(R)}(\xi) - a\xi\right)\\ &= \inf_{\xi\in\mathbb{R}} \left(\log M(\xi) - a\xi\right) = -I(a).\end{aligned}$$ □

18.8 Lemma (Minimax-Prinzip). *Es sei $f_r : \mathbb{R} \to \mathbb{R}$, $r > 0$, eine Familie konvexer Funktionen mit folgenden Eigenschaften:*

$$\text{(i)}\quad \forall r \leqslant s : f_r \leqslant f_s, \qquad \text{(ii)}\quad \liminf_{x\to\pm\infty} f_r(x) > 0, \qquad \text{(iii)}\quad \inf_x f_r(x) \leqslant 0.$$

Dann gilt

$$\sup_r \inf_x f_r(x) = \inf_x \sup_r f_r(x).$$

Beweis. Wegen

$$f_r(x) \leqslant \sup_r f_r(x) \implies \inf_x f_r(x) \leqslant \inf_x \sup_r f_r(x) \implies \sup_r \inf_x f_r(x) \leqslant \inf_x \sup_r f_r(x)$$

genügt es, die Ungleichung

$$f^* := \sup_r \inf_x f_r(x) \geqslant \inf_x \sup_r f_r(x)$$

zu zeigen. Unter unseren Annahmen ist $f^* \leqslant 0$ und weil die Funktionen f_r auf $\mathbb{R}$ konvex sind, sind sie stetig. Wir schreiben $K_r(c) := \{x \mid f_r(x) \leqslant c\}$ für die Niveaumengen. Wegen (i) steigen die Mengen ab, wegen (ii) sind sie kompakt für alle $c < \liminf_{|x|\to\infty} f_r(x)$ und (iii) garantiert, dass $K_r(f^*) \neq \emptyset$. Weil alle endlichen Durchschnitte nicht leer sind, gibt es einen Punkt $x_0 \in \bigcap_{r>0} K_r(f^*)$, vgl. [56, Satz und Korollar 2.36, S. 43], und für diesen Punkt gilt

$$\forall r > 0 : f^* \geqslant f_r(x_0) \implies f^* \geqslant \sup_r f_r(x_0) \geqslant \inf_x \sup_r f_r(x).$$ □

18.9 Korollar. *Es seien $(X_i)_{i\in\mathbb{N}}$ nicht-degenerierte iid ZV, so dass $\mu = \mathbb{E}X_1$ existiert. Für eine Menge $B \in \mathscr{B}(\mathbb{R})$ bezeichnet $\overline{B}$ den Abschluss und B° das offene Innere. Dann gilt*

$$\begin{aligned}-\inf_{a\in B^\circ} I(a) &\leqslant \liminf_{n\to\infty} \frac{1}{n} \log \mathbb{P}\left(\frac{S_n}{n} \in B\right)\\ &\leqslant \limsup_{n\to\infty} \frac{1}{n} \log \mathbb{P}\left(\frac{S_n}{n} \in B\right) \leqslant -\inf_{a\in\overline{B}} I(a).\end{aligned} \tag{18.9}$$

Beweis. Wir schreiben $B_+ := B \cap [\mu, \infty)$ und $B_- := B \cap (-\infty, \mu]$ sowie $b_+ := \inf B_+$ und $b_- := \sup B_-$. Es gilt

$$\mathbb{P}\left(\frac{S_n}{n} \in B\right) \leqslant \mathbb{P}\left(\frac{S_n}{n} \in B_+\right) + \mathbb{P}\left(\frac{S_n}{n} \in B_-\right) \leqslant 2\max\left\{\mathbb{P}\left(\frac{S_n}{n} \in B_+\right), \mathbb{P}\left(\frac{S_n}{n} \in B_-\right)\right\}.$$

Mit Hilfe von Satz 18.4 können wir die Terme auf der rechten Seite folgendermaßen abschätzen

$$\mathbb{P}\left(\frac{S_n}{n} \in B_\pm\right) \leqslant \exp\left[-nI(b_\pm)\right] \leqslant \exp\left[-n \inf_{a\in\overline{B}} I(a)\right]$$

woraus die obere Schranke in (18.9) folgt.

Wenn $B^\circ = \emptyset$, dann ist die untere Schranke wegen $\inf \emptyset = -\infty$ trivial. Für jedes $a \in B^\circ$ gibt es ein $\delta = \delta_a > 0$, so dass $(a - \delta, a + \delta) \subset B^\circ$. Dafür erhalten wir

$$\mathbb{P}\left(\frac{S_n}{n} \in B\right) \geqslant \mathbb{P}\left(\frac{S_n}{n} \in (a-\delta, a+\delta)\right) = \mathbb{P}\left(|S_n - na| < n\delta\right),$$

und wegen Korollar 18.7 gilt dann für alle $a \in B^\circ$

$$\liminf_{n\to\infty} \frac{1}{n}\mathbb{P}\left(\frac{S_n}{n} \in B\right) \geqslant -I(a).$$

Wenn wir das Supremum über $a \in B^\circ$ bilden, folgt (18.9). □

! Korollar 18.9 ist die »normale« moderne Form der Abschätzungen vom Typ »große Abweichungen«; Cramérs Arbeit [18] von 1938 ist nur der Anfang einer langen und spektakulären Entwicklung derartiger Abschätzungen, die heute für stochastische Prozesse und für ZV mit Werten in Banach- und Funktionenräumen existieren. Ein Standardwerk ist die Monographie von Dembo & Zeitouni [19].

Aufgaben

1. Es sei X eine ZV, $a \leqslant X \leqslant b$ und $m = \mathbb{E}X$. Zeigen Sie folgende Abschätzung für die MGF:

$$M(\xi) \leqslant \frac{b-m}{b-a} e^{a\xi} + \frac{m-a}{b-a} e^{b\xi}.$$

2. Es sei X eine reelle ZV und $I(a) = I_X(a)$ die Legendre-Transformation. Zeigen Sie:
   (a) $X \sim \mathsf{Poi}(\lambda) \implies I(a) = \lambda - a + a\log\frac{a}{\lambda}$ für $a \geqslant 0$ und $I|_{(-\infty,0)} = \infty$.
   (b) $X \sim \mathsf{Exp}(\lambda) \implies I(a) = \lambda a - 1 - \log(a\lambda)$ für $a > 0$ und $I|_{(-\infty,0]} = \infty$.
   (c) $X \sim \frac{1}{2}(\delta_{-1} + \delta_1) \implies I(a) = \frac{1}{2}(1+a)\log(1+a) + \frac{1}{2}(1-a)\log(1-a)$ für $a \in [-1,1]$ und $I|_{[-1,1]^c} = \infty$.

3. Diese Aufgabe enthält einige allgemeine Aussagen über die MGF M, $L = \log M$ und die Legendre-Transformation I einer reellen ZV X.
   (a) $\exists \xi_0 > 0 : M(\xi_0) < \infty \iff \lim_{a\to\infty} I(a) = \infty$.
   (b) $M|_{(0,\infty)} \equiv \infty \iff I|_{(0,\infty)} \equiv 0$.

(c) Für alle $a < 1$ gilt $\mathbb{E}\, e^{aI(X)} < \infty$.
Hinweis. Verwende Lemma 18.5.c), g) wenn X f.s. beschränkt ist, sonst verwende Bemerkung 1.8.k) für $|X| \rightsquigarrow e^{aI(X)}$, die Differenzierbarkeit von I und Satz 18.4.

(d) $\forall \xi > 0 : M(\xi) < \infty \iff \lim_{a\to\infty} a^{-1} I(a) = \infty$.
Hinweis. Verwende für die Richtung »$\Leftarrow$« die vorherige Teilaufgabe, betrachte $e^{\xi X}\mathbb{1}_{\{X>a\}}$ und beachte, dass $I(X)/2 \geqslant \xi X$ für jedes ξ und große Werte $X > a$ gilt.

(e) Wenn $r = \operatorname{ess\,sup} X < \infty$, dann gilt $M(\xi) \leqslant e^{r\xi}$ für alle $\xi \geqslant 0$ und

$$\lim_{\xi\to\infty} M'(\xi)/M(\xi) = \sup_{\xi>0} M'(\xi)/M(\xi) = r.$$

Hinweis. Drücke $M'(\xi)/M(\xi)$ durch Erwartungswerte aus. Die Abschätzung $\leqslant r$ ist klar. Beachte für die Umkehrung, dass $X = X\mathbb{1}_{\{X\leqslant b\}} + X\mathbb{1}_{\{X>b\}}$ für $b < r$ gilt und schätze den Bruch $M'(\xi)/M(\xi)$ geeignet ab.

(f) Wenn $M(\xi)$ für alle $\xi \geqslant 0$ existiert und X nicht nach oben beschränkt ist, dann gilt

$$\lim_{\xi\to\infty} M'(\xi)/M(\xi) = \sup_{\xi>0} M'(\xi)/M(\xi) = +\infty.$$

4. Es seien X_i, $i \in \mathbb{N}$, iid Cauchy $\mathsf{C}(\lambda, 0)$-ZV. Berechnen Sie $\mathbb{P}(S_n \geqslant na)$.

5. Es sei $B \subset \mathbb{R}$ eine beschränkte Borelmenge und X_i, $i \in \mathbb{N}$, iid $\mathsf{N}(0,1)$-ZV. Zeigen Sie

$$\left[\mathbb{P}\left(\frac{S_n}{n} \in B\right)\right]^{1/n} = \left[\sqrt{\frac{n}{2\pi}} \int_B \left(e^{-y^2/2}\right)^n dy\right]^{1/n}$$

und folgern Sie $\lim_{n\to\infty} \frac{1}{n} \log \mathbb{P}(S_n/n \in B) = -\operatorname{ess\,inf}_{y\in B} \frac{1}{2}y^2$ mit Hilfe der aus [MI, Aufgabe 14.9] bekannten Formel $\lim_{p\to\infty} \|f\|_{L^p} = \|f\|_{L^\infty}$.

6. Folgern Sie aus Satz 18.4, dass $\mathbb{P}(|S_n - n\mu| \geqslant n\epsilon) \leqslant 2\exp(-n\,[I(\mu-\epsilon) \wedge I(\mu+\epsilon)])$ für alle $\epsilon > 0$ gilt.

7. Es seien X_i, $i \in \mathbb{N}$, iid ZV mit $\mathbb{P}(X_1 = 1) = p > 0$ und $\mathbb{P}(X_1 = -1) = q = 1 - p$. Zeigen Sie die folgende *Bernsteinsche Ungleichung* für $S_n := X_1 + \cdots + X_n$:

$$\forall \epsilon > 0 \quad \exists a > 0 : \mathbb{P}\left(\left|\frac{S_n}{n} - (2p-1)\right| \geqslant \epsilon\right) \leqslant 2\exp\left[-na\epsilon^2\right].$$

A Anhang

A.1 Bemerkungen zu einigen Ungleichungen

Wir wollen an dieser Stelle einige Hinweise zum Umgang mit Ungleichungen geben. Richtiges Abschätzen und die »Kunst des geschickten Weglassens« gehören mit zu den trickreichsten Aufgaben in Beweisen der Analysis und W-theorie. Im Folgenden sei X stets eine reelle ZV auf einem W-Raum $(\Omega, \mathscr{A}, \mathbb{P})$. Wenn wir $\mathbb{E}X$ schreiben, dann nehmen wir immer an, dass entweder $X \in L^1(\mathbb{P})$ und $\mathbb{E}X \in \mathbb{R}$ oder $X \geqslant 0$ und $\mathbb{E}X \in [0, \infty]$ gilt; mit c bezeichnen wir eine strikt positive Konstante.

Die Chebyshev-Markov-Ungleichung. Die Grundform (und bereits der Beweis) dieser Ungleichung ist

$$\mathbb{P}(|X| > c) \leqslant \mathbb{P}(|X| \geqslant c) = \mathbb{E}\mathbb{1}_{\{|X|\geqslant c\}} \leqslant \mathbb{E}\left[\frac{1}{c}|X|\mathbb{1}_{\{|X|\geqslant c\}}\right] = \frac{1}{c}\mathbb{E}\left[|X|\mathbb{1}_{\{|X|\geqslant c\}}\right] \tag{A.1}$$

$$\leqslant \frac{1}{c}\mathbb{E}|X|. \tag{A.2}$$

Hieraus lassen sich durch einfache Manipulationen viele nützliche Abschätzungen herleiten. Die wesentliche Beobachtung ist, dass für strikt monoton wachsende Funktionen $f\colon [0, \infty) \to [0, \infty)$ gilt

$$|X| \geqslant c \iff f(|X|) \geqslant f(c).$$

Wenn f nicht Lebesgue-f.ü. strikt monoton ist, dann gilt i.Allg. $|X| \geqslant c \iff f(|X|) \geqslant f(c)$ nicht mehr, z.B. wenn $f \equiv 1$ oder wenn f die Cantor-Funktion ist. ↯

Auf diese Weise erhalten wir zum Beispiel

$$\mathbb{P}(|X| > c) \leqslant \begin{cases} \dfrac{1}{\log(1+c)}\,\mathbb{E}\log(1+|X|), & \text{für die Funktion } f(x) = \log(1+x),\ x \geqslant 0 \\ \dfrac{1}{c^p}\,\mathbb{E}\left[|X|^p\right], & \text{für die Funktion } f(x) = x^p,\ x \geqslant 0, p > 0 \\ e^{-c}\,\mathbb{E}\,e^{c|X|}, & \text{für die Funktion } f(x) = e^x,\ x \geqslant 0. \end{cases}$$

Wenn wir X zentrieren, d.h. durch $X - \mathbb{E}X$ austauschen, erhalten wir die klassische *Chebyshev-Ungleichung*

$$\mathbb{P}(|X - \mathbb{E}X| \geqslant c) \leqslant \frac{1}{c^2}\,\mathbb{E}\left[(X - \mathbb{E}X)^2\right] = \frac{\mathbb{V}X}{c^2}. \tag{A.3}$$

Und für jede Menge $A \in \mathscr{A}$ und $c > 0$ gilt

$$\mathbb{P}(\{|X| \geqslant c\} \cap A) = \mathbb{P}(|X\mathbb{1}_A| \geqslant c) \leqslant \frac{1}{c}\mathbb{E}|X\mathbb{1}_A| = \frac{1}{c}\int_A |X|\,d\mathbb{P}. \tag{A.4}$$

https://doi.org/10.1515/9783111342252-019

Die Jensensche Ungleichung. Die Jensensche Ungleichung ist eine typische Konvexitätsungleichung. Im Allgemeinen sind Konvexitätsungleichungen optimal. Die Beweisidee hinter der Jensenschen Ungleichung ist die Beobachtung, dass wir eine konvexe Funktion $V : I \to \mathbb{R}$, $I = (l, r) \subset \mathbb{R}$ von unten durch affin-lineare Funktionen $\ell(x) = ax + b$, $a, b \in \mathbb{R}$, einhüllen können [MIMS, Lemma 13.12, S. 125 *f.*], d.h.

$$V(x) = \sup\{\ell(x) \mid \forall t \in I : \ell(t) = at + b \leqslant V(t)\}.$$

Wenn X eine ZV mit Werten in I ist und $\mathbb{E}X$ existiert, dann gilt auch $\mathbb{E}X \in I$ und wir gewinnen die Jensensche Ungleichung mit einem Monotonieargument

$$V(\mathbb{E}X) = \sup_{\ell \leqslant V} \ell(\mathbb{E}X) = \sup_{\ell \leqslant V} \mathbb{E}[\ell(X)] \overset{\ell \leqslant V}{\leqslant} \mathbb{E}V(X); \tag{A.5}$$

natürlich müssen wir voraussetzen, dass die rechte Seite der Ungleichung einen endlichen Wert annimmt.

Eine nützliche Variante der Jensenschen Ungleichung ist die »konkave« Jensen-Ungleichung. Weil Λ genau dann konkav ist, wenn $V = -\Lambda$ konvex ist, können wir eine konkave Funktion von oben durch affin-lineare Funktionen approximieren und mit fast demselben Argument wie vorher erhalten wir

$$\Lambda(\mathbb{E}X) = \inf_{\ell \geqslant \Lambda} \ell(\mathbb{E}X) = \inf_{\ell \geqslant \Lambda} \mathbb{E}[\ell(X)] \overset{\ell \geqslant \Lambda}{\geqslant} \mathbb{E}\Lambda(X); \tag{A.6}$$

wiederum sollten wir die Existenz von $\mathbb{E}X$ und $\mathbb{E}\Lambda(X)$ voraussetzen.

Hier sind einige typische Beispiele für die »konvexe« Jensensche Ungleichung

$$[\mathbb{E}|X|]^p \leqslant \mathbb{E}\left[|X|^p\right] \quad (p \geqslant 1), \qquad \exp\left[\mathbb{E}|X|\right] \leqslant \mathbb{E}\exp\left[|X|\right], \qquad \frac{1}{\mathbb{E}|X|} \leqslant \mathbb{E}\frac{1}{|X|},$$

und für die »konkave« Variante

$$[\mathbb{E}|X|]^\alpha \geqslant \mathbb{E}\left[|X|^\alpha\right] \quad (0 < \alpha < 1), \qquad \log \mathbb{E}|X| \geqslant \mathbb{E}\log|X|.$$

Variationen zum Thema Fubini-Tonelli. Eine bekannte Binsenweisheit besagt: »Wenn Du bei einem Integral nicht weiterkommst, dann hilft Fubini oder partielle Integration.« Wie wir aus [MI, Beispiel 16.3] wissen, ist die partielle Integration ein Sonderfall von Fubini – und die eigentliche Schwierigkeit besteht darin, die Anwendbarkeit des Satzes von Fubini zu prüfen. Hier ist ein klassischer Trick, wie wir Erwartungswerte durch normale Lebesgue-Integrale ausdrücken können.

$$\mathbb{E}|X| = \mathbb{E}\int_0^{|X|} dt = \mathbb{E}\int_0^\infty \mathbb{1}_{[0,|X|]}(t)\,dt \underset{\text{Tonelli}}{\overset{\text{Fubini}}{=}} \int_0^\infty \mathbb{E}\mathbb{1}_{[0,|X|]}(t)\,dt = \int_0^\infty \mathbb{P}(|X| \geqslant t)\,dt, \tag{A.7}$$

wobei wir in der letzten Gleichheit beachten, dass $\mathbb{1}_{[0,|X|]}(t) = \mathbb{1}_{[t,\infty)}(|X|)$ und daher $\mathbb{E}\mathbb{1}_{[0,|X|]}(t) = \mathbb{E}\mathbb{1}_{[t,\infty)}(|X|) = \mathbb{P}(|X| \geqslant t)$ gilt. Weil $\int_0^\infty \mathbb{1}_{[0,|X|]}(t)\,dt = \int_0^\infty \mathbb{1}_{[0,|X|)}(t)\,dt$ ist, zeigt unsere Rechnung auch

$$\mathbb{E}|X| = \int_0^\infty \mathbb{P}(|X| > t)\,dt. \tag{A.8}$$

Wir geben noch zwei Variationen dieses Themas an.

Wenn wir ZV der Form $f(|X|)$ für eine absolutstetige Funktion $f : [0,\infty) \to \mathbb{R}$ mit $f(0) = 0$ betrachten, dann gilt der Hauptsatz der Integralrechnung $f(x) = \int_0^x f'(t)\,dt$ und wir erhalten

$$\begin{aligned}\mathbb{E}f(|X|) = \mathbb{E}\int_0^{|X|} f'(t)\,dt = \mathbb{E}\int_0^\infty f'(t)\mathbb{1}_{[0,|X|]}(t)\,dt &\overset{\text{Fubini}}{\underset{\text{Tonelli}}{=}} \int_0^\infty f'(t)\mathbb{E}\mathbb{1}_{[0,|X|]}(t)\,dt \\ &= \int_0^\infty f'(t)\mathbb{P}(|X| \geqslant t)\,dt,\end{aligned} \tag{A.9}$$

sofern alle auftretenden Integrale existieren. Wenn f' positiv oder negativ ist, dann gilt die Identität ohne Einschränkungen. Wiederum können wir $\mathbb{P}(|X| \geqslant t)$ durch $\mathbb{P}(|X| > t)$ ersetzen.

Aus (A.7) folgt auch das Integralvergleichskriterium; das geht so:

$$\mathbb{E}|X| \overset{(A.7)}{=} \sum_{n=0}^\infty \int_n^{n+1} \mathbb{P}(|X| \geqslant t)\,dt \begin{cases} \leqslant \sum_{n=0}^\infty \mathbb{P}(|X| \geqslant n), \\ \geqslant \sum_{n=0}^\infty \mathbb{P}(|X| \geqslant n+1), \end{cases}$$

und daraus gewinnen wir

$$\sum_{n=1}^\infty \mathbb{P}(|X| \geqslant n) \leqslant \mathbb{E}|X| \leqslant 1 + \sum_{n=1}^\infty \mathbb{P}(|X| \geqslant n). \tag{A.10}$$

A.2 Unter- und oberhalbstetige Funktionen

Eine Funktion $f : \mathbb{R}^d \to \overline{\mathbb{R}}$ heißt *in einem Punkt* $x_0 \in \mathbb{R}^d$ *unterhalbstetig*, wenn

$$\forall \alpha \in \mathbb{R} : f(x_0) > \alpha \quad \exists \epsilon > 0 \quad \forall y \in B_\epsilon(x_0) : f(y) > \alpha, \tag{A.11}$$

und *in einem Punkt* $x_0 \in \mathbb{R}^d$ *oberhalbstetig*, wenn

$$\forall \alpha \in \mathbb{R} : f(x_0) < \alpha \quad \exists \epsilon > 0 \quad \forall y \in B_\epsilon(x_0) : f(y) < \alpha; \tag{A.12}$$

f heißt *unterhalbstetig* (*oberhalbstetig*), wenn f in jedem Punkt $x \in \mathbb{R}^d$ unterhalbstetig (oberhalbstetig) ist.

Offensichtlich ist f genau dann unterhalbstetig (bzw. oberhalbstetig), wenn die Mengen $\{f > \alpha\}$ (bzw. $\{f < \alpha\}$), $\alpha \in \mathbb{R}$, offen sind.

A.1 Lemma. *Eine Menge $A \subset \mathbb{R}^d$ ist genau dann offen (bzw. abgeschlossen), wenn die Indikatorfunktion $\mathbb{1}_A$ unterhalbstetig (bzw. oberhalbstetig) ist.*

Beweis. Offensichtlich gilt

$$\{\mathbb{1}_A < \alpha\} = \begin{cases} \emptyset, & \text{für } \alpha \leqslant 0, \\ A^c, & \text{für } 0 < \alpha \leqslant 1, \\ \mathbb{R}^d, & \text{für } \alpha > 1, \end{cases}$$

d.h. für jede abgeschlossene Menge A ist A^c bzw. $\mathbb{R}^d$ offen, d.h. $\mathbb{1}_A$ ist oberhalbstetig. Wählen wir speziell $\alpha = \frac{1}{2}$, dann sieht man, dass die Oberhalbstetigkeit von $\mathbb{1}_A$ die Offenheit von A^c bzw. die Abgeschlossenheit von A impliziert. Der Beweis für offene Mengen und unterhalbstetige Funktionen verläuft analog (und ist sogar einfacher). □

Die folgende Charakterisierung halbstetiger Funktionen folgt sofort aus der Definition.

A.2 Lemma. *Für jede Funktion $f : \mathbb{R}^d \to \overline{\mathbb{R}}$ sind folgende Aussagen äquivalent.*
a) *f ist unterhalbstetig;*
b) *$-f$ ist oberhalbstetig;*
c) *$\{f > \alpha\}$ ist für alle $\alpha \in \mathbb{R}$ offen;*
d) *$\{f \leqslant \alpha\}$ ist für alle $\alpha \in \mathbb{R}$ abgeschlossen.*

Wir erinnern noch an die Definition des Limes inferior und superior für $y \to x$.

$$\liminf_{y\to x} f(y) := \lim_{r\to 0} \inf_{y\in B_r(x)} f(y) = \sup_{r>0} \inf_{y\in B_r(x)} f(y)$$
$$\limsup_{y\to x} f(y) := \lim_{r\to 0} \sup_{y\in B_r(x)} f(y) = \inf_{r>0} \sup_{y\in B_r(x)} f(y).$$

Auf Grund dieser Definition gilt stets $\liminf_{y\to x} f(y) \leqslant f(x) \leqslant \limsup_{y\to x} f(y)$.

A.3 Satz. *Eine Funktion $f : \mathbb{R}^d \to \overline{\mathbb{R}}$ ist genau dann im Punkt $x_0 \in \mathbb{R}^d$ unterhalbstetig (oberhalbstetig), wenn gilt*

$$\liminf_{y\to x_0} f(y) = f(x_0) \qquad \Big(\limsup_{y\to x_0} f(y) = f(x_0)\Big).$$

Beweis. Wir betrachten nur unterhalbstetige Funktionen. Die angegebene Bedingung ist offensichtlich äquivalent zu $\liminf_{y\to x_0} f(y) \geqslant f(x_0)$.

Es sei f unterhalbstetig. Wenn $|f(x_0)| < \infty$ gilt, dann ist für jedes $\epsilon > 0$ die Menge $U_\epsilon := \{x : f(x) > f(x_0) - \epsilon\}$ eine offene Umgebung von x_0, d.h. es gibt eine offene Kugel $B_\delta(x_0) \subset U_\epsilon$, so dass

$$f(x_0) - \epsilon < \inf_{x\in B_\delta(x_0)} f(x);$$

es folgt $\liminf_{y\to x_0} f(y) \geqslant f(x_0)$. Wenn $f(x_0) = +\infty$ ist, dann ist $\{f > \alpha\}$ eine offene Umgebung von x_0 für alle $\alpha > 0$, und wir erhalten $\liminf_{y\to x_0} f(y) \geqslant \alpha \to f(x_0)$ für

$\alpha \to \infty$. Wenn $f(x_0) = -\infty$, dann ist $\liminf_{y\to x_0} f(y) \geqslant -\infty = f(x_0)$ trivialerweise erfüllt. Insgesamt folgt $\liminf_{y\to x_0} f(y) \geqslant f(x_0)$, und somit $\liminf_{y\to x_0} f(y) = f(x_0)$.

Umgekehrt, wenn $\liminf_{y\to x_0} f(y) \geqslant f(x_0)$ und $f(x_0) > \alpha$ für ein $\alpha \in \mathbb{R}$ gilt, dann ist $\inf_{y\in B_r(x_0)} f(y) > \alpha$ für hinreichend kleine $r > 0$, d.h. (A.11) ist erfüllt. □

Weil der Grenzwert genau dann existiert, wenn der obere und untere Grenzwert übereinstimmen, erhalten wir das folgende Resultat.

A.4 Korollar. *Eine Funktion $f : \mathbb{R}^d \to \overline{\mathbb{R}}$ ist genau dann im Punkt $x_0 \in \mathbb{R}^d$ stetig, wenn f dort unter- und oberhalbstetig ist.*

Obere Einhüllende von unterhalbstetigen Funktionen sind wieder unterhalbstetig.

A.5 Korollar. *Es seien $f_i : \mathbb{R}^d \to \overline{\mathbb{R}}$, $i \in I$, Funktionen, die im Punkt $x_0 \in \mathbb{R}^d$ unterhalbstetig sind. Dann ist $f := \sup_{i\in I} f_i \in (-\infty, \infty]$ an der Stelle x_0 unterhalbstetig. Insbesondere ist für unterhalbstetige f_i die obere Einhüllende f unterhalbstetig.*

Beweis. Wir verwenden das Kriterium von Satz A.3. Weil $\sup_{i\in I} f_i(y) \geqslant f(y)$ ist, gilt auch

$$\liminf_{y\to x_0} f(y) = \liminf_{y\to x_0} \sup_{i\in I} f_i(y) \geqslant \liminf_{y\to x_0} f_i(y) \overset{\text{Satz A.3}}{\geqslant} f_i(x_0) \quad \forall i \in I,$$

also $\liminf_{y\to x_0} f(y) \geqslant \sup_{i\in I} f_i(x_0) = f(x_0)$. Die Ungleichung $\liminf_{y\to x_0} f(y) \leqslant f(x_0)$ ist trivial, so dass die behauptete Unterhalbstetigkeit mit Hilfe von Satz A.3 folgt. □

In der W-theorie ist folgende Anwendung von besonderem Interesse.

A.6 Korollar. *Es sei $(X_n)_{n\in\mathbb{N}}$ eine Folge von reellen ZV und $a \in \mathbb{R}$. Dann gilt*

$$\mathbb{P}\Big(\limsup_{n\to\infty} X_n \geqslant a\Big) \geqslant \limsup_{n\to\infty} \mathbb{P}(X_n \geqslant a) \tag{A.13}$$

$$\mathbb{P}\Big(\liminf_{n\to\infty} X_n < a\Big) \leqslant \liminf_{n\to\infty} \mathbb{P}(X_n < a). \tag{A.14}$$

Beweis. Wenn $\limsup_n \mathbb{1}_{[a,\infty)}(X_n) = 1$ gilt, dann ist $X_n \geqslant a$ für unendliche viele n, und somit $\limsup_n X_n \geqslant a$. Weil stets $\mathbb{1}_{[a,\infty)}(\limsup_n X_n) \geqslant 0$ gilt, haben wir

$$\mathbb{E}\Big[\limsup_{n\to\infty} \mathbb{1}_{[a,\infty)}(X_n)\Big] \leqslant \mathbb{E}\Big[\mathbb{1}_{[a,\infty)}\Big(\limsup_{n\to\infty} X_n\Big)\Big].$$

Mit dem Fatouschen Lemma erhalten wir dann

$$\limsup_{n\to\infty} \mathbb{E}\Big[\mathbb{1}_{[a,\infty)}(X_n)\Big] \leqslant \mathbb{E}\Big[\limsup_{n\to\infty} \mathbb{1}_{[a,\infty)}(X_n)\Big],$$

und (A.13) ist gezeigt. Die Behauptung für $(-\infty, a)$ zeigt man ganz ähnlich. □

A.3 Approximation von Maßen

Es sei $(\Omega, \mathscr{A}, \mathbb{P})$ ein W-Raum, so dass $\mathscr{A} = \sigma(\mathscr{G})$. Wenn $\mathscr{G}$ eine Boolesche Algebra ist, d.h. $\Omega \in \mathscr{G}$ und $\mathscr{G}$ ist stabil unter endlichen Schnitten, Vereinigungen und Komplementbildung, dann kann man $\mathbb{P}$ durch $\mathbb{P}|_{\mathscr{G}}$ approximieren. Zur Erinnerung: Die symmetrische Differenz von zwei Mengen A, B ist definiert als $A \triangle B := (A \setminus B) \cup (B \setminus A)$.

A.7 Lemma. *Es sei $(\Omega, \mathscr{A}, \mathbb{P})$ ein W-Raum und es gelte $\mathscr{A} = \sigma(\mathscr{G})$ für eine Boolesche Algebra $\mathscr{G}$. Dann gilt*

$$\forall \epsilon > 0,\ A \in \mathscr{A} \quad \exists G = G_\epsilon \in \mathscr{G} \ :\ \mathbb{P}(A \triangle G) < \epsilon.$$

Beweis. Wir definieren $\mathscr{D} = \{A \in \mathscr{A} \ :\ \forall \epsilon > 0\, \exists G = G_\epsilon \in \mathscr{G} \ :\ \mathbb{P}(A \triangle G) < \epsilon\}$. Es genügt zu zeigen, dass $\mathscr{D}$ ein Dynkin-System ist, weil dann aus

$$\mathscr{A} = \sigma(\mathscr{G}) \overset{\cap\text{-stabil}}{=} \delta(\mathscr{G}) \subset \mathscr{D} \subset \mathscr{A} \implies \mathscr{A} = \mathscr{D}$$

die Behauptung folgt.

1° Offensichtlich gilt $\Omega \in \mathscr{D}$.

2° Wir wählen $\epsilon > 0$. Wenn $D \in \mathscr{D}$ und $G \in \mathscr{G}$ mit $\mathbb{P}(D \triangle G) < \epsilon$, dann folgt wegen

$$D \triangle G = (D \setminus G) \cup (G \setminus D) = (G^c \setminus D^c) \cup (D^c \setminus G^c) = D^c \triangle G^c$$

auch $\mathbb{P}(D^c \triangle G^c) < \epsilon$ und $D^c \in \mathscr{D}$, da $G^c \in \mathscr{G}$.

3° Es seien $\epsilon > 0$ und $(D_n)_{n\in\mathbb{N}} \subset \mathscr{D}$ paarweise disjunkte Mengen. Für jedes D_n wählen wir $G_n \in \mathscr{G}$, so dass $\mathbb{P}(D_n \triangle G_n) < \epsilon 2^{-n}$. Für $G^N := \bigcup_{k=1}^N G_k$ und $D := \dot{\bigcup}_{n=1}^\infty D_n$ gilt

$$D \setminus G^N = \left(\bigcup_{n=1}^\infty D_n\right) \setminus G^N = \bigcup_{n=1}^\infty (D_n \setminus G^N) \subset \bigcup_{n=1}^N (D_n \setminus G_n) \cup \dot{\bigcup_{n=N+1}^\infty} D_n$$

und mit einer ähnlichen Rechnung folgt

$$G^N \setminus D \subset \bigcup_{n=1}^N (G_n \setminus D_n).$$

Insgesamt erhalten wir so

$$D \triangle G^N \subset \bigcup_{n=1}^N (D_n \triangle G_n) \cup \dot{\bigcup_{n=N+1}^\infty} D_n.$$

Auf Grund der σ-Subadditivität und der Stetigkeit von Maßen sehen wir dann

$$\mathbb{P}(D \triangle G^N) \leqslant \sum_{n=1}^\infty \mathbb{P}(D_n \triangle G_n) + \mathbb{P}\left(\dot{\bigcup_{n=N+1}^\infty} D_n\right) < \sum_{n=1}^\infty \frac{\epsilon}{2^n} + \underbrace{\mathbb{P}\left(\dot{\bigcup_{n=N+1}^\infty} D_n\right)}_{\to 0 \text{ für } N \to \infty} < 2\epsilon$$

wenn $N = N(\epsilon)$ groß genug ist. Weil $\mathscr{G}$ $\cup$-stabil ist, ist $G^N \in \mathscr{G}$, also $D \in \mathscr{D}$. □

A.4 Multivariate Verteilungsfunktionen

Auf dem W-Raum $(\Omega, \mathscr{A}, \mathbb{P})$ sei $X = (X_1, \dots, X_n)$ eine n-dimensionale ZV. Die (multivariate, rechtsstetige) Verteilungsfunktion von X ist die Abbildung

$$F_X(x) = F_X(x_1, \dots, x_n) = \mathbb{P}(X_1 \leqslant x_1, \dots, X_n \leqslant x_n), \qquad x = (x_1, \dots, x_n) \in \mathbb{R}^n.$$

Wir können die rechte Seite dieser Gleichheit auch folgendermaßen schreiben:

$$F_X(x_1, \dots, x_n) = \mathbb{P}\left(X \in \bigtimes_{i=1}^{n} (-\infty, x_i] \right) = \mathbb{P}\left(\bigcap_{i=1}^{n} \{X_i \in (-\infty, x_i]\} \right).$$

Eine multivariate Verteilungsfunktion $F = F_X$ hat folgende Eigenschaften

a) $F(x_1, \dots, x_n)$ ist in jeder Variablen monoton wachsend;
b) $F(x_1, \dots, x_n)$ ist in jeder Variablen rechtsseitig stetig;
c) $\lim_{x_i \to -\infty} F(x_1, \dots, x_i, \dots, x_n) = 0$ für beliebiges $i = 1, \dots, n$;
d) $\lim_{x_1 \to \infty} \dots \lim_{x_n \to \infty} F(x_1, \dots, x_n) = 1$;
e) Für beliebige $a_i < b_i$ gilt

$$\sum_{\epsilon_i \in \{0,1\},\ i=1,\dots,n} (-1)^{\epsilon_1 + \dots + \epsilon_n} F(\epsilon_1 a_1 + (1 - \epsilon_1) b_1, \dots, \epsilon_n a_n + (1 - \epsilon_n) b_n) \geqslant 0.$$

Die in Bedingung e) auftretende Summe hat 2^n Summanden, z.B. ist für $n = 2$

$$\mathbb{P}(a_1 < X_1 \leqslant b_1,\ a_2 < X_2 \leqslant b_2) = F(b_1, b_2) - F(a_1, b_2) - F(b_1, a_2) + F(a_1, a_2).$$

Die Eigenschaften a)–d) folgen genauso wie im eindimensionalen Fall. Wir bemerken auch, dass in d) wegen der Monotonie der Funktion F die Reihenfolge der Grenzwerte irrelevant ist. Die letzte Eigenschaft e) folgt für $n = 1$ direkt aus a), aber in höheren Dimensionen bedarf es weiterer Argumente.

Wir setzen

$$A_i := \{X_i \leqslant a_i\}, \quad B_i := \{X_i \leqslant b_i\}, \quad A := \bigcup_{i=1}^{n} A_i \quad \text{und} \quad B := \bigcap_{i=1}^{n} B_i.$$

Damit erhalten wir

$$\mathbb{P}\left(\bigcap_{i=1}^{n} \{a_i < X_i \leqslant b_i\} \right) = \mathbb{P}\left(\bigcap_{i=1}^{n} B_i \setminus A_i \right) = \mathbb{P}\left(\bigcap_{i=1}^{n} B \setminus A_i \right)$$

und wenn wir die Einschluss-Ausschluss-Formel (2.11) verwenden, dann sehen wir

$$0 \leqslant \mathbb{P}\left(\bigcap_{i=1}^{n} \{a_i < X_i \leqslant b_i\} \right) = \sum_{k=0}^{n} (-1)^k \sum_{1 \leqslant i_1 < \dots < i_k \leqslant n} \mathbb{P}(B \cap A_{i_1} \cap \dots \cap A_{i_k}).$$

Offensichtlich gilt

$$\mathbb{P}(B \cap A_{i_1} \cap \dots \cap A_{i_k}) = F(c_1, \dots, c_n), \quad \text{wobei} \quad c_i = \begin{cases} a_i, & i \in \{i_1, \dots, i_k\}, \\ b_i, & \text{sonst}, \end{cases}$$

und daraus folgt die Behauptung.

Wenn wir mit $\Delta_h^{[i]}$ den Differenzenoperator in Koordinatenrichtung i und mit Schrittweite $h \geqslant 0$ bezeichnen,

$$\Delta_h^{[i]} F(x_1, \dots, x_n) := F(x_1, \dots, x_i + h, \dots, x_n) - F(x_1, \dots, x_i, \dots, x_n),$$

dann ist die Bedingung e) äquivalent zu jeder der folgenden Bedingungen

e′) Es ist $\Delta_{h_1}^{[1]} \Delta_{h_2}^{[2]} \dots \Delta_{h_n}^{[n]} F(x_1, x_2, \dots, x_n) \geqslant 0$ für $h_i \geqslant 0$, $x_i \in \mathbb{R}$.

e″) Es ist $\Delta_h^{[1]} \Delta_h^{[2]} \dots \Delta_h^{[n]} F(x_1, x_2, \dots, x_n) \geqslant 0$ für $h \geqslant 0$, $x_i \in \mathbb{R}$.

Tatsächlich gilt auch folgende Umkehrung.

A.8 Satz. *Es sei $F : \mathbb{R}^n \to \mathbb{R}$ eine Funktion, die die Eigenschaften* a)–d) *und* e) (*oder* e′), e″)) *besitzt. Dann gibt es genau ein W-Maß μ auf $(\mathbb{R}^n, \mathscr{B}(\mathbb{R}^n))$, so dass F die Verteilungsfunktion dieses Maßes ist, d.h.*

$$F(x_1, x_2, \dots, x_n) = \mu\left((-\infty, x_1] \times (-\infty, x_2] \times \dots \times (-\infty, x_n]\right), \qquad x_i \in \mathbb{R}.$$

Da diese Aussage für uns nicht von zentraler Bedeutung ist, deuten wir den Beweis nur an. Wir bemerken jedoch, dass das n-dimensionale Lebesguemaß auf dem Würfel $[0,1]^n \subset \mathbb{R}^n$ die Verteilungsfunktion $F(x_1, x_2, \dots, x_n) = \prod_{k=1}^n \min\{x_k, 1\} \mathbb{1}_{[0,\infty)}(x_k)$ hat.

Beweisskizze. Mit Hilfe der Eigenschaft e) definieren wir das Volumen eines Rechtecks

$$\begin{aligned} &\mu\left((a_1, b_1] \times \dots \times (a_n, b_n]\right) \\ &:= \sum_{\epsilon_k \in \{0,1\},\ k=1,\dots,n} (-1)^{\epsilon_1 + \dots + \epsilon_n} F(\epsilon_1 a_1 + (1-\epsilon_1) b_1, \dots, \epsilon_n a_n + (1-\epsilon_n) b_n). \end{aligned}$$

Wir rechnen nun mit etwas Mühe direkt nach, dass diese Mengenfunktion auf der Familie der linksseitig offenen Rechtecke $\mathscr{I}$ in $\mathbb{R}^n$ additiv ist.

Für die σ-Additivität relativ zur Familie $\mathscr{I}$ argumentiert man wie im Beweis der σ-Additivität des Lebesguemaßes [MI, Proposition 5.4] (für $n = 1$, der Beweis überträgt sich auf höhere Dimensionen): Es handelt sich hierbei im Wesentlichen um ein Überdeckungs- und Kompaktheitsargument. Damit sehen wir, dass μ auf dem Halbring $\mathscr{I}$ ein Prämaß ist und wir können den Fortsetzungssatz von Carathéodory [MI, Satz 5.2] anwenden. □

A.5 Der Satz von Liouville für ganz-analytische Funktionen

Eine auf ganz $\mathbb{C}$ definierte und holomorphe Funktion f heißt *ganz-analytisch*. Ganz-analytische Funktionen haben eine überall absolut konvergente Potenzreihenentwicklung

$$f(z) = \sum_{k=0}^{\infty} c_k z^k, \quad c_k = \frac{f^{(k)}(0)}{k!}. \tag{A.15}$$

Mit Hilfe der Cauchyschen Formel (für die Ableitungen) und des Maximumprinzips kann man die Koeffizienten c_k durch sphärische Mittel abschätzen

$$|c_k| \leqslant r^{-k} \sup_{|z|=r} |f(z)| = r^{-k} \sup_{|z|\leqslant r} |f(z)|, \qquad r > 0.$$

Wir zeigen eine etwas schärfere Form dieser Ungleichung.

A.9 Lemma. *Es sei f eine auf der offenen Kreisscheibe $B_R(0) \subset \mathbb{C}$ definierte holomorphe Funktion mit der Potenzreihenentwicklung* (A.15). *Für alle $r < R$ gilt*

$$c_n r^n = \frac{1}{\pi} \int_0^{2\pi} e^{-in\theta} \operatorname{Re} f(re^{i\theta})\, d\theta, \qquad n \in \mathbb{N}. \tag{A.16}$$

Beweis. Wir schreiben $c_k = a_k + ib_k$ und $z = re^{i\theta}$, $r < R$, $\theta \in [0, 2\pi)$, und erhalten für den Realteil von f die Darstellung

$$\operatorname{Re} f(z) = \sum_{k=0}^{\infty} \operatorname{Re}\left(c_k r^k e^{ik\theta}\right) = \sum_{k=0}^{\infty} \left[a_k \cos(k\theta) - b_k \sin(k\theta)\right] r^k.$$

Weil diese Potenzreihe absolut konvergiert, können wir in der folgenden Rechnung Summation und Integration vertauschen:

$$\begin{aligned}\int_0^{2\pi} e^{-in\theta} \operatorname{Re} f(re^{i\theta})\, d\theta &= \sum_{k=0}^{\infty} r^k \int_0^{2\pi} [\cos(n\theta) - i\sin(n\theta)] \cdot [a_k \cos(k\theta) - b_k \sin(k\theta)]\, d\theta \\ &= \pi(a_n + ib_n) r^n = \pi c_n r^n,\end{aligned}$$

unter Verwendung der üblichen Orthogonalitätsbeziehungen für die trigonometrischen Funktionen. □

Als Korollar erhalten wir die oben erwähnte Verschärfung der Koeffizientenabschätzung.

A.10 Korollar. *Es sei f eine auf der offenen Kreisscheibe $B_R(0) \subset \mathbb{C}$ definierte holomorphe Funktion mit der Potenzreihenentwicklung* (A.15). *Für alle $r < R$ gilt*

$$|c_n| \leqslant 2r^{-n} \sup_{|z|=r} |\operatorname{Re} f(z)|, \qquad n \in \mathbb{N}. \tag{A.17}$$

Beweis. Wegen (A.16) gilt

$$|c_n r^n| = \left| \frac{1}{\pi} \int_0^{2\pi} e^{-in\theta} \operatorname{Re} f(re^{i\theta})\, d\theta \right| \leqslant \frac{1}{\pi} \int_0^{2\pi} \sup_{|z|=r} |\operatorname{Re} f(z)|\, d\theta = 2 \sup_{|z|=r} |\operatorname{Re} f(z)|. \qquad \square$$

Die Aussage des folgenden Satzes für $n = 1$ ist der Satz von Liouville, die Verallgemeinerung geht auf Hadamard 1892 zurück.

A.11 Satz (Liouville 1847; Hadamard 1892). *Es sei f eine ganz-analytische Funktion. Wenn für ein $n \in \mathbb{N}$ und eine Konstante $C > 0$ die Ungleichung*

$$|\operatorname{Re} f(z)| \leqslant C|z|^n \quad \textit{für alle } |z| \geqslant r \textit{ und } r > 0 \tag{A.18}$$

gilt, dann ist f ein Polynom höchstens vom Grad n.

Beweis. Wir zeigen, dass in der Potenzreihenentwicklung (A.15) von f die Koeffizienten c_{n+k} für alle $k \in \mathbb{N}$ verschwinden. Das folgt aus der Abschätzung (A.17):

$$|c_{n+k}| \overset{\text{(A.17)}}{\leqslant} 2r^{-n-k} \sup_{|z|=r} |\operatorname{Re} f(z)| \overset{\text{(A.18)}}{\leqslant} 2Cr^{-n-k}r^n \xrightarrow[r\to\infty]{} 0. \qquad \square$$

A.6 Wichtige diskrete Verteilungen

Nr.	Name	Abk.	Parameter	Träger I	Zähldichte
1.	allgemeine diskrete Verteilung	—	$p_k \geqslant 0$, $\sum_k p_k = 1$	$\{x_k\}_k$	$\mathbb{P}(X = x_k) = p_k \quad \forall k$
2.	degenerierte Verteilung	δ_c	$c \in \mathbb{R}$	$\{c\}$	$\mathbb{P}(X = c) = 1$, $\mathbb{P}(X \neq c) = 0$
3.	Bernoulliverteilung	$\mathsf{B}(p)$	$p \in (0, 1)$	$\{0, 1\}$	$\mathbb{P}(X = 1) = p$, $\mathbb{P}(X = 0) = q$
4.	Zweipunkt-Verteilung	—	$p \in (0, 1)$ $a, b \in \mathbb{R}$	$\{a, b\}$	$\mathbb{P}(X = a) = p$, $\mathbb{P}(X = b) = q$
5.	symmetrische Zweipunkt-Vertlg.	—	$c > 0$	$\{\pm c\}$	$\mathbb{P}(X = \pm c) = \frac{1}{2}$,
6.	Binomialverteilung	$\mathsf{B}(n, p)$	$p \in (0, 1)$, $n \in \mathbb{N}$	$\{0, \ldots, n\}$	$\mathbb{P}(X = k) = \binom{n}{k} p^k q^{n-k}$
7.	negative Binomial-verteilung	—	$p \in (0, 1)$, $n \in \mathbb{N}$	$\mathbb{N}_0$	$\mathbb{P}(X = k) = \binom{n+k-1}{n-1} p^n q^k$
8.	geometrische Verteilung	$\mathsf{g}(p)$	$p \in (0, 1)$	$\mathbb{N}_0$	$\mathbb{P}(X = k) = pq^k$
9.	hypergeometrische Verteilung	$\mathsf{H}(N, M, n)$	$n, N, M \in \mathbb{N}_0$, $n \leqslant N, M \leqslant N$	$\{0, \ldots, n\}$	$\mathbb{P}(X = k) = \frac{\binom{M}{k}\binom{N-M}{n-k}}{\binom{N}{n}}$
10.	Poissonverteilung	$\mathsf{Poi}(\lambda)$	$\lambda > 0$	$\mathbb{N}_0$	$\mathbb{P}(X = k) = \frac{\lambda^k e^{-\lambda}}{k!}$

Bemerkungen: $q := 1 - p$

A.7 Wichtige Verteilungen mit Dichte

Nr.	Name	Abk.	Parameter	Träger I	Dichte auf I, sonst = 0
1.	allgemeine Verteilung	—	—	$I \subset \mathbb{R}^d$	$p(x)$, $\int_I p(x)\,dx = 1$
2.	Gleichverteilung	$\mathsf{U}[a, b]$	$a < b, a, b \in \mathbb{R}$	$[a, b]$	$\frac{1}{b-a}$
3.	Gleichverteilung	$\mathsf{U}[-c, c]$	$c > 0$	$[-c, c]$	$\frac{1}{2c}$
4.	Dreieckverteilung	—	$a, b \in \mathbb{R}$	$[a, b]$	$\begin{cases} \frac{4(x-a)}{(b-a)^2}, & x \in \left(a, \frac{a+b}{2}\right] \\ \frac{4(b-x)}{(b-a)^2}, & x \in \left[\frac{a+b}{2}, b\right) \end{cases}$

Erwartung $\mathbb{E}X$	Varianz $\mathbb{V}X$	$g_X(t) = \mathbb{E}t^X$	$\phi_X(\xi) = \mathbb{E}\, e^{i\xi X}$	Nr.
$\sum_k k p_k$	$\sum_k (k-\mu)^2 p_k$	$\sum_k t^{x_k} p_k$	$\sum_k e^{i\xi x_k} p_k$	1.
c	0	t^c	$e^{i\xi c}$	2.
p	pq	$q + tp$	$q + pe^{i\xi}$	3.
$ap + bq$	$(a-b)^2 pq$	$pt^a + qt^b$	$pe^{ia\xi} + qe^{ib\xi}$	4.
0	c^2	$\dfrac{t^{2c}+1}{2t^c}$	$\cos(c\xi)$	5.
np	npq	$(q+tp)^n$	$(q+pe^{i\xi})^n$	6.
$n\dfrac{q}{p}$	$n\dfrac{q}{p^2}$	$\dfrac{p^n}{(1-tq)^n}$	$\dfrac{p^n}{(1-qe^{i\xi})^n}$	7.
$\dfrac{q}{p}$	$\dfrac{q}{p^2}$	$\dfrac{p}{1-tq}$	$\dfrac{p}{1-qe^{i\xi}}$	8.
$\dfrac{nM}{N}$	$\dfrac{N-n}{N-1}\dfrac{nM}{N}\left(1-\dfrac{M}{N}\right)$	${}_2F_1(-n,-M,-N,1-t)$	${}_2F_1(-n,-M,-N,1-e^{i\xi})$	9.
λ	λ	$\exp[\lambda(t-1)]$	$\exp\left[-\lambda(1-e^{i\xi})\right]$	10.

Bemerkungen: ${}_2F_1(\cdot,\cdot,\cdot)$ ist (Gauß') hypergeometrische Funktion [51, Chapter 15].

Erwartung $\mathbb{E}X$	Varianz $\mathbb{V}X$	$\phi_X(\xi) = \mathbb{E}e^{i\xi X}$	Nr.
$\int_I x\, p(x)\, dx$	$\int_I (x-\mu)^2 p(x)\, dx$	$\int_I e^{i\xi x} p(x)\, dx$	1.
$\dfrac{a+b}{2}$	$\dfrac{(b-a)^2}{12}$	$\dfrac{e^{ib\xi} - e^{ia\xi}}{i\xi(b-a)}$	2.
0	$\dfrac{c^2}{3}$	$\dfrac{\sin(c\xi)}{c\xi}$	3.
$\dfrac{a+b}{2}$	$\dfrac{(b-a)^2}{24}$	$-\dfrac{4(e^{ia\xi/2} - e^{ib\xi/2})^2}{(b-a)^2\,\xi^2}$	4.

Nr.	Name	Abk.	Parameter	Träger I	Dichte auf I, sonst = 0
5.	symmetrische Dreieckverteilung	—	$a > 0$	$[-a, a]$	$\frac{1}{a}\left(1 - \frac{\lvert x\rvert}{a}\right)$
6.	inverse Dreieckverteilung	—	$a > 0$	$\mathbb{R}$	$\frac{1 - \cos ax}{\pi\, a\, x^2}$
7.	Normalverteilung Gauß-Verteilung	$N(\mu, \sigma^2)$	$\mu \in \mathbb{R},\ \sigma > 0$	$\mathbb{R}$	$\frac{1}{\sigma\sqrt{2\pi}}\, e^{-(x-\mu)^2/(2\sigma^2)}$
8.	Normalverteilung Gauß-Verteilung	$N(m, C)$	$m \in \mathbb{R}^d,\ C \in \mathbb{R}^{d\times d}$	$\mathbb{R}^d$	$\frac{e^{-\langle (x-m), C^{-1}(x-m)\rangle/2}}{\sqrt{(2\pi)^d \det C}}$
9.	Cauchy-Verteilung	$C(\lambda, \alpha)$	$\alpha \in \mathbb{R},\ \lambda > 0$	$\mathbb{R}$	$\frac{1}{\pi}\, \frac{\lambda}{\lambda^2 + (x-\alpha)^2}$
10.	Cauchy-Verteilung	—	$d \in \mathbb{N},\ t > 0$	$\mathbb{R}^d$	$\frac{\Gamma(\frac{d+1}{2})}{\pi^{(d+1)/2}}\, \frac{t}{(t^2 + \lvert x\rvert^2)^{(d+1)/2}}$
11.	log-Normalverteilung	—	$\mu \in \mathbb{R},\ \sigma > 0$	$(0, \infty)$	$\frac{1}{x\sigma\sqrt{2\pi}}\, e^{-(\log x - \mu)^2/(2\sigma^2)}$
12.	inverse Gauß-Verteilung	—	$\mu, \lambda > 0$	$(0, \infty)$	$\left(\frac{\lambda}{2\pi x^3}\right)^{1/2} e^{-\lambda(x-\mu)^2/(2\mu^2 x)}$
13.	Gamma-Verteilung (Erlang-Vert.)	$\Gamma_{\alpha,\beta}$	$\alpha, \beta > 0$	$(0, \infty)$	$\frac{1}{\Gamma(\alpha)\beta^\alpha}\, x^{\alpha-1} e^{-x/\beta}$
14.	Exponentialverteilung	$\mathrm{Exp}(\lambda)$	$\lambda > 0$	$(0, \infty)$	$\lambda e^{-\lambda x}$
15.	zweiseitige Exp.-Verteilung	—	$\mu \in \mathbb{R},\ \sigma > 0$	$\mathbb{R}$	$\frac{1}{2\sigma}\, e^{-\lvert x-\mu\rvert/\sigma}$
16.	doppelte Exp.-Verteilung	—	$q \in \mathbb{R},\ \gamma > 0$	$\mathbb{R}$	$\frac{1}{\gamma}\, e^{-(x-q)/\gamma} \exp\left[-e^{-(x-q)/\gamma}\right]$
17.	logistische Verteilung	—	$\mu \in \mathbb{R},\ \beta > 0$	$\mathbb{R}$	$\frac{e^{-(x-\mu)/\beta}}{\beta\,(1 + e^{-(x-\mu)/\beta})^2}$
18.	χ^2-Verteilung, r Freiheitsgrade	χ^2_r	$r > 0$	$(0, \infty)$	$\frac{1}{\Gamma(r/2)2^{r/2}}\, x^{r/2-1}\, e^{-x/2}$
19.	Beta-Verteilung	$B_{\alpha,\beta}$	$\alpha, \beta > 0$	$(0, 1)$	$\frac{\Gamma(\alpha+\beta)}{\Gamma(\alpha)\Gamma(\beta)}\, x^{\alpha-1}(1-x)^{\beta-1}$
20.	Arkussinus-Verteilung	—	—	$(0, 1)$	$\frac{1}{\pi\sqrt{x(1-x)}}$
21.	Pareto-Verteilung	—	$\alpha, \beta > 0$	(β, ∞)	$\frac{\alpha\beta^\alpha}{x^{\alpha+1}}$
22.	Weibull-Verteilung	—	$\alpha, \beta > 0$	$(0, \infty)$	$\alpha\beta^{-\alpha} x^{\alpha-1}\, e^{-(x/\beta)^\alpha}$

Erwartung $\mathbb{E}X$	Varianz $\mathbb{V}X$	$\phi_X(\xi) = \mathbb{E}e^{i\xi X}$	Nr.
0	$\frac{a^2}{6}$	$\frac{2(1-\cos(a\xi))}{a^2\xi^2} = \frac{4\sin^2(a\xi/2)}{a^2\xi^2}$	5.
existiert nicht	existiert nicht	$\left(1-\frac{\lvert\xi\rvert}{a}\right)\mathbb{1}_{[-a,a]}(\xi)$	6.
μ	σ^2	$e^{i\mu\xi-\sigma^2\xi^2/2}$	7.
m	$\operatorname{Cov}(X_j, X_k) = c_{jk}$	$e^{i\langle m,\xi\rangle-\langle\xi,C\xi\rangle/2}$	8.
existiert nicht	existiert nicht	$e^{i\alpha\xi-\lambda\lvert\xi\rvert}$	9.
existiert nicht	existiert nicht	$e^{-t\lvert\xi\rvert}$	10.
$e^{\mu+\sigma^2/2}$	$e^{2\mu+\sigma^2}(e^{\sigma^2}-1)$	unbekannt	11.
μ	$\frac{\mu^3}{\lambda}$	$\exp\left\{\frac{\lambda}{\mu}\left[1-\sqrt{1-\frac{2i\mu^2\xi}{\lambda}}\right]\right\}$	12.
$\alpha\beta$	$\alpha\beta^2$	$(1-i\xi\beta)^{-\alpha}$	13.
$\frac{1}{\lambda}$	$\frac{1}{\lambda^2}$	$\lambda(\lambda-i\xi)^{-1}$	14.
μ	$2\sigma^2$	$\frac{e^{i\mu\xi}}{1+\sigma^2\xi^2}$	15.
$\gamma C + q,\ C = 0.5772\ldots$	$\gamma^2 \cdot \frac{\pi^2}{6}$	$\Gamma(1-i\gamma\xi)e^{iq\xi}$	16.
μ	$\frac{\beta^2\pi^2}{3}$	$\frac{\pi\beta\,\xi e^{i\mu\xi}}{\sinh(\pi\beta\,\xi)}$	17.
r	$2r$	$(1-2i\xi)^{-r/2}$	18.
$\frac{\alpha}{\alpha+\beta}$	$\frac{\alpha\beta}{(\alpha+\beta+1)(\alpha+\beta)^2}$	${}_1F_1(\alpha,\alpha+\beta,i\xi)$	19.
$\frac{1}{2}$	$\frac{1}{8}$	$J_0(\frac{\xi}{2})\,e^{i\xi/2}$	20.
$\begin{cases}\frac{\alpha\beta}{\alpha-1}, & \alpha>1\\ \text{ex. nicht}, & \alpha\leqslant 1\end{cases}$	$\begin{cases}\frac{\alpha\beta^2}{(\alpha-1)^2(\alpha-2)}, & \alpha>2\\ \text{ex. nicht}, & \alpha\leqslant 2\end{cases}$	unvollst. Γ-Funktion	21.
$\beta\,\Gamma(1+1/\alpha)$	$\beta^2\{\Gamma(1+2/\alpha)-\Gamma^2(1+1/\alpha)\}$	Meijer-*G*-Funktion	22.

Literatur

[DC] R. L. Schilling: *Measure, Integral, Probability, and Processes. Probab(ilistical)ly the Theoretical Minimum.* Amazon Self-Publishing, Dresden 2021.

[MI] R. L. Schilling: *Maß und Integral. Lebesgue-Integration für Analysis und Stochastik.* De Gruyter, Berlin 2024².

[MIMS] R. L. Schilling: *Measures, Integrals and Martingales.* Cambridge University Press, Cambridge 2017².

[MP] R. L. Schilling: *Martingale und Prozesse.* De Gruyter, Berlin 2018.

[1] P. S. Alexandrov: *Die Hilbertschen Probleme.* Geest & Portig, Ostwald's Klassiker der exakten Wissenschaften Bd. 252, Leipzig 1983.

[2] V. I. Arnold: *Mathematical Methods of Classical Mechanics.* Springer, New York 1989².

[3] H. Bauer: *Wahrscheinlichkeitstheorie.* De Gruyter, Berlin 1991⁴.

[4] Bayes, T.: An Essay towards Solving a Problem in the Doctrine of Chances. *Philosophical Transactions of the Royal Society* **53** (1763) 370–418 (Deutsch: *Versuch zur Lösung eines Problems der Wahrscheinlichkeitsrechnung.* Engelmann, Ostwald's Klassiker der exakten Wissenschaften Bd. 169, Leipzig 1908).

[5] J. Bernoulli: *Ars Conjectandi.* Basel 1713 (Deutsch: *Wahrscheinlichkeitsrechnung.* Engelmann, Ostwald's Klassiker der exakten Wissenschaften Bde. 107/108, Leipzig 1899).

[6] S. N. Bernstein: Démonstration du théorème de Weierstrass fondée sur le calcul des probabilités. *Comm. Soc. Math. Charkow* **13** (1912/13) 1–2.

[7] J. Bertrand: *Calcul des Probabilités.* Gauthier–Villars, Paris 1889 (Nachdruck Éd. Jacques Gabay, Paris 2006).

[8] P. Billingsley: Convergence of types in k-space. *Z. Wahrscheinlichkeitstheorie verw. Geb.* **5** (1966) 175–179.

[9] T. M. Bisgaard, Z. Sasvári: When does $E(X^k \cdot Y^l) = E(X^k) \cdot E(Y^l)$ imply independence?, *Stat. Probab. Letters* **76** (2006) 1111–1116.

[10] S. Bochner: *Vorlesungen über Fouriersche Integrale.* Akademische Verlagsgesellschaft, Leipzig 1932 (Nachdruck Chelsea, New York 1948).

[11] L. Boltzmann: *Entropie und Wahrscheinlichkeit (1872–1905).* Sammelband von Arbeiten Boltzmanns. Verlag Harri Deutsch, Ostwald's Klassiker der exakten Wissenschaften Bd. 286, Thun 2000.

[12] L. von Bortkewitsch: *Das Gesetz der kleinen Zahlen.* Teubner, Leipzig 1898.

[13] J. M. Borwein, J. D. Vanderwerff: *Convex Functions. Constructions, Characterizations and Counterexamples.* Cambridge University Press, Cambridge 2010.

[14] L. Breiman: *Probability.* Addison–Wesley, Reading (MA) 1968 (seit 1992 mehrere Nachdrucke von SIAM, Philadelphia).

[15] P. L. Chebyshev: Des valeurs moyennes. *J. Math. Pures Appl.* **12** (1867) 177–184 (Deutsch: [57, pp. 154–161]).

[16] L. H. Y. Chen, L. Goldstein, Q.-M. Shao: *Normal Approximation by Stein's Method.* Springer, Berlin 2011.

[17] H. Chernoff: A measure of asymptotic efficiency for tests of a hypothesis based on the sum of observations. *Ann. Math. Statist.* **23** (1952) 493–507.

[18] H. Cramér: Sur un nouveau théorème-limite de la théorie des probabilités. *Actualités Scientifiques et Industrielles* **736** (Colloque consacré a la théorie des probabilités, Genève 1937, IIIème partie, ed. M. R. Wavre), Hermann, Paris 1938, S. 5–23 (Nachdruck in: A. Martin-Löf: *Harald Cramér – Collected Works.* Springer, Berlin 1994, Band II, S. 895–913).

[19] A. Dembo, O. Zeitouni: *Large Deviations Techniques and Applications.* Springer, Berlin 1998².

[20] A. DeMoivre: *The Doctrine of Chances.* W. Pearson, London 1718¹; H. Woodfall, London 1738². (Nachdruck Chelsea, New York 1967).

[21] A. DeMoivre: *Miscellanea analytica de seriebus and quadraturis.* J. Tonson & J. Watts, London 1730.

[22] R. M. Dudley: *Real Analysis and Probability.* Wadsworth & Brooks/Cole, Pacific Grove (CA) 1989.

https://doi.org/10.1515/9783111342252-020

[23] P. Eichelsbacher, M. Löwe: 90 Jahre Lindeberg-Methode. *Mathematische Semesterberichte* **61** (2014) 7–34.

[24] A. Einstein: *Untersuchungen über die Theorie der Brownschen Bewegung (1905)*. Sammelband von Arbeiten Einsteins. Akademische Verlagsgesellschaft, Ostwald's Klassiker der exakten Wissenschaften Bd. 199 (Hg. R. Fürth), Leipzig 1922 (Nachdruck zusammen mit [58], Verlag Harri Deutsch, Thun 1997).

[25] F. Esscher: On the probability function in collective theory of risk. *Skand. Aktuarietidskr.* **15** (1932) 175–197.

[26] C.-G. Esseen: A moment inequality with an application to the central limit theorem. *Skand. Aktuarietidskr.* **39** (1956) 160–170.

[27] N. Etemadi: An elementary proof of the strong law of large numbers. *Z. Wahrscheinlichkeitstheorie verw. Geb.* **55** (1981) 119–122.

[28] N. Etemadi: On some classical results in probability theory. *Sankhya A* **47** (1985) 215–221.

[29] W. Feller: Über den zentralen Grenzwertsatz der Wahrscheinlichkeitsrechnung. *Math. Z.* **40** (1935/36) 521–559.

[30] W. Feller: *An Introduction to Probability Theory and Its Applications, Vol. II.* Wiley, New York 1971^2.

[31] M. Fisz: A generalization of a theorem of Khintchin. *Studia Math.* **14** (1954) 310–313.

[32] H. U. Gerber, E. S. W. Shiu: Option Pricing by Esscher Transforms. *Transactions of the Society of Actuaries* **46** (1994) 99–191.

[33] K. Jacobs, D. Jungnickel: *Einführung in die Kombinatorik.* De Gruyter, Berlin 2003.

[34] A. Khintchine: Sur la loi des grandes nombres. *C. R. Acad. Sci. Paris* **188** (1929) 477–479.

[35] A. N. Kolmogorov: Ovtschaja teorija meri i istschislennie verojatnostei (Russisch). *Trudi Kommunist. Akad. Razd. Mat.* **1** (1929) 8–21 (Englisch: »General Measure Theory and Probability Calculus« in [38, Vol. II, 48–59]).

[36] A. N. Kolmogorov: Sur la loi forte des grands nombres. *C.R. Acad. Sci. Paris* **191** 191 (1930) 910–912 (Englisch: »On the strong law of large numbers« in [38, Vol. II, 60–61]).

[37] A. Kolmogoroff: *Grundbegriffe der Wahrscheinlichkeitsrechnung.* Ergebnisse der Mathematik und ihrer Grenzgebiete Bd. II, Heft 3, Springer, Berlin 1933.

[38] A. N. Kolmogorov, A. N. Shiryayev (Hg.): *Selected Works of A. N. Kolmogorov* (3 Bde.). Kluwer Academic Publishers, Dordrecht 1992.

[39] Laplace, P.S.: Mémoire sur la probabilité des causes par les événements. *Savants étranges* **6** (1774) 621–656 (Englisch: Memoir on the Probability of the Causes of Events. *Statistical Science* **1** (1986) 359–378).

[40] P. S. Laplace: *Essai philosophique sur les probabilités.* Courcier, Paris 1814 (Deutsch: *Philosophischer Versuch über die Wahrscheinlichkeit.* Akademische Verlagsgesellschaft, Ostwald's Klassiker der exakten Wissenschaften Bd. 233, Leipzig 1832).

[41] J.-F. Le Gall: *Intégration, Probabilités et Procesus Aléatoires.* Département Mathématiques et Applications - Ecole normale superieure, Paris 2006.

[42] P. Lévy: *Calcul des Probabilités.* Gauthier-Villars, Paris 1925.

[43] P. Lévy: *Théorie de l'Addition des Variables Aléatoires.* Gauthier-Villars, Paris 1937.

[44] J. W. Lindeberg: Eine neue Herleitung des Exponentialgesetzes in der Wahrscheinlichkeitsrechnung. *Math. Z.* **15** (1922) 211–225.

[45] L. Lorch, D. J. Newman: The Lebesgue constants for regular Hausdorff methods. *Canadian J. Math.* **13** (1961) 283–298.

[46] A. M. Lyapunov: Nouvelle forme du théorème sur la limite de probabilité. *Mem. Acad. Imp. Sci. St.-Pétersbourg VIII Sér. Classe Physico-Mathématique* **12** (1901) 1–24 (Englisch in: W. J. Adams: *The Life and Times of the Central Limit Theorem.* AMS/LMS, Providence (RI)/London 2009^2, S. 175–191).

[47] W. Maak: *Fastperiodische Funktionen.* Springer, Berlin 1950.

[48] M. Meerschaert, H.-P. Scheffler: *Limit Distributions for Sums of Independent Random Vectors. Heavy Tails in Theory and Practice.* Wiley, New York 2001.

[49] D. Neuenschwander: A new proof of the multidimensional convergence of types theorem. *Statist. Probab. Letters* **33** (1997) 85–88.

[50] J. Neveu: *Cours de Probabilités*. École Polytechnique, Paris 1971.

[51] F. W. J. Olver *et al.*: *NIST Handbook of Mathematical Functions*. Cambridge University Press, Cambridge 2010 (Freier Online-Zugang: http://dlmf.nist.gov/).

[52] K. R. Parthasarathy: *Probability Measures on Metric Spaces*. AMS Chelsea Publishing, Provicence (RI) 2005 (Nachdruck der gleichnamigen Ausgabe, die 1967 bei Academic Press erschienen ist).

[53] P. Picard: *Hasard et Probabilités. Histoire, Théorie et Application des Probabilités*. Vuibert, Paris 2007.

[54] H. Poincaré: *Wissenschaft und Hypothese*. Teubner, Leipzig 1904.

[55] S.-D. Poisson: *Recherches sur la probabilité des jugements en matière criminelle et en matière civile, précédes des règles générales du calcul des probabilités*. Bachelier, Paris 1837 (Deutsch: *Lehrbuch der Wahrscheinlichkeitsrechnung und deren wichtigsten Anwendungen*. G. C. C. Meyer senior, Braunschweig 1841).

[56] W. Rudin: *Analysis*. Oldenbourg, München 2009^4.

[57] I. Schneider (Hg.): *Die Entwicklung der Wahrscheinlichkeitstheorie von den Anfängen bis 1933. Einführungen und Texte*. Wissenschaftliche Buchgesellschaft, Darmstadt 1988.

[58] M. v. Smoluchowski: *Abhandlungen über die Brownsche Bewegung und verwandte Erscheinungen (1906–1915)*. Sammelband von Arbeiten Smoluchowskis. Akademische Verlagsgesellschaft, Ostwald's Klassiker der exakten Wissenschaften Bd. 207 (Hg. R. Fürth), Leipzig 1923 (Nachdruck zusammen mit [24], Verlag Harri Deutsch, Thun 1997).

[59] C. Stein: A bound for the error in the normal approximation to the distribution of a sum of dependent random variables. In: L. Le Cam *et al.*: *Proceedings of the 6th Berkeley Symposium on Mathematical Statistics and Probability, 1970*. University of California Press, Berkeley (CA) 1972. Band 2, S. 583–602.

[60] C. Stein: *Approximate Computation of Expectations*. Institute of Mathematical Statistics, Lecture Notes – Monograph Series **7**, Hayward (CA) 1986.

[61] J. Stoyanov: *Counterexamples in Probability*. Dover, Mineola (NY) 2013^3.

[62] G. J. Székely: *Paradoxa. Klassische und neue Überraschungen aus Wahrscheinlichkeitsrechnung und mathematischer Statistik*. Verlag Harri Deutsch, Thun und Frankfurt am Main 1990.

[63] I. S. Tyurin: Improvement of the remainder in the Lyapunov theorem. *Theory Probab. Appl.* **56** (2012) 693–696.

Stichwortverzeichnis

Alle Zahlenangaben beziehen sich auf Seitennummern, (Pr. $m.n$) verweist auf die Aufgabe n (im Kapitel m) auf der jeweils angegebenen Seite. Wir verwenden die Abkürzungen »CLT« (Zentraler Grenzwertsatz), »SLLN/WLLN« (starkes/schwaches Gesetz der großen Zahlen), »W-« (Wahrscheinlichkeit/s-) und »ZV« (Zufallsvariable).

https://doi.org/10.1515/9783111342252-021

www.ingramcontent.com/pod-product-compliance
Lightning Source LLC
Jackson TN
JSHW051721250225
79749JS00016B/448